第十五届全国大学生电子设计竞赛

获奖作品选编(2021)

全国大学生电子设计竞赛组织委员会 编

西安电子科技大学出版社

内容简介

本书是由2021年全国大学生电子设计竞赛的322个一等奖获奖作品中的49篇作品组成的，选编形式包括全文和节选，入选本书的所有作品均经过组委会专家组从方案、结构、书写等方面进行考察。为便于读者参考，本书绝大多数获奖作品提供作品演示，部分图片提供彩图，读者可自行扫码观看。部分报告结尾附有专家点评。

本书可作为高等学校电气、自动化、仪器仪表、电子信息类及其他相近专业学生教学或学科竞赛教学的参考用书，也可供相关工程技术人员参考。

图书在版编目(CIP)数据

第十五届全国大学生电子设计竞赛获奖作品选编：2021 / 全国大学生电子设计竞赛组织委员会编. —西安：西安电子科技大学出版社，2023.2(2023.7重印)
ISBN 978-7-5606-6718-8

Ⅰ.①第… Ⅱ.①全… Ⅲ.①电子技术—科技成果—高等学校—中国—2021 Ⅳ.①TN02

中国版本图书馆CIP数据核字(2022)第239634号

策　　划　薛英英
责任编辑　薛英英　陈　婷
出版发行　西安电子科技大学出版社(西安市太白南路2号)
电　　话　(029) 88202421　88201467　　邮　　编　710071
网　　址　www.xduph.com　　电子邮箱　xdupfxb001@163.com
经　　销　新华书店
印刷单位　陕西精工印务有限公司
版　　次　2023年2月第1版　2023年7月第2次印刷
开　　本　787毫米×1092毫米　1/16　印张 22.25
字　　数　461千字
印　　数　1001～2000册
定　　价　79.00元
ISBN　978-7-5606-6718-8 / TN
XDUP 7020001-2

前　言

全国大学生电子设计竞赛是全国性的大学生科技竞赛活动，竞赛的目的在于按照紧密结合教学实际，着重基础、注重前沿的原则，促进电子信息类专业和课程建设，引导高等学校在教学中注重培养大学生的创新能力、协作精神；加强学生动手能力的培养和工程实践的训练，提高学生针对实际问题进行电子设计、制作的综合能力；吸引、鼓励广大学生踊跃参加课外科技活动，为更多优秀人才未来服务社会创造条件。

全国大学生电子设计竞赛自 1994 年起至今已成功举办了十五届(奇数年举办)。2021 年全国大学生电子设计竞赛由来自全国 31 个省(自治区、直辖市)的 1 123 个学校组成 29 个赛区报名参赛，共计 19 802 支队伍，59 406 位同学，其中本科组 17 545 队，高职高专组 2 257 队。受疫情影响，当年竞赛实际参赛的共有来自全国 28 个省(自治区、直辖市)的 999 所高校、15 602 支代表队，共计 46 806 位同学完成竞赛并提交作品。其中西藏自治区的 8 支代表队在四川赛区完成评审；内蒙古自治区的 24 支代表队在河北赛区完成评审；甘肃、贵州、青海赛区的学校未能实际参赛，其他赛区的部分学校未能实际参赛。

2021 年全国大学生电子设计竞赛全国一等奖由 322 支队伍获得，全国二等奖由 791 支队伍获得。本科组“TI 杯”由桂林电子科技大学 E 题参赛队捧得，高职高专组“TI 杯”由浙江工贸职业技术学院 J 题参赛队捧得。

全国大学生电子设计竞赛的成功举办，得益于各级教育主管部门的正确领导，得益于各赛区组委会、专家组和参赛学校领导的大力支持、精心组织和积极参与。在历届竞赛组织过程中，许多同志做出了重要贡献，很多参赛学校的教师提供了非常有价值的竞赛征题。在各参赛学校的赛前培训辅导期间，许多教师付出了艰辛的创造性劳动。全国大学生电子竞赛组委会(简称组委会)感谢 TI 公司等企业对此项赛事的赞助支持，感谢华南理工大学对本次竞赛的组织和承办。本届组委会特别感谢上届组委会成员对本届竞赛组委会工作的无私指导和大力支持。

竞赛组委会自 1997 年起，分届出版前十四届竞赛的《全国大学生电子设计竞赛获奖作品选编》。此项工作不仅为今后参赛学生开拓设计思路、撰写设计报告提供参考，更能本着“以赛促教”的理念，进一步为电子信息类专业的教学提供重要的参考。

本书中收入的是2021年竞赛的部分作品。鉴于篇幅的限制，经竞赛专家组遴选，本书仅选编了2021年全国大学生电子设计竞赛中获得全国一等奖的部分作品，共计49篇，内容涉及11个竞赛题目，其中A题至H题为本科组题目，I题至K题为高职高专组题目。

由于来稿反映的是学生在有限时间内完成的设计工作，无论在方案的科学性和行文的规范性等方面都有不足。编者希望读者能吸取书中设计报告的优点，同时注意甄别其中的不足之处。此外，为了与作品中使用的TI软件仿真结果与硬件原理图保持一致，本书中的部分器件符号、变量表述未采用国标，请读者阅读时留意。

本书的出版得到了获奖学生、赛前辅导老师、有关学校领导及竞赛专家组的鼎力支持。本书由参加2021年全国大学生电子设计竞赛命题与评审的部分专家完成审稿工作，他们是管晓宏院士、岳继光教授、李玉柏教授、赵振纲教授、邓建国教授、刘开华教授、潘再平教授、韩力教授、王志军教授、杨华中教授、殷瑞祥教授、胡仁杰教授、陈南教授、王立欣教授、韩韬教授、吕铁男教授、刘雨棣教授、王沁工程师、潘亚涛经理。竞赛组委会及其秘书处的赵显利教授、罗新民教授、陶敬研究员、符均老师及黄健老师也参加了编审组织工作。感谢西安电子科技大学出版社合作出版。

全国大学生电子设计竞赛组织委员会

2022年 5月

2021 年全国大学生电子设计竞赛

命题与评审专家名单

姓　名	工作单位
管晓宏	西安交通大学
岳继光	同济大学
李玉柏	电子科技大学
赵振纲	北京邮电大学
潘再平	浙江大学
陈　南	西安电子科技大学
胡仁杰	东南大学
傅丰林	西安电子科技大学
殷瑞祥	华南理工大学
韩　力	北京理工大学
王志军	北京大学
杨华中	清华大学
韩　韬	上海交通大学
邓建国	西安交通大学
刘开华	天津大学
王立欣	哈尔滨工业大学
刘雨棣	西安航空学院
吕铁男	吉林工业职业技术学院
徐淑正	清华大学
贾志成	河北工业大学
黄瑞光	华中科技大学
姜　威	山东大学
高卫东	解放军电子工程学院
李良荣	贵州大学

陈褒丹	海南大学
殷志坚	江西科技师范大学
吴新开	湖南科技大学
刘　刚	长春工业大学
王黎明	中北大学
孙桂玲	南开大学
赵中华	桂林电子科技大学
王　沁	德州仪器(TI)
潘亚涛	德州仪器(TI)

2021 年全国大学生电子设计竞赛

“TI 杯”获奖名单

序号	组别	题号	赛区	推荐队学校	学生姓名		
1	本科组	E	广西	桂林电子科技大学	肖凯	唐海	李帅强
2	高职高专组	J	浙江	浙江工贸职业技术学院	王鑫	刘耀星	张江和

2021 年全国大学生电子设计竞赛获奖名单

A 题获奖名单

序号	赛区	组别	题号	参赛队学校	学生姓名			奖项
1	安徽	本科组	A	安徽信息工程学院	王星宇	晋仁磊	张子健	一等奖
2	北京	本科组	A	中国地质大学(北京)	张警文	熊翔宇	唐诗金典	一等奖
3	广东	本科组	A	东莞理工学院	靳东贤	许晓航	欧贤培	一等奖
4	广东	本科组	A	东莞理工学院	林佳炼	刘晓锋	李嘉俊	一等奖
5	广西	本科组	A	桂林电子科技大学	张夏瑜	高理祥	杨命鑫	一等奖
6	河北	本科组	A	燕山大学	陈晔鑫	郭影	王星硕	一等奖
7	河南	本科组	A	中原工学院	王泽南	徐程升	王金龙	一等奖
8	黑龙江	本科组	A	哈尔滨工程大学	沈傲	李思瑶	王晨昊	一等奖
9	黑龙江	本科组	A	哈尔滨工程大学	王志华	张泽坤	王彦文	一等奖
10	湖北	本科组	A	华中科技大学	李张劢	唐心如	刘奥琪	一等奖
11	湖北	本科组	A	华中师范大学	张寒琪	陶洁	卢安宇	一等奖
12	湖北	本科组	A	华中师范大学	赵梦涵	钟婉婷	曹怡轩	一等奖
13	湖北	本科组	A	武汉大学	王冠	吴泽	梁有霖	一等奖
14	湖北	本科组	A	武汉大学	杨鸿雨	袁祎平	张海天	一等奖
15	湖北	本科组	A	武汉理工大学	张嘉明	岳志飞	周惠	一等奖
16	湖南	本科组	A	湖南大学	杜鸣磊	唐文悦	庞贤瑞	一等奖
17	湖南	本科组	A	湖南工业大学	邱夏东	曹双燕	刘星晨	一等奖
18	湖南	本科组	A	湖南理工学院	唐泽群	凌俊	王淏翔	一等奖
19	吉林	本科组	A	吉林大学	汪睿达	辜姝熳	汪勇	一等奖
20	江苏	本科组	A	东南大学	张晨宇	江笑然	唐洵睿	一等奖
21	江苏	本科组	A	南京理工大学	叶博韬	曾涵	胡可傲	一等奖
22	江苏	本科组	A	南京信息工程大学	卢奕	卢缘钦	蒋铭	一等奖
23	江苏	本科组	A	南京信息工程大学	路家琪	徐彰	王金岑	一等奖
24	江苏	本科组	A	南京邮电大学	张政	戴梦缘	李若木	一等奖
25	江苏	本科组	A	苏州大学	刘东滟	王鹏	金轩	一等奖
26	辽宁	本科组	A	大连理工大学	苏子梁	宗承澳	陈瑞	一等奖
27	辽宁	本科组	A	东北大学	王智伟	徐彰	卢晓曼	一等奖
28	山东	本科组	A	海军航空大学	袁毅	林星瑞	杨会龙	一等奖

续表一

序号	赛区	组别	题号	参赛队学校	学生姓名			奖项
29	山东	本科组	A	青岛理工大学	王熙凯	牛宗洋	刘川鑫	一等奖
30	陕西	本科组	A	西安电子科技大学	庞明杰	张西凯	王家堃	一等奖
31	上海	本科组	A	东华大学	王慈	闵辉	廖爱华	一等奖
32	上海	本科组	A	华东师范大学	丁子鳌	陈颖轩	李佳清	一等奖
33	上海	本科组	A	上海交通大学	黄雨	靳聪	邱淇智	一等奖
34	上海	本科组	A	上海交通大学	郑斐然	朱昱康	施家荣	一等奖
35	四川	本科组	A	电子科技大学	丁佳程	韦劲枫	罗坤	一等奖
36	四川	本科组	A	电子科技大学	彭瀚雳	刘京	李昱潜	一等奖
37	浙江	本科组	A	杭州电子科技大学	丁庆辰	汤嘉航	林瀚伟	一等奖
38	浙江	本科组	A	杭州电子科技大学	金勇健	钱聪仪	甘怡韵	一等奖
39	浙江	本科组	A	浙江师范大学行知学院	陈舟恺	田硕	何奕炫	一等奖
40	浙江	本科组	A	浙江师范大学行知学院	唐海洋	干于洲	孙佳锋	一等奖
41	重庆	本科组	A	重庆大学	焦龙翔	闫腾飞	刘世芃	一等奖
42	重庆	本科组	A	重庆邮电大学	胡源	胡师玮	王一昕	一等奖
43	重庆	本科组	A	重庆邮电大学	宋朋朋	聂泽宁	耿康磊	一等奖
44	安徽	本科组	A	安徽大学	曹甜甜	邓家增	郭志垲	二等奖
45	安徽	本科组	A	中国科学技术大学	楼正元	王明轩	张泽宇	二等奖
46	北京	本科组	A	北方工业大学	邓云潇	金己越	耿兴	二等奖
47	北京	本科组	A	北方工业大学	谢傲	孙跃祖	张豪督	二等奖
48	北京	本科组	A	北京交通大学	马丁一	孙玉丽	凌昊	二等奖
49	北京	本科组	A	北京邮电大学	丁毅	沙天沐	傅大源	二等奖
50	北京	本科组	A	北京邮电大学	王雨霄	杨涛	谢诗雨	二等奖
51	北京	本科组	A	中国地质大学(北京)	喻润峰	陈荣博	陈明晖	二等奖
52	福建	本科组	A	福州大学	林康杰	卜怡恒	黄晨健	二等奖
53	福建	本科组	A	华侨大学	吴雨婷	张动	朱泽昊	二等奖
54	福建	本科组	A	闽江学院	王俊杰	郑顺航	杨明奇	二等奖
55	广东	本科组	A	东莞理工学院	林展鹏	陈海林	甘晓锋	二等奖
56	广东	本科组	A	东莞理工学院	刘杰锋	陈康正	潘正	二等奖
57	广东	本科组	A	哈尔滨工业大学(深圳)	刘昊	刘昆朋	张成洋	二等奖
58	广东	本科组	A	哈尔滨工业大学(深圳)	郑锋	赵康良	周星宇	二等奖
59	广东	本科组	A	中山大学	罗立阳	郭印林	李函聪	二等奖
60	广西	本科组	A	桂林电子科技大学	林晟	林文慧	石桥	二等奖

续表二

序号	赛区	组别	题号	参赛队学校	学生姓名			奖项
61	广西	本科组	A	桂林理工大学	辛戈利	颜靖峰	王建	二等奖
62	广西	本科组	A	南宁师范大学	梁栩菲	周绮怡	韦程生	二等奖
63	广西	本科组	A	南宁学院	唐星成	李德广	黄文	二等奖
64	河北	本科组	A	河北工业大学	赵新玉	杨松领	贾仁杰	二等奖
65	河北	本科组	A	河北科技大学	刘雨辰	陈泽璐	孙建鹏	二等奖
66	河南	本科组	A	许昌学院	李潇斐	姜云龙	汪衍迪	二等奖
67	河南	本科组	A	许昌学院	唐晖雯	李欣如	赵豪磊	二等奖
68	河南	本科组	A	郑州轻工业大学	乔小龙	胡明辉	孔明阳	二等奖
69	河南	本科组	A	中原工学院	郭昊	徐鑫峰	杨世龙	二等奖
70	河南	本科组	A	中原工学院	张家祺	张世坤	袁梦豪	二等奖
71	黑龙江	本科组	A	东北石油大学	陈平	余润泽	郑岩	二等奖
72	黑龙江	本科组	A	东北石油大学	周恒	丁旭	程宪君	二等奖
73	黑龙江	本科组	A	哈尔滨工程大学	孟昊	王佳宾	王云锋	二等奖
74	黑龙江	本科组	A	哈尔滨工程大学	周波	闫羞玥	赵马强	二等奖
75	湖北	本科组	A	华中科技大学	谢雯宇	孙展	张慧子	二等奖
76	湖北	本科组	A	华中科技大学	甄宗玮	周慧龙	周翔宇	二等奖
77	湖北	本科组	A	华中师范大学	邵文彬	胡容鸣	杜冯	二等奖
78	湖北	本科组	A	华中师范大学	王洋莹	闫皓婷	赵苗苗	二等奖
79	湖北	本科组	A	武昌理工学院	储金科	雷达	邓琪	二等奖
80	湖北	本科组	A	武汉大学	陈璨	何彦儒	翁丽丹	二等奖
81	湖北	本科组	A	武汉大学	刘朝旭	吴雨婷	许凯翔	二等奖
82	湖北	本科组	A	武汉理工大学	范志福	郭泽宇	汪成祥	二等奖
83	湖北	本科组	A	中南民族大学	何娇睿	龚晓龙	王永志	二等奖
84	湖南	本科组	A	湖南大学	李昊	张博博	王宏振	二等奖
85	湖南	本科组	A	湖南理工学院	唐登峰	唐文配	雷强	二等奖
86	湖南	本科组	A	湖南文理学院	余波	谭章生	屈洁晴	二等奖
87	湖南	本科组	A	长沙理工大学	周嘉里	刘洲航	冯礼赞	二等奖
88	吉林	本科组	A	吉林大学	伍斌	张东华	吴昱宁	二等奖
89	江苏	本科组	A	常熟理工学院	丁强	黄圣武	叶军	二等奖
90	江苏	本科组	A	南京工业大学	卢漫可	温颢玮	何思寒	二等奖
91	江苏	本科组	A	南京理工大学	丁飞龙	孟宪碑	严潇	二等奖
92	江苏	本科组	A	南京信息工程大学	岑晓亮	马尚清	杨乐晴	二等奖

续表三

序号	赛区	组别	题号	参赛队学校	学生姓名			奖项
93	江苏	本科组	A	南京信息工程大学	郭靖丰	胡晨浩	刘俊杰	二等奖
94	江苏	本科组	A	南京邮电大学	白瑞昕	丛志刚	陈天豪	二等奖
95	江苏	本科组	A	南京邮电大学	方浩然	马辰煜	金湛皓	二等奖
96	江苏	本科组	A	南京邮电大学	邱孟德	蓝宏鹏	孙海淞	二等奖
97	江西	本科组	A	江西科技师范大学	郭之栋	熊子颖	刘筠	二等奖
98	江西	本科组	A	江西科技师范大学	谭嘉俊	邓凌琪	成勇健	二等奖
99	辽宁	本科组	A	大连理工大学	田昕阳	李文韬	雷国军	二等奖
100	辽宁	本科组	A	东北大学	关贝贝	彭沁茹	闫奕涵	二等奖
101	辽宁	本科组	A	东北大学	黄膺达	杨泽旭	李政祎	二等奖
102	山东	本科组	A	海军航空大学	许康	方原	于恒晟	二等奖
103	山东	本科组	A	济南大学	尚李娜	胡蛟翔	姚佳颖	二等奖
104	山东	本科组	A	济南大学	徐鹏飞	熊家冉	陈亚南	二等奖
105	山东	本科组	A	青岛大学	宋晓朋	王震	张广源	二等奖
106	山东	本科组	A	青岛理工大学	彭文兴	陈阳	梅玉林	二等奖
107	山东	本科组	A	青岛理工大学	鲜思彧	栾小晨	王霞月	二等奖
108	山东	本科组	A	山东大学	郭岚萱	周子翔	冯新春	二等奖
109	山东	本科组	A	山东大学	张郭伟	胡金鹏	姚世坤	二等奖
110	山东	本科组	A	山东大学	赵晨昕	周嘉琪	冷思远	二等奖
111	山东	本科组	A	烟台大学	曹瑞龙	聂学权	徐子涵	二等奖
112	山东	本科组	A	烟台大学	黄秋雨	郭辉	苏晨茜	二等奖
113	山东	本科组	A	烟台大学	魏昊天	毛新千	樊永鑫	二等奖
114	山东	本科组	A	中国石油大学(华东)	张朝来	高天羽	丁进	二等奖
115	山西	本科组	A	山西大学	魏禛	赵晨	王源春	二等奖
116	山西	本科组	A	中北大学	戴云腾	段定泓	陈俊健	二等奖
117	陕西	本科组	A	火箭军工程大学	程江宇	汪冠旭	张海涛	二等奖
118	陕西	本科组	A	西安电子科技大学	崔鸿沈源	王恒懿	刘嘉俊	二等奖
119	陕西	本科组	A	西安电子科技大学	许洺溪	刘云帆	李敬城	二等奖
120	陕西	本科组	A	西安交通大学	王浩天	田地	赵江宏	二等奖
121	陕西	本科组	A	西安交通大学	肖川丽	黄璟艺	柳滢坤	二等奖
122	陕西	本科组	A	西安交通大学	郑宇泽	柳楠	胡源	二等奖
123	陕西	本科组	A	西安交通大学	周伟	漆韩杰	曲凌枫	二等奖
124	上海	本科组	A	上海大学	徐静怡	朱奕任	唐圣昊	二等奖

续表四

序号	赛区	组别	题号	参赛队学校	学生姓名			奖项
125	上海	本科组	A	上海大学	杨蕾	周梦雅	崔文龙	二等奖
126	四川	本科组	A	电子科技大学	冯秋月	王尚亭	孙安琪	二等奖
127	四川	本科组	A	电子科技大学	周文睿	卢杰新	刘辰昊	二等奖
128	四川	本科组	A	电子科技大学成都学院	胡靳骞	杨颖	徐源	二等奖
129	四川	本科组	A	四川师范大学	张舒韵	贺新越	谭佳佳	二等奖
130	四川	本科组	A	西南石油大学	巴金宇	史雨杰	李耀辉	二等奖
131	四川	本科组	A	西南石油大学	张学建	吕荧	唐宏佛	二等奖
132	天津	本科组	A	河北工业大学	赵宇	刘曙光	梁栋	二等奖
133	天津	本科组	A	天津师范大学	陈琳	王卿雲	曹嘉坤	二等奖
134	天津	本科组	A	天津师范大学	金佳玮	李炫莹	王泽涵	二等奖
135	天津	本科组	A	天津师范大学	王佳杰	康俊杰	余星辰	二等奖
136	天津	本科组	A	天津师范大学	岳路星	朱秋华	刘俊仪	二等奖
137	天津	本科组	A	天津职业技术师范大学	于周斐	刘炎杨	郭中旺	二等奖
138	浙江	本科组	A	杭州电子科技大学	蔡正宇	唐正	陈新世	二等奖
139	浙江	本科组	A	丽水学院	李超	郭凌枫	严霜	二等奖
140	浙江	本科组	A	中国计量大学现代科技学院	屈金博	沈凯波	潘利斌	二等奖
141	重庆	本科组	A	西南大学	蔡锐	向鹏	温若澜	二等奖
142	重庆	本科组	A	西南大学	李建均	李仲杰	王彬力	二等奖
143	重庆	本科组	A	西南大学	廖子麒	陈玺	陈宇	二等奖
144	重庆	本科组	A	西南大学	刘浩彬	雍腾	秦尧	二等奖
145	重庆	本科组	A	重庆大学	郭思为	朱轩毅	侯俊逸	二等奖
146	重庆	本科组	A	重庆大学	杨帅	陈率	周子恒	二等奖
147	重庆	本科组	A	重庆理工大学	张倩	张兆麒	马勤波	二等奖
148	重庆	本科组	A	重庆邮电大学	丁泊远	杨东渝	肖小云	二等奖

B 题获奖名单

序号	赛区	组别	题号	参赛队学校	学生姓名			奖项
149	湖北	本科组	B	华中科技大学	包浚炀	胡茜婕	周清越	一等奖
150	湖北	本科组	B	华中科技大学	杨文龙	王方永	姚鸿泰	一等奖
151	湖北	本科组	B	武汉大学	胡少华	胡浩田	曾意	一等奖
152	湖南	本科组	B	湖南工程学院	邝鑫	王顺	李叶宏	一等奖
153	湖南	本科组	B	南华大学	王浩	袁克凯	韩奈泽	一等奖

续表五

序号	赛区	组别	题号	参赛队学校	学生姓名			奖项
154	湖南	本科组	B	南华大学	左芊	周威	甘嘉健	一等奖
155	湖南	本科组	B	长沙理工大学	王东民	马强	周宇	一等奖
156	江苏	本科组	B	南京航空航天大学	廖乐成	彭施聪	李高峰	一等奖
157	江苏	本科组	B	南京理工大学	李昌平	朱昊	雷智威	一等奖
158	江苏	本科组	B	南京理工大学	马雪阳	王天之	黄嘉皓	一等奖
159	辽宁	本科组	B	大连理工大学	孙连键	孙腾力	张泓岳	一等奖
160	山东	本科组	B	哈尔滨理工大学荣成学院	王焕为	宋佩霖	邓翔宇	一等奖
161	山东	本科组	B	山东大学	袁一鸣	周怡凡	萧人菘	一等奖
162	四川	本科组	B	电子科技大学	刘敏	王承辉	万奕阳	一等奖
163	四川	本科组	B	四川大学	李想	辛明远	濮川苘	一等奖
164	四川	本科组	B	西南交通大学	张恒鹏	陈瑀	刘文杰	一等奖
165	浙江	本科组	B	浙江工业大学	施淑娟	阮浩宇	徐思雨	一等奖
166	浙江	本科组	B	浙江工业大学	应王瑞	许灵杰	陈越	一等奖
167	北京	本科组	B	中国矿业大学(北京)	周健	王雪蓓	杨瀚森	二等奖
168	福建	本科组	B	福州大学至诚学院	邵炜	林楷迪	刘诗辰	二等奖
169	福建	本科组	B	福州大学至诚学院	周俊锋	冯钦治	郑灿龙	二等奖
170	福建	本科组	B	闽南科技学院	谢洪超	李康	叶菊玲	二等奖
171	福建	本科组	B	三明学院	林伟	陈湛枫	黄宇	二等奖
172	福建	本科组	B	三明学院	田泽霖	杨雪迪	黄晶成	二等奖
173	福建	本科组	B	三明学院	严泽睿	陈家俊	钟深	二等奖
174	广东	本科组	B	东莞理工学院	陈光乐	孔祖荫	范乾烜	二等奖
175	广东	本科组	B	东莞理工学院	王泺涵	胡绪超	陈博翔	二等奖
176	广东	本科组	B	广州南方学院	叶卓恒	应凌玉	李全佳	二等奖
177	广西	本科组	B	桂林电子科技大学	王港雯	刘子敏	王蓉蓉	二等奖
178	河北	本科组	B	河北工业大学	赵子琪	王璐洋	张仕清	二等奖
179	河南	本科组	B	南阳理工学院	时文珺	郭波航	穆佑豪	二等奖
180	河南	本科组	B	商丘工学院	冯康	杨尊	吴龙	二等奖
181	河南	本科组	B	郑州大学	尤昌元	李佳	王城宫	二等奖
182	河南	本科组	B	中原工学院	谭文新	宋凡恒	姜凯龙	二等奖
183	黑龙江	本科组	B	哈尔滨工业大学	林若彬	彭涛	于鑫	二等奖
184	黑龙江	本科组	B	哈尔滨工业大学	王培晨	王双双	姜易	二等奖
185	湖南	本科组	B	湖南工业大学	黄新	郝国军	邹涌	二等奖

续表六

序号	赛区	组别	题号	参赛队学校	学生姓名			奖项
186	湖南	本科组	B	湖南水利水电职业技术学院	隆俊儒	李嘉玮	王艳文	二等奖
187	湖南	本科组	B	南华大学	吴昊	郭荛	娄添皓	二等奖
188	吉林	本科组	B	东北电力大学	孙一丁	杨婷贺	刘翔	二等奖
189	江苏	本科组	B	江苏大学	冯健为	王骏腾	秦杨	二等奖
190	江苏	本科组	B	江苏大学	郭恒	谷岳璋	王婕	二等奖
191	江苏	本科组	B	江苏大学	汤程烨	许瀚文	吴志强	二等奖
192	江苏	本科组	B	南京工程学院	刘昕禹	李梓滔	彭一程	二等奖
193	江西	本科组	B	江西科技师范大学	王家成	刘建繁	刘翔	二等奖
194	江西	本科组	B	江西科技师范大学	杨丽丽	余亮	郭腾太	二等奖
195	辽宁	本科组	B	大连理工大学	刘禹池	于祥琳	刘付嘉	二等奖
196	辽宁	本科组	B	辽宁工业大学	徐紫依	曹莉佳	王正义	二等奖
197	辽宁	本科组	B	辽宁工业大学	叶奕帆	张艺钟	王昕一	二等奖
198	山东	本科组	B	山东理工大学	赵永琪	汪庆超	任新建	二等奖
199	山西	本科组	B	太原师范学院	张阳	贾明芳	路泽锋	二等奖
200	陕西	本科组	B	火箭军工程大学	吕晓雨	李翔	李昱	二等奖
201	上海	本科组	B	上海海事大学	王晓东	顾骁	孟凡丁	二等奖
202	四川	本科组	B	电子科技大学	武远卓	张煊昊	宫新策	二等奖
203	四川	本科组	B	西南交通大学	冯元	黄亦成	田朔	二等奖
204	天津	本科组	B	天津理工大学	王博	郭思宇	郑兴至	二等奖
205	云南	本科组	B	昆明理工大学	沙清华	金能武	屈政昇	二等奖
206	浙江	本科组	B	杭州电子科技大学	陈克俭	赖宇帆	郑翔	二等奖
207	浙江	本科组	B	浙江工业大学	钟启迪	吴辰浩	王俊杭	二等奖
208	重庆	本科组	B	重庆理工大学	童岩	蔡年顺	郑赫	二等奖
209	重庆	本科组	B	重庆理工大学	王晓龙	刘恒	孙国林	二等奖
210	重庆	本科组	B	重庆师范大学	陈雨杰	王蕊	梁纤璐	二等奖

C 题获奖名单

序号	赛区	组别	题号	参赛队学校	学生姓名			奖项
211	广东	本科组	C	五邑大学	邓俊达	梁伟林	余品良	一等奖
212	广西	本科组	C	广西师范大学	河东源	范嘉晨	张文钟	一等奖
213	河北	本科组	C	河北科技大学	黄圣烽	徐泽靖	孙亚楠	一等奖
214	河北	本科组	C	河北科技大学	凌星乐	胡志豪	却周星	一等奖
215	河北	本科组	C	河北科技大学理工学院	孙冬冬	李士博	王汝庆	一等奖

续表七

序号	赛区	组别	题号	参赛队学校	学生姓名			奖项
216	河北	本科组	C	河北科技大学理工学院	张佳硕	刘广	付晗	一等奖
217	河南	本科组	C	南阳理工学院	张登魁	祁国春	蔡赛赛	一等奖
218	河南	本科组	C	南阳理工学院	周壹帆	黄晨曦	徐晨	一等奖
219	湖北	本科组	C	华中科技大学	马诗旸	张家华	王霖	一等奖
220	湖北	本科组	C	华中科技大学	周文涛	商毅	何汰航	一等奖
221	湖北	本科组	C	武汉大学	陈超	魏伊可	杨龙娇	一等奖
222	湖北	本科组	C	武汉大学	罗志腾	杨紫璇	王翔远	一等奖
223	湖北	本科组	C	武汉理工大学	陈宇	黄子建	张延	一等奖
224	湖南	本科组	C	国防科技大学	李亮儒	孟令鑫	陈博闻	一等奖
225	湖南	本科组	C	湖南工程学院	隆雯	范子怡	赵展飞	一等奖
226	湖南	本科组	C	湖南师范大学	刘廉	邹康	龚家英	一等奖
227	湖南	本科组	C	南华大学	董毅龙	黄静	李嘉婉	一等奖
228	湖南	本科组	C	南华大学	梁继烨	黄予	黎泽庭	一等奖
229	湖南	本科组	C	长沙理工大学	邱博奕	邓瑞	杨琼	一等奖
230	江苏	本科组	C	南京师范大学	汪铁铮	王力	董竺涛	一等奖
231	江苏	本科组	C	南京邮电大学	陈敬阳	邵明霄	陈万岭	一等奖
232	江苏	本科组	C	南京邮电大学通达学院	卞一辰	徐远帆	史纪晖	一等奖
233	江西	本科组	C	南昌大学	聂浩楠	张箭洋	田尚青	一等奖
234	辽宁	本科组	C	大连海事大学	吕凯	刘明哲	洪孝	一等奖
235	辽宁	本科组	C	大连理工大学	陈震霆	曲德健	郝智贤	一等奖
236	山东	本科组	C	青岛理工大学	李平川	吴永铎	孔维璨	一等奖
237	山西	本科组	C	中北大学	徐正立	刘子晨	孟大清	一等奖
238	陕西	本科组	C	西北大学	刘小龙	惠玉皎	胡莹莹	一等奖
239	陕西	本科组	C	西北大学	徐姚瑶	李钊	李双	一等奖
240	四川	本科组	C	电子科技大学	覃嗣豪	魏振振	张紫弘	一等奖
241	四川	本科组	C	电子科技大学	张红阳	李鸿坤	宋梓旋	一等奖
242	浙江	本科组	C	杭州电子科技大学	徐鑫磊	邹文	王来龙	一等奖
243	浙江	本科组	C	绍兴文理学院	潘乐洋	徐铫峻	杨基业	一等奖
244	浙江	本科组	C	绍兴文理学院	湛韦华	董晨浩	蓝健	一等奖
245	浙江	本科组	C	温州大学	章伟壹	李晴	黄洁岚	一等奖
246	浙江	本科组	C	浙江理工大学	胡沈醉	黄煜	金泽飞	一等奖
247	浙江	本科组	C	浙江师范大学	朱瑾	曹可滢	项灵琪	一等奖
248	北京	本科组	C	北方工业大学	曾永德	赵懿	杨永康	二等奖

续表八

序号	赛区	组别	题号	参赛队学校	学生姓名			奖项
249	北京	本科组	C	北方工业大学	李志沂	徐紫嫣	赵刚	二等奖
250	北京	本科组	C	北方工业大学	杨智博	何治佳	刘佳妮	二等奖
251	北京	本科组	C	北京石油化工学院	李鑫	李彦昆	张雷	二等奖
252	北京	本科组	C	北京石油化工学院	邵昊	丛强	何滢	二等奖
253	福建	本科组	C	闽南师范大学	郭涛	郑恩	陈振铭	二等奖
254	福建	本科组	C	泉州信息工程学院	余琼	白叶帅	陈德顺	二等奖
255	福建	本科组	C	厦门工学院	杨明	吴志祥	李炜煌	二等奖
256	广东	本科组	C	哈尔滨工业大学(深圳)	张大明	李司南	梁天海	二等奖
257	广东	本科组	C	韩山师范学院	彭进宝	刘雍锡	张美婷	二等奖
258	广东	本科组	C	深圳大学	林子杰	王子维	龙俊江	二等奖
259	广西	本科组	C	广西科技大学	甘睿科	陈开辉	戴创昆	二等奖
260	广西	本科组	C	广西师范大学	李雨蔓	朱培涵	雷沛演	二等奖
261	广西	本科组	C	桂林电子科技大学	陈康	谭景文	李丁函	二等奖
262	广西	本科组	C	桂林电子科技大学	林俊宇	肖祖霖	韦志忠	二等奖
263	广西	本科组	C	桂林理工大学南宁分校	韦勇	周炬吉	代洋洋	二等奖
264	广西	本科组	C	玉林师范学院	梁立亮	王崇贤	雷棋淯	二等奖
265	广西	本科组	C	玉林师范学院	廖梓楠	黄月容	蒋忠清	二等奖
266	河北	本科组	C	燕山大学	朱海	何依林	马子迪	二等奖
267	河南	本科组	C	河南科技大学	孙莉华	祁兆基	屠文博	二等奖
268	河南	本科组	C	黄河科技学院	范海锋	王华生	冯梦珂	二等奖
269	河南	本科组	C	黄淮学院	张帆	刘孝满	李智国	二等奖
270	河南	本科组	C	新乡学院	马晶悦	周凤	李智赛	二等奖
271	河南	本科组	C	新乡学院	王垠方	梅江涛	王英杰	二等奖
272	河南	本科组	C	新乡学院	赵宜情	房帅涛	王宇腾	二等奖
273	河南	本科组	C	许昌学院	孙德欣	万正阳	顾佳奇	二等奖
274	河南	本科组	C	战略支援部队信息工程大学	安九郦	钟琦	潘凯	二等奖
275	河南	本科组	C	战略支援部队信息工程大学	任肃北	曹思钰	李代威	二等奖
276	河南	本科组	C	中原工学院	陈世帅	崔云涵	李傲文	二等奖
277	河南	本科组	C	中原工学院	敬绘泽	赵鹏飞	来涛涛	二等奖
278	河南	本科组	C	中原工学院	杨波	黄胜利	李政	二等奖
279	河南	本科组	C	周口师范学院	邵垭琦	路晓杰	强浩	二等奖

续表九

序号	赛区	组别	题号	参赛队学校	学生姓名			奖项
280	黑龙江	本科组	C	哈尔滨工业大学	白旭东	李展飞	于佳强	二等奖
281	黑龙江	本科组	C	哈尔滨工业大学	胡心	邹静	冯紫麒	二等奖
282	黑龙江	本科组	C	哈尔滨工业大学	蓝鹏程	毛敏文	马航宇	二等奖
283	黑龙江	本科组	C	哈尔滨工业大学	张帆	王灏哲	崔建新	二等奖
284	湖北	本科组	C	华中科技大学	田淞	黄德明	刘玥汐	二等奖
285	湖北	本科组	C	华中科技大学	严张珂	李钰泷	李瀛哲	二等奖
286	湖北	本科组	C	武汉大学	黄胡星	邱燕倩	梅捷	二等奖
287	湖南	本科组	C	国防科技大学	郑云天	李俊秀	时仲浩	二等奖
288	湖南	本科组	C	湖南城市学院	裴正旺	陈东升	李嘉豪	二等奖
289	湖南	本科组	C	湖南科技学院	颜鹏	刘喜龙	彭海峰	二等奖
290	湖南	本科组	C	湖南师范大学	王济帆	刘德军	龙保鑫	二等奖
291	湖南	本科组	C	长沙理工大学	黄昕飞	吴洋	李睿恩	二等奖
292	吉林	本科组	C	吉林化工学院	李久鹏	孙维新	孙志远	二等奖
293	吉林	本科组	C	长春大学	赵肖飞	张帅	王哲	二等奖
294	江苏	本科组	C	东南大学	许杨	宋振宇	徐定宽	二等奖
295	江苏	本科组	C	江南大学	段勤硕	孙环林	周芮	二等奖
296	江苏	本科组	C	江南大学	苏春宝	朱浩轩	郭皓宇	二等奖
297	江苏	本科组	C	南京航空航天大学	申鑫冉	项安黎	陈勇安	二等奖
298	江苏	本科组	C	南京师范大学	李慧云	沈亚琦	朱磬鼎	二等奖
299	江苏	本科组	C	南京邮电大学	盛晨曦	唐玉科	钱镇棋	二等奖
300	江苏	本科组	C	无锡太湖学院	陈道来	周能	姜燕	二等奖
301	辽宁	本科组	C	渤海大学	郭盛	李阿飞	蔡佳辉	二等奖
302	辽宁	本科组	C	大连工业大学	刘中意	田诚	赵宇天	二等奖
303	辽宁	本科组	C	大连海事大学	刘德灿	张金乐	邵哲	二等奖
304	辽宁	本科组	C	大连海事大学	牟田宇	付智勇	毛东平	二等奖
305	辽宁	本科组	C	大连海事大学	王彤	刘原驰	卓可越	二等奖
306	辽宁	本科组	C	大连理工大学	姜晓涵	吴文玮	段海飞	二等奖
307	辽宁	本科组	C	大连理工大学	邱世豪	唐华奕	倪嘉	二等奖
308	辽宁	本科组	C	大连理工大学	杨龙康	黄竞楷	陈光耀	二等奖
309	山东	本科组	C	山东大学	丁宏伟	袁陈昕炜	冯靖雷	二等奖
310	山东	本科组	C	山东大学	杨梓轩	张一民	李文田	二等奖
311	山东	本科组	C	山东理工大学	程若曦	刘文超	孙孟珊	二等奖

续表十

序号	赛区	组别	题号	参赛队学校	学生姓名			奖项
312	山东	本科组	C	烟台大学	刘文哲	崔继洲	齐乃旭	二等奖
313	山东	本科组	C	烟台大学	杨硕	王淏林	刘克硕	二等奖
314	山东	本科组	C	中国石油大学(华东)	樊旭	张宇	郑卓良	二等奖
315	山东	本科组	C	中国石油大学(华东)	张博研	陈狄彬	卢郭心	二等奖
316	山西	本科组	C	中北大学	刘清华	崔可	张佳淼	二等奖
317	山西	本科组	C	中北大学	朱世昌	赵杨	杨宇清	二等奖
318	陕西	本科组	C	西安电子科技大学	陈泳吉	李中博	裴青琦	二等奖
319	陕西	本科组	C	西安电子科技大学	冯璐高泽	左志峰	朱烨昕	二等奖
320	陕西	本科组	C	西安理工大学	路宇露	薛兴无	白雄方	二等奖
321	陕西	本科组	C	西安邮电大学	罗松柳	杨原青	高卓越	二等奖
322	陕西	本科组	C	西安邮电大学	欧柳鸣	陈鹏飞	高子力	二等奖
323	陕西	本科组	C	西北大学	陈济州	杨东东	侯清悦	二等奖
324	陕西	本科组	C	西藏民族大学	蔡天有	陈冬淋	陈逸媚	二等奖
325	上海	本科组	C	上海大学	邵家懿	杨茗晖	吴辰昊	二等奖
326	上海	本科组	C	上海海事大学	孙吉昊	李博轩	王浩	二等奖
327	上海	本科组	C	上海理工大学	徐贤炜	洪文豪	宋浩然	二等奖
328	四川	本科组	C	成都信息工程大学	李俊安	张齐	杨齐天	二等奖
329	四川	本科组	C	成都信息工程大学	孟立惟	刘西桐	沈巨杰	二等奖
330	四川	本科组	C	成都信息工程大学	周建华	王倩茜	陈旭	二等奖
331	四川	本科组	C	电子科技大学	邓鸿飞	赵川	张洮骁	二等奖
332	四川	本科组	C	电子科技大学	罗政洪	杨禹霄	张颖	二等奖
333	四川	本科组	C	四川大学	包鹏	李梓帆	陈姣娇	二等奖
334	四川	本科组	C	西南交通大学	刘俊江	徐朋程	周涛	二等奖
335	天津	本科组	C	南开大学	高一鸣	魏雯	孔云龙	二等奖
336	天津	本科组	C	南开大学	李升辉	朱坤碧	莫子涵	二等奖
337	天津	本科组	C	南开大学	姚景瀚	杨文豪	屈泊含	二等奖
338	云南	本科组	C	昆明理工大学	陈韬	刘红权	金龙	二等奖
339	云南	本科组	C	曲靖师范学院	耿传兴	李豪	李达升	二等奖
340	云南	本科组	C	西南林业大学	何秋艳	李松沂	李昌蔚	二等奖
341	云南	本科组	C	西南林业大学	王甲一	胡嘉靖	方帆	二等奖
342	云南	本科组	C	云南农业大学	飞明辉	陈晓艺	刘波	二等奖
343	重庆	本科组	C	长江师范学院	陈俊宇	刘忠霖	吴宇豪	二等奖

续表十一

序号	赛区	组别	题号	参赛队学校	学生姓名			奖项
344	重庆	本科组	C	重庆机电职业技术大学	牟琪琦	石浩宏	余坤蓉	二等奖
345	重庆	本科组	C	重庆理工大学	李国祥	杜涛	刘雪婷	二等奖

D题获奖名单

序号	赛区	组别	题号	参赛队学校	学生姓名			奖项
346	安徽	本科组	D	淮北师范大学	黄花	张子寒	乔亚康	一等奖
347	北京	本科组	D	北京航空航天大学	李军阳	苏小鹏	倪俊锋	一等奖
348	广西	本科组	D	桂林电子科技大学	周钊伟	韩刘远志	陈宇通	一等奖
349	湖北	本科组	D	华中科技大学	李楠	唐崴	冀苗欣	一等奖
350	湖南	本科组	D	国防科技大学	汤瑞丰	蒋汶乘	张珂珂	一等奖
351	湖南	本科组	D	湖南信息学院	刘常平	任岳鑫	王艺臻	一等奖
352	江苏	本科组	D	南京工程学院	金夏安	罗鑫	王晓曼	一等奖
353	江苏	本科组	D	南京工程学院	张乐泉	冯家乐	俞阳	一等奖
354	江苏	本科组	D	南京工业大学	李维诚	孙文浩	徐誉坤	一等奖
355	江苏	本科组	D	南京信息工程大学	周顺隆	戚昱	宋阳	一等奖
356	江苏	本科组	D	南京邮电大学	何少鹏	肖祉晗	严宇恒	一等奖
357	江苏	本科组	D	南京邮电大学	嵇志康	方月彤	陈嘉鸿	一等奖
358	辽宁	本科组	D	大连海事大学	柴昱	罗盟之	张开源	一等奖
359	辽宁	本科组	D	大连海事大学	张福阳	南旺辉	李登科	一等奖
360	山东	本科组	D	山东大学	罗馨雅	卫思屹	梁校熙	一等奖
361	山东	本科组	D	中国海洋大学	王哲涵	全泓达	谢元昊	一等奖
362	上海	本科组	D	上海交通大学	叶炀涛	安炀松	郑炼凯	一等奖
363	四川	本科组	D	成都信息工程大学	杨玉航	傅豪	朱烨	一等奖
364	四川	本科组	D	电子科技大学	陈绍娟	刘关美	史晓栋	一等奖
365	四川	本科组	D	电子科技大学	徐卓	黄文昊	焦立民	一等奖
366	四川	本科组	D	西南石油大学(南充校区)	刘瑶	何琳	余光耀	一等奖
367	云南	本科组	D	昆明理工大学	段鉴哲	华春月	陈佳宏	一等奖
368	浙江	本科组	D	杭州电子科技大学	毛家达	张炜	占振涛	一等奖
369	浙江	本科组	D	杭州电子科技大学	陶荣华	陆博文	王幸涵	一等奖
370	安徽	本科组	D	合肥工业大学	刘姝言	张士诚	林子越	二等奖
371	福建	本科组	D	福建工程学院	张义阳	潘鑫	吴诗淇	二等奖
372	福建	本科组	D	福建农林大学	何丽丽	邱杭芳	张洋文	二等奖
373	福建	本科组	D	福州大学至诚学院	林锦强	林培坚	吕雪	二等奖

续表十二

序号	赛区	组别	题号	参赛队学校	学生姓名			奖项
374	福建	本科组	D	华侨大学	李昊唐	陈新宇	陈天宸	二等奖
375	福建	本科组	D	华侨大学	苏国烺	莫健	杨栋梁	二等奖
376	福建	本科组	D	华侨大学	孙溪	柳少伟	周明伟	二等奖
377	福建	本科组	D	集美大学	薛诚豪	黄博宏	赖兴杰	二等奖
378	福建	本科组	D	闽南理工学院	吴腾飞	陈宇涛	陈德胜	二等奖
379	福建	本科组	D	闽南师范大学	李涛	李林剑	钱崇鹏	二等奖
380	福建	本科组	D	阳光学院	陈贤镇	黄家伟	张豪	二等奖
381	广东	本科组	D	南方科技大学	丁辰辰	王云天	罗君益	二等奖
382	广东	本科组	D	汕头大学	钟铸威	胡艺龄	李建立	二等奖
383	广西	本科组	D	广西大学	梁海生	彭康柏	邱礼根	二等奖
384	广西	本科组	D	广西民族师范学院	李宏顺	凌志辉	谭锦元	二等奖
385	广西	本科组	D	桂林电子科技大学	梁家耀	谢可莹	陆桂龙	二等奖
386	广西	本科组	D	河池学院	李明锋	蓝翠玲	蓝和宁	二等奖
387	广西	本科组	D	河池学院	蒙之炫	黄意龙	谭俊业	二等奖
388	河北	本科组	D	东北大学秦皇岛分校	彭仕涵	吴世君	梁启航	二等奖
389	河北	本科组	D	河北大学	李正阳	马浩天	张祯昊	二等奖
390	河北	本科组	D	燕山大学	牛梽宇	高子敬	张晴	二等奖
391	河南	本科组	D	河南科技大学	杨金博	赵恩智	李书涵	二等奖
392	河南	本科组	D	战略支援部队信息工程大学	孙赵磊	刘晓威	杨启航	二等奖
393	河南	本科组	D	中原工学院	余龙	王可	祝克辉	二等奖
394	湖北	本科组	D	湖北经济学院	张杨豪	吴潇文	涂益豪	二等奖
395	湖北	本科组	D	武汉大学	杨越	陈广	张慧颖	二等奖
396	湖北	本科组	D	中国地质大学(武汉)	束雨欣	王晨铭	李光超	二等奖
397	湖南	本科组	D	中南大学	张家辉	匡方涛	刘臣轩	二等奖
398	吉林	本科组	D	吉林大学	于子博	刘祚恒	姚一凡	二等奖
399	吉林	本科组	D	吉林大学	张洋	伍泽鸿	黄安冉	二等奖
400	江苏	本科组	D	南京大学	郭雨维	刁培杰	刘乘杰	二等奖
401	江苏	本科组	D	南京邮电大学	汤谨溥	殷国栋	冯骥川	二等奖
402	江西	本科组	D	九江学院	饶武松	欧阳曦	谢铨	二等奖
403	山东	本科组	D	聊城大学	吕锴铭	郑欢	王渤友	二等奖
404	山东	本科组	D	山东大学	黄国栋	王申奥	李志强	二等奖
405	山东	本科组	D	山东交通学院	朱海亮	王志强	韩恺	二等奖

续表十三

序号	赛区	组别	题号	参赛队学校	学生姓名			奖项
406	山东	本科组	D	山东科技大学	胡继英朔	董翔宇	刘兴杰	二等奖
407	山东	本科组	D	山东科技大学	王韶阳	胡华昌	程子超	二等奖
408	山西	本科组	D	山西警察学院	张潞	高盛	张鑫	二等奖
409	山西	本科组	D	运城学院	刘清	申立朝	张玮宸	二等奖
410	陕西	本科组	D	西安电子科技大学	王海麟	李家宣	高钰淞	二等奖
411	陕西	本科组	D	西安电子科技大学	张辰凯	赵佳峻	蒋逸	二等奖
412	上海	本科组	D	东华大学	陈帅杰	马鸣浦	张唯佳	二等奖
413	上海	本科组	D	东华大学	黄晓钰	接莹莹	马群	二等奖
414	上海	本科组	D	东华大学	朱华章	陈子千	杨哲博	二等奖
415	上海	本科组	D	上海交通大学	冯家豪	段以恒	陈梓欣	二等奖
416	四川	本科组	D	西南石油大学（南充校区）	卢成娅	邓杰	杨航	二等奖
417	天津	本科组	D	南开大学	黎鸿儒	李　岳	杨润卓	二等奖
418	天津	本科组	D	南开大学	夏晨皓	于志恒	张孟旸	二等奖
419	天津	本科组	D	天津大学	李益壮	谷东启	谭桦杰	二等奖
420	天津	本科组	D	天津大学	王磊	刘赫	吕思源	二等奖
421	新疆	本科组	D	新疆大学	周惊涛	闫凤林	陈家玮	二等奖
422	浙江	本科组	D	杭州电子科技大学	胡小龙	余昊澄	邱浩	二等奖
423	浙江	本科组	D	杭州电子科技大学	陆泽源	钟思平	郭甸涛	二等奖
424	浙江	本科组	D	温州大学	杨洋	陈皓栋	黄安东	二等奖
425	浙江	本科组	D	浙大宁波理工学院	蒋鑫天	王健	安杰	二等奖
426	重庆	本科组	D	西南大学	杜佳璇	金依菲	王涵	二等奖

E 题获奖名单

序号	赛区	组别	题号	参赛队学校	学生姓名			奖项
427	北京	本科组	E	北京邮电大学	党导航	蒋睿阳	李肖龙	一等奖
428	北京	本科组	E	北京邮电大学	王希乐	刘翌晨	萧豪盛	一等奖
429	广西	本科组	E	桂林电子科技大学	肖凯	唐海	李帅强	一等奖
430	湖北	本科组	E	武汉大学	胡博文	汪文博	司晗骞	一等奖
431	湖南	本科组	E	怀化学院	唐格林	文瑶洁	陈宏港	一等奖
432	湖南	本科组	E	怀化学院	张智	杨蕙先	邓宇思	一等奖
433	吉林	本科组	E	东北电力大学	刘志强	王锦洋	徐莹	一等奖
434	山东	本科组	E	齐鲁工业大学	祁璟晗	罗龙发	胡志远	一等奖

续表十四

序号	赛区	组别	题号	参赛队学校	学生姓名			奖项
435	山东	本科组	E	山东大学	钟林峰	邱富聪	彭皓翔	一等奖
436	陕西	本科组	E	陕西科技大学	徐佳伟	田昊	张瑞琦	一等奖
437	陕西	本科组	E	西安电子科技大学	令佳明	易沛霓	巨展宇	一等奖
438	陕西	本科组	E	西安邮电大学	王政	杜思敏	盛昊	一等奖
439	上海	本科组	E	上海大学	刘峻晖	谷宇航	柯丁睿	一等奖
440	四川	本科组	E	成都信息工程大学	谢梓杰	叶莲涟	尹迎吉	一等奖
441	四川	本科组	E	电子科技大学	陈奕燃	王永冰	郭嘉雄	一等奖
442	浙江	本科组	E	杭州电子科技大学	华涛	钱宇	文淏	一等奖
443	福建	本科组	E	华侨大学	付正秋	王君如	武迪	二等奖
444	广东	本科组	E	广东海洋大学	毛心海	韦沛文	卢涛	二等奖
445	广东	本科组	E	哈尔滨工业大学(深圳)	梁靖	王佑东	李凌峰	二等奖
446	广东	本科组	E	华南师范大学	谭锦基	黄金鑫	马愈淇	二等奖
447	广西	本科组	E	玉林师范学院	陆永辉	袁冠辉	钟建杰	二等奖
448	河北	本科组	E	河北科技大学理工学院	赵春智	周祥硕	张卫涛	二等奖
449	河南	本科组	E	信阳师范学院	刘旭	刘小满	赵广征	二等奖
450	河南	本科组	E	信阳师范学院	徐若麟	饶雨全	杜林峰	二等奖
451	河南	本科组	E	战略支援部队信息工程大学	付雨欣	邓虹杰	胡兴赟	二等奖
452	河南	本科组	E	战略支援部队信息工程大学	吕浩宇	丁帅帅	孙鹏贺	二等奖
453	河南	本科组	E	战略支援部队信息工程大学	杨骏源	杨柳	商巧盛	二等奖
454	黑龙江	本科组	E	哈尔滨工业大学	李小保	唱响	叶华辰	二等奖
455	湖北	本科组	E	武汉大学	姜嘉晖	农建鑫	于文博	二等奖
456	湖北	本科组	E	武汉大学	廖宗波	周龙	林显浩	二等奖
457	湖南	本科组	E	湖南理工学院	贺家豪	桂星如	陈业骏	二等奖
458	吉林	本科组	E	东北电力大学	张鑫	李晨铭	廖阳	二等奖
459	江苏	本科组	E	东南大学成贤学院	罗紫阳	李新朋	罗凯尹	二等奖
460	江苏	本科组	E	东南大学成贤学院	徐磊鑫	谢思艺	周伟宝	二等奖
461	江苏	本科组	E	江苏海洋大学	钱春晓	张旭萌	张旭	二等奖
462	江苏	本科组	E	南京邮电大学	霍劲羽	李世远	赵宇晨	二等奖
463	江苏	本科组	E	南京邮电大学	尚振阳	李成栋	陈泓江	二等奖
464	江苏	本科组	E	盐城师范学院	许仇浩	刘坚艺	金天辰	二等奖
465	江西	本科组	E	九江学院	刘经海	刘建江	左志星	二等奖

续表十五

序号	赛区	组别	题号	参赛队学校	学生姓名			奖项
466	辽宁	本科组	E	大连海事大学	王沛佩	陈一盈	龙清	二等奖
467	山东	本科组	E	中国石油大学(华东)	薛淇	梁光信	赵宇鑫	二等奖
468	山西	本科组	E	太原工业学院	高培棋	程亮	冉轩琪	二等奖
469	山西	本科组	E	太原理工大学	刘利锋	宋晨曦	吴泽坤	二等奖
470	山西	本科组	E	中北大学	张天慧	傅昌康	刘三仔	二等奖
471	陕西	本科组	E	西安石油大学	刘杰	马京臣	郭颖春	二等奖
472	四川	本科组	E	成都理工大学工程技术学院	杨华	周太航	李昊芯	二等奖
473	四川	本科组	E	成都信息工程大学	李雄伟	曾杰	廖佳慧	二等奖
474	四川	本科组	E	四川大学	秦山河	文思涵	周艺林	二等奖
475	浙江	本科组	E	浙江理工大学	叶忠儒	李国志	朱海航	二等奖
476	浙江	本科组	E	浙江理工大学	尤彦辰	金飞宇	叶俊龙	二等奖
477	浙江	本科组	E	中国计量大学	邓立唯	梁海峰	郑杭磊	二等奖
478	重庆	本科组	E	重庆大学	廖一鸣	严运杰	吴运铎	二等奖
479	重庆	本科组	E	重庆邮电大学	李杨龙	赵大溢	谢玉婷	二等奖

F 题获奖名单

序号	赛区	组别	题号	参赛队学校	学生姓名			奖项
480	安徽	本科组	F	安徽工程大学	赵金山	李立群	毛泽权	一等奖
481	安徽	本科组	F	安徽三联学院	李阿标	丁星星	顾卜亮	一等奖
482	安徽	本科组	F	安徽三联学院	张毅	霍殿金	高兆君	一等奖
483	安徽	本科组	F	芜湖职业技术学院	余佳雯	李康原	宋双双	一等奖
484	北京	本科组	F	北京化工大学	曾晨	冯家欣	陈昊民	一等奖
485	北京	本科组	F	北京化工大学	张泽良	吴洋	杨浩杰	一等奖
486	福建	本科组	F	宁德师范学院	陈新	吕林卿	姜良麒	一等奖
487	广东	本科组	F	广东工业大学	陈丽璋	麦茂靖	徐李耿	一等奖
488	广东	本科组	F	哈尔滨工业大学(深圳)	陆子鸿	林杰宇	陈麒源	一等奖
489	广东	本科组	F	五邑大学	颜禧烽	赖旭辉	陈飞文	一等奖
490	广西	本科组	F	桂林电子科技大学	王文金	丁宁	罗华崇	一等奖
491	广西	本科组	F	桂林电子科技大学	赵泽鑫	冯钊杰	朱炜义	一等奖
492	河北	本科组	F	华北理工大学	岑兴武	晁宇龙	王奕杰	一等奖
493	河北	本科组	F	华北理工大学	王泉	耿沛森	王道琛	一等奖
494	河北	本科组	F	石家庄铁道大学四方学院	柴子都	张东亚	周鸣萧	一等奖

续表十六

序号	赛区	组别	题号	参赛队学校	学生姓名			奖项
495	河北	本科组	F	石家庄铁道大学四方学院	赵广礼	旷杜康	刘明炀	一等奖
496	河北	本科组	F	燕山大学	丁浩然	杨世宇	鲍林	一等奖
497	河北	本科组	F	燕山大学	马鼎	吴芳远	马文杰	一等奖
498	河南	本科组	F	河南工业大学	董志虎	杨亚龙	夏双	一等奖
499	河南	本科组	F	河南工业大学	赵洋	杨靖宇	王鸿飞	一等奖
500	河南	本科组	F	河南科技大学	常龙龙	王思杰	赵文豪	一等奖
501	河南	本科组	F	河南科技大学	胡程畅	罗睿超	胡京涛	一等奖
502	河南	本科组	F	洛阳理工学院	侯鑫鑫	时继飞	王路开	一等奖
503	河南	本科组	F	洛阳理工学院	尹振汉	张自力	朱晗菲	一等奖
504	河南	本科组	F	许昌学院	冯凤阳	章萌	徐银彬	一等奖
505	湖北	本科组	F	湖北工程学院	黄澍	王小龙	余泽宇	一等奖
506	湖北	本科组	F	湖北文理学院	王浩楠	唐金荣	肖江	一等奖
507	湖北	本科组	F	华中农业大学	钱毅杰	谢军	孙威	一等奖
508	湖北	本科组	F	文华学院	向凯	张罗东	黎露	一等奖
509	湖北	本科组	F	武汉大学	孙基玮	张瑞君	朱许波	一等奖
510	湖北	本科组	F	中国地质大学(武汉)	刘洋	王凯	安允皓	一等奖
511	湖北	本科组	F	中国地质大学(武汉)	周宝	王家骏	贾鸿杰	一等奖
512	湖南	本科组	F	湖南城市学院	蒋欣云	龙宇轩	曹姜哲	一等奖
513	湖南	本科组	F	湖南工程学院	孔易成	刘海俊	蒋轩航	一等奖
514	湖南	本科组	F	湖南工程学院	钟紫晴	刘振宇	王冠南	一等奖
515	湖南	本科组	F	湖南工学院	陈汝佳	邓媛	麻雨茂	一等奖
516	湖南	本科组	F	湖南工业大学	杨清霖	张振彪	王梅恒	一等奖
517	湖南	本科组	F	湖南交通工程学院	向杰芳	陈天远	刘知	一等奖
518	湖南	本科组	F	南华大学	刘琪	贾雨龙	陈柯	一等奖
519	湖南	本科组	F	长沙理工大学	杨涯文	孙德志	刘建辉	一等奖
520	湖南	本科组	F	长沙学院	杨煜	王林	宋智明	一等奖
521	吉林	本科组	F	长春工业大学	陈泰若	赵磊	郭洪瑞	一等奖
522	江苏	本科组	F	江苏大学	高煜明	杨鹏辉	廖汉福	一等奖
523	江苏	本科组	F	江苏大学	李治言	彭景怡	范成博	一等奖
524	江苏	本科组	F	南京工程学院	董振鹏	徐哲	阳志	一等奖
525	江苏	本科组	F	南京航空航天大学	龚小天	邹世培	阙文强	一等奖
526	江苏	本科组	F	南京信息工程大学	孙昊阳	成子豪	钱文芯	一等奖

续表十七

序号	赛区	组别	题号	参赛队学校	学生姓名			奖项
527	江苏	本科组	F	南京邮电大学	虞尧	丁家润	孙浩宇	一等奖
528	江苏	本科组	F	南京邮电大学	章轩然	丛雪	陈裕潇	一等奖
529	江苏	本科组	F	三江学院	陈逸群	储浩文	杨欣宇	一等奖
530	江苏	本科组	F	三江学院	王泽楠	刘兴泰	杨富源	一等奖
531	江苏	本科组	F	无锡学院(南京信息工程大学滨江学院)	王兴涛	许栋炜	崔志强	一等奖
532	江苏	本科组	F	无锡学院(南京信息工程大学滨江学院)	张志鑫	郑天衡	许佳乐	一等奖
533	江苏	本科组	F	扬州大学	汤浩楠	陈科洋	范博文	一等奖
534	江西	本科组	F	江西理工大学	蔡恒方	石亚寒	程瑾	一等奖
535	江西	本科组	F	南昌航空大学	刘宇凡	李澳	曾金山	一等奖
536	辽宁	本科组	F	大连工业大学	王正浩	刘尚杰	刘涵讯	一等奖
537	辽宁	本科组	F	大连理工大学	朱炀爽	郁东辉	张婧宜	一等奖
538	山东	本科组	F	山东大学	罗世鑫	李文浩	张明宇	一等奖
539	山东	本科组	F	山东大学(威海)	钱龙玥	邢语轩	王君豪	一等奖
540	山东	本科组	F	山东大学(威海)	杨喆	亓政浩	柏欣宏	一等奖
541	山东	本科组	F	山东科技大学	彭昱润	李俊达	房体大	一等奖
542	山东	本科组	F	山东师范大学	于开明	张晋玮	刘国炜	一等奖
543	山东	本科组	F	潍坊学院	贾一	徐栋霖	车畅通	一等奖
544	山东	本科组	F	中国石油大学(华东)	鲁超世	程恒灏	沈林熠	一等奖
545	山西	本科组	F	中北大学	陈欣然	梁新宇	万顺	一等奖
546	陕西	本科组	F	火箭军工程大学	杜星嶒	鞠秉宸	石永健	一等奖
547	上海	本科组	F	东华大学	颜浩然	李俊儒	戎昱	一等奖
548	上海	本科组	F	上海电力大学	束文鹏	余德洋	何蔚豪	一等奖
549	上海	本科组	F	上海工程技术大学	朱泓宇	唐圆柠	王茂鑫	一等奖
550	四川	本科组	F	电子科技大学	林璟贤	岳涛	贺骞	一等奖
551	四川	本科组	F	电子科技大学	王志颖	陆国彬	刘洋	一等奖
552	四川	本科组	F	乐山师范学院	胡观慧	郑钰欣	陈龙	一等奖
553	四川	本科组	F	乐山师范学院	廖聪	钟磊	刘仁平	一等奖
554	四川	本科组	F	四川文理学院	李嘉兴	刘玉婷	陈连鑫	一等奖
555	四川	本科组	F	西南交通大学	王养浩	吴炯燃	刘成鑫	一等奖
556	四川	本科组	F	西南石油大学	彭友鑫	张星	周于博	一等奖
557	四川	本科组	F	西南石油大学	杨坤	谢俊	祝建	一等奖

续表十八

序号	赛区	组别	题号	参赛队学校	学生姓名			奖项
558	四川	本科组	F	西南石油大学（南充校区）	邓华滔	昌千琳	曾海森	一等奖
559	四川	本科组	F	西南石油大学（南充校区）	李川	周益多	叶浩楠	一等奖
560	四川	本科组	F	宜宾学院	郑力国	邓应洪	肖鉴洋	一等奖
561	天津	本科组	F	天津大学	区梓川	王鹏昊	成冠松	一等奖
562	浙江	本科组	F	台州学院	陈楠星	王程震	陈书晨	一等奖
563	浙江	本科组	F	台州学院	徐传承	姜文杰	钱伟	一等奖
564	浙江	本科组	F	浙江理工大学	刘俊岩	项思哲	周依涛	一等奖
565	浙江	本科组	F	浙江理工大学科技与艺术学院	张鸿	吴华坤	郑董烨	一等奖
566	浙江	本科组	F	中国计量大学	陈峰	洪晨辰	李翔宇	一等奖
567	浙江	本科组	F	中国计量大学	王威	杨杰	毛元赓	一等奖
568	安徽	本科组	F	安徽工程大学	顾劭傑	李淼	崔泽通	二等奖
569	安徽	本科组	F	安徽工程大学	杨子龙	鲍勇杰	武灿	二等奖
570	安徽	本科组	F	安徽工业大学	陈梓罡	刘正磊	孙方策	二等奖
571	安徽	本科组	F	安徽工业大学	崔家志	郭莹莹	刘玉峰	二等奖
572	安徽	本科组	F	安徽建筑大学	樊瑞	李甜甜	刘智勇	二等奖
573	安徽	本科组	F	安徽三联学院	范无极	许华玺	王馨	二等奖
574	安徽	本科组	F	安徽新华学院	王波	李国兴	张振国	二等奖
575	安徽	本科组	F	安徽信息工程学院	赵吉强	洪翔	詹鹏鹏	二等奖
576	北京	本科组	F	北京电子科技学院	张沛澍	林子珺	张金哲	二等奖
577	北京	本科组	F	北京工商大学	李佳乐	戴隆洋	陆水坤	二等奖
578	北京	本科组	F	北京化工大学	李昂	庄梓博	张芃汇	二等奖
579	北京	本科组	F	北京林业大学	徐昊天	杨振宇	郭佳辉	二等奖
580	北京	本科组	F	北京邮电大学	綦 磊	范开心	王海博	二等奖
581	北京	本科组	F	华北电力大学	朱灏翔	龚皓靖	余耀杰	二等奖
582	福建	本科组	F	集美大学诚毅学院	何佳豪	黄祥演	丁柳茜	二等奖
583	福建	本科组	F	集美大学诚毅学院	翁鑫凯	袁一剑	陈烨	二等奖
584	福建	本科组	F	闽南科技学院	欧永钦	李文学	陈清凤	二等奖
585	福建	本科组	F	宁德师范学院	闭世管	庄心悦	郑雨婷	二等奖
586	福建	本科组	F	宁德师范学院	魏榛炖	陈崇海	陆泽宇	二等奖
587	福建	本科组	F	厦门大学嘉庚学院	陈彬彬	李恺	陈金圣	二等奖
588	福建	本科组	F	厦门大学嘉庚学院	张为凡	林泽粪	郑文杰	二等奖

续表十九

序号	赛区	组别	题号	参赛队学校	学生姓名			奖项
589	广东	本科组	F	东莞城市学院	周锐深	黄友杰	张科威	二等奖
590	广东	本科组	F	广东白云学院	陈浩涛	刘辰轩	许梓健	二等奖
591	广东	本科组	F	广州华立学院	黄杰烽	许杰亮	曾焕凯	二等奖
592	广东	本科组	F	广东海洋大学	陈溢强	李泳阳	李家威	二等奖
593	广东	本科组	F	广东科技学院	黄焕杰	刘鹏飞	涂奕	二等奖
594	广东	本科组	F	广东石油化工学院	侯嘉乐	陈楚标	邓晓冰	二等奖
595	广东	本科组	F	广州大学	赵嘉辉	吴金颖	陈为骞	二等奖
596	广东	本科组	F	广州航海学院	方盛	周启鸿	刘津铭	二等奖
597	广东	本科组	F	华南理工大学	陈子文	莫增雄	李俊辉	二等奖
598	广东	本科组	F	暨南大学	陈炯中	文鹏程	黄涛	二等奖
599	广东	本科组	F	暨南大学	陆泳天	梁嘉豪	闫丽坤	二等奖
600	广东	本科组	F	韶关学院	陈浩生	庄乙辉	彭杰琛	二等奖
601	广东	本科组	F	韶关学院	林希	黄俊华	肖昌迪	二等奖
602	广东	本科组	F	中山大学	林海琪	丁逸尘	刘子颢	二等奖
603	广西	本科组	F	广西大学	黄祖杰	黄艺萍	彭宇苧	二等奖
604	广西	本科组	F	广西大学	郑裕麒	李迟鑫	林鹏杰	二等奖
605	广西	本科组	F	广西民族师范学院	黄乙铭	梁兴健	郑青林	二等奖
606	广西	本科组	F	广西师范大学	王浇卓	黄泳洲	黄雪兰	二等奖
607	广西	本科组	F	桂林电子科技大学	李胜	熊士伍	黎治杰	二等奖
608	广西	本科组	F	桂林电子科技大学	卢胜辉	韦焯淇	凌天杨	二等奖
609	广西	本科组	F	桂林理工大学	彭靖	任博	滕世安	二等奖
610	广西	本科组	F	桂林信息科技学院	伍冠宇	梁梅	雷寰宇	二等奖
611	广西	本科组	F	南宁学院	牙昌状	雷健红	刘炜明	二等奖
612	广西	本科组	F	玉林师范学院	何锡渝	莊滨宾	黎涛	二等奖
613	广西	本科组	F	玉林师范学院	黎锦慧	杨衡	孙伟哲	二等奖
614	河北	本科组	F	河北科技大学	齐煜	李泽楠	李航	二等奖
615	河北	本科组	F	华北理工大学	扈康佳	高浩岩	侯贺骞	二等奖
616	河南	本科组	F	河南工程学院	吕开	张正祥	杨颖辉	二等奖
617	河南	本科组	F	河南工程学院	王允琦	刘龙魁	李云鹏	二等奖
618	河南	本科组	F	河南工业大学	王申澳	武鹤星	刘笑涵	二等奖
619	河南	本科组	F	河南理工大学	王英杰	高兴泽	王振东	二等奖
620	河南	本科组	F	洛阳理工学院	贾群喜	孙占鹏	李欢	二等奖

续表二十

序号	赛区	组别	题号	参赛队学校	学生姓名			奖项
621	河南	本科组	F	南阳理工学院	杨浩	潘旭辉	李俊澎	二等奖
622	河南	本科组	F	南阳师范学院	李新元	谭境武	王科琦	二等奖
623	河南	本科组	F	战略支援部队信息工程大学	刘天源	徐笑凯	陈国隆	二等奖
624	河南	本科组	F	郑州大学	王一帆	蔡明	刘路瑶	二等奖
625	河南	本科组	F	郑州轻工业大学	胡世昌	刘孟阳	高鑫宇	二等奖
626	河南	本科组	F	中原工学院	廖鹏扬	何宇飞	王晓海	二等奖
627	黑龙江	本科组	F	哈尔滨工业大学	宋以拓	谭景洋	崔宝艺	二等奖
628	湖北	本科组	F	武汉大学	安潇	郭晏银	李冠辰	二等奖
629	湖北	本科组	F	中国地质大学(武汉)	李双旭	高志毅	陈梓炫	二等奖
630	湖北	本科组	F	中国地质大学(武汉)	舒俊	吴黎洋	张子豪	二等奖
631	湖南	本科组	F	湖南工程学院	罗沛	袁思田	张世立	二等奖
632	湖南	本科组	F	湖南工程学院	向冠名	杨钢	阳海峰	二等奖
633	湖南	本科组	F	湖南工业大学	肖祥强	乔治	刘汗奇	二等奖
634	湖南	本科组	F	南华大学	董新林	唐念	肖轩宇	二等奖
635	湖南	本科组	F	邵阳学院	罗聪	彭旺	朱磊	二等奖
636	吉林	本科组	F	白城师范学院	陈文龙	蒋林峰	车林朔	二等奖
637	吉林	本科组	F	白城师范学院	赵阳光	肖亮	郭淼	二等奖
638	吉林	本科组	F	北华大学	杨兵	聂凡博	卜仁浦	二等奖
639	吉林	本科组	F	东北电力大学	王春赫	刘宇鑫	邓雅馨	二等奖
640	吉林	本科组	F	吉林大学	何俊健	李鹏程	邓科	二等奖
641	吉林	本科组	F	吉林大学	史博日	吴然	盛华龙	二等奖
642	吉林	本科组	F	吉林工程技术师范学院	谭宏扬	郑茗徽	乔语航	二等奖
643	吉林	本科组	F	长春工业大学	吕明瑞	王鼎钧	蒋帅	二等奖
644	吉林	本科组	F	长春工业大学人文信息学院	蔡亚男	陈泓宇	战泓非	二等奖
645	江苏	本科组	F	常州大学	苟益鹏	高炜凯	黄亚东	二等奖
646	江苏	本科组	F	常州大学	张聪慧	赵鑫瑞	李川	二等奖
647	江苏	本科组	F	东南大学	叶佳伟	吴帅帅	黄有志	二等奖
648	江苏	本科组	F	东南大学成贤学院	乐阳	项之秋	桑晨	二等奖
649	江苏	本科组	F	河海大学常州校区	江龙韬	刘怡沛	黄镱	二等奖
650	江苏	本科组	F	江苏大学	顾玉俊	仝佳庚	周政东	二等奖
651	江苏	本科组	F	江苏大学	杨少文	许思聪	吴叶	二等奖

续表二十一

序号	赛区	组别	题号	参赛队学校	学生姓名			奖项
652	江苏	本科组	F	南京大学金陵学院	颜磊	武鸿斌	丁若恒	二等奖
653	江苏	本科组	F	南京工业职业技术大学	张圆圆	朱昱睿	夏华兵	二等奖
654	江苏	本科组	F	南京农业大学	公菲	高文汉	杨舒琦	二等奖
655	江苏	本科组	F	南京师范大学	聂龙	刘云飞	曹睿杰	二等奖
656	江苏	本科组	F	南京信息工程大学	沈佳杰	周轶磊	王鸿儒	二等奖
657	江苏	本科组	F	南京邮电大学	叶青云	沈俊杰	王哲	二等奖
658	江苏	本科组	F	无锡学院(南京信息工程大学滨江学院)	刘磊	唐勇果	蓝天鹤	二等奖
659	江苏	本科组	F	无锡学院(南京信息工程大学滨江学院)	周涵	袁哲	顾立浩	二等奖
660	江苏	本科组	F	扬州大学	马世景	谢利健	汤雨竹	二等奖
661	江苏	本科组	F	扬州大学	张驰	尹宝骐	陈浩楠	二等奖
662	江西	本科组	F	景德镇陶瓷大学	廖子豪	夏骏	曾旭	二等奖
663	江西	本科组	F	九江学院	罗泽坤	张捷萱	曾城锋	二等奖
664	江西	本科组	F	南昌大学科学技术学院	刘胜	廖伟清	杨海龙	二等奖
665	江西	本科组	F	南昌航空大学	王润宇	王昕宇	曹云龙	二等奖
666	辽宁	本科组	F	大连工业大学	徐子健	张浩	王一名	二等奖
667	辽宁	本科组	F	辽宁科技大学	刘智博	窦威	林佳智	二等奖
668	辽宁	本科组	F	沈阳理工大学	顾先旭	耿佩琦	左劭雯	二等奖
669	宁夏	本科组	F	北方民族大学	孙楠	李超鹏	马国东	二等奖
670	山东	本科组	F	德州学院	董承龙	王昌宇	李仝鑫	二等奖
671	山东	本科组	F	哈尔滨工业大学(威海)	葛俊诚	谭智航	龚俊豪	二等奖
672	山东	本科组	F	济南大学	吴友亮	张丰涛	刘繁	二等奖
673	山东	本科组	F	临沂大学	李昊	刘天昆	程星雨	二等奖
674	山东	本科组	F	鲁东大学	刘晓	陈硕	余霄	二等奖
675	山东	本科组	F	齐鲁理工学院	张敬轩	杨宏宇	李雨航	二等奖
676	山东	本科组	F	青岛大学	柳新雨	林宇通	李永畅	二等奖
677	山东	本科组	F	青岛大学	陶九威	董莉	张瑞	二等奖
678	山东	本科组	F	青岛恒星科技学院	陈天娇	周通	陈志杰	二等奖
679	山东	本科组	F	青岛恒星科技学院	王福震	曹春秋	诸葛瑞豪	二等奖
680	山东	本科组	F	青岛科技大学	胡东哲	马明	姜益	二等奖
681	山东	本科组	F	青岛理工大学	王胜康	张国梁	沈艺卓	二等奖
682	山东	本科组	F	青岛理工大学	王施远	杜泽川	董玉新	二等奖

续表二十二

序号	赛区	组别	题号	参赛队学校	学生姓名			奖项
683	山东	本科组	F	曲阜师范大学	李婉钰	冯靖靖	张吉康	二等奖
684	山东	本科组	F	山东大学(威海)	郭凯	王守超	苗淏淏	二等奖
685	山东	本科组	F	山东大学(威海)	张所航	王思阳	魏居龙	二等奖
686	山东	本科组	F	山东科技大学	杨荆柯	黄一哲	刘之鹤	二等奖
687	山东	本科组	F	山东理工大学	孙艺桓	冯浩洋	谢林袁	二等奖
688	山东	本科组	F	潍坊学院	魏华琛	许可	张英琪	二等奖
689	山东	本科组	F	中国石油大学(华东)	李傲然	王亚雯	佘承祺	二等奖
690	山东	本科组	F	中国石油大学(华东)	刘恒	王洪涛	韩一瑶	二等奖
691	山东	本科组	F	中国石油大学(华东)	徐皓楠	黄发栋	刘亚鹏	二等奖
692	山西	本科组	F	吕梁学院	李晓芳	吕璐璐	陈一帆	二等奖
693	山西	本科组	F	吕梁学院	牟冬	宋学宇	郑贤榕	二等奖
694	山西	本科组	F	山西大学	李永琪	王瑞	虞国望	二等奖
695	山西	本科组	F	山西大学	韩文菲	孟一诺	陈炳玲	二等奖
696	山西	本科组	F	太原工业学院	郭昭	安俊杰	冯幸	二等奖
697	山西	本科组	F	太原工业学院	刘明洋	李昭然	翟鑫月	二等奖
698	山西	本科组	F	太原科技大学	李鹏栋	李世宝	孙晓杰	二等奖
699	山西	本科组	F	太原科技大学	王渡	吴琼	杨建宏	二等奖
700	山西	本科组	F	中北大学	李俊琦	王书恒	胡锦昊	二等奖
701	山西	本科组	F	中北大学	续珩	陈诺言	周雅婷	二等奖
702	山西	本科组	F	中北大学	薛豪杰	贾璐泽	张嘉伟	二等奖
703	山西	本科组	F	中北大学信息商务学院	杨宇超	常泽敏	严艳芳	二等奖
704	陕西	本科组	F	西安建筑科技大学华清学院	王柯菁	李伟	王珂珂	二等奖
705	陕西	本科组	F	西安交通大学	李沂坤	宁智伟	杨珍妮	二等奖
706	陕西	本科组	F	西安交通工程学院	梁斌	祁梓烜	杨兴云	二等奖
707	陕西	本科组	F	西安交通工程学院	王佳琦	王萌	王子璇	二等奖
708	陕西	本科组	F	西安交通工程学院	杨涛	王甲卓	王栋	二等奖
709	陕西	本科组	F	西安科技大学	方可儿	陈镇	闫洪霖	二等奖
710	陕西	本科组	F	西安邮电大学	高昕宇	陈勇	蒲聪聪	二等奖
711	陕西	本科组	F	西安邮电大学	霍书贤	龚为玮	闫盟	二等奖
712	陕西	本科组	F	西安邮电大学	张展鹏	徐军其	王思宇	二等奖
713	陕西	本科组	F	西安邮电大学	朱振宇	李晓晖	薛扬扬	二等奖
714	陕西	本科组	F	西北大学	王祎	李林洁	王新宇	二等奖

续表二十三

序号	赛区	组别	题号	参赛队学校	学生姓名			奖项
715	陕西	本科组	F	长安大学	韩希	汪子睿	殷凤娟	二等奖
716	上海	本科组	F	东华大学	李俊	尤佳鹏	苏梦扬	二等奖
717	上海	本科组	F	东华大学	杨宇	危玉振	陈展鸿	二等奖
718	上海	本科组	F	上海电机学院	王晨曦	蒙焕方	田晨昊	二等奖
719	上海	本科组	F	上海工程技术大学	方占奥	朱瞿辰	陈子扬	二等奖
720	上海	本科组	F	上海建桥学院	张福林	陈凯	陈宇浩	二等奖
721	上海	本科组	F	上海理工大学	杜娜	葛澜	梁蛟	二等奖
722	上海	本科组	F	上海理工大学	叶乾旺	胡锦杰	吕凌昊	二等奖
723	上海	本科组	F	上海应用技术大学	李雨洋	李泳溢	罗宇翔	二等奖
724	四川	本科组	F	成都信息工程大学	谈宇轩	罗勇	王孟洁	二等奖
725	四川	本科组	F	成都信息工程大学	吴昊洋	杨雨桥	袁田果	二等奖
726	四川	本科组	F	电子科技大学	何德昊	徐硕	武鹏	二等奖
727	四川	本科组	F	电子科技大学	林煜智	吴政	石浩昌	二等奖
728	四川	本科组	F	乐山师范学院	宋功琼	张俊杰	曾浩天	二等奖
729	四川	本科组	F	乐山师范学院	吴涛	白奉国	雍昊	二等奖
730	四川	本科组	F	西南交通大学	王珈珑	郭珅源	冯伊凡	二等奖
731	四川	本科组	F	西南石油大学	高晗	黄龙	李鸿涓	二等奖
732	四川	本科组	F	西南石油大学	朱迅果	李正煜	张圣	二等奖
733	四川	本科组	F	西南石油大学（南充校区）	刘智杨	杨旭梅	徐宁	二等奖
734	四川	本科组	F	西南石油大学（南充校区）	吕睿霄	王成	张春江	二等奖
735	四川	本科组	F	中国人民武装警察部队警官学院	付怡健	冒孙昊	吴露洁	二等奖
736	四川	本科组	F	中国人民武装警察部队警官学院	高雄	陈昌龄	张彬巽	二等奖
737	四川	本科组	F	中国人民武装警察部队警官学院	蒋张予	袁京	刘波	二等奖
738	四川	本科组	F	中国人民武装警察部队警官学院	田开放	邹幸	陈坤	二等奖
739	天津	本科组	F	北京科技大学天津学院	杨宇鹏	肖啸	陈帅洋	二等奖
740	天津	本科组	F	南开大学滨海学院	苗旭焘	张宇晨	周嘉欣	二等奖
741	天津	本科组	F	天津工业大学	王昊天	杜金伟	郑凯中	二等奖
742	天津	本科组	F	天津职业技术师范大学	符德基	李牛	刘金浩	二等奖
743	天津	本科组	F	天津职业技术师范大学	何雨哲	张悦	沈荣标	二等奖

续表二十四

序号	赛区	组别	题号	参赛队学校	学生姓名			奖项
744	天津	本科组	F	天津职业技术师范大学	梁灶容	袁晓彬	刘晓宇	二等奖
745	天津	本科组	F	中国民航大学	姚雨	王昱栋	韩羽铠	二等奖
746	新疆	本科组	F	新疆大学	毛拉穆	刘文诺	邓文盛	二等奖
747	浙江	本科组	F	杭州电子科技大学	蔡智超	李开阳	余诗波	二等奖
748	浙江	本科组	F	杭州电子科技大学	毛艺淇	李权真	岳华云	二等奖
749	浙江	本科组	F	嘉兴南湖学院	陆烨飞	俞宏阳	林琰	二等奖
750	浙江	本科组	F	宁波大学科学技术学院	唐波	付明星	池炅	二等奖
751	浙江	本科组	F	宁波大学科学技术学院	王悦冰	郎婕嫆	高余鹏	二等奖
752	浙江	本科组	F	宁波工程学院	毛致远	李坤阳	王斌	二等奖
753	浙江	本科组	F	绍兴文理学院元培学院	魏金柯	陈康峰	李文龙	二等奖
754	浙江	本科组	F	台州学院	陈靖宇	卢俊	刘丽红	二等奖
755	浙江	本科组	F	台州学院	赖德斌	吴佳乐	严佳明	二等奖
756	浙江	本科组	F	浙江工商大学杭州商学院	吕江川	邓婕	钱宇斌	二等奖
757	浙江	本科组	F	浙江工业大学	王林晓	邹俊迪	阙诗奇	二等奖
758	浙江	本科组	F	浙江工业大学	王若愚	周航	林宇航	二等奖
759	浙江	本科组	F	浙江理工大学	杜来	严隽铭	苗盛鸿	二等奖
760	浙江	本科组	F	浙江理工大学	潘天文	阮梦帆	李杰	二等奖
761	浙江	本科组	F	浙江理工大学	周浩	邓航	郑炜炀	二等奖
762	浙江	本科组	F	浙江农林大学	谷晨恒	褚楷	温学坤	二等奖
763	浙江	本科组	F	浙江师范大学	林涵挺	严志隆	杨泽宇	二等奖
764	浙江	本科组	F	中国计量大学	汪稚俊	郑晓祥	陈嘉楠	二等奖
765	重庆	本科组	F	西南大学	王泽寰	张跃麟	宋梦瑶	二等奖
766	重庆	本科组	F	重庆城市科技学院	何思远	陈国旺	李恒	二等奖
767	重庆	本科组	F	重庆交通大学	王承启	杨迪寒	于帅	二等奖
768	重庆	本科组	F	重庆交通大学	王中昊	徐 锦	郭晓婷	二等奖
769	重庆	本科组	F	重庆科技学院	谭伟	孟博文	吴赞恒	二等奖
770	重庆	本科组	F	重庆科技学院	颜方	王梁旭	伯姜凤	二等奖
771	重庆	本科组	F	重庆理工大学	缪欣怡	吴浩	王枫	二等奖
772	重庆	本科组	F	重庆邮电大学	黄俊杰	刘容超	刘明星	二等奖

G 题获奖名单

序号	赛区	组别	题号	参赛队学校	学生姓名			奖项
773	北京	本科组	G	北京理工大学	王卓	傅昊翔	张晨昊	一等奖

续表二十五

序号	赛区	组别	题号	参赛队学校	学生姓名			奖项
774	广东	本科组	G	华南农业大学	谢鑫涛	叶海啸	彭海深	一等奖
775	河南	本科组	G	洛阳理工学院	张灵赐	代永莉	贾孔峰	一等奖
776	河南	本科组	G	郑州工程技术学院	沈相龙	周松豪	王通	一等奖
777	河南	本科组	G	中原工学院	刘文豪	李添麒	刘佳诚	一等奖
778	湖北	本科组	G	江汉大学	杜雨桐	陈志恒	黄佳慧	一等奖
779	湖南	本科组	G	湖南农业大学	陈子林	康生辉	唐天舜	一等奖
780	湖南	本科组	G	湖南文理学院	郭宇彬	刘广燚	唐菡	一等奖
781	湖南	本科组	G	长沙理工大学	周武宏	苑家兴	陈卓华	一等奖
782	吉林	本科组	G	吉林大学	薛兴政	沈俊龙	唐思格	一等奖
783	江苏	本科组	G	南京航空航天大学	马潇	陈思祺	郑灿伟	一等奖
784	江苏	本科组	G	南京邮电大学	代军	梁志鹏	沈荣鸿	一等奖
785	江苏	本科组	G	南京邮电大学	姚昌硕	龚百宇	敬广哲	一等奖
786	辽宁	本科组	G	大连理工大学	吴双鹏	刘鹏宇	黄康凤	一等奖
787	山东	本科组	G	烟台大学	刘玥璞	王棚	刘畅	一等奖
788	山西	本科组	G	太原工业学院	裴乐松	岳志	王亚国	一等奖
789	上海	本科组	G	上海大学	蒋玮	龚乐为	陈彦昊	一等奖
790	上海	本科组	G	上海大学	李海帆	祝仕昊	古倬铭	一等奖
791	四川	本科组	G	电子科技大学	李睦铨	初宁	刘柘	一等奖
792	天津	本科组	G	中国民航大学	唐昊	张航维	吴皓楠	一等奖
793	安徽	本科组	G	安徽信息工程学院	闵振	贺紫恒	刘海洋	二等奖
794	安徽	本科组	G	宿州学院	汪刘生	张宇航	卢生阳	二等奖
795	安徽	本科组	G	皖西学院	郑文龙	贾相为	黄于晨	二等奖
796	北京	本科组	G	北京理工大学	方泽栋	徐伯辰	生涛玮	二等奖
797	北京	本科组	G	北京邮电大学	王琛珑	何公甫	陈道正	二等奖
798	北京	本科组	G	中国农业大学	王茹枫	杨颖妍	马梓耀	二等奖
799	福建	本科组	G	集美大学诚毅学院	陈亮	王锦垠	叶梦茜	二等奖
800	福建	本科组	G	集美大学诚毅学院	林质彬	叶佳豪	蔡海超	二等奖
801	福建	本科组	G	闽南科技学院	许晋嘉	杨文杰	张如莹	二等奖
802	广东	本科组	G	广东工业大学	温震霆	曾宇沛	陈炫华	二等奖
803	广东	本科组	G	华南农业大学	陈彪	郑嘉文	雷昊	二等奖
804	广东	本科组	G	华南农业大学	刘旭龙	江海鹏	吴嘉豪	二等奖
805	广东	本科组	G	华南农业大学	韦韬	司徒伟熙	王振坤	二等奖

续表二十六

序号	赛区	组别	题号	参赛队学校	学生姓名			奖项
806	广东	本科组	G	深圳大学	何志浩	程子英	邵阳	二等奖
807	广西	本科组	G	桂林电子科技大学	马伊龙	贾光宇	李承蒙	二等奖
808	广西	本科组	G	桂林电子科技大学	潘广斌	李向春	张涛	二等奖
809	广西	本科组	G	桂林电子科技大学	唐哲	王清罡	高万禄	二等奖
810	河北	本科组	G	北华航天工业学院	赵雪坤	肖天浩	田子一	二等奖
811	河北	本科组	G	河北科技大学	杨晨	王鑫	刘钰	二等奖
812	河南	本科组	G	河南理工大学	周童欢	于嘉兴	刘京辉	二等奖
813	河南	本科组	G	中原工学院	刘肖迪	郑少辉	苏文成	二等奖
814	黑龙江	本科组	G	哈尔滨工业大学	崔家祥	吕轶群	占子文	二等奖
815	湖北	本科组	G	武汉大学	刘熠晨	廖鑫源	何沁宇	二等奖
816	湖南	本科组	G	湖南农业大学	王硕	刘祖荣	李家琪	二等奖
817	湖南	本科组	G	湖南文理学院	王继强	陈思汗	周荣强	二等奖
818	江苏	本科组	G	东南大学	章逸文	许轲	桂宇鹏	二等奖
819	江苏	本科组	G	南京工程学院	陈玮	刘家乐	杨瑞	二等奖
820	江苏	本科组	G	南京工程学院	杨子澄	赵雨露	曹宇航	二等奖
821	江苏	本科组	G	南京邮电大学	刘俊杰	张汉骁	李俊杰	二等奖
822	江苏	本科组	G	南京邮电大学	朱淳溪	蒙博苑	左楠	二等奖
823	辽宁	本科组	G	大连理工大学	徐一航	郝康博	郑宇铄	二等奖
824	山东	本科组	G	青岛理工大学	张保震	段玉鹏	陈子超	二等奖
825	山东	本科组	G	山东大学	王知信	高慧	杨天池	二等奖
826	山东	本科组	G	烟台大学	刘德谦	崔书伟	于博文	二等奖
827	山西	本科组	G	山西大学	蔡清源	王磊	蔡权城	二等奖
828	山西	本科组	G	太原工业学院	董玉江	李冲	杨雨辰	二等奖
829	陕西	本科组	G	西安电子科技大学	赵典	徐逸飞	韦佳辰	二等奖
830	陕西	本科组	G	西安科技大学	马文强	杜一帆	赵凯旋	二等奖
831	陕西	本科组	G	西安理工大学	马文强	李胜鹏	孙浩然	二等奖
832	四川	本科组	G	电子科技大学	祁汝鑫	周北辰	何芷青	二等奖
833	四川	本科组	G	电子科技大学	徐洋	黄春铭	何浩正	二等奖
834	四川	本科组	G	电子科技大学	周政	蒋一民	李俊良	二等奖
835	天津	本科组	G	天津理工大学	霍开源	康健宾	张芮欣	二等奖
836	天津	本科组	G	中国民航大学	李光印	严越群	刘滨	二等奖
837	天津	本科组	G	中国民航大学	刘丹彤	汪辉跃	徐筠	二等奖

续表二十七

序号	赛区	组别	题号	参赛队学校	学生姓名			奖项
838	天津	本科组	G	中国民航大学	罗飞扬	王冰倩	杜振栎	二等奖
839	云南	本科组	G	昆明理工大学津桥学院	尚振宇	叶海鹏	刘伯亨	二等奖
840	浙江	本科组	G	杭州电子科技大学	陈淼	施志远	黄跃豪	二等奖
841	浙江	本科组	G	杭州电子科技大学	郑朗夫	林仕方	张翰良	二等奖
842	重庆	本科组	G	重庆大学	彭俊聪	张芷绮	马俊豪	二等奖
843	重庆	本科组	G	重庆大学	舒凡云	滕越	姜南雨	二等奖

H题获奖名单

序号	赛区	组别	题号	参赛队学校	学生姓名			奖项
844	北京	本科组	H	北京化工大学	王丹阳	王鹏宇	徐宁宁	一等奖
845	广东	本科组	H	东莞理工学院	刘德信	林水生	黄贵洪	一等奖
846	广西	本科组	H	桂林电子科技大学	黄昱昱	利福盛	窦元淇	一等奖
847	广西	本科组	H	桂林电子科技大学	秦兴琳	周家毓	吕小晗	一等奖
848	广西	本科组	H	贺州学院	叶将鹏	陈长宏	秦学彬	一等奖
849	河北	本科组	H	河北大学	王勒	谷沛耕	兰景乐	一等奖
850	湖北	本科组	H	武汉大学	李志远	史巧雅	岳恒	一等奖
851	湖北	本科组	H	武汉理工大学	盖育辰	孟成	张昕杰	一等奖
852	湖北	本科组	H	中南民族大学	韩媛	朱会宗	黄河澎	一等奖
853	湖北	本科组	H	中南民族大学	刘胜宇	蓝文捷	戴梁映	一等奖
854	湖南	本科组	H	湖南工程学院	吴刚强	姚术	匡曦	一等奖
855	湖南	本科组	H	长沙师范学院	蒋才有	殷佳伟	舒良涛	一等奖
856	江苏	本科组	H	东南大学	杨嘉畅	张仕卓	岳伊扬	一等奖
857	江苏	本科组	H	东南大学	郑怀瑾	梁竣	孙旸	一等奖
858	江苏	本科组	H	淮阴工学院	周事硕	马泽林	路一鸣	一等奖
859	江苏	本科组	H	淮阴师范学院	栾羽寅	滕中珣	钟静静	一等奖
860	江苏	本科组	H	淮阴师范学院	朱韬灿	江仲起	徐昕瑶	一等奖
861	江苏	本科组	H	江苏科技大学	王健	曾睿	陈慧龙	一等奖
862	江苏	本科组	H	南京信息工程大学	王小龙	殷豪	龙玉柱	一等奖
863	江苏	本科组	H	南京邮电大学	唐承乾	梁炜	梁博文	一等奖
864	江苏	本科组	H	南京邮电大学	吴浩贤	刘卓	邢凤格	一等奖
865	江苏	本科组	H	苏州大学	邓伟业	蒋婧玮	熊超然	一等奖
866	江苏	本科组	H	扬州大学	唐家磊	孙凯斌	顾羽飞	一等奖
867	江苏	本科组	H	中国矿业大学	徐逸晖	乔聿尧	武文韬	一等奖

续表二十八

序号	赛区	组别	题号	参赛队学校	学生姓名			奖项
868	山东	本科组	H	山东科技大学	邓明泉	于硕	张祥宇	一等奖
869	山东	本科组	H	山东科技大学	刘洁	扈展豪	张峻硕	一等奖
870	山西	本科组	H	山西大学商务学院	郭鑫	王磊	李家廷	一等奖
871	山西	本科组	H	太原学院	高上彬	王哲锋	刘亚鹏	一等奖
872	山西	本科组	H	中北大学	赵学智	申佩明	江明果	一等奖
873	陕西	本科组	H	西京学院	吴霄雄	张宇航	王晓蕾	一等奖
874	四川	本科组	H	电子科技大学	王希晗	曾嘉豪	赵禛	一等奖
875	四川	本科组	H	电子科技大学	杨文杰	袁梁勇	谢章源	一等奖
876	天津	本科组	H	南开大学	范嗣涛	郑欣怡	李欣怡	一等奖
877	天津	本科组	H	天津职业技术师范大学	王海政	孙银斌	林明佳	一等奖
878	浙江	本科组	H	丽水学院	陈炜豪	冯超祥	赵紫霞	一等奖
879	浙江	本科组	H	绍兴文理学院	葛敏杰	张阳阳	任泽军	一等奖
880	浙江	本科组	H	绍兴文理学院	李然	彭泽稳	张怀政	一等奖
881	浙江	本科组	H	浙江大学	李泳浩	朱志豪	陈凌云	一等奖
882	浙江	本科组	H	浙江大学	吴振冲	林雨洁	计满意	一等奖
883	浙江	本科组	H	浙江科技学院	王海波	左孝磊	周华健	一等奖
884	浙江	本科组	H	浙江科技学院	余李新千	胡永峰	方政洋	一等奖
885	安徽	本科组	H	安徽农业大学	陈光源	王承祥	倪程	二等奖
886	安徽	本科组	H	安徽医科大学	查正亮	王子龙	张志锦	二等奖
887	安徽	本科组	H	安徽医科大学	陈梦梦	姜柳明	刘树奇	二等奖
888	安徽	本科组	H	蚌埠学院	曾星源	郑瑞龙	方晨鑫	二等奖
889	安徽	本科组	H	合肥学院	杜禹泽	魏浩	任晓丽	二等奖
890	安徽	本科组	H	合肥学院	邢帅	席梦娟	江腾稳	二等奖
891	北京	本科组	H	北京城市学院	李运来	黄炳超	李佳豪	二等奖
892	北京	本科组	H	中国地质大学(北京)	孔令玉博	高宇涵	吕世冲	二等奖
893	北京	本科组	H	中国农业大学	霍雨欣	杨涵青	亢健慧	二等奖
894	北京	本科组	H	中国农业大学	刘欣祥	王策	梁国涛	二等奖
895	福建	本科组	H	集美大学诚毅学院	张伟	王雯婷	高铭佑	二等奖
896	广东	本科组	H	广东第二师范学院	陈浩鑫	邹佳豪	梁友峰	二等奖
897	广东	本科组	H	广东工业大学	张嘉誉	陈煜	彭勇陶	二等奖
898	广东	本科组	H	广州商学院	许彭禹	翁树冰	温琦霖	二等奖
899	广东	本科组	H	韩山师范学院	李嘉豪	潘宇	江伟城	二等奖

续表二十九

序号	赛区	组别	题号	参赛队学校	学生姓名			奖项
900	广西	本科组	H	广西科技大学	黄伟林	黄远灿	廖双	二等奖
901	广西	本科组	H	桂林电子科技大学	李宇宗	黄扬翔	卢思琪	二等奖
902	广西	本科组	H	桂林信息科技学院	黄梓芫	谢添祺	褟建华	二等奖
903	广西	本科组	H	南宁理工学院	陈祖铭	廖元涛	杨江	二等奖
904	广西	本科组	H	南宁师范大学	黄飞翔	占佳豪	陈家锋	二等奖
905	海南	本科组	H	海南大学	刘菘	李凯	廖杨	二等奖
906	河北	本科组	H	东北石油大学秦皇岛校区	王文鹏	朱长胜	王菲	二等奖
907	河北	本科组	H	华北电力大学	邓垚	郭子健	马昕玥	二等奖
908	河南	本科组	H	河南工程学院	郭晓瑜	李宏伟	任鑫茂	二等奖
909	河南	本科组	H	黄淮学院	刘赛一	王可	朱明胜	二等奖
910	河南	本科组	H	郑州航空工业管理学院	曹迅均	申佳鑫	胡云博	二等奖
911	河南	本科组	H	郑州轻工业大学	刘平安	李佳勋	赵昕宇	二等奖
912	黑龙江	本科组	H	哈尔滨工程大学	陈德生	耿浩博	范昊东	二等奖
913	黑龙江	本科组	H	哈尔滨工程大学	高涵博	苏位康	张树干	二等奖
914	湖北	本科组	H	湖北经济学院	韩池	张亦柯	闫溢文	二等奖
915	湖北	本科组	H	武汉大学	王庆山	余姗姗	张嘉懿	二等奖
916	湖北	本科组	H	武汉大学	徐乐轩	姜凤丹	祝小览	二等奖
917	湖北	本科组	H	武汉大学	钟天源	潘家皓	黄瀚文	二等奖
918	湖北	本科组	H	武汉理工大学	范一珩	付正	骆邵文	二等奖
919	吉林	本科组	H	吉林大学	王硕	邹利鑫	闫沛然	二等奖
920	吉林	本科组	H	吉林化工学院	周鸿	曹禹	于铭正	二等奖
921	吉林	本科组	H	长春工业大学	郭东林	勾浩宇	冯嘉文	二等奖
922	吉林	本科组	H	长春工业大学	何金跃	赵云升	孙福弘	二等奖
923	吉林	本科组	H	长春工业大学	徐伟进	侯嘉岳	李宗昊	二等奖
924	吉林	本科组	H	长春工业大学	张靖崎	毕自强	王禹潼	二等奖
925	吉林	本科组	H	长春光华学院	范文翔	汪依莎	邢喜博	二等奖
926	吉林	本科组	H	长春光华学院	顾辰威	石佳雨	李新	二等奖
927	吉林	本科组	H	长春光华学院	潘奔	李星宇	谭宇航	二等奖
928	吉林	本科组	H	长春光华学院	闫旭	孙博慧	封硕	二等奖
929	吉林	本科组	H	长春理工大学	刘乃滔	刘科	王栋	二等奖
930	吉林	本科组	H	长春理工大学	杨华秋	荆圣博	余益欣	二等奖
931	吉林	本科组	H	长春理工大学	赵启尚	胡宏达	李禹廷	二等奖

续表三十

序号	赛区	组别	题号	参赛队学校	学生姓名			奖项
932	江苏	本科组	H	东南大学	谢光俊	郑南星	潘梓睿	二等奖
933	江西	本科组	H	江西师范大学	肖留圣	肖周伟	徐阳	二等奖
934	宁夏	本科组	H	宁夏大学	杨玉涛	靳睿	翟帆顺	二等奖
935	山东	本科组	H	德州学院	董兴智	李宽	刘家兴	二等奖
936	山东	本科组	H	青岛科技大学	范家兴	耿延杰	李晨溱	二等奖
937	山东	本科组	H	曲阜师范大学	朱玉翠	谢康林	郭浩宇	二等奖
938	山东	本科组	H	山东大学	姜万里	孙广博	左佳旖	二等奖
939	山东	本科组	H	山东大学	陆文强	侯振宇	张国庆	二等奖
940	山东	本科组	H	山东科技大学	于润乐	毕清瑞	张驰	二等奖
941	山东	本科组	H	山东科技大学	张春涛	李怀彤	张培鑫	二等奖
942	山东	本科组	H	烟台大学	姜正洋	史星宇	占佳城	二等奖
943	山东	本科组	H	烟台大学	王玉垚	罗琪月	张梦晨	二等奖
944	山东	本科组	H	烟台大学	郑立志	赵建华	田雅婷	二等奖
945	山东	本科组	H	淄博职业学院	张少智	侯博	李嘉梁	二等奖
946	山西	本科组	H	山西大学	张石峰	张梓浩	崔纪康	二等奖
947	山西	本科组	H	太原理工大学	王浥尘	李赞旭	赵晓岩	二等奖
948	山西	本科组	H	中北大学	程伟航	刘霁雯	王思航	二等奖
949	山西	本科组	H	中北大学	李德政	冯一航	冯宇龙	二等奖
950	山西	本科组	H	中北大学	吴昊凡	闫俊彤	白俊奇	二等奖
951	陕西	本科组	H	火箭军工程大学	田紫斌	李俊鹏	孙科	二等奖
952	陕西	本科组	H	西安电子科技大学	董昭圳	康凯旋	闫帅	二等奖
953	陕西	本科组	H	西安电子科技大学	段泽颖	闻明超	黄大信	二等奖
954	陕西	本科组	H	西安电子科技大学	刘奉明	赵明宇	温一玮	二等奖
955	陕西	本科组	H	西安电子科技大学	王宠	郑杰文	许江	二等奖
956	陕西	本科组	H	西安建筑科技大学	刘凯强	王鑫	李朝阳	二等奖
957	陕西	本科组	H	西京学院	王甲航	马嘉威	张翼飞	二等奖
958	陕西	本科组	H	西京学院	宗鹏	薄定喆	谢家乐	二等奖
959	上海	本科组	H	东华大学	金乐阳	李朝东	欧阳阁	二等奖
960	上海	本科组	H	华东师范大学	姜亿豪	李汧洪	沈盼盼	二等奖
961	上海	本科组	H	上海电力大学	商依帆	张鑫豪	杜泽清	二等奖
962	上海	本科组	H	上海电力大学	宋辰玥	戴莹莹	刘子炎	二等奖
963	上海	本科组	H	上海工程技术大学	左培源	张超逸	金悦	二等奖

续表三十一

序号	赛区	组别	题号	参赛队学校	学生姓名			奖项
964	上海	本科组	H	上海交通大学	徐思齐	管枫屹	胡章立	二等奖
965	四川	本科组	H	成都理工大学	李兴和	刘镇东	田源	二等奖
966	四川	本科组	H	成都理工大学	周稼泥	彭思源	曹智伦	二等奖
967	四川	本科组	H	电子科技大学	陈卓涵	覃华京	王怡	二等奖
968	四川	本科组	H	电子科技大学	金正野	孟祥翱	张雨恒	二等奖
969	天津	本科组	H	天津商业大学	黄胤祺	张雪婷	陈天炎	二等奖
970	天津	本科组	H	天津职业技术师范大学	李淼鑫	袁满	黄辉	二等奖
971	天津	本科组	H	天津职业技术师范大学	苏东升	常磊	胡祺	二等奖
972	天津	本科组	H	天津职业技术师范大学	王二利	王腾	李晓寒	二等奖
973	天津	本科组	H	中国民航大学	吴传志	曾颖超	宋禹廷	二等奖
974	浙江	本科组	H	杭州电子科技大学	虞霖云	徐如辉	黄旭	二等奖
975	浙江	本科组	H	丽水学院	何俊岩	陶倩楠	吕柯楠	二等奖
976	浙江	本科组	H	台州学院	孙震宇	包凯	叶程宏	二等奖
977	浙江	本科组	H	浙江大学	赵伟涛	任奕澎	郭文熙	二等奖
978	浙江	本科组	H	浙江科技学院	陈奇良	梁泽楷	梅厦锦	二等奖
979	重庆	本科组	H	西南大学	黎洪君	刘颖	虞际扬	二等奖
980	重庆	本科组	H	西南大学	李泓波	赵冠淋	田其华	二等奖
981	重庆	本科组	H	重庆科技学院	王锐	陈政	陈泓妤	二等奖
982	重庆	本科组	H	重庆理工大学	谭青洋	夏忠静	周龙丹	二等奖
983	重庆	本科组	H	重庆理工大学	晏子涵	刘鑫鑫	蔡骁博	二等奖
984	重庆	本科组	H	重庆文理学院	李星	陶创	孙陈浩	二等奖
985	重庆	本科组	H	重庆文理学院	魏茂波	蔡镇蓬	李支成	二等奖

I题获奖名单

序号	赛区	组别	题号	参赛队学校	学生姓名			奖项
986	广西	高职高专组	I	柳州铁道职业技术学院	韦力	杨凯	黄孙娇	一等奖
987	河南	高职高专组	I	河南工业职业技术学院	陈尊未	张权	滕旭	一等奖
988	河南	高职高专组	I	郑州铁路职业技术学院	邓晓亮	张晓洋	干云鹏	一等奖
989	河南	高职高专组	I	郑州铁路职业技术学院	张贺威	张乐	张锐锋	一等奖
990	湖南	高职高专组	I	湖南铁路科技职业技术学院	吴泽军	黄本成	何训聪	一等奖
991	江苏	高职高专组	I	南京工业职业技术大学	陈梓涵	徐璁	蒙清心	一等奖
992	江苏	高职高专组	I	南京工业职业技术大学	李天军	倪志炫	周云起	一等奖

续表三十二

序号	赛区	组别	题号	参赛队学校	学生姓名			奖项
993	浙江	高职高专组	I	杭州科技职业技术学院	陈俊逾	张星豪	刘耀文	一等奖
994	安徽	高职高专组	I	芜湖职业技术学院	丁宏宇	董祥宇	王甘霖	二等奖
995	福建	高职高专组	I	闽西职业技术学院	张良宏	汤永霖	曾志鸿	二等奖
996	广东	高职高专组	I	广州番禺职业技术学院	黄润安	李哲	陈杰楷	二等奖
997	广东	高职高专组	I	江门职业技术学院	蓝伟劲	尤义棚	杨炬	二等奖
998	广东	高职高专组	I	顺德职业技术学院	梁志君	黄文德	黄怡淳	二等奖
999	广东	高职高专组	I	顺德职业技术学院	庄涌源	张宗豪	赖育蔓	二等奖
1000	广西	高职高专组	I	广西水利电力职业技术学院	廖春铭	李韵明	吴世豪	二等奖
1001	广西	高职高专组	I	广西职业技术学院	杨杰海	宋乐乐	梁伟林	二等奖
1002	河南	高职高专组	I	郑州铁路职业技术学院	邓添予	高天源	张振豪	二等奖
1003	湖北	高职高专组	I	武汉交通职业学院	刘江	杨康	张劲竹	二等奖
1004	湖南	高职高专组	I	湖南工业职业技术学院	段鸿超	赵晓林	廖广	二等奖
1005	江苏	高职高专组	I	无锡职业技术学院	王文龙	谢鑫	崔世林	二等奖
1006	山东	高职高专组	I	山东职业学院	韩泽臣	王龙伟	苗钰莹	二等奖
1007	山东	高职高专组	I	潍坊职业学院	隋玉东	高健恒	罗传龙	二等奖
1008	山西	高职高专组	I	山西工程职业学院	吴昭辉	苏雅斯	王琰	二等奖
1009	陕西	高职高专组	I	陕西铁路工程职业技术学院	张经纬	许毅	张蒙远	二等奖
1010	上海	高职高专组	I	上海杉达学院	叶亦豪	俞昊喆	陈路佳	二等奖
1011	四川	高职高专组	I	四川城市职业学院	陈治宇	陈睿涵	杨振鹏	二等奖
1012	四川	高职高专组	I	宜宾职业技术学院	陈红钢	张海清	史明星	二等奖
1013	浙江	高职高专组	I	绍兴职业技术学院	谢宇波	孙琛皓	俞钧阳	二等奖
1014	重庆	高职高专组	I	重庆机电职业技术大学	柯绍军	彭杰	周英明	二等奖
1015	重庆	高职高专组	I	重庆机电职业技术大学	余树林	郑皓文	冯津秋	二等奖
1016	重庆	高职高专组	I	重庆水利电力职业技术学院	桑小明	邓雪芹	周家冰	二等奖

J题获奖名单

序号	赛区	组别	题号	参赛队学校	学生姓名			奖项
1017	安徽	高职高专组	J	淮南职业技术学院	程奕	金祥	孙波	一等奖
1018	广东	高职高专组	J	深圳职业技术学院	张凯	肖智强	刘槟滔	一等奖
1019	河南	高职高专组	J	郑州铁路职业技术学院	程凯洋	刘钊卓	董方明	一等奖
1020	河南	高职高专组	J	郑州铁路职业技术学院	李严昌	周志鹏	刘文龙	一等奖
1021	湖南	高职高专组	J	湖南铁路科技职业技术学院	黄敏	尹威	陈宇龙	一等奖

续表三十三

序号	赛区	组别	题号	参赛队学校	学生姓名			奖项
1022	湖南	高职高专组	J	长沙航空职业技术学院	文新宇	吴永强	罗润莲	一等奖
1023	陕西	高职高专组	J	西安航空职业技术学院	苏志鹏	陈梓航	田凯凯	一等奖
1024	浙江	高职高专组	J	杭州科技职业技术学院	毛鹏涛	臧永雕	周巧辉	一等奖
1025	浙江	高职高专组	J	浙江工贸职业技术学院	王鑫	刘耀星	张江和	一等奖
1026	浙江	高职高专组	J	浙江工贸职业技术学院	余柳祎	袁晓杰	许励阳	一等奖
1027	福建	高职高专组	J	福建信息职业技术学院	杜炆	蔡佳栋	石龙	二等奖
1028	福建	高职高专组	J	漳州职业技术学院	欧宏杰	何智辉	谢炜欣	二等奖
1029	广东	高职高专组	J	中山职业技术学院	蔡梓壕	吴俊文	靳钦武	二等奖
1030	广西	高职高专组	J	广西交通职业技术学院	黄崇洪	韦佳朋	廖科就	二等奖
1031	广西	高职高专组	J	广西水利电力职业技术学院	潘松余	梁中兴	张海振	二等奖
1032	湖北	高职高专组	J	武汉软件工程职业学院	李宗逸	潘东	陈飞雨	二等奖
1033	湖南	高职高专组	J	湖南铁道职业技术学院	殷吴波	蔡一峰	袁彪	二等奖
1034	湖南	高职高专组	J	长沙航空职业技术学院	倪汛	刘畅	杨俊	二等奖
1035	江苏	高职高专组	J	常州信息职业技术学院	赖仲生	余朝辉	曹秩豪	二等奖
1036	江苏	高职高专组	J	江苏电子信息职业学院	沈栋缙	杨智文	刘明皓	二等奖
1037	江苏	高职高专组	J	江苏电子信息职业学院	张启聪	贾欣	韩楚鹏	二等奖
1038	江西	高职高专组	J	江西制造职业技术学院	徐家乐	管世胜	刘兹鹏	二等奖
1039	江西	高职高专组	J	南昌理工学院	黄鑫	何政	叶世平	二等奖
1040	山东	高职高专组	J	山东信息职业技术学院	吴金昌	陈维森	朱现军	二等奖
1041	陕西	高职高专组	J	西安航空职业技术学院	秦杨	田代西	童伟	二等奖
1042	四川	高职高专组	J	泸州职业技术学院	彭永铜	肖寒	姚建如	二等奖
1043	四川	高职高专组	J	四川邮电职业技术学院	贺星	任华郡	蔡燕	二等奖
1044	浙江	高职高专组	J	杭州职业技术学院	郑仰枫	叶文豪	吴迪	二等奖
1045	浙江	高职高专组	J	宁波职业技术学院	马宇峰	徐义航	孟晴	二等奖
1046	重庆	高职高专组	J	重庆电子工程职业学院	贾普仁	王茂	郭志坚	二等奖
1047	重庆	高职高专组	J	重庆电子工程职业学院	刘明松	黄萱	郭书宇	二等奖
1048	重庆	高职高专组	J	重庆电子工程职业学院	沈一丁	何明盛	付汝婷	二等奖
1049	重庆	高职高专组	J	重庆航天职业技术学院	白秉鑫	袁本航	詹宇	二等奖

K 题获奖名单

序号	赛区	组别	题号	参赛队学校	学生姓名			奖项
1050	河北	高职高专组	K	河北科技工程职业技术大学	崔奥	刘善龙	赵勇	一等奖

续表三十四

序号	赛区	组别	题号	参赛队学校	学生姓名			奖项
1051	河南	高职高专组	K	郑州铁路职业技术学院	陈树	侯孝然	韩永博	一等奖
1052	河南	高职高专组	K	郑州铁路职业技术学院	赵振兴	石军鹏	张烁	一等奖
1053	湖南	高职高专组	K	长沙航空职业技术学院	唐定华	黄鹏	李朵玉	一等奖
1054	湖南	高职高专组	K	长沙民政职业技术学院	吴逢广	刘邵衡	张新	一等奖
1055	吉林	高职高专组	K	长春工业大学	刘志鹏	李宇恒	赖鹏	一等奖
1056	吉林	高职高专组	K	长春工业大学	宋奥辉	许世鹏	王帅迪	一等奖
1057	江苏	高职高专组	K	南京铁道职业技术学院	皮涛涛	周红波	刘洲明	一等奖
1058	江苏	高职高专组	K	南通职业大学	沈阳	朱中原	吴治昊	一等奖
1059	江西	高职高专组	K	共青科技职业学院	谢辉	朱蕊	钟涛	一等奖
1060	山西	高职高专组	K	山西机电职业技术学院	冯天铖	张小伟	段旭	一等奖
1061	陕西	高职高专组	K	陕西工业职业技术学院	郁超	王智恒	胡欢欢	一等奖
1062	浙江	高职高专组	K	杭州科技职业技术学院	毛聪	吴学智	郑佳龙	一等奖
1063	浙江	高职高专组	K	杭州科技职业技术学院	唐昌盛	张从斌	杨城康	一等奖
1064	浙江	高职高专组	K	浙江工商职业技术学院	林俊辉	何秋君	沈峻平	一等奖
1065	重庆	高职高专组	K	重庆电子工程职业学院	唐浩	代云龙	马于贵	一等奖
1066	重庆	高职高专组	K	重庆工商职业学院	吴云华	张海丰	姚纪鑫	一等奖
1067	北京	高职高专组	K	北京电子科技职业学院	彭文	孙雪妍	高玉涛	二等奖
1068	福建	高职高专组	K	福建信息职业技术学院	郑旭	郑键权	林明	二等奖
1069	广东	高职高专组	K	河源职业技术学院	连才生	李钰佳	陈林生	二等奖
1070	广东	高职高专组	K	中山火炬职业技术学院	黄泽越	李永权	邓梓斌	二等奖
1071	广西	高职高专组	K	广西机电职业技术学院	郑斯秋	杨海平	叶文健	二等奖
1072	广西	高职高专组	K	广西交通职业技术学院	陈昆深	覃状语	李权权	二等奖
1073	广西	高职高专组	K	广西理工职业技术学院	唐忠谊	何正松	陈世欣	二等奖
1074	广西	高职高专组	K	广西职业技术学院	邓海涛	黄德海	吴维鸿	二等奖
1075	广西	高职高专组	K	柳州铁道职业技术学院	谭智恒	温濠宇	农昌柠	二等奖
1076	海南	高职高专组	K	海南科技职业大学	周井文	唐惠宝	陈天勇	二等奖
1077	海南	高职高专组	K	海南职业技术学院	肖焱	杨斌	李芳	二等奖
1078	河南	高职高专组	K	郑州城市职业学院	杜金龙	孙宇飞	户明华	二等奖
1079	河南	高职高专组	K	郑州铁路职业技术学院	秦全明	郭培棋	张哲恺	二等奖
1080	河南	高职高专组	K	郑州铁路职业技术学院	王昊	王恒钢	李小龙	二等奖
1081	湖北	高职高专组	K	湖北水利水电职业技术学院	刘铭志	夏志勇	王直爽	二等奖
1082	湖南	高职高专组	K	湖南铁路科技职业技术学院	龙洪刚	孙晓维	段红吉	二等奖

续表三十五

序号	赛区	组别	题号	参赛队学校	学生姓名			奖项
1083	湖南	高职高专组	K	湖南铁路科技职业技术学院	罗快	蒋仕豪	丁怀溪	二等奖
1084	湖南	高职高专组	K	长沙航空职业技术学院	罗颖	雷世民	周志华	二等奖
1085	吉林	高职高专组	K	吉林电子信息职业技术学院	刘名川	郑翔予	申昊天	二等奖
1086	江苏	高职高专组	K	常州信息职业技术学院	刘昱	周康燚	陈冬	二等奖
1087	江苏	高职高专组	K	南京工业职业技术大学	周昭昭	张旭阳	吴世祥	二等奖
1088	江苏	高职高专组	K	南京信息职业技术学院	潘陆宇	王胤卜	薛玉柱	二等奖
1089	江西	高职高专组	K	江西工程学院	姚江兵	袁学涛	陈浩东	二等奖
1090	江西	高职高专组	K	江西工程学院	余盛康	涂阿龙	叶思俊	二等奖
1091	江西	高职高专组	K	江西旅游商贸职业学院	谢亚伟	江凯伟	邹智聪	二等奖
1092	辽宁	高职高专组	K	辽宁机电职业技术学院	崔智锋	齐斌	陆广鑫	二等奖
1093	山东	高职高专组	K	山东电子职业技术学院	李旭	崔贺强	侯睿	二等奖
1094	山东	高职高专组	K	山东电子职业技术学院	张晓永	李炫霆	韩文雪	二等奖
1095	山东	高职高专组	K	山东信息职业技术学院	赵艺	李莹莹	祝景伟	二等奖
1096	山东	高职高专组	K	枣庄科技职业学院	陈文	王世冲	李俊建	二等奖
1097	山东	高职高专组	K	淄博职业学院	任庆鲁	吕俊腾	张国利	二等奖
1098	山西	高职高专组	K	山西工程职业学院	王梦龙	孙瑞杰	邓文龙	二等奖
1099	陕西	高职高专组	K	空军工程大学	刘欢	冯良	刘瑞名	二等奖
1100	陕西	高职高专组	K	空军工程大学	商成金	张家硕	陈志凡	二等奖
1101	陕西	高职高专组	K	陕西工业职业技术学院	惠立荣	姜赛林	马新成	二等奖
1102	陕西	高职高专组	K	杨凌职业技术学院	任文超	惠天宠	张苗苗	二等奖
1103	陕西	高职高专组	K	杨凌职业技术学院	辛雨	郭志朋	张宇	二等奖
1104	四川	高职高专组	K	四川城市职业学院	陈科良	刘小平	蒲松林	二等奖
1105	天津	高职高专组	K	天津职业大学	段孟旭	武智桐	赵发群	二等奖
1106	浙江	高职高专组	K	杭州科技职业技术学院	茅俊智	郑敏	敖飞翔	二等奖
1107	浙江	高职高专组	K	衢州职业技术学院	陶郅鹏	薛思鹏	杨从行	二等奖
1108	浙江	高职高专组	K	浙江工贸职业技术学院	胡庆省	李文浩	张佳浩	二等奖
1109	重庆	高职高专组	K	重庆电子工程职业学院	伍科佳	陈海	曾有	二等奖
1110	重庆	高职高专组	K	重庆电子工程职业学院	熊东	韦汉林	何昕忆	二等奖
1111	重庆	高职高专组	K	重庆航天职业技术学院	龚顺盈	蒋俊豪	田富帅	二等奖
1112	重庆	高职高专组	K	重庆航天职业技术学院	刘超	贺洋	陈丹	二等奖
1113	重庆	高职高专组	K	重庆能源职业学院	谭显雨	黎一梁	肖潇	二等奖

2021年全国大学生电子设计竞赛
优秀征题奖获奖名单

序号	题　目	姓名	单位
1	模拟交直流混合供电系统设计	陈文光 吴新开	南华大学 湖南科技大学
2	单相线性交流电子负载	彭　飞	东南大学
3	声源定位系统设计	毛　敏	华东师范大学
4	电网储能模拟系统	国海峰	哈尔滨工业大学
5	物资投送飞行器	雷印杰	四川大学

2021 年全国大学生电子设计竞赛

赛区优秀组织奖

北京赛区

吉林赛区

江苏赛区

山东赛区

陕西赛区

上海赛区

四川赛区

浙江赛区

目　录

本　科　组

高职高专组

全国大学生电子设计竞赛
National Undergraduate Electronic Design Contest

本
科
组

A题 信号失真度测量装置

一、任务

设计制作信号失真度测量装置，对来自函数/任意波形发生器的周期信号(以下简称为输入信号)进行采集分析，测得输入信号的总谐波失真 THD(以下简称为失真度)，并可在手机上显示测量信息。测量装置系统组成示意图如图 1 所示。

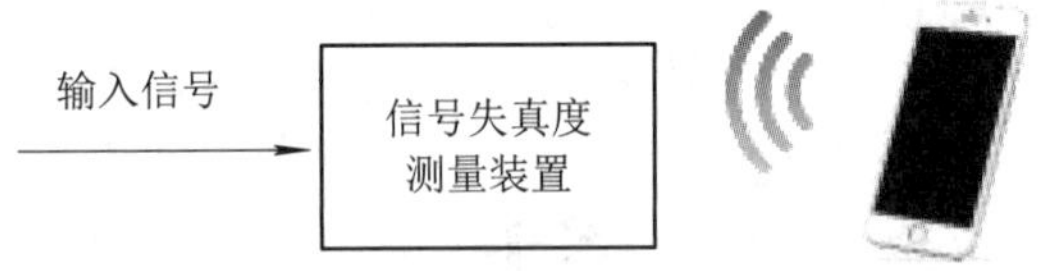

图 1　测量装置系统组成示意图

二、要求

1. 基本要求

(1) 输入信号的峰峰值电压范围：300～600 mV。

(2) 输入信号基频：1 kHz。

(3) 输入信号失真度范围：5%～50%。

(4) 要求对输入信号失真度测量误差绝对值 $\Delta = |THD_x - THD_o| \leqslant 5\%$，$THD_x$ 和 THD_o 分别为失真度的测量值与标称值。

(5) 显示失真度测量值 THD_x。

(6) 失真度测量与显示用时不超过 10 s。

2. 发挥部分

(1) 输入信号的峰峰值电压范围：30～600 mV。

(2) 输入信号基频范围：1～100 kHz。

(3) 测量并显示输入信号失真度 THD_x 值，要求 $\Delta = |THD_x - THD_o| \leqslant 3\%$。

(4) 测量并显示输入信号的一个周期波形。

(5) 显示输入信号基波与谐波的归一化幅值，只显示到 5 次谐波。

(6) 在手机上显示测量装置测得并显示的输入信号 THD_x 值、一个周期波形、基波与谐波的归一化幅值。

(7) 其他。

三、说明

(1) 本题用于信号失真度测量的主控制器和数据采集器必须使用 TI 公司的 MCU 及其片内 ADC，不得使用其他片外 ADC 和数据采集模块(卡)成品。

(2) 关于 THD 的说明：当放大器输入为正弦信号时，放大器的非线性失真表现为输出信号中出现谐波分量，即出现谐波失真，通常用“总谐波失真 THD(Total Harmonic Distortion)”定量分析放大器的非线性失真程度。

若放大器的输入交流电压为 $u_i = U_i\cos\omega t$，出现谐波失真的放大器输出交流电压为 $u_o = U_{o1}\cos(\omega t + \varphi_1) + U_{o2}\cos(2\omega t + \varphi_2) + U_{o3}\cos(3\omega t + \varphi_3) + \cdots$，则 u_o 的总谐波失真(失真度)定义为

$$\mathrm{THD} = \frac{\sqrt{U_{o2}^2 + U_{o3}^2 + U_{o4}^2 + \cdots}}{U_{o1}} \times 100\% \tag{1}$$

本题信号失真度测量采用近似方式，测量和分析输入信号谐波成分时，限定只处理到 5 次谐波。定义

$$\mathrm{THD_o} = \frac{\sqrt{U_{o2}^2 + U_{o3}^2 + U_{o4}^2 + U_{o5}^2}}{U_{o1}} \times 100\% \tag{2}$$

为本题失真度的标称值。

若失真度测量值为 THDx，则失真度测量误差的绝对值为

$$\Delta = |\mathrm{THD_x} - \mathrm{THD_o}| \tag{3}$$

(3) 基波与谐波的归一化幅值：输入信号的基波幅值为 U_{m1}，各次谐波幅值分别为 U_{m2}、U_{m3}、…，则基波与谐波的归一化幅值为 1、(U_{m2}/U_{m1})、(U_{m3}/U_{m1})、…。

(4) 用函数/任意波形发生器(以下简称为发生器)输出的周期信号作为测量装置的输入信号。参赛队员必须熟练掌握发生器“谐波发生”功能的操作技能(包括但不限于设置信号谐波参数、存储与调用信号)。

(5) 参赛队必须自带本队自用的发生器参加赛区作品测试，根据测试专家提出的有关要求自行设定、存储自带发生器的输出信号，作为测量装置输入信号。

(6) 除输入信号外，不得再有任何其他信号引入测量装置。一键启动测量后，装置应在 10 s 内自动完成失真度测量与显示(其间不得有人工操作)，超时扣分。一旦测量显示总用时超过 30 s，停止作品测试。

四、评分标准

	项　目	主 要 内 容	满分
设计报告	系统方案	比较与选择，方案描述。	4
	理论分析与计算	测量原理分析计算，误差分析。	6
	电路与程序设计	电路设计，程序设计。	4
	测试方案与测试结果	测试方案，测试结果完整性，测试结果分析。	4
	设计报告结构及规范性	摘要，正文结构，图表规范性。	2
	合计		**20**
基本要求	完成第(1)、(2)、(3)项		10
	完成第(4)项		20
	完成第(5)项		15
	完成第(6)项		5
	合计		**50**
发挥部分	完成第(1)、(2)、(3)、(4)、(5)项		35
	完成第(6)项		10
	完成第(7)项		5
	合计		**50**
总　分			**120**

大连理工大学

作者：苏子梁、宗承澳、陈瑞

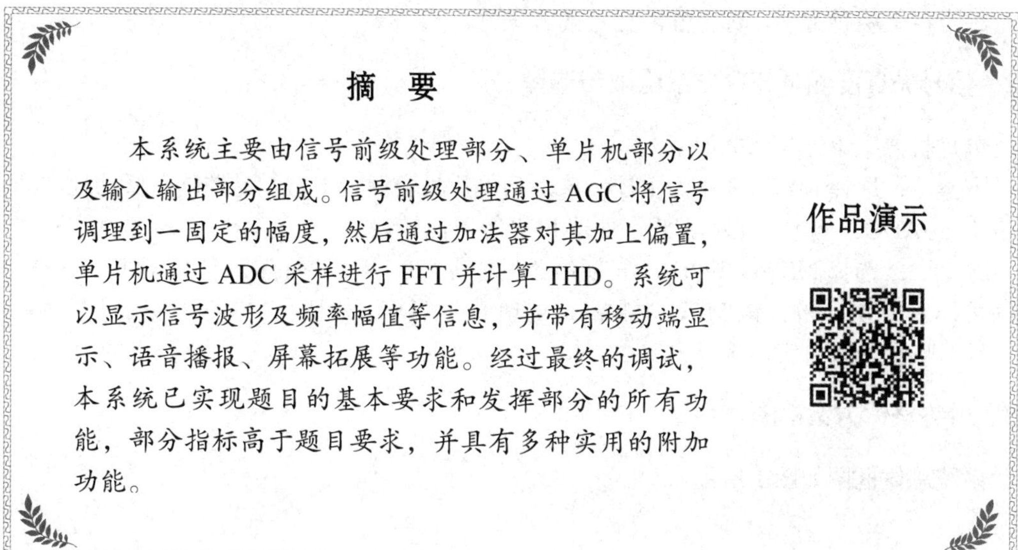

摘　要

本系统主要由信号前级处理部分、单片机部分以及输入输出部分组成。信号前级处理通过 AGC 将信号调理到一固定的幅度，然后通过加法器对其加上偏置，单片机通过 ADC 采样进行 FFT 并计算 THD。系统可以显示信号波形及频率幅值等信息，并带有移动端显示、语音播报、屏幕拓展等功能。经过最终的调试，本系统已实现题目的基本要求和发挥部分的所有功能，部分指标高于题目要求，并具有多种实用的附加功能。

作品演示

关键词：AGC；FFT；THD

1. 系统方案

本系统主要由前级放大偏置处理电路、信号失真度测量装置、手机端 APP、电源模块、语音模块等组成，下面论证模块的选择、最终整体方案框图和程序的设计。

1.1　前级放大偏置处理电路方案论证与选择

1. 前级放大电路方案论证与选择

方案一：使用程控运放 VAC821 进行前级放大，通过使用单片机的 DAC 端口控制 VAC821 的放大倍数，将输入信号放大到合适的幅度，方便下一级 ADC 的采集以及处理。此方案缺点是需要使用单片机进行控制，增加了程序复杂程度。

方案二：使用 AGC 进行前级信号调理，不需要使用单片机控制，AGC 可以自动将输入信号缩放至设定的大小，更加安全稳定。另外可以通过采集 AGC 反馈回路电压推断 AGC 的增益，从而计算得到原始信号的幅值。

综合以上两种方案，选择方案二。

2. 偏置电路方案论证与选择

方案一：使用两个电阻分压的方法，提供 AGC 信号的偏置电压，优点是电路简单，搭建方便；缺点是需要考虑前级的输出阻抗以及 ADC 的输入阻抗的影响，系统不够稳定。

方案二：使用加法器电路进行偏置，前级放大电路的输出与参考的偏置电压经过加法电路相加得到偏置后的信号，其优点是输出偏置信号稳定，性能稳定；缺点是电路比方案一略复杂。

综合以上两种方案，选择性能稳定的方案二。

1.2 信号失真度测量装置方案论证与选择

单片机方案论证与选择如下：

方案一：选择 MSP430 作为主控，该系列单片机资源较丰富，易控制，低功耗，拥有 12 位片上 ADC。但本身主频较低，处理 FFT 等算法较慢。

方案二：选择 MSP432E401Y 作为主控，主频 120 MHz，拥有 2 个 12 位片上 ADC，最高采样率 2 MS/s 的。该 MCU 主频高，处理 FFT 等算法较快，实时性更好。

综合以上两种方案，选择方案二。

1.3 最终整体方案框图

系统总体框图如图 1 所示。

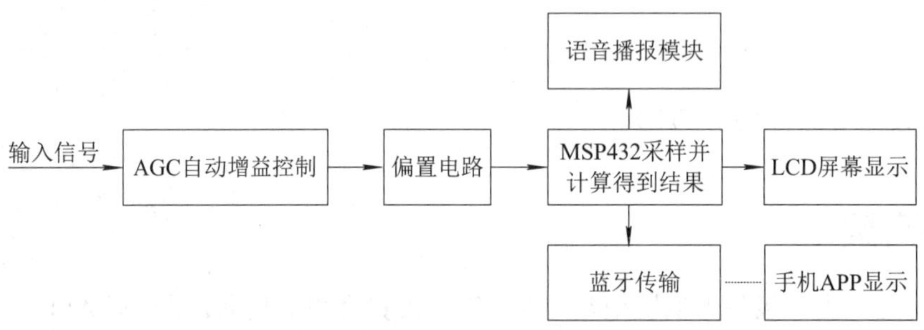

图 1　系统总体框图

1.4 程序的设计

1. 程序功能描述与设计思路

(1) 程序功能描述。可以实现输入信号在 1～100 kHz，幅值 30～600 mV 条件下的信号失真度测量，测量结果误差不超过 3%。可以在测量装置的液晶屏上显示输入波形的 THD 值、谐波的归一化幅值、频谱图以及波形图。液晶屏上显示的结果也可以通过测量装置的蓝牙传输至手机上的 APP 进行同步显示。

(2) 程序设计思路。以测量按键按下作为开始测量的起始信号，首先 ADC1 以最高采样率 2 MS/s 测量信号，通过计数过零次数估计输入信号的频率，并根据信号频率下调采样率，逐次跳跃下降到 500 kS/s、125 kS/s、31.25 kS/s、12.5 kS/s、5 kS/s、625 S/s、200 S/s

中最适宜的采样频率。获得长度为 1024 的样本后，进行加窗操作以改善频谱泄漏，再运行 FFT 算法计算输入信号的频谱，并读取出各谐波的幅值，用以计算 THD 与各谐波的归一化幅值。之后通过 ADC1 获得 AGC 的反馈电压，通过指数函数拟合推算增益值，并计算出输入信号的真实幅值。最后顺序执行 THD 显示、输入信号波形图和频谱图的 LCD 显示、语音播报、蓝牙传输等程序。

2. 程序流程图

主程序流程图如图 2 所示。

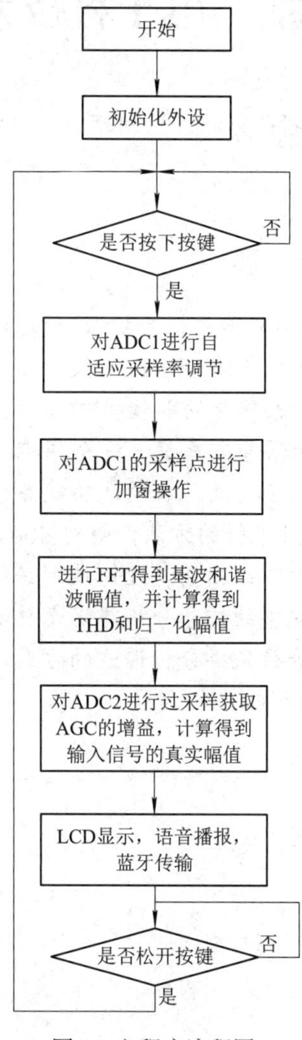

图 2　主程序流程图

2. 测试结果

根据上述测试步骤，可以得出以下结论：

(1) 输入信号在 10～600 mV 的峰峰值内，频率在 1～100 kHz 范围内，失真度在 0%～50%范围内，整个系统的测量都有较高的准确性，满足题目的要求。(实际幅度可以在

10 mV～6 V，频率可以在 2 Hz～160 kHz，失真度在 0%～90%范围内进行较为精准的测量，超额满足题目的性能指标。)

(2) 可以通过 FFT 得到频域信息，并且可以计算得到 THD。

(3) 屏幕显示，语音播报、信号测量、无线通信等功能实现正常。

综上所述，本设计达到设计要求。

作品2 电子科技大学

作者：彭瀚雳、刘京、李昱潜

摘　要

本设计以 MSP432E401Y 单片机为核心，通过对输入信号进行同相放大、等效采样、FFT 变换和频谱搬移等操作，精确测算出输入信号的非线性失真度，并可在屏幕以及手机上显示信号失真度、一个周期的信号波形以及归一化幅值。经测试，本设计功能齐全，测量耗时极短，并利用等效采样的方法能够对 400 kHz 信号进行谐波分析，对 THD 的测量与理论值则始终保持误差在 1%以内，一次完整的信号分析与显示总共耗时不足 1 s。在工程上用等效采样分析谐波的方式比等效采样的硬件成本低，值得推广。

关键词：MSP432；等效采样；失真

1. 方案设计与论证

1.1 信号采样

方案一：直接采样。以 1MS/s 固定采样率进行采样，对采集数据直接进行 FFT 变换计算基波和各谐波分量，最后计算出信号的失真度。其优点：操作简单；其缺点：板载 ADC 性能有限，频谱分辨率较低，误差较大。

方案二：等效采样。根据输入信号基波频率变换采样率，同时使用等效采样算法对采集到的数据进行重组进而恢复出原始信号，最后对恢复出的信号进行 FFT 变换计算基波和各谐波分量，进而得到输入信号的失真度。其优点：能够有效降低对 ADC 采样率和数据存储速度的要求；其缺点：采样时间有所增加，测量时间变长，软件开发难度大，对算法的要求高。

综合考虑对测量精度和速度的要求，采用方案二。

1.2　FFT 数据类型

信号采样方案一和方案二最终均需要对采集到的数据进行 FFT 运算，MSP432 可使用 ARM 提供的 DSP 库。在该 DSP 库中，FFT 运算数据类型可选择定点数或浮点数。

方案一：16 位定点数。输入数据和 FFT 运算结果均使用 16 位整形存储。其优点：对存储空间的需求较低，计算量小；缺点：运算结果精度低，只能进行整数的运算。

方案二：32 位浮点数。输入数据和 FFT 运算结果均使用 32 位浮点数存储。其优点：运算结果精度高，可以进行小数之间的计算；缺点：对存储空间需求高，计算量大。

综合考虑计算精度和存储空间，采用方案二。

2. 理论分析与计算

2.1　信号处理

1. 信号放大电路

函数发生器输出信号的峰峰值范围为 30～600 mV，而 ADC 在采集 1～2 V 的信号时较为精确，因此需要对输入信号进行一定程度的放大。

2. 加法器电路

由于信号放大电路输出的信号存在负电压，而 MSP432E401Y 板载 ADC 无法采集负电压，因此需要使用加法器为其添加一个 1.4 V 的直流偏移。

2.2　等效采样

等效采样是把周期性或准周期性的高频的快速信号变换为低频的慢速信号的技术，该技术减少了单位时间内的采样点数，降低了对实际采样速率、数据存储速度、信号处理速度的要求。在电路上只对取样前的电路具有高频的要求，简化了整个系统的设计难度。

下面举例介绍等效采样技术：若采用实时采样技术对信号的连续两个周期进行采样，共 40 个采样点，40 个采样点的分布如图 1 所示。

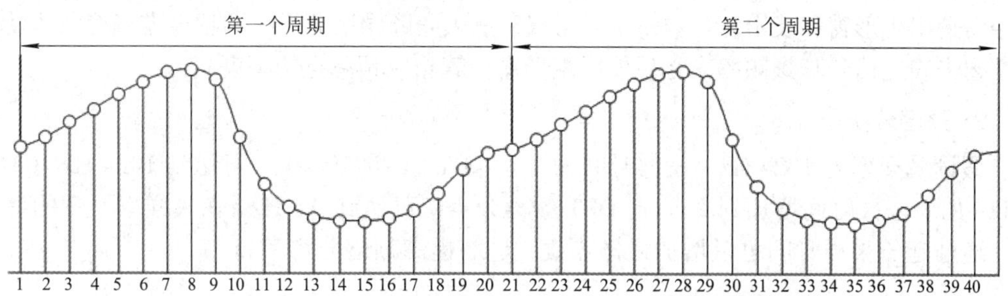

图 1　两个信号周期连续实时采样获取的采样点

我们也可以只提取红色采样点(实心采样点)，如图 2 所示：在第一个周期中取序号为 1 的采样点，第二个周期取序号 2 的采样点，第三个周期取序号 3 的采样点，以此类推，直到经过 40 个周期采集完 40 个点，再按照图 3 的顺序排列，进而重组出一个完整的波形，再使用数字信号处理的数据处理方法对信号进行分析。

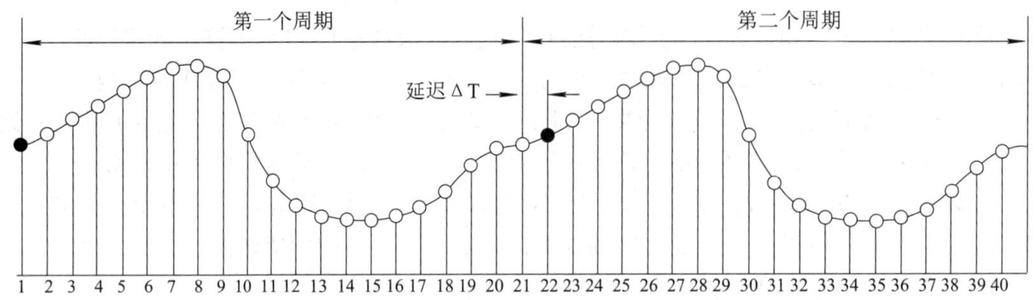

图 2　周期信号等效采样原理

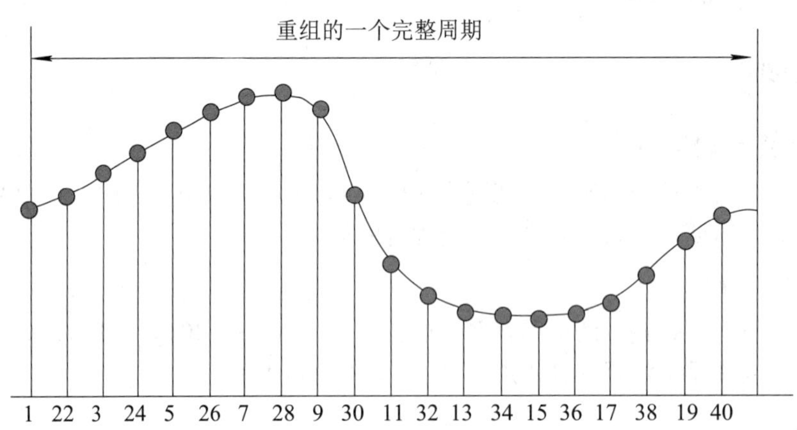

图 3　采用等效采样技术重组的一个完整信号周期

2.3　FFT 相关概念

1. 窗函数

采样过程中不可避免地会产生频谱泄露，通过加窗可以很好地处理该问题，实际应用中经常使用矩形窗和汉宁窗。本系统采用双窗法来兼顾频谱分辨率和幅度准确度，即使用汉宁窗来确定信号基频频率，之后使用矩形窗计算相应频率点的幅度。

2. 频谱分辨率

假设采样率为 1024 Hz，采样时间为 1 s，则 DFT 频谱分辨率可达到 1024 Hz/1024 = 1 Hz；如果采样时间增加到 2 s，则 DFT 频谱分辨率可达到 0.5 Hz。在采样率不变的情况下，通过延长采样时间可以增加采样点数，进而提高频谱分辨率。

作品3　武汉大学

作者：王冠、吴泽、梁有霖

摘　要

本作品以 TM4C123G 单片机为数据采集、数据处理以及系统控制核心，设计并制作了一个信号失真度测量装置。系统主要包括分路放大电路、信号采集处理电路等部分。输入信号经信号采集处理电路的 AD 采样后，根据采样幅值来控制分路放大电路，对信号进行幅值调理；然后对信号进行自相关处理得到基频信息；接着根据基频信息对输入信号进行实时或等效采样，对输入的周期信号波形采集足够的点数；最后进行 FFT 频谱分析，从而得到基波和谐波的幅值信息，计算出谐波失真度。经测试，输入信号峰峰值范围 3～650 mV，信号基频范围 1～255 kHz 时，失真度误差小于 3%，响应时间小于 10 s。信号的失真度、周期波形、归一化幅值均可在显示屏和手机上显示。系统操作简单，稳定性高，人机交互性友好。

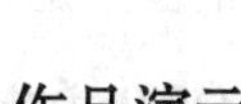

作品演示

关键词：自相关测频；等效采样；FFT；失真度

1. 方案论证

1.1　信号频率测量方案论证

方案一：滤波测频法。设计频率范围在 1～500 kHz 信号幅值衰减倍数逐步增大的低通滤波器，对信号进行滤波后再对该频段进行等增益放大，多次进行上述循环，从而实现对谐波的滤除，得到基频信号，测量出输入信号的频率信息。

方案二：自相关测频法。通过对含有基频和谐波的输入信号进行采样后做自相关处理，得到的自相关函数含有与输入信号相同的频率信息，以及与幅值平方成正比的幅值信息，因此能够将幅度最大的基频成分凸显出来，并衰减幅度较小的频率成分，从而实现对输入信号频率的测量。

方案选择：方案一设计复杂，实现难度较大，对滤波器和放大器的性能有较高要求。方案二操作简单，软件处理较为复杂，对 MCU 性能有较高要求。综合考虑，选择方案二。

1.2 等效采样方案论证

方案一：随机等效采样。随机等效采样连续采样多个信号周期，将被测信号第一个采样周期的起始点作为参考点，在之后的每轮的采集过程中测量当前周期采样信号触发时刻与参考点的时间差，以确定本轮采样数据在信号波形中的位置。由于时间差在一个采样周期内随机分布，当多轮采样后，根据时间差重新排列采样数据即可还原被测信号。

方案二：顺序等效采样。以第一个采样周期的采样点为该周期的起始点，则第二个周期的采样点相对于该周期起始点有 Δt 的延时，第三个周期延时变为 $2\Delta t$…当采集到足够多的点数后，将这些采样点按顺序排列即可还原被测信号。

方案选择：方案一对采样点进行重排占用大量的时间与空间。方案二要求每次采样需产生精确的步进延时。综合考虑，选择方案二。

1.3 信号采集方案论证

方案一：单端信号输入法。单端信号输入法是将信号单端输入 AD 的输入端，使用公共地 GND 作为电路的返回端，AD 的采样值为输入端电压减 GND 电压。

方案二：差分信号输入法。差分信号输入法是将单端信号先进行差分转换成两路信号，然后通过差分线路输入到 AD 中的一对差分输入端中。最终 AD 的采样值为这对差分输入端的电压差值。

方案选择：方案一实现简易便捷，其缺点：由于 GND 电位始终保持在 0V，如果 AD 的输入信号受到干扰，那么最终 AD 采样值也会随着干扰而变化。方案二接线较为复杂，但能够消除共模噪声对输入信号的影响。综合考虑，选择方案二。

1.4 方案总体描述

系统主要包括分路放大电路、信号采集处理电路。系统总体框图如图 1 所示。

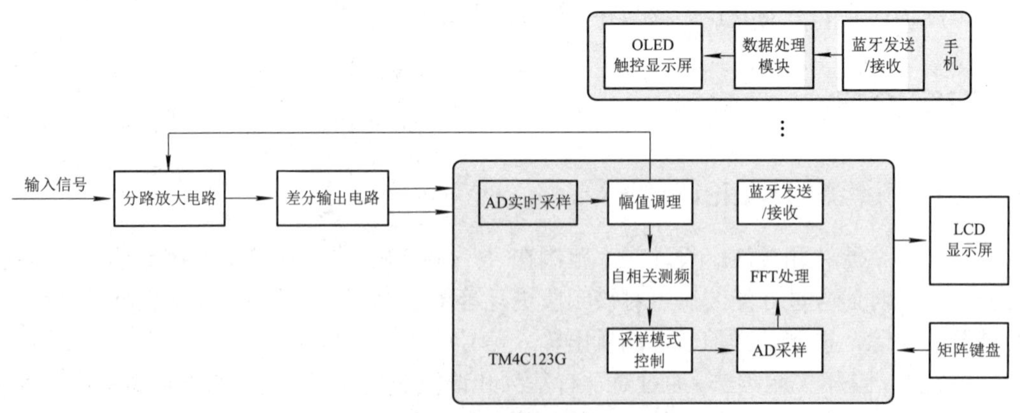

图 1 系统总体框图

首先输入信号经信号采集处理电路的 AD 采样后，根据采样到的幅值大小控制分路放大电路对信号进行幅值调理，之后对调理后信号再次采样并进行自相关处理，得到输入信号的基频信息，接着根据基频大小选择对输入信号进行实时或等效采样，然后对采样数据进行 FFT 频谱分析处理，从而得到基波和谐波的幅值信息，最终计算失真度。信号失真度、基波及谐波归一化幅值、周期波形均可在 LCD 屏和手机上进行显示。

2. 理论分析与计算

2.1 采样频率分析计算

顺序等效采样每次触发在原始信号的一个周期波形上采样一点，假设每经过 n 个周期采样一次，且每次采样延迟一个Δt 时间。若待测信号的周期为 T，时延Δt 满足：

$$\Delta t = \frac{T}{N} \tag{1}$$

式中，N 为信号每周期需要采样的等效点数。

若每 n 个周期采样一次，则采样信号频率 f'满足：

$$f' = \frac{1}{nT + \Delta t} \tag{2}$$

在经过 $n+1$ 个信号周期后，即可采集到 N 个点，将这些采样点经过顺序排列即可恢复一个原始信号周期的原始波形。

2.2 自相关测频分析计算

若周期信号 $s(n)$ 的周期为 N，则其自相关函数定义为

$$R_s(m) = \frac{1}{N}\sum_{n=0}^{N-1} s(n)s(n+m) \tag{3}$$

若 $s(n) = \sin(\omega n)$，周期为 N，$\omega = \frac{2\pi}{N}$，则 $s(n)$的自相关函数为

$$R_s(m) = \frac{1}{N}\sum_{n=0}^{N-1} \sin(\omega n)\sin(\omega n + \omega m) = \frac{1}{2}\cos(\omega m) \tag{4}$$

由式(4)可以看出 $s(n)$的自相关函数 $R_s(m)$为周期信号，与 $s(n)$同周期。且 $R_s(m)$和 $s(n)$的初相位没有关系，所以自相关函数的结果与采样时刻无关。

本题中的周期信号 $s(t)$由基波和高次谐波两部分组成。假设最高次谐波为 L 次，根据采样定理对 $s(t)$进行采样后得到 $x(n)$，则 $x(n)$为

$$x(n) = \sum_{l=1}^{L} A_l \cos(l\omega_0 n + \phi_l) \tag{5}$$

式中 ϕ_l 为各次谐波的初相位。

若 $x(n)$的一个基本周期内的采样点数为 N。则 $x(n)$的自相关函数为

$$R_x(m) = \frac{1}{N}\sum_{n=0}^{N-1} x(n)x(n+m) = \frac{1}{2}\sum_{l=1}^{L} A_l^2 \cos(l\omega_0 m) \tag{6}$$

在不考虑 1/2 系数的影响下，自相关函数相对于原周期信号，在 A_l 为 1 时幅度不变，A_l 大于 1 时幅度呈指数增长，A_l 小于 1 时幅度呈指数下降。故周期信号进行自相关后，幅

度最大的频率成分被突出，幅度较小的谐波成分进行指数衰减。本题中，输入信号失真度小于 50%，因此周期信号中基频幅度最大，因此可通过自相关方法得出信号的基频频率。

2.3 差分信号分析计算

全差分运算放大器 THS4151 的电路原理图如图 2 所示。

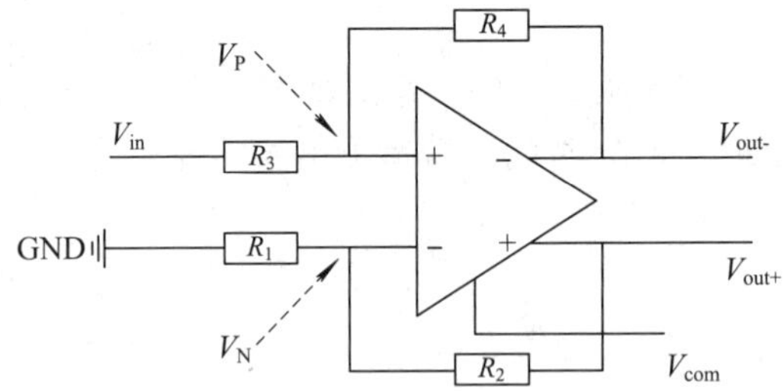

图 2 全差分运算放大器电路原理图

根据运算放大器的虚短虚断原理可得：

$$\frac{V_{\text{out+}}-V_{\text{N}}}{R_2}=\frac{V_{\text{N}}-0}{R_1} \tag{7}$$

$$\frac{V_{\text{out}-}-V_{\text{P}}}{R_4}=\frac{V_P-V_{\text{in}}}{R_3} \tag{8}$$

$$V_{\text{P}}=V_{\text{N}} \tag{9}$$

令 $R_1=R_2=R_3=R_4$，分析 V_{com} 在电路结构特征可得：

$$V_{\text{out+}}-V_{\text{com}}=V_{\text{com}}-V_{\text{out}-} \tag{10}$$

故可得：

$$V_{\text{out+}}=\frac{V_{\text{in}}}{2}+V_{\text{com}} \tag{11}$$

$$V_{\text{out}-}=-\frac{V_{\text{in}}}{2}+V_{\text{com}} \tag{12}$$

2.4 误差分析

(1) 运算放大器性能的影响。由于本题信号的幅度范围较大，需使用运算放大器对信号进行幅值处理。且因为本题信号基波及谐波频率范围较大，对于运算放大器，其通带可能不平坦，导致放大倍数随频率变化而变化，最后导致信号失真度发生变化，因此通过选择增益带宽积较大、通带较为平坦的运算放大器加以优化。

(2) 考虑到采样初始时刻的随机性和非整周期采样，谐波幅值测量精度和总失真度存在一定误差。系统使用到了单片机内置 ADC，在 A/D 转换过程中对各数字位的操作也会引入量化误差。

(3) THD 测量误差分析。本系统通过 FFT 对信号进行频谱分析，得到信号基波和谐波相对幅值，最后进行 THD 等分析。由于采样频率与信号频率不同步，造成周期采样信号的相位在始端和终端不连续，最后导致信号频谱中各谱线相互影响，使得信号基波和谐波相对幅值的测量结果偏离实际值，对最终的 THD 测量结果产生影响。

3. 电路与程序设计

3.1　分路放大电路设计

分路放大电路由宽带单位增益稳定运算放大器 OPA656、继电器选择电路和全差分运算放大器 THS4151 构成。TM4C123G 采样信号幅值通过改变高低电平控制继电器选择合适的放大倍数，再经由 THS4151 输出差分信号。

3.2　程序设计

TM4C123G 单片机软件程序对待测信号进行 AD 采样，根据采样幅值调整增益重新采样，对重新采样后幅值符合要求的信号利用自相关测频法进行频率测量；接着根据测量到的频率选择合适的采样模式，对输入信号进行再次采样，便于进行 FFT 计算，从而测量其失真度。程序利用 UART 串口、控制模块以及蓝牙实现与手机的双向通信，并将失真度、归一化幅值、周期波形在 LCD 屏和手机上进行显示。整体程序框图如图 3 所示。

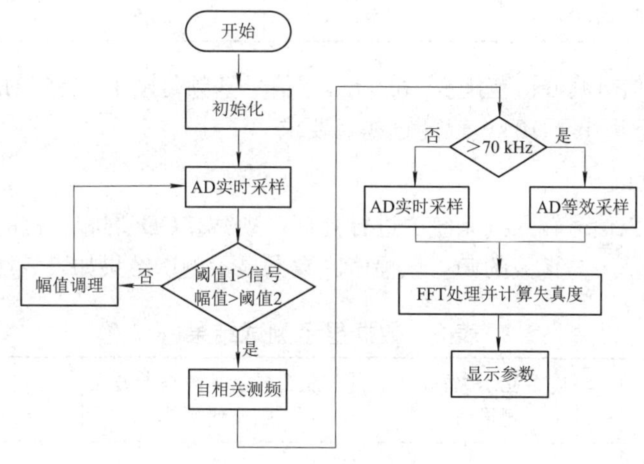

图 3　整体程序框图

4. 测试方案与测试结果

4.1　测试仪器

测试仪器如表 1 所示。

表 1　测试仪器

仪器类型	仪器型号
直流稳压稳流电源	RIGOL DP832
双通道数字示波器	Tektronix TBS 2000B
双通道函数发生器	SIGLENT SDG6052X

4.2 测试方案和测试数据

1. 失真度测试

通过信号发生器的“谐波发生”功能设置并输出特定的周期输入信号，计算失真度标称值，输入信号经系统处理后，观察 LCD 屏上的失真度测量值与所需时间，并将测量值与标称值进行比较。测试结果如表 2 所示。

表 2 失真度测试表

信号峰峰值 /mV	信号基频 /kHz	信号失真度标称值 THD/%	信号失真度测量值 THD/%	失真度测量误差 Δ/%
30	1	10	10.1	0.1
600	10	30	29.9	0.1
100	16	5	4.8	0.2
200	40	20	19	1
60	80	50	50	0
400	100	25	25.5	0.5

经测试，输入信号峰峰值范围 3～650 mV，信号基频范围 1～255 kHz，失真度误差小于 3%，响应时间远远小于 10 s，已超过题目要求。

2. 数据显示测试

将任意周期输入信号输入到系统中进行处理，观察 LCD 屏和手机能否显示失真度测量值、周期波形及基波与谐波的归一化幅值。数据显示测试结果如表 3 所示。

表 3 数据显示测试结果

显示类型	能否显示失真度测量值	能否显示基波与谐波归一化幅值	能否显示一个周期波形
LCD 显示屏	能	能	能
手机	能	能	能

5. 分析与总结

本作品以 TM4C123G 单片机为数据采集、数据处理以及系统控制核心，设计并制作了一个信号失真度测量装置。系统首先通过 FFT 频谱分析处理输入信号得到基频信息，并根据基频信息对输入信号的基频和谐波进行实时或等效采样，从而对输入信号周期波形采集足够的点数，再对调理后信号进行自相关处理突出基频成分，从而得到幅值信息，并计算失真度。经测试，系统可以满足题目基本要求和题目发挥部分的全部功能。系统操作简单，稳定性高，人机交互性友好。

作品4　哈尔滨工程大学

作者：沈傲、李思瑶、王晨昊

摘　要

本作品硬件部分采用基于 VCA824 芯片的压控增益放大电路，使输入被测信号可以被放大到可测量的范围，从而提高该电路的精度。在软件方面，通过 PWM 触发和 UDMA 实现片内双 ADC 定频采样，并加海明窗进行 FFT 运算，经过简单的数据处理即可得到输入信号的失真度 THD_x 值、谐波的归一化幅值，并且将以上结果以及一个周期波形显示在 TFT 显示屏中；最后通过蓝牙模块 HC-05 实现与上位机的通信，实现将所有内容显示在手机中。

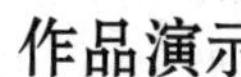

作品演示

关键词：压控增益放大电路；海明窗；蓝牙通信

1. 系统调试与测试结果

1.1　测试仪器

根据所需的测试指标，测试仪器如表 1 所示。

表 1　测试仪器表

序号	仪器名称	仪器型号
1	函数任意波形信号发生器信号源	RIGOL DG4102
2	数字示波器	RIGOL DS1104Z
4	三路可编程控直流电源	ITECH IT6302
5	万用表	ZOYI ZT-Y

1.2 测试方案

题目要求对峰峰值在 30～600 mV，频率在 1～100 kHz 内的信号进行测试，于是首先列出各次谐波分量，随后使用函数任意波形信号发生器信号源进行合成，使用数字示波器观测，观测所合成的信号是否满足题目要求，若满足，则由给出的谐波分量进行计算理论的失真度 THD_x 值，并将此信号给入测试系统，得出测量值，由此判断是否在误差范围之内。

1.3 测试结果及分析

1. 测试数据记录

1) 基础部分

基础部分测试数据记录如表 2 所示。

表 2 基础部分测试数据记录表

基波		二次谐波幅值/mV	三次谐波幅值/mV	四次谐波幅值/mV	五次谐波幅值/mV	合成波的峰峰值幅值/mV	THD理论值/%	THD测量值/%	误差/%
幅值/mV	频率/kHz								
300	1	0	0	0	15	300	5	4.95	0.05
300	1	100	0	0	15	356	33.71	33.72	0.01
300	1	100	100	0	15	380	47.40	47.36	0.04
450	1	150	100	45	50	536	42.76	42.71	0.05
475	1	75	57	34	123	544	33.39	33.34	0.05
500	1	99	132	55	73	560	37.72	37.64	0.08

2) 发挥部分

发挥部分测试数据记录如表 3 所示。

表 3 发挥部分测试数据记录表

基波		二次谐波幅值/mV	三次谐波幅值/mV	四次谐波幅值/mV	五次谐波幅值/mV	合成波的峰峰值幅值/mV	THD理论值/%	THD测量值/%	误差/%
幅值/mV	频率/kHz								
20	10	10	15	0	15	43	117.26	116.2	1.06
200	10	100	15	15	0	252	51.11	48.9	2.21
300	25	100	50	0	75	344	44.88	46.12	1.24
475	45	0	50	80	75	536	25.37	26.12	0.75
450	60	0	50	100	150	584	41.57	41.23	0.34
500	85	0	50	100	0	552	22.36	22.3	0.06

2. 测试结果分析

由上述测试结果可知，在基础部分和发挥部分的测试条件下，系统均可以达到题目所要求的精度，并且也可以准确测量并显示归一化幅值。发挥部分的误差大部分在 1%以内，已超过题目要求，且单片机与上位机通信过程中丢包率较低。

2. 收获与体会

本次参赛经历，提高了本队队员动手实践的能力，让我们将自己所学的知识应用于实践之中，也让我们对相关知识有了更深刻的理解，尤其是对于快速傅里叶变换(FFT)。此外，我们发现很多时候实践与理论有着较大的出入，在设计作品的过程中存在着对理论知识理解不够深刻的问题，这使得实践过程更加困难。今后要更加注重对理论知识的学习，力求理解不只停留于表面，要注重理论与实践相结合。

作品5　武汉理工大学

作者：张嘉明、岳志飞、周惠

摘　要

本系统以 MSP432P401R 单片机为控制核心，采用基于 VCA821 的 AGC 电路对输入周期信号进行前级处理，将大动态范围的信号调整至很小的波动范围内，结合 ADC 前端调理电路，将信号变换至 MSP432 片内 ADC 采集范围内。采用 ADC 对调理后的信号进行顺序采样，并使用 FFT 对采集到的信号序列进行时频域变换，根据计算得到总谐波失真度 THD，最后通过无线模块在手机 APP 上显示测量信息。实验测得，在输入信号基频 1～100 kHz、峰峰值电压范围 30～600 mV 的情况下，输出得到峰峰值不低于 2 V 的信号，并由 ADC 采集测量上述输入信号的归一化幅值和 THD，THD 测量误差绝对值在 3%以内。上述测量信息均可在串口屏和手机 APP 端实时显示，各项指标均符合设计要求。

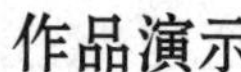

关键词：MSP432；顺序采样；总谐波失真 THD

1. 系统方案设计与论证

1.1 方案分析与选择

1. AGC 电路设计方案

方案一：采用基于 AD8367 的 AGC 电路。AD8367 是一款高性能可变增益放大器，集成了一个平方律检测器，使该器件可用作 AGC 解决方案。将 AD8367 的 DETO 引脚和 GAIN 引脚相连，控制 9 阶电阻网络的增益，将 MODE 引脚接地，芯片即工作于 AGC 模式。该方案的优点是电路结构简单，易于实现；缺点是当输入信号幅度较小或较大时，稳定性较差，低频时波形产生失真。

方案二：采用基于 VCA821 的 AGC 电路。VCA821 是一款直流耦合、宽带、增益线性的压控增益放大器。VCA821 之后增加 OPA695 作为后级放大，输出信号再经过 OPA820 积分器，连接至 VCA821 的 VG 引脚形成闭环，从而保证输出信号的稳定性。该方案的优点是原理清晰、输入信号电压范围广、频率响应好、输出电压稳定性好；缺点是电路较为复杂。

综上所述，为保证输出波形的稳定性，方便后续 THD 测量，尽量提高输入信号的峰峰值电压范围，选择方案二作为本系统的 AGC 电路。

2. ADC 前端调理电路设计方案

方案一：采用反相加法器，对 AGC 电路输出信号跟随后增加 1.65 V，但是反相放大器的输入阻抗偏低，对信号的获取能力偏差。

方案二：采用同相加法器，对 AGC 电路输出信号跟随后增加 1.65 V，同相放大器输入阻抗高，对前级影响小。

综上所述，选择方案二将 AGC 电路输出信号变换至 MSP432 片内 ADC 采集范围。

3. 信号采样设计方案

方案一：实时采样。实时采样对每个采集周期的采样点按时间顺序简单地排列就能表达一个波形。为了提高带宽，必须提高采样速率。根据奈奎斯特采样定理，采样频率必须至少是被测信号上限频率的 2 倍。为避免产生混叠现象，目前实时采样 DSO 的采样频率一般规定为带宽的 4～5 倍，同时还必须采用适当的内插算法。该方案的优点是软件设计较为简单，缺点是对单片机的采样频率要求较高。

方案二：随机采样。所谓随机采样，是指每个采样周期采集一定数量的样点，经过多个采样周期的样点积累，最终恢复被测波形。由于信号与采样时钟之间是非同步的，这就使得每个采样周期的触发点(由上升沿产生)与下一个采样点之间的时间间隔是随机的。又因为信号是周期的，因此可将每个采样周期的采样等效为对由触发点确定的“同一段波形”的采样。以触发点为基准将各采样周期的样点拼合，就能得到一个重复信号的由触发点确定的一段波形的密集样点，进而恢复波形。该方案的优点是恰当地设计内插器就能大大提高示波器的时间分辨率，缺点是软件设计较为复杂。

方案三：顺序采样。顺序采样方式主要用于数字示波器中，这种方式能以极低的采样速率(100～200 kHz)获得极高的带宽(高达 50 GHz)，并且垂直分辨率一般都在 10 位以上。由于在每个采样周期只取波形上的一个样点，每次延迟一个已知的时间，因此采集足够多的样点，需要更长的时间。该方案的优点是可以使用较小的采样频率采集频率较高的信号，缺点是测量一次所需时间较长。顺序采样原理如图 1 所示。

本系统采用 MSP432 片内 ADC 对信号进行采样，输入信号基频范围为 1～100 kHz，而 ADC 的最高采样频率仅为 1 MHz，正常实时采样对采样频率要求较高，因此本系统采用方案三，其硬件设计和软件设计也易于实现。

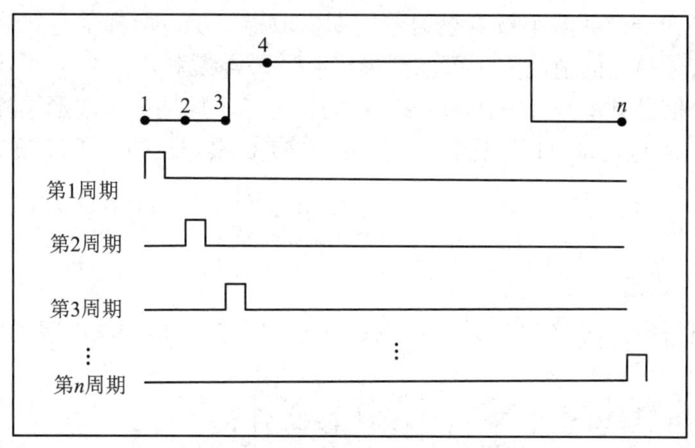

图 1　顺序采样原理图

1.2　总体方案描述

本系统采用 AGC 电路对输入周期信号进行前级处理，结合 ADC 前端调理电路，将信号变换至 ADC 采集范围内，采用 MSP432 的内部 ADC 对输出信号进行顺序采样，经 FFT 算法分析得到基波与谐波的归一化幅值，运算处理得到 THD，并在串口屏与手机 APP 上进行显示，系统结构框图如图 2 所示。

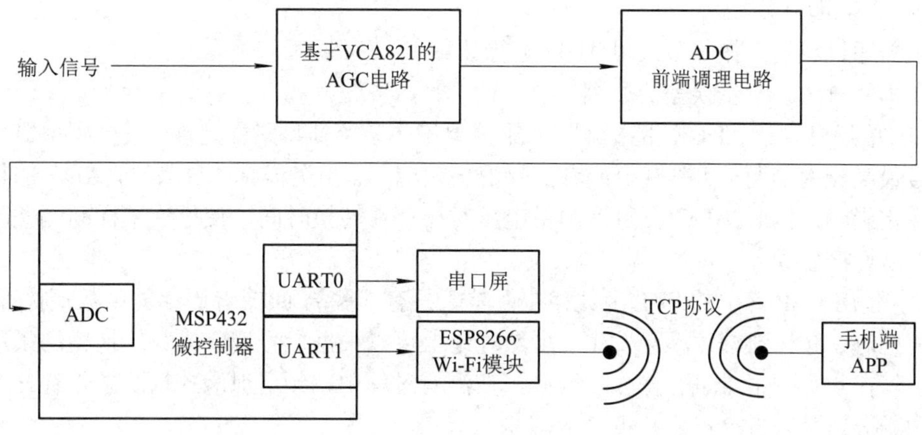

图 2　系统结构框图

2. 理论分析与计算

测量原理分析与计算如下：

由于 MSP432 的内部 ADC 采样频率受限，为了满足题目要求，无法直接使用传统的实时采样法。因此我们先使用 ADC 实时采样并通过 FFT 获取信号的基频，再根据基频修改采样频率，重新进行一轮 ADC 顺序采样，最后通过 FFT 运算得到信号的频谱，从而计算出信号的 THD、归一化幅值并还原波形。

1. ADC 顺序采样

顺序采样是在一个或多个被测量信号周期内取样一次，取样信号每次延迟 $\Delta t + nT$，因此在已知基波频率 f_0 的情况下，可以倒推出所需采样频率 f_s。

据题，输入信号频率为 1～100 kHz，我们设定一个周期内，波形采样的点数为 64，即 $n = 64$。使用 14 位内部 ADC 采集信号，设置 ADC 采样点数，采样频率为

$$f_s = \frac{n}{n+1} f_o = \frac{64}{65} f_o \tag{1}$$

2. FFT 计算频谱

在时域下对采集到的 1024 点信号序列进行 FFT 变换，得到输出序列为

$$\begin{aligned} X(2r) &= \sum_{n=0}^{N/2-1}\left[x(n)+x\left(n+\frac{N}{2}\right)\right]\cdot W_{N/2}^{rn} \\ X(2r+1) &= \sum_{n=0}^{N/2-1}\left[x(n)-x\left(n-\frac{N}{2}\right)\right]\cdot W_N^n W_{N/2}^{rn} \end{aligned} \qquad r = 0,1,\cdots,\frac{N}{2}-1 \tag{2}$$

序列的第一个点为直流分量，它的模值为 $X(0)/N$；序列的第 i 点模值为 $2X(i)/N$。

由于频谱分辨率为 $\Delta f = f_s / N$，则基频 f_1 的幅值为 $U_{o1}^2 = X(f_1/\Delta f)$，2 次谐波 f_2 的幅值为 $U_{o2}^2 = X(f_2/\Delta f)$，…，5 次谐波 f_5 的幅值为 $U_{o5}^2 = X(f_5/\Delta f)$。

3. THD 的计算

根据题目说明，按照公式对 THD 进行计算。

在本系统中，产生误差的原因主要有两个：

(1) 单片机内部 ADC 性能影响。如果需要满足奈奎斯特采样定理，采样频率需大于输入信号最高频率的两倍，以减少或者消除混叠效应；而当采样频率过大时，ADC 的精度会受到一定影响。同时 ADC 在每次测量电压时会存在转换时间，使每次采样间隔并不完全相同，从而产生误差。

(2) 使用 DSP 库中的 FFT 函数存在误差。只有那些周期(或者周期的倍数)刚好和信号长度相同时，频谱泄漏才不会发生。虽然理论上可以根据信号调整模数转换器的采用频率得到，但在实际中很难进行操作，因此，在测量过程中，频谱泄漏的情况总是存在的。另外，由于分辨率较低会产生栏栅效应。

针对以上原因，改进方法如下：

(1) 尽量选择板载 ADC 性能较好的主控。同时使用顺序采样的方法，不需要将 ADC 采样频率设置过高，从而减小误差。

(2) 为了控制频谱泄漏，可以对信号进行 FFT 变换前加窗，加入对应的窗函数，如常用的汉明窗函数；对于栏栅效应，可以进行补零等操作，从而提高频率分辨率。最后要尽量保证系统测量的频率是频率分辨率的整数倍，这样可以最大程度上减小频谱泄漏带来的误差。

作品6　杭州电子科技大学

作者：丁庆辰、汤嘉航、林瀚伟

摘　要

本作品为一个用于测量周期信号总谐波失真 THD 的装置，可在手机上显示测量信息。作品以 MSP432 单片机为主控制器，使用 MSP432 内置的 14 bit 1 MS/s SAR ADC 在差分模式下进行信号采集，并控制一个继电器模块，可以切换模拟前端的放大倍数来提高弱信号输入的信噪比。模拟前端包括两级低噪声宽带放大器和一级单端转差分的 SAR ADC 驱动器。软件上综合使用等效采样、欠采样等方法，可以快速且精确地测量信号的 THD 以及还原信号单周期的时域波形，从而准确反应各谐波相位信息，同时保持较低的功耗水平。

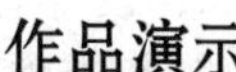

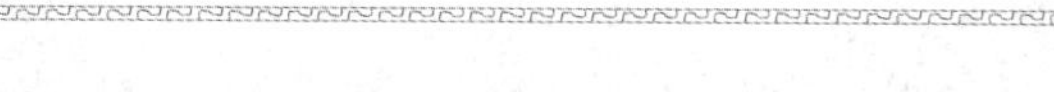

关键词：总谐波失真测量；欠采样；等效采样；SAR ADC 驱动

1. 系统方案论证与比较

1.1　THD 测量方案的论证与选择

方案一：使用高 Q 值带通滤波器做抗混叠处理，再通过 ADC 进行高次谐波采集。这种方法受限于 ADC 的采样率，能够处理谐波的最大频率受到香农定理的限制，同时高 Q 值带通滤波器使得系统变得复杂。

方案二：为解决方案一中系统复杂，能够处理的最大频率有限等问题。引入欠采样的方法进行谐波的采集，此方案可采集的最大信号频率几乎只受限于 ADC 模拟输入带宽，

且电路结构简单。

综上所述，本系统采用方案二。

1.2 时域波形还原方案的论证与选择

方案一：压缩感知。压缩感知作为一个新的采样理论，它可以在远小于奈奎斯特采样率的条件下获取信号的离散样本，保证信号的无失真重建。但是本身的计算量非常巨大，在限制处理器和装置响应时间的情况下，并不适用。

方案二：等效采样法。对于周期信号，等效采样可以通过多次触发，多次采样，以较低的采样率获得并重建较高频率的信号波形。该方案大大减轻 ADC 和处理器的任务量，不需要额外的电路和处理器，简单高效。此外，仅有等效采样可以准确还原各谐波相位信息。

综上所述，本系统采用方案二。

1.3 ADC 驱动电路方案的论证与选择

方案一：信号源的单端信号直接送入 MSP432 的 ADC 中，电路结构简单，但是由于目标信号幅值较小，大量损失了 ADC 的无杂散动态范围，并且由数据手册可知，MSP432 的 ADC 在单端模式下会损失大约 7～8 dB 的信纳比。

方案二：设计一套具有两级低噪声宽带放大器和一级单端转差分的 SAR ADC 驱动器的模拟前端，宽带放大器选用 OPA656，可以在不同输入信号幅值下都尽可能地利用好 ADC 的无杂散动态范围。由于 SAR ADC 的输入特性，对 ADC 的驱动放大器的要求特别高，使用 ADA4941-1 这款专用的 ADC 驱动器来获得出色的线性度和快速响应。

综上所述，本系统采用方案二。

1.4 精确测定基波频率的方案论证与选择

方案一：通过硬件电压比较器将输入波形转换为脉冲信号，利用 DTFT 变换求得精确频率，但是当高次谐波幅值较大时，一个周期信号经过上述电路后会在单周期内产生多次脉冲信号，使得 MCU 无法精确采样输入信号的整周期数，致使频谱泄漏，无法精确测得输入信号的频率。

方案二：FFT 先求得近似频率，然后通过数字锁相环实现频率的精确测定，同时记录下谐波的幅值，当迭代次数达到预设值即可记录本次测量出的谐波分量，此时在极端情况下，频谱泄漏影响大大减小，可实现 0.1%的精度。相较于方案一，此方案抗干扰能力强，泛用性好，电路实现简单。

综上所述，本系统采用方案二。

2. 理论分析与计算

2.1 信号链增益计算

选择 REF5025 为 ADC 提供基准电压，从而得到 ADC 的差分输入范围分别是 0～2.5 V

与 2.5～0 V。同时，对输入信号范围进行放缩，定为 10～1000 mV。如此，分别规划第一级和第二级放大器的电压增益为-20 V/V 和-4.5 V/V，ADC 驱动级的增益是-1 V/V。

2.2 等效采样的仿真验证

对于周期信号，等效采样可以通过间隔一定周期进行数据采样还原单个周期波形。

$$T_S = (NT + \Delta T) \quad \{N \in Z\} \tag{1}$$

式(1)中，T_S 为采样间隔，T 为待测波形周期，ΔT 为等效采样周期。采用 MATLAB 对等效采样进行了仿真验证，参数如下：ΔT 取 0.001、T 为采样周期、T_S 为 100.001。通过等效采样还原出的波形仿真如图 1 所示。

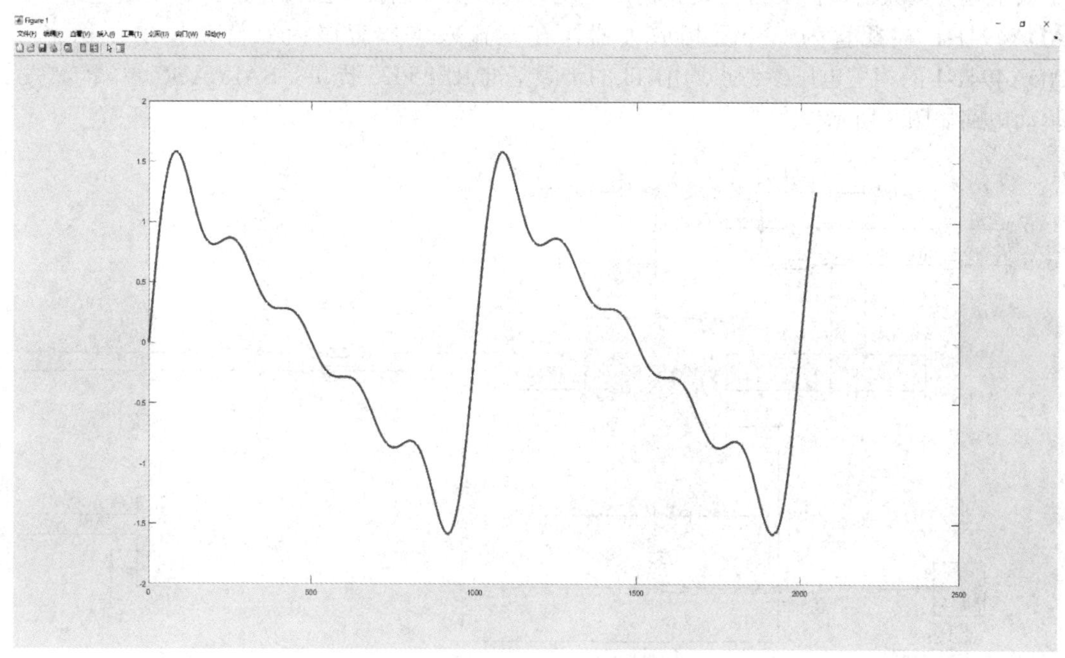

图 1 等效采样还原波形仿真

3. 电路与程序设计

3.1 电路设计

1. 硬件总体框图

以 MSP432P401R 单片机为主控制器，由 REF5025 提供 ADC 电压基准，模拟前端由两级低噪声放大器和一级 ADC 驱动器。上电后默认旁路放大器 A1，当 MCU 检测到输入信号幅值过小时，控制继电器切换使 A1、A2 级联获得更大增益。各模拟部分子电路模块均由 TPS7A49/30 提供低噪声电源。最终 MCU 将处理后的信息分别通过 LCD 显示和蓝牙发送到手机。硬件总体框图如图 2 所示。

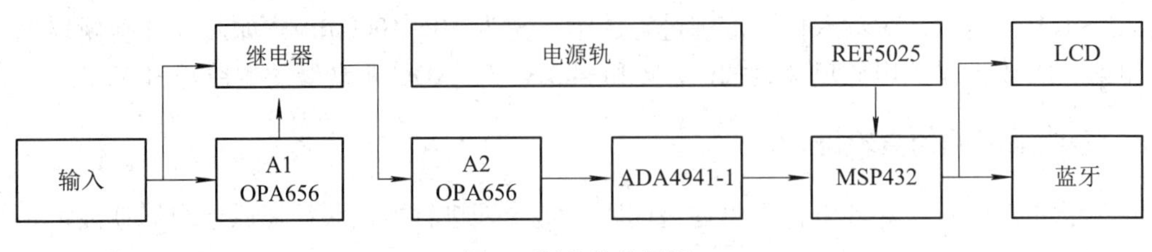

图 2　硬件总体框图

2. SAR ADC 单端转差分驱动电路

本电路采用 ADA4941-1 这一差分 18 位 ADC 驱动器芯片。ADA4941-1 具有线性度高、建立时间快、功耗低等特性，非常适合用于驱动 SAR ADC。ADA4941-1 的内部电路有别于其他差分放大器，需要自行设计输入电压共模范围和输出电压偏置点。在本次电路中，ADA4941-1 被配置为一个反相放大器，在宽输入电压范围内保持共模电压稳定。ADA4941-1 的相关电压参考点均由 TI 的带隙基准 REF5025 提供。SAR ADC 单端转差分驱动电路如图 3 所示。

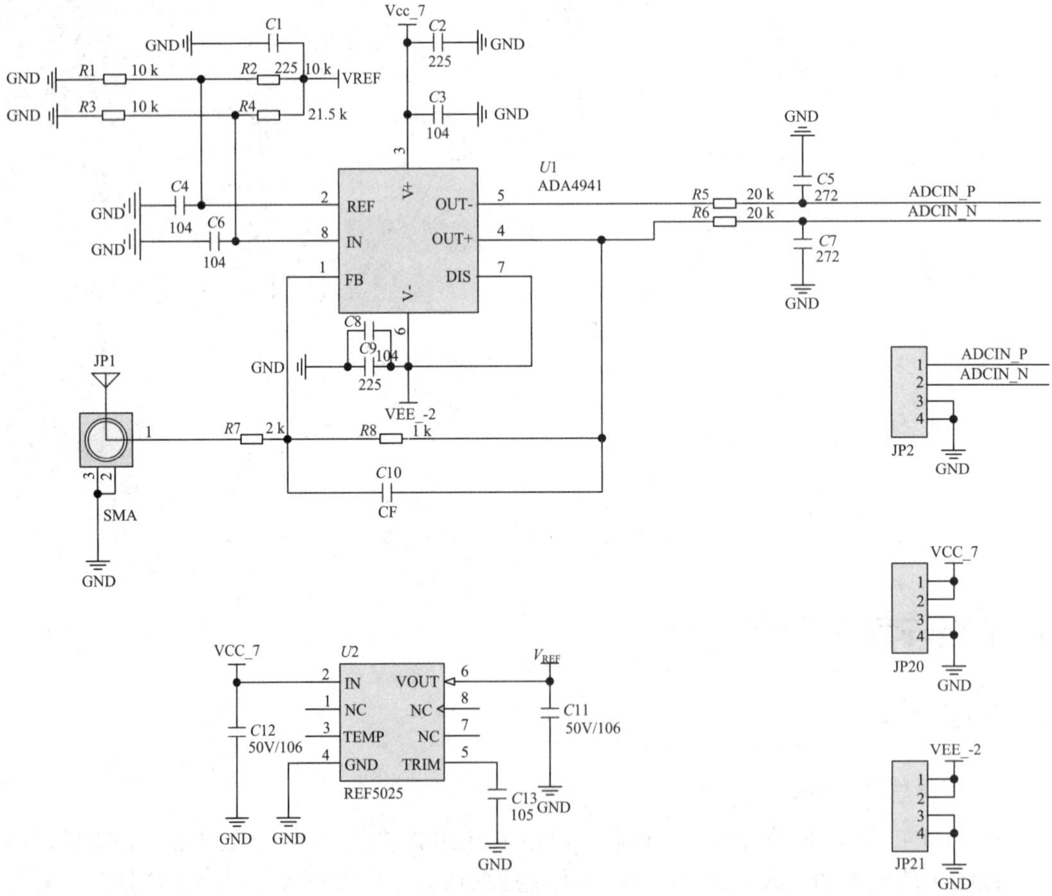

图 3　SAR ADC 单端转差分驱动电路

3. 量程切换电路

本电路通过使用继电器切换第一级放大器的旁路状态，来决定总环路的电压增益。在设备工作初期，MCU 对输入信号进行峰峰值电压采样后，如果输入信号过小，则将第一级放大器接入电路，且每次测量后将继电器自动复位。

3.2　程序设计

综合分析得到判定结论。软件系统流程图如图 4 所示，等效采样数据处理流程图如图 5 所示。

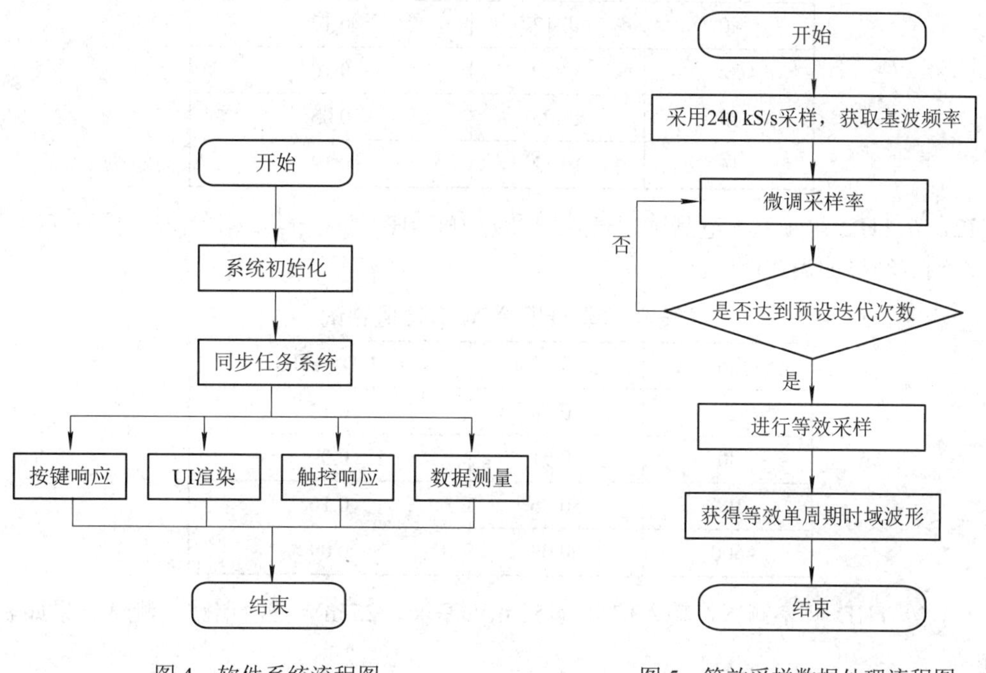

图 4　软件系统流程图　　图 5　等效采样数据处理流程图

4. 测试方案与测试结果

4.1　系统测试方案

采用普源精电生产的 DG822 型任意波信号发生器作为信号源，通过谐波发生功能产生谐波幅度、相位、次数任意可调的波形，从而模拟 THD 失真的条件。系统测试方案的测试仪器如表 1 所示。

表 1　测试仪器

序号	仪器类别	仪器型号	数量	性能参数
1	信号源	DG822	1	25 MHz
2	示波器	MSO-X 2200A	1	200 MHz
3	数字万用表	UT61E	1	四位半
4	学生电源	MPS-3005L-3	1	30 V、3 A

4.2 测试结果与分析

(1) 等频率 THD 测试，输入基波信号为 50 mVpp，100 kHz 正弦波信号，2～5 次谐波幅值相位均相等，测试结果如表 2 所示。

表 2 等频率 THD 测试

THD_o/%	THD_x/%	$\Delta=\lvert THD_x-THD_o\rvert$/%
40	40.12	0.12
32	32.10	0.10
24	24.05	0.05
16	16.12	0.12

(2) 等 THD 等频率幅值测试，输入信号为 100 kHz 基波与其三次谐波，控制 THD 为 50%，测试结果如表 3 所示。

表 3 等 THD 等频率幅值测试

基波幅值/ mV	THD_x/%	$\Delta=\lvert THD_x-THD_o\rvert$/%
2	50.13	0.13
30	49.91	0.09
100	50.16	0.16
600	50.09	0.09

(3) 等 THD 频率测试，输入信号为 50 mV 基波，25 mV 三次谐波，测试结果如表 4 所示。

表 4 等 THD 频率测试

频率/kHz	THD_x/%	$\Delta=\lvert THD_x-THD_o\rvert$/%
10	49.85	0.15
60	50.17	0.17
80	50.13	0.13
100	49.93	0.07

(4) 时域波形还原测试，输入信号为 50 mVpp，频率 100 kHz，2～5 次谐波幅值均相等，相位为 0，肉眼观察基本可以还原波形细节。

(5) 误差分析。在数字锁相实现频率逼近的过程中，采样时钟只能由 48 MHz 时钟分频获得，在某些频率下无法准确地拟合基波频率，致使 FFT 转换结果仍存在频谱泄露，在一定程度上降低了系统测量精度。受限于硬件条件，在放大倍数切换阈值附近，存在一定的迟滞区，位于该区的输入信号受限于有限的幅度，信噪比有所下降。如表 3 所示，基波幅值 100 mV 条件下精度相较领域有明显下降。

(6) 结果分析。通过对 ADC 电路优化，降低了采样的噪声和非线性度，使用宽带低噪声放大器获得足够的模拟带宽用于 ADC 欠采样。大部分的采样点精确度都比较优异，但是因为物理条件的限制，以及有限的 FFT 分辨率，存在一定的频谱泄露，虽然通过自适应采样率技术进行了一定的补偿，但是仍然存在误差。

5. 总结

本作品完成了一个用于测量来自函数/任意波形发生器的周期信号的总谐波失真 THD 的装置。作品使用 MSP432 内置的 1MS/s SAR ADC 在差分模式下进行欠采样，比传统 ADC 方案功耗和控制器算力开支极低。本作品带有量程切换功能，可以有效提升小信号下的信噪比。使用专用的 SAR ADC 驱动器，可以更好地适配 SAR ADC 的输入特性，提高系统 SNR。综合使用等效采样、欠采样等方法，可以快速且精确地测量信号的 THD 和还原单周期的时域波形，且还原后的单周期时域波形可以精确反应各谐波的相位。

作品7 上海交通大学

作者：郑斐然、朱昱康、施家荣

摘 要

本报告介绍了信号失真度测量装置的系统方案和设计要点。本系统可以对来自函数/任意波形发生器的周期信号进行采样，通过分析计算得到输入信号的总谐波失真(THD)，并可将相关数据与波形显示在手机界面上。在设计框架上，本系统选用 TI 公司的 Cortex-M4 单片机作为主控制器和数据采集器，采用等效采样的方法对待测信号进行采样，然后分析计算失真度。系统配备了完整的人机界面，并具有一键启动测量功能。同时，也配套设计了手机端的 APP，能够通过蓝牙传输将数据与波形显示在手机界面上。本系统进行了一系列测试，结果均满足题目要求。

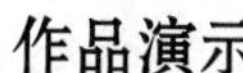

关键词：Cortex-M4；AGC；等效采样；失真度

1. 系统方案

1.1 系统方案综述

本系统主要由 M4 主控单元、测频通路、等效采样通路以及人机交互与显示模块构成。

被测信号分两路工作，一路通过 AGC 自动增益控制扩幅，加法器添加直流偏置和比较器转换成矩形波，输入单片机 GPIO 口进行信号频率测量；另一路经过调理模块送入单片机 AD 采样口进行等效采样。单片机主控模块使用 TI 公司的 Cortex-M4 单片机。根据较准确的频率信息和 AD 采样数据，单片机内部利用等效采样算法得到原始信号波形，计算失真度、基波与谐波的归一化幅值。同时通过蓝牙模块将关键信息发送给手机端“蓝牙模块”APP 并显示出来。

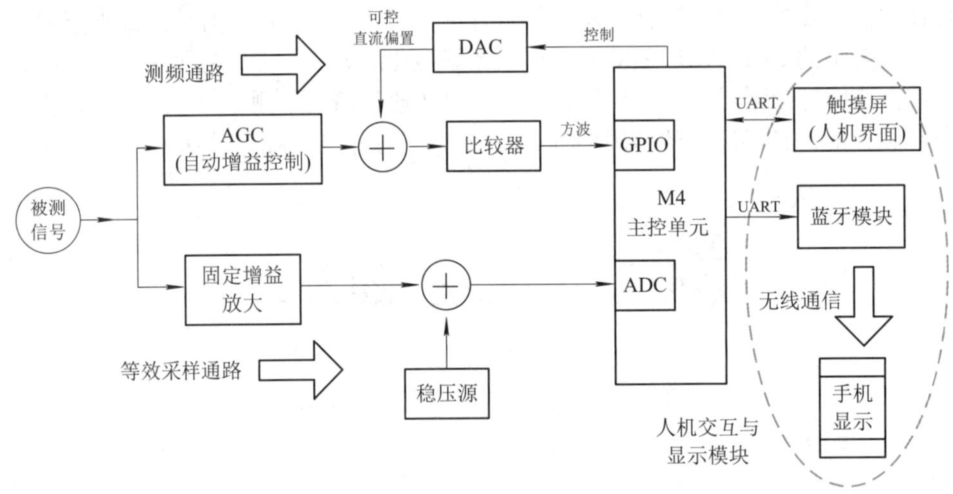

图 1　系统框图

1.2　测频通路方案选择

方案一：由滞回比较器组成多门限矩形波生成器。对于高失真度(如接近 50%) 信号来说，利用单一门限比较器难以准确提取其频率信息，这是因为在一个周期内波形可能会较多次跨过判决门限，导致比较器输出的矩形波频率大于输入波形频率。而滞回比较器因其阈值的滞回效应，可以较好避免波形在单个周期内频繁跨越门限。在本题的要求中，信号幅度涵盖了 30～600 mVpp 的范围，所以需要多个滞回比较器，使得判决门限覆盖所有幅度范围，同时将几路矩形波送入单片机，选取出合适的频率。

方案二：利用自动增益控制(AGC)将信号幅度统一化，并结合 DAC 与加法器实现信号偏置的程控化，最后通过固定门限的与非门电路将信号转化为矩形波，并用于测频。该方案利用 AGC 电路把不同幅度的被测信号的峰峰值限制在 2 V 左右，后级的加法器把程控 DAC 输出的可变电平加在被测信号上，形成可变偏置，结合固定门限的与非门，可以形成类似相对门限可调的比较电路。在此基础上，选取多个判决门限，依次切换门限，将得到的矩形波送入单片机测量频率，通过特定算法选取出最合适频率。

方案一中滞回比较器制作性能较好，但对电路设计能力要求较高，而现有的器件与工具难以制作达到题目要求的滞回比较器。方案二中的 AGC 电路也较为复杂，但本队成员有相关调试经验，上手较快。同时方案二中的扩幅操作配合程控电平搬移更适合电路调试，易找到满足所有情况的判决门限。综上采用方案二。

1.3 直流偏压方案选择

方案一：TL431 作为稳压源。TL431 可控精密稳压源的输出电压通过两个电阻可设置 2.5～36 V 范围内的任何值，再经过电阻分压即可得所需基准电压。

方案二：REF 系列芯片作基准电压。REF 系列有多种电压值可选，电阻分压可得所需基准电压。

方案三：DAC 程控输出直流偏压。单片机可控制 14 位的精密 DAC 输出-3～3 V 范围内的电平值。

等效采样通路的信号调理需要一个固定的电压值，配合放大电路把信号固定在 0～3.3 V，TLV431 使用简单，故选择方案一。测评通路需要多门限判决进行频率测量，DAC 实现程控电平搬移更适合电路调试，电路实现也较为简单，故选择方案三。综上，采用方案一和方案三配合实现系统功能。

2. 电路与程序设计

2.1 电路设计

本系统硬件电路部分主要包括测频通路与等效采样通路。等效采样通路本质上是一个信号调理电路，通过固定增益放大和电平搬移将 30～600 mVpp 的输入信号调理到 0～3.3 Vpp，以适配单片机的 ADC 采样。测频通路的作用是将输入信号整形成同频率的矩形波，并利用单片机的上升沿触发来提取信号的频率，以便进行后续的等效采样和 THD 计算。结构方面，采用了 AGC 固定信号幅度，再结合 DAC 和加法器程控调整信号偏置，最后用固定门限的与非门做比较器生成矩形波。电路设计如图 2 所示。

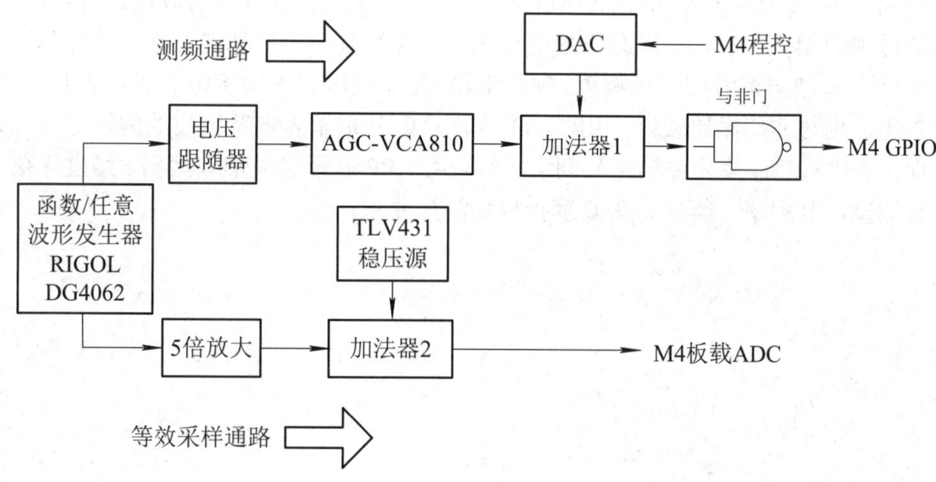

图 2　电路设计图

1. AGC 电路

本系统所采用的 AGC 电路以 VCA810 为核心增益器件，与 AD8561 比较器和二极管检波电路共同构成增益反馈回路。输入不同幅度的信号，反馈回路会最终给 VCA810 不同的控制电压值，以调控增益使得输出信号的幅度为固定值。同时，该电路在 VCA810 输出端增加以 OPA690 为核心芯片的电压跟随器，以提高系统自带负载能力。经测试，该模块能够将 20～1 Vpp 幅度的信号稳定限制在 2 Vpp，且能够覆盖题目要求的频率范围。

2. 加法器电路

加法器电路在本系统中用于输入信号的电平搬移。本系统中的加法器采用了同相加法运算电路的结构，选用 OPA690 作为核心运放，其高增益带宽积特性能够很好满足题目要求的频率范围。

3. 与非门比较电路

将信号同时输入与非门的两个接口，就可以制作简单的比较电路。如果信号某点幅度大于与非门内部门限，那么电路将输出低电平，否则输出高电平，从而把被测波形整形成矩形波。本系统中的与非门器件选型为 CD4011，内部由四个二输入端与非门单元电路构成，工作频率覆盖本题要求的 1～100 kHz。

2.2 结果分析

经过大范围的测试，信号在 30～600 mVpp 幅度范围，1～100 kHz 频率范围和 5%～50%的失真度范围内均满足题目要求，ΔTHD 控制在 1.5%以内，并且幅度可向下拓展到 12 mV，频率可向下拓展到 80 Hz，向上拓展到 380 kHz。手机 APP 端和板载液晶屏均可显示成功。

3. 结语

本系统利用 TI 公司的 CORTEX M4 单片机板载 AD 采样口，结合从被测信号提取出的矩形波得到的频率信息，对被测信号进行等效采样恢复一个周期的波形，并计算波形失真度 THD 值、基波与谐波归一化幅值。硬件电路方面，使用以 VCA810 为核心器件的 AGC 对信号扩幅，用与非门做比较器，用 TL431 和 DAC 分别做固定及程控的偏置电压。人机交互方面，单片机通过蓝牙传输信号到手机端，用 APP 显示出波形和数据。经过大范围对系统进行测试，其频率、幅度、失真度指标均满足要求。

作品8　上海交通大学

作者：黄雨、靳聪、邱淇智

摘　要

本报告介绍了信号失真度测量装置的设计方案和设计要点。本系统以 TI 公司的基于 Cortex-M4 内核的 TM4C1294XL 单片机作为测量装置的主控制器和运算器件，利用单片机的片上 ADC 进行信号采样，并判断采样信号周期、计算失真度、显示波形失真度、归一化幅度等信息。测量装置可将波形信息、谐波分量、失真度等信息通过远程通信模块传递到手机，并通过自主开发的手机 APP 显示。

本装置在各种谐波组合下测试，信号失真度测量装置均可以满足题目的指标，测量精确并且可以在超出题目规定的幅度和频率范围内准确测量，且利用 FPU 实现快速分析与计算，同时人机界面交互友好，设计美观。

作品演示

关键词：Cortex-M4；等效采样；失真度

1. 系统方案选择与论证

1.1　系统方案综述

信号失真度测量装置由频率测量部分、ADC 采样部分、无线通信部分以及 TI 单片机组成。图 1 为失真测量装置的系统架构。

信号进入装置后，一路进入频率测量部分，依次通过电压跟随器、AGC 放大器、加法器、比较器，产生与信号基波频率相等的方波，进入 MCU 进行频率测量；另一路进入 ADC 采样部分，信号通过放大和电平搬移后进入 MCU 进行 ADC 采样。采样和处理信号完成后，在浮点运算单元(FPU)的辅助下，快速计算失真度。计算结果和波形信息通过蓝牙模块发送至安卓手机并且在 APP 上显示。

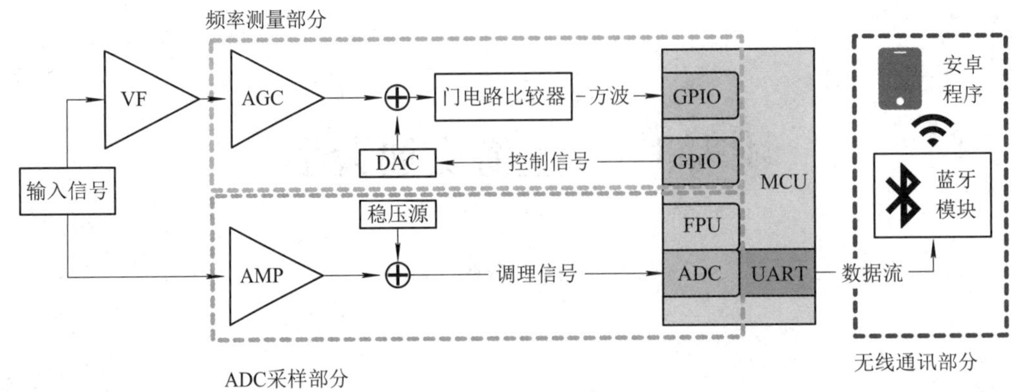

图 1 失真测量装置的系统架构

1.2 频率测量部分设计

方案一：采用模拟比较器产生方波，利用可调稳压源来调整比较门限。

方案二：采用数字门电路产生方波，比较电压恒定，控制前级加法器所加电压来调整比较门限。

模拟比较器产生的方波在比较门限附近容易波动，这会对单片机频率测量精度产生影响，而且稳压源产生的比较电压需要手动调节，操作上比较复杂。数字门电路产生的方波频率更加稳定，波形更加理想，且可通过单片机控制 DAC 产生可变门限操作简便。因此选用方案二。

1.3 ADC 采样部分设计

方案一：采用直接采样方法，利用 MCU 自带 ADC 对调理过后的信号进行直接采样。

方案二：采用等效采样方法，利用与信号频率相匹配的较低采样频率通过采样多个周期原始信号以重建。

方案三：采用等效采样与直接采样相结合，对较低频信号直接采样，对高频信号等效采样。

直接利用单片机自带 ADC 采样实现简单，但单片机的 ADC 采样速度有限，无法满足题目中输入信号的频率范围要求。等效采样的方法较为复杂，但是对于直接采样无法覆盖的部分，采样的精度大大提高，方案三在更大的频率范围能达到更好的采样精度，因此采用方案三。

1.4 无线通信部分设计

方案一：采用物联网模块，如 Air724UG-LTE 通信模块，以 TCP 协议组进行与手机的通信。

方案二：采用蓝牙模块，利用蓝牙协议将模块与手机配对进行数据交换。

物联网模块配置较为复杂。蓝牙模块手机原生兼容性好且可兼容 UART 协议转录蓝牙协议发送讯息，较为简单，因此采用方案二。

2. 程序设计

频率测量部分程序设计如下：单片机按照预先设定好的电压序列通过 GPIO 口，按照控制 DAC 产生不同幅值的直流信号，将直流信号与原始信号相叠加，由于比较器的门限值一定，信号抬高不同的电平会产生不同形状的方波。不同形状的方波输入单片机的 GPIO 口，单片机通过 GPIO 口的上升沿中断进行频率测量。由于不同谐波组合的信号波形复杂，因此单片机得到的方波频率有所不同，利用聚类思想的算法筛选除去不合理的频率值，然后选取最小的、合理的频率值作为测得的输入信号的基波频率值。

图 2 展示了整体程序架构与实现。

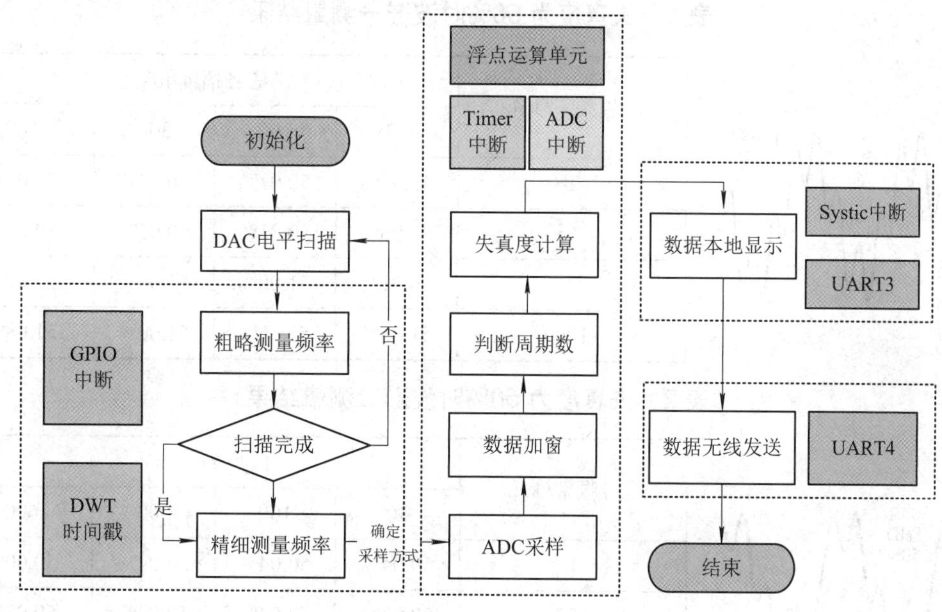

图 2　整体程序架构与实现

对信号等效采样后对数据进行 255 窗长的矩形窗加窗，以消除多个过零点对周期判断的影响，以最大值和最小值的均值作为门限以触发的设计得到序列中的周期个数。

得到周期数后，对原始数据再次进行窗长为 9 的三角形窗加窗，以抑制高频噪声的影响同时能够得到平滑波形便于显示。此后进行 DFT 运算并计算失真度，该部分涉及大量的浮点预算，为加快运算速度，将涉及变量以单精度的形式在 MCU 片内的浮点运算单元 (Float Point Unit，FPU) 进行运算，同时利用 ARM^{TM} 的 DSP 库中的快速浮点正弦算法，使得在 10 000 点 DFT 变换的前 5 次谐波计算的情况下，运算时间也可远小于 1 s。

3. 测试方法与测试结果

3.1　测试方案

测试从三个维度来评价作品，这三个维度分别为识别频率范围、识别幅度范围、失真度分辨精细度。

在测试中分别测试不同频率、不同幅度、不同谐波参数(幅度和相位) 组成的各类波形作为测试信号。保证信号覆盖完整，测量方式系统而有效。

表 1 至表 3 展示了三种具有代表性的测试波形参考曲线以及其在同样波形类型具有不同频率和不同精细度情况下的失真度测量结果，表 4 为五次谐波精细度测量结果。表 5 为装置测量时间统计表。

3.2 测试结果与分析

表 1 至表 3 分别是失真度为 50%、50%、11.809%时波形一、二、三的测量结果。

表 1 失真度为 50%时波形一测量结果

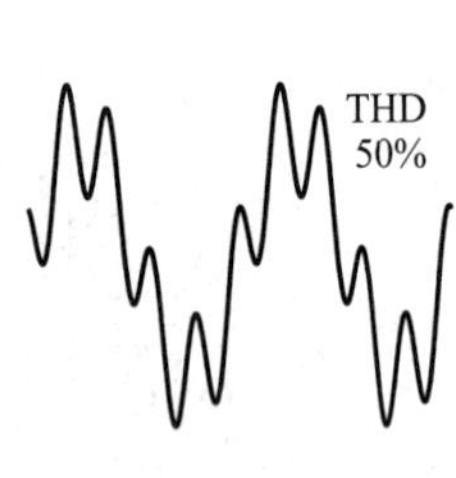

信号频率/ kHz	信号幅度/mV			
	30	100	300	600
1	49.95%	50.01%	50.02%	50.01%
5	49.96%	50.01%	50.05%	50.06%
50	50.91%	51.00%	51.03%	51.07%
100	51.08%	51.06%	51.09%	51.08%

表 2 失真度为 50%时波形二测量结果

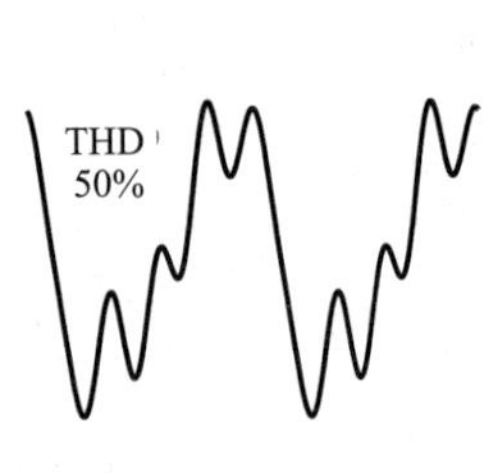

信号频率/ kHz	信号幅度/mV			
	30	100	300	600
1	50.04%	50.04%	50.01%	50.00%
5	50.03%	50.04%	50.04%	50.03%
50	50.72%	50.81%	50.76%	50.76%
100	51.05%	51.13%	51.13%	51.17%

表 3 失真度为 11.809%时波形三测量结果

THD
11.809%

信号频率/ kHz	信号幅度/mV			
	30	100	300	600
1	11.84%	11.79%	11.79%	11.79%
5	11.87%	11.78%	11.77%	11.77%
50	11.80%	11.80%	11.81%	11.79%
100	11.62%	11.79%	11.79%	11.79%

表 4 为五次谐波精细度测量结果。

表 4　五次谐波精细度测量结果

基波频率/kHz	归一化幅度		
	10%	1%	0.1%
1	10.06%	0.975%	0.00842%
5	10.01%	0.992%	0.00952%
10	9.990%	0.979%	0.00914%
100	10.21%	1.014%	0.00816%

表 5 为测量时间统计表。

表 5　测量时间统计表

测量时间	最长测量时间	最短测量时间	平均测量时间
时间/s	8.86	2.32	小于 5

从表 1 至表 3 可以看出对于三种不同的给定测试波形，失真度测量、失真度相对误差均在 3%以内，最小误差可达 0.01%，且平均误差不超过 1%，这表明本队完成了题目的所有指标，从表 4 中也可看出装置测量精细度优秀，能够保证在 1%归一化幅度下，能够正确测量；在 0.1%归一化幅度下得到大致结果。由表 5 可得，本作品所用的测量时间小于 10 s，且最快能够在 2.5 s 内完成，处理效率高。

4. 结语

本作品利用基于 Cortex-M4 核心的单片机及其片上 ADC 和各类电路模块，对输入的各类信号进行采样和频谱分析，可以达到极高的分析精度，得益于 FPU 单元能够实现较快的分析速度。系统通过良好的人机界面显示相关结果和波形，并能与移动终端进行数据交互；使用者可以通过触摸屏一键启动，操作简洁。装置为不同的复杂波形的频谱分析与失真度研究提供了极大便利。

B 题 三相 AC-DC 变换电路

一、任务

设计并制作图 1 所示的三相 AC-DC 变换电路，该电路的直流输出电压 U_o 应稳定在 36 V，直流输出电流 I_o 额定值为 2 A。

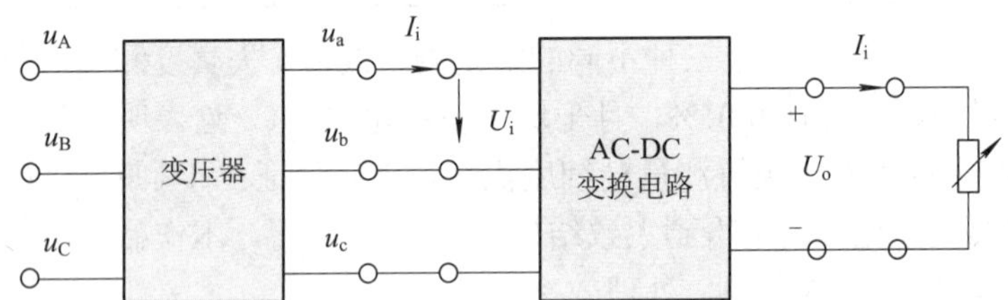

图 1 三相 AC-DC 变换电路原理框图

二、要求

1. 基本要求

(1) 当交流输入线电压 $U_i = 28$ V，$I_o = 2$ A 时，$U_o = (36 \pm 0.1)$ V。

(2) 当 $U_i = 28$ V，I_o 在 0.1～2.0 A 范围内变化时，负载调整率 $S_I \leqslant 0.3\%$。

(3) 当 $I_o = 2$ A，U_i 在 23～33 V 范围内变化时，电压调整率 $S_U \leqslant 0.3\%$。

(4) 在 $U_i = 28$ V，$I_o = 2$ A，$U_o = 36$ V 条件下，AC-DC 变换电路的效率 η 不低于 85%。

2. 发挥部分

(1) 在 $U_i = 28$ V，$I_o = 2$ A，$U_o = 36$ V 条件下，AC-DC 变换电路输入侧功率因数不低于 0.99。

(2) 在 $U_i = 28$ V，$I_o = 2$ A，$U_o = 36$ V 条件下，AC-DC 变换电路的效率 η 不低于 95%。

(3) 三相 AC-DC 变换电路能根据数字设定自动调整功率因数，功率因数调整范围为 0.90～1.00，误差绝对值不大于 0.02。

(4) 其他。

三、说明

(1) 图 1 中的变压器由三相自耦调压器和三相隔离变压器组合构成，变压器原、副边侧均为三相对称交流电。变压器原边电压较高，请务必注意安全。

(2) 题中所有交流电压、电流参数均为有效值，AC-DC 变换电路效率 $\eta=\dfrac{P_o}{P_i}$，其中 $P_i=\sqrt{3}U_iI_i\cos\varphi$，$P_o=U_oI_o$。

(3) 本题定义两个值，如下：

① 负载调整率 $S_I=\left|\dfrac{U_{o2}-U_{o1}}{U_{o1}}\right|\times100\%$，其中 U_{o1} 为 $I_o=0.1$ A 时的直流输出电压，U_{o2} 为 $I_o=2$A 时的直流输出电压；

② 电压调整率 $S_U=\left|\dfrac{U_{o2}-U_{o1}}{36}\right|\times100\%$，$U_{o1}$ 为 $U_i=23$ V 时的直流输出电压，U_{o2} 为 $U_i=33$ V 时的直流输出电压。

(4) AC-DC 变换电路的直流辅助电源作为变换电路的组成部分，参赛队伍可购买电源模块(亦可自制)，电路由图 1 中的变压器供电，其耗能应计入 AC-DC 变换电路的效率计算中。测试现场不另行提供其他交、直流电源。

(5) 制作时须考虑测试方便，合理设置测试点，参考图 1。

(6) 本题测试统一使用功率分析仪。

四、评分标准

	项　目	主 要 内 容	满分
设计报告	方案论证	比较与选择，方案描述	3
	理论分析与计算	提高效率方法，功率因数调整方法，稳压控制方法	6
	电路与程序设计	主回路与器件选择，控制电路与控制程序	6
	测试方案与测试结果	测试方案及测试条件，测试结果及其完整性，测试结果分析	3
	设计报告结构及规范性	摘要，设计报告正文结构，公式、图表的规范性	2
	合计		**20**
基本要求	完成第(1)项		10
	完成第(2)项		15
	完成第(3)项		15
	完成第(4)项		10
	合计		**50**
发挥部分	完成第(1)项		15
	完成第(2)项		15
	完成第(3)项		15
	其他		5
	合计		**50**
总　分			**120**

华中科技大学

作者：包浚炀、胡茜婕、周清越

摘　要

本系统由三相PWM整流电路、Buck降压电路、测量电路、控制电路、辅助电源组成。系统使用STM32F407ZGT6作为主控制器，通过锁相环计算电网电压相位，在dq坐标下对整流器输入电流的幅值、相位直接控制。整流器输出50 V直流母线电压，经过Buck降压电路后输出36 V的稳定直流电压。在额定工况下，系统输入侧功率因数不低于0.998，可以在0.90～1.00的范围内任意设置，步进值0.01；输出直流电压稳定，负载调整率和电压调整率均小于0.05%，且整机效率可达96.2%。此外，系统还有过压过流保护功能和良好的人机交互界面。

作品演示

关键词：AC-DC变换；PWM整流；功率因数校正

1. 系统方案论证

1.1 比较与选择

1. 整流器拓扑选择

方案一：晶闸管相控整流拓扑。电路包含6个晶闸管，通过改变控制角α来控制直流输出电压。该方案结构简单，但输入电流谐波较大，效率较低。

方案二：维也纳整流拓扑。电路包含6个二极管和3个双向开关，其电流谐波小，开关管应力小。但该方案控制较为复杂，需要使用隔离驱动，功率不可双向流动，在功率因数较低时电流畸变明显，在小功率场合下，优势不明显。

方案三：PWM整流拓扑。该方案结构简单，且功率可以双向流动，可以设置功率因数，但控制较为复杂。

综上所述，为了简化电路设计，并满足设置功率因数的要求，采用方案三。

2. 输入电流控制方案选择

方案一：直接电流控制。该方案的基本原理是通过实时计算输入电流参考值并引入输入电流反馈值，形成闭环控制，实现对电流的直接控制。该方案结构较复杂，但是采用 dq 变换降低了控制难度，并且动态响应速度快，系统鲁棒性好。

方案二：间接电流控制。该方案的基本原理是通过单独控制每相桥臂中点电压间接控制输入电流。该方案结构简单，静态特性好，但是系统动态响应速度慢，系统鲁棒性差。

综上所述，为了获得较快的系统动态响应速度和较好的系统鲁棒性，采用方案一。

1.2　系统方案描述

系统由主电路、测量电路、辅助电源电路、控制电路组成。其中主电路由整流电路与降压电路级联组成，前级采用三相 PWM 整流拓扑，实现了 AC-DC 变换；根据三相 PWM 整流器的输入输出电压关系可得，电路在题设输入电压范围内无法恒定输出 36 V 直流电压，故后级采用 Buck 变压器，实现恒压输出。测量电路实现了对输入电压、电流和输出电压、电流的测量。系统总体方案如图 1 所示。

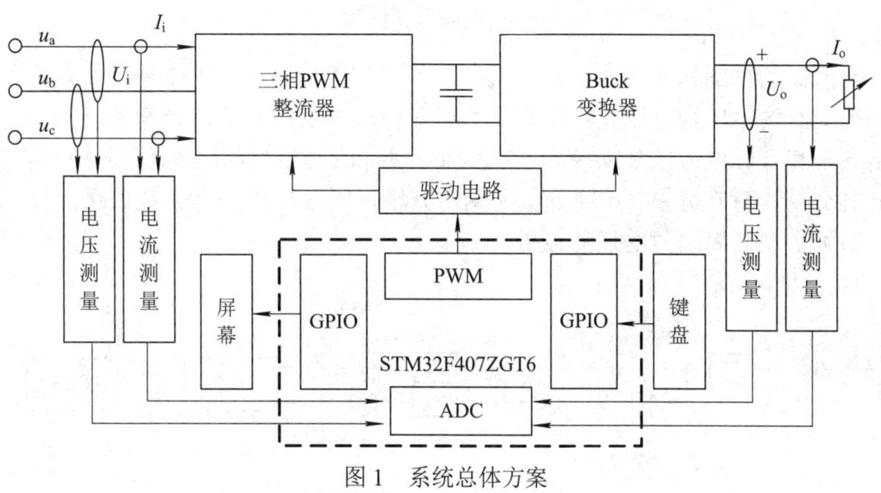

图 1　系统总体方案

2. 理论分析与计算

2.1　效率提高策略

系统损耗主要来源于开关管的导通损耗和开关损耗、电感的铜耗和铁耗。选择开关频率时，开关频率增大，滤波器截止频率提高，从而可以减小电感电容的体积；开关频率减小，开关管的开关损耗减小，但是电感电容体积增大。折中考虑，选择 20 kHz 的开关频率。为减小电感的铜耗和铁耗，本设计选择较小的峰值磁密和电流纹波率，并采用多股漆包线并绕。

低导通电阻的开关管可以降低系统导通损耗，低寄生电容的开关管可以降低系统的开关损耗，但是两者常常矛盾。折中考虑，选择导通电阻和寄生电容适中的开关管。

低直流母线电压可以减小开关管的损耗，所以本系统根据输入电压的大小动态调节直

流母线电压，在保证整流器不过调制的同时尽可能地降低母线电压值，从而减小开关损耗，提升系统效率。

Buck 电路在占空比较大时电感电流纹波率相应减小，所以本系统后级 Buck 电路在占空比较大时会自动切换为低频模式，在满足电感电流纹波率的同时降低开关管的开关频率，从而减小开关损耗，提升系统效率。

2.2 整流器控制策略

根据直接电流控制的相关原理，控制环路分为锁相环与整流控制环路。系统通过图 2 所示的数字锁相环(Phase Locked Loop，PLL) 计算电网电压的频率和相位，并根据该相位建立同步旋转的 dq 坐标系。整流控制环路中各参量坐标均基于该 dq 坐标系。

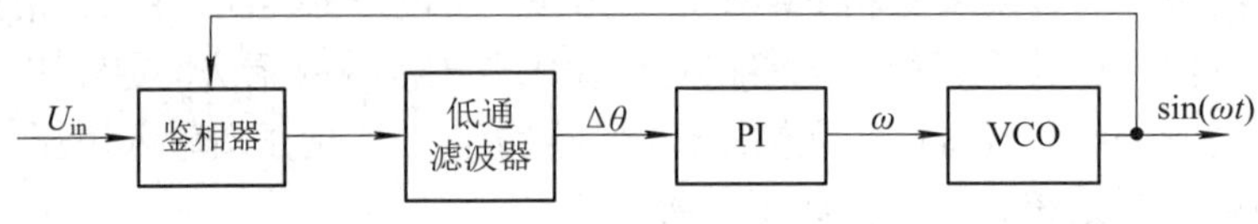

图 2 PLL 控制框图

三相整流控制框图如图 3 所示，分为电压外环与电流内环。电压外环稳定直流母线电压，外环控制器输出作为电流 d 轴指令。电流内环采用电网电压前馈和 dq 电流解耦控制，可以实现 d 轴和 q 轴电流的独立控制，并且拥有较好的动态性能。电流内环控制输入电流，且电流 d 轴分量为有功分量，q 轴分量为无功分量，因此按照功率因数关系，设置 q 轴电流指令，即可实现功率因数的任意设置。

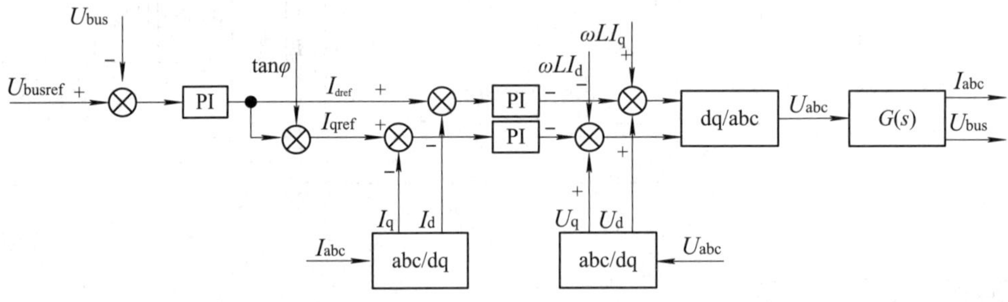

图 3 三相整流控制框图

2.3 整流器调制策略

相对于 SPWM 调制方式，SVPWM 调制的直流电压利用率更高。在本设计中，使用 SVPWM 可以降低所需直流母线电压，从而减少开关损耗，提高效率。

SVPWM 调制方式将一个工频周期划分为 6 个开关扇区，并将 8 种开关状态合成为 $\boldsymbol{SV}0$～$\boldsymbol{SV}7$，共 8 矢量。三相桥臂的输出电压合成矢量 $\boldsymbol{U}_r$ 可以由相邻两个非零矢量和零矢量合成，合成原理满足伏秒平衡，合理分配开关状态即可控制三相桥臂输出对应的电压。SVPWM 电压空间矢量定义与合成示意图如图 4 所示。其中 A 轴、B 轴、C 轴代表 ABC 三相电压，T_{SV1}、T_{SV2} 分别为 $\boldsymbol{SV}_1$、$\boldsymbol{SV}_2$ 矢量的作用时间。

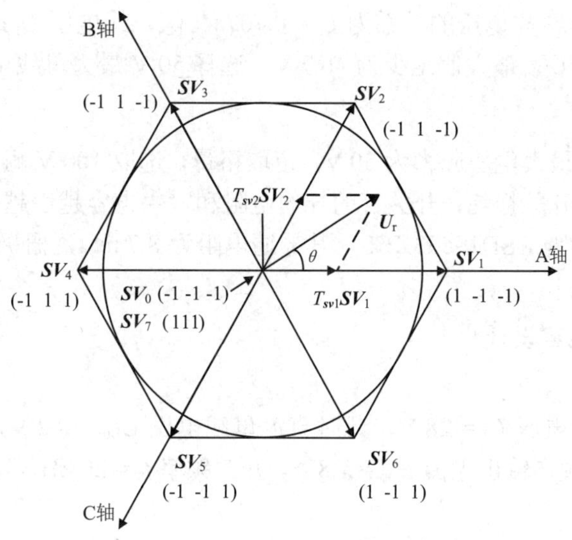

图 4　电压空间矢量定义与合成

2.4　Buck 电路控制策略

主电路后级选用 Buck 拓扑电路，采用电压 PI 控制器实现输出电压的稳压控制。此外，利用电压前馈解耦控制，将直流母线电压与控制器解耦，使母线电压波动的情况下输出电压可以保持稳定，提高了系统的稳定性。Buck 稳压控制框图如图 5 所示。

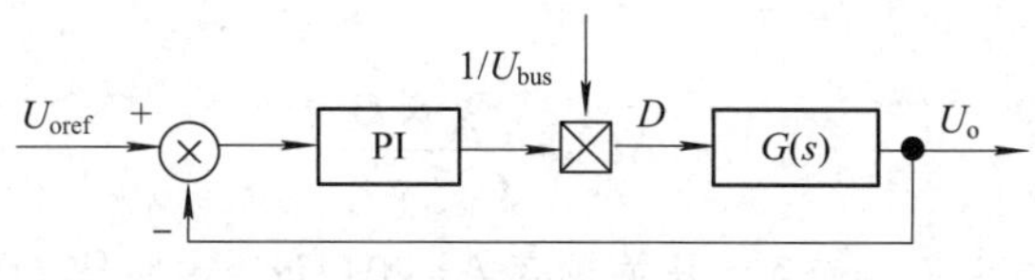

图 5　Buck 稳压控制框图

3. 电路与程序设计

3.1　主电路与器件选择

1. 主电路设计

主电路前级采用三相 PWM 整流拓扑，后级采用 Buck 拓扑，如图 6 所示。

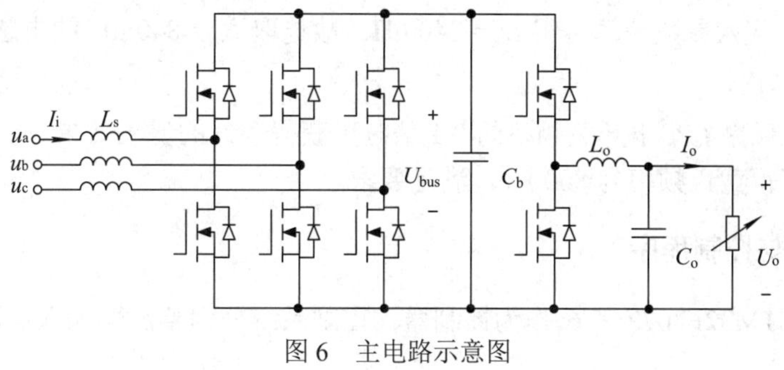

图 6　主电路示意图

SVPWM 调制比 M 与电压的关系为 $U_i = 0.707MU_{bus}$，线电压 U_i 最大 33 V，可以计算得出，直流母线电压 U_{bus} 最大值至少为 46.7 V，选择 50 V 最大母线电压以留取裕量。

2. 开关管选型

电路中开关管的最大电压应力为 50 V，留取裕量，选取 100 V 耐压值的开关管。为减小电路的导通损耗和开关损耗，开关管的导通电阻和寄生电容越小越好。选择德州仪器公司的 MOSFET，型号为 CSD19533KCS，其导通电阻为 8.7 mΩ，栅极电荷为 27 nC，符合开关管选型要求。

3. 整流器电感电容设计

1) 滤波电感设计

额定输入三相线电压 $U_i = 28$ V，此时直流母线电压 $U_{bus} = 42$ V，可以计算得调制比 $M = 0.94$。电路母线额定输出电流 $I_{bus} = 1.8$ A。开关频率 $f_s = 20$ kHz，取电感电流最大纹波率 $r = 0.3$。

$$L_s = \frac{(U_{bus} - U_i) \times M}{r \times I_{bus} \times f_s} \tag{1}$$

根据式(1)，代入参数可计算得 $L_s = 1.9$ mH。由于每线电压滤波电感为两个半桥桥臂电感感值之和，实际选择 950 μH 的电感。

2) 输出电容设计

输出母线电容用于支撑母线电压。由于三相输入功率恒定，母线电压波动主要来自于输出侧的 Buck 电路。

$$\Delta U_c = \frac{I_{out} \times D}{C_{bus} \times f_s} \tag{2}$$

根据式(2)，输出电流 $I_{out}=2$ A，开关频率 $f_s=20$ kHz，占空比 $D=0.72$，取电压脉动为 0.1 V，可以计算得 $C_{bus}=720$ μF，实际选择 1000 μF 的电解电容。

4. Buck 变换器电感电容设计

1) 滤波电感设计

输出直流母线电压 $U_{bus}=50$ V，额定输出直流电压 $U_o=36$ V，计算得占空比 $D=0.72$。电路母线额定输出电流 $I_o=2$ A。开关频率 $f_s=20$ kHz，取电感纹波率 $r=0.3$。

$$L_o = \frac{(U_o - U_{bus}) \times \mathrm{D}}{r \times I_o \times f_s} \tag{3}$$

根据式(3)，代入参数计算可得 $L_o = 840$ μH。故选取 $L_o = 840$ μH 的电感。

2) 滤波电容设计

滤波器截止频率 f_c 小于开关频率的 0.1 倍时可获得较好的滤波效果。取 $C = 47$ μF 的电解电容，计算可得截止频率为 800 Hz，满足要求。

3.2 控制电路与控制程序

系统采用 STM32F407ZGT6 作为控制器。控制系统分为整流器输入电流控制和 Buck

输出稳压控制两部分，两部分同时运行。控制程序流程图如图 7(a)、(b)所示。

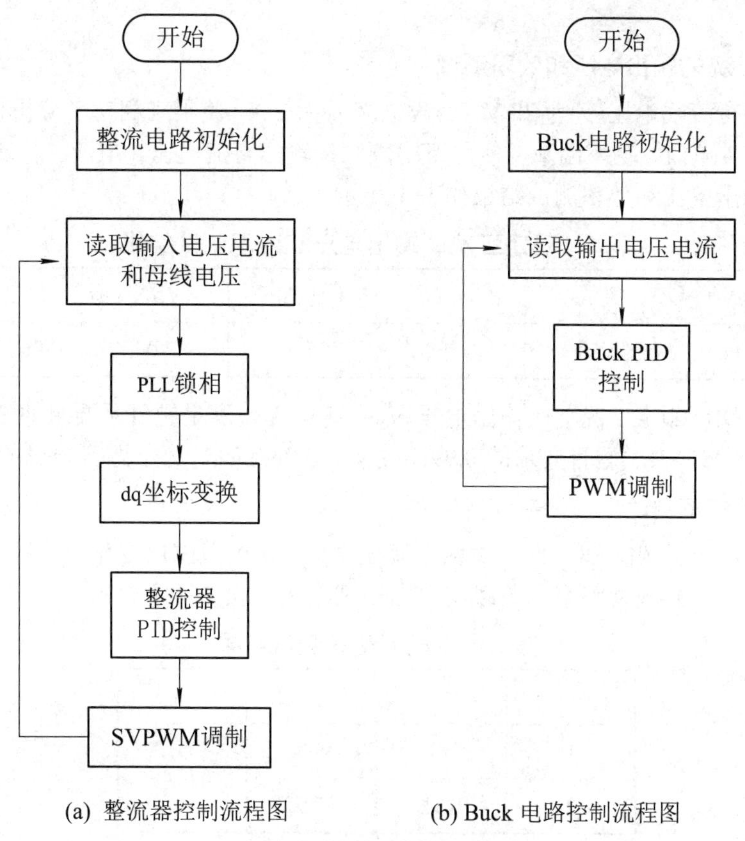

(a) 整流器控制流程图　　(b) Buck 电路控制流程图

图 7　控制程序流程图

4. 测试方案与测试结果

4.1　测试方案与测试条件

1. 测试方案

(1) 调节变压器，使得输入三相交流线电压为 28 V；调节负载，使得负载电流为 2 A，使用三相功率分析仪测量输入侧三相交流电压、电流、功率因数，使用万用表测量输出直流电压、电流。计算得到效率 η。

(2) 在输入三相交流线电压为 28 V 工况下，调节输出负载电阻大小，使得负载电流在 0.1～2.0 A 范围内变化，通过万用表读取直流输出电压，并计算负载调整率。

(3) 在负载电流为 2 A 的工况下，调节变压器，使得三相交流线电压在 23～33 V 范围内变化，通过万用表读取直流输出电压，计算电压调整率。

(4) 设定功率因数在 0.90～1.00 范围内变化，每次变化 0.03，读取功率因数。

2. 测试仪器

隔离变压器、自耦变压器、数字万用表 U3402、三相功率分析仪 PW3390-03。

4.2 测试结果

1. 额定工况的输出电压和效率测试

调节三相交流线电压 U_i 为 28 V，负载电流 I_o 为 2 A，使用三相功率分析仪测量输入侧三相交流电压、电流、功率因数，使用万用表测量输出直流电压、电流。计算得到效率 η。额定工况的输出电压和效率测试结果如表 1 所示。

表 1　额定工况的输出电压和效率测试结果

U_i/V	I_i/A	$\cos\varphi$	U_o/V	I_o/A	η
28.06	1.58	0.998	35.96	2.06	96.23%

由表 1 可知，额定工况下，输出电压 $U_o = 35.96$ V，满足题目所要求的(36 ± 0.1 V)；功率因数为 0.998，大于题目要求的 0.99；效率 $\eta = 96.23\%$，大于题目要求的 95%。

2. 负载调整率测试

三相交流线电压 $U_i = 28$ V 时，负载电流在 0.1～2.0 A 范围内变化，通过万用表读取直流输出电压，计算负载调整率。负载调整率测试结果如表 2 所示。

表 2　负载调整率测试结果

序号	I_o/A	U_o/V	S_I
1	2.06	35.96	0.03%
2	0.11	35.97	

由表 2 可知，负载调整率 $S_I = 0.03\%$，小于题目要求的 0.3%。

3. 电压调整率测试

负载电流 $I_o = 2$ A 的工况下，三相交流线电压在 23～33 V 范围内变化，通过万用表读取直流输出电压，计算负载调整率。负载调整率测试结果如表 3 所示。

表 3　负载调整率测试结果

序号	U_i/V	U_o/V	S_U
1	23.02	35.96	0.03%
2	28.06	35.96	
3	36.14	35.97	

由表 3 可知，电压调整率 $S_U = 0.03\%$，小于题目要求的 0.3%。

4. 功率因数测试

在额定工况下，通过键盘设定功率因数在 0.90～1.00 范围内变化，每次变化 0.03，通过三相功率分析仪读取功率因数，比较设定值和测量值。功率因数测试结果如表 4 所示。

表 4　功率因数测试结果

序号	$\cos\varphi_{set}$	$\cos\varphi$	*err*
1	0.9	0.906	0.006
2	0.93	0.933	0.003
3	0.96	0.965	0.005

由表 4 可知，误差均小于题目要求的 0.02。

4.3　测试结果分析

综上所述，在额定工况下，系统输出电压 $U_o = 35.96$ V，效率 $\eta = 96.23\%$，功率因数为 0.998，且功率在 0.90～1.00 范围内可任意设定，误差小于 0.02。除此之外，系统的负载调整率 $S_I = 0.03\%$，电压调整率 $S_U = 0.03\%$。所有指标均满足题目要求。

浙江工业大学

作者：施淑娟、阮浩宇、徐思雨

摘　要

本系统以 STM32F407 为控制核心，设计制作了三相 AC-DC 变换电路，主要包括三相桥式 SVPWM 整流电路、同步 Buck 电路、电压电流采样电路、辅助电源电路。系统首先利用 SVPWM 调制的三相桥式整流电路，通过双闭环 PI 调节，将输入交流线电压 $U_i = 28$ V 整流为直流电压 U_{dc}，同时将输入功率因数调整至设定值。接着利用 PWM 控制同步 Buck 电路，将中间级电压 U_{dc} 降压为恒定的输出直流电压 $U_o = 36$ V。经测试，在题目指定条件下，系统的负载调整率 $S_I = 0.055\% \leqslant 0.3\%$，负载调整率 $S_U = 0.11\% \leqslant 0.3\%$，AC-DC 变换电路输入侧功率因数 PF = 1.00 ≥ 0.99，效率 $\eta = 95.5\% \geqslant 95\%$；且功率因数可通过按键在 0.90～1.00 范围内调整，误差绝对值不大于 0.02，均满足测试要求。

关键词：三相桥式整流；坐标变换；SVPWM；同步 Buck 电路；STM32F407

1. 设计方案比较分析

1.1 电路拓扑的选择

方案一：三相不可控整流电路+升降压电路。由于输入三相交流线电压的峰值为 $U_{\mathrm{im}}=(23\sim33)\times\sqrt{2}=32.53\ \mathrm{V}\sim46.67\ \mathrm{V}$，要求输出电压为 $U_{\mathrm{o}}=36\ \mathrm{V}$，故后级需增加升降压电路。三相不可控整流电路拓扑简单，使用元件少，但是功率因数无法调整，效率较低，升降压电路电压变比范围宽，但驱动电路较复杂。

方案二：三相桥式全控整流电路+同步 Buck 电路。三相桥式全控整流电路控制快速性好，输出电压的脉动小，但是电路相对复杂。由于后级同样需要设置降压电路，选择同步 Buck 电路，利用 MOSFET 代替传统的续流二极管，减少了功率损耗。

综合考虑，选择方案二作为主电路结构。

1.2 整流的控制策略

方案一：SPWM 控制策略。相比于传统 SCR 相控整流电路，SPWM 整流电路具有功率因数校正功能，通过控制可以抑制谐波，防止电流畸变，使功率因数近似为 1。

方案二：SVPWM 控制策略。相对于 SPWM 调制方式，SVPWM 调制同样具有功率因素校正功能，同时它的开关状态改变对应相邻矢量的输出，开关损耗更小，且直流电压利用率更高。

综合考虑，选择方案二作为控制策略。

1.3 系统总体方案

三相 AC-DC 变换电路由三相桥式 SVPWM 整流电路、同步 Buck 电路组成，构成“AC-DC-DC”电路，由 STM32F407 控制，如图 1 所示。

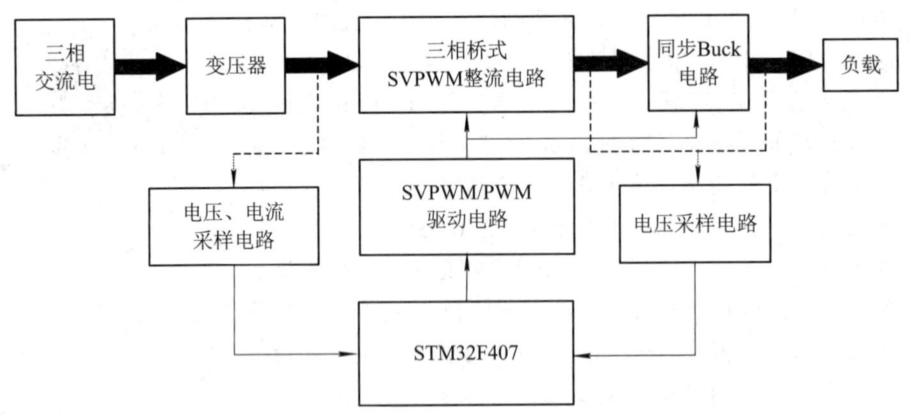

图 1　系统总体框图

2. 理论分析设计

2.1　效率提高方法

(1) 同步 Buck 电路：续流二极管改为 MOS 管，导通损耗减少。

(2) 电感选取：尽量选择线径大、内阻小的电感以提高效率。

(3) 肖特基二极管：MOS 管漏源极间并联肖特基二极管，代替体内续流二极管，减少导通损耗。

(4) 驱动电阻选取：MOS 管的驱动电阻设置为 $R_g = 0\ \Omega$，减少电阻损耗。

(5) 五段式 SVPWM 调制：把传统的七段式调制改为五段式调制，每个开关周期将零矢量平分后分配在首段和末端，减少 1/3 的开关损耗。

(6) 开关频率设置：在保证输出电压稳定，输入电流不产生较大畸变时，可以适当减小开关频率，减小开关损耗。

(7) 其他：关闭不需要的单片机外设，减少损耗；选择内阻小的导线等。

2.2　功率因数调整方法

检测三相线电流 I_a、I_b、I_c，通过 Clark-Park 变换到 dq 坐标系，得到以电网基波频率旋转的 I_{sd} 和 I_{sq}，其中 I_{sd} 代表有功分量，I_{sq} 代表无功分量(如图 2 所示)。功率因数 PF = $\cos\theta$，取决于 I_{sd} 和 I_{sq} 的大小。由于三相整流输出的电压 U_{dc} 受到 I_{sd} 的影响，所以当输出电压固定时，I_{sd} 应保持基本不变，因此功率因数 λ 主要受到 I_{sq} 的影响。当 $I_{sq} = 0$ 时，功率因数 PF = 1。

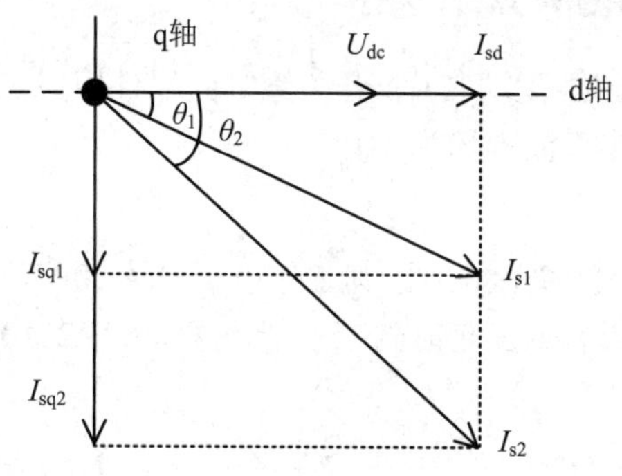

图 2　功率因数调整

2.3　稳压控制方法

(1) 三相桥式整流采用双闭环控制，电压闭环稳定直流电压。

(2) Buck 电路电压闭环控制。

(3) 选择合适的母线电容，并联高频电容，以稳定直流电压。

3. 核心部件电路设计

3.1 三相 AC-DC 变换主电路

本系统设计三相 AC-DC 变换电路由三相 SVPWM 整流电路、同步 Buck 电路组成，如图 3 所示。三相 SVPWM 整流电路通过 Clark-Park 变换，实现双闭环 PI 调节控制；Buck 电路则采用 PI 调节 PWM 控制。

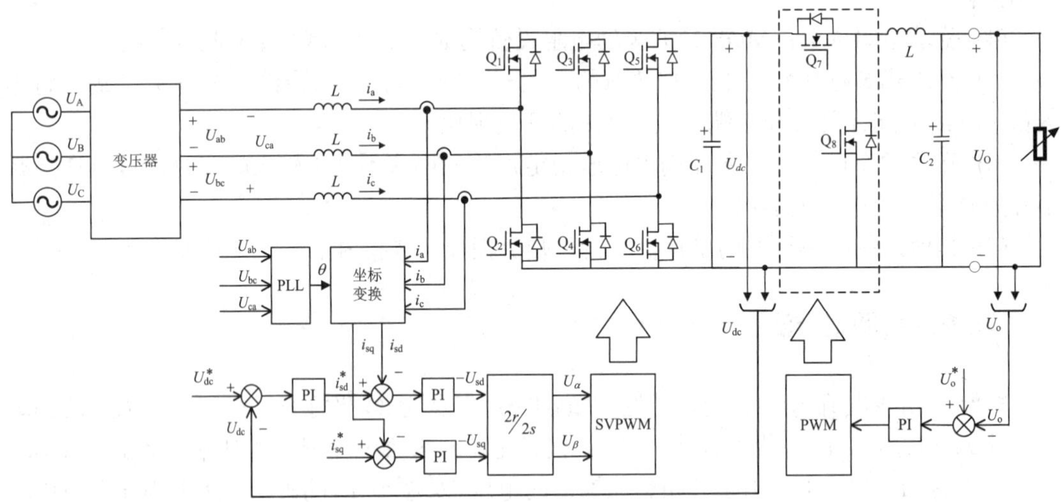

图 3 三相整流主电路与控制方式

3.2 三相 SVPWM 整流电路与器件选择

三相 SVPWM 整流电路由驱动芯片、开关管等元器件组成三个半桥，利用 SVPWM 控制电路实现整流功能，输出直流电压为 U_{dc}。

1. 驱动芯片选择

驱动器件选择IR2110半桥驱动芯片，其工作电压可达20 V，工作频率高，可达500 kHz，具有电源欠压保护关断逻辑和低压延时封锁功能。同时，IR2110 具有自举浮动电源，驱动电路非常简单。

2. MOSFET 选择

考虑到本系统正常工作时，MOSFET 承受的峰值电压为线电压的最大值，即 $U_{Qmax}=46.67$ V。同时，系统要求 AC-DC 变换电路的效率 $\eta \geqslant 95\%$，即要求损耗较小，则 MOSFET 应具有较小的导通电阻。因此，选择 N 沟道 MOS 管 CSD19506KCS，其额定电压为 80 V，额定电流为 150 A，导通电阻为 2.0 mΩ，能在功率转换应用中最大限度地降低损耗，满足系统要求。

3. 前置输入电感选择

当输入电感量大时，电流易于控制，纹波小；但是电感内阻相应变大，会产生更多损耗，综合考虑选择 $L=1.5$ mH，$R=0.038\ \Omega$ 的电感。

3.3　Buck 电路设计

图 4 所示的 Buck 电路采用 MOSFET 代替传统续流二极管的方式，采用 PWM 控制方式，开关频率为 $f_S=5$ kHz，通过 PI 调节器稳定输出电压为

$$U_O=\frac{t}{T_S}U_{dc}=\rho U_{dc} \tag{1}$$

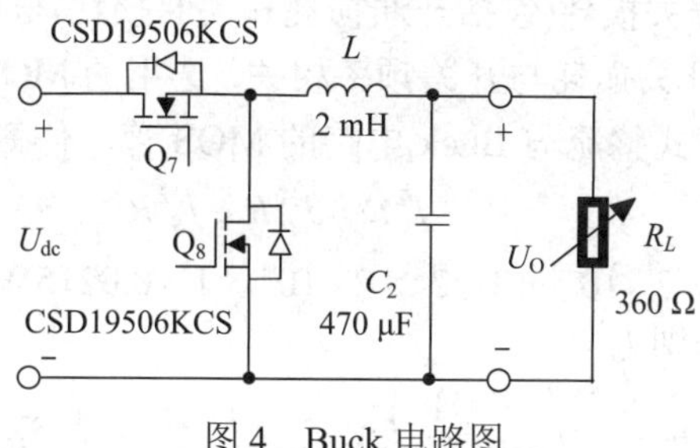

图 4　Buck 电路图

1. 开关管选择

在 Buck 电路中，MOSFET 所承受的峰值电压为 $U_{Q\max}=U_{dc}=40.8\ \text{V}$，电路上的最大电流为 1.5 A，考虑到 2～3 倍的裕量，开关管的额定电流至少为 3 A。但是为了减少开关管损耗，选择额定电流大的 MOSFET 有助于提高电路效率。基于以上两种因素，Buck 电路同样选择 N 沟道 MOS 管 CSD19506KCS。

2. 电感选择

电路采用 MOSFET 代替传统的续流二极管，工作在电感电流连续模式(CCM)下，输出电流范围 $I_o=0.1$～2.0A，因此电感估算为

当 $I_o=0.1$ A 时，

$$L\geqslant \max\left[\frac{\rho(1-\rho)}{2I_O}U_{dc}T_s\right]=\frac{0.5\times(1-0.5)}{2\times0.1}\times40.8\times\frac{1}{5\times10^3}=10.2\ \text{mH}$$

当 $I_o=2$ A 时，

$$L\geqslant \max\left[\frac{\rho(1-\rho)}{2I_O}U_{dc}T_s\right]=\frac{0.5\times(1-0.5)}{2\times0.1}\times40.8\times\frac{1}{5\times10^3}=0.51\ \text{mH}$$

考虑到内阻损耗，我们选择 1 mH 的电感。当电流 $I_o=0.1$ A，Buck 电路工作在电感电流断续模式下，但是输出直流电压能够达到系统要求。

3. 输出电容选择

输出电容需要滤掉主要的开关纹波，选择的电容 C 要足够大，这里选择市面上较为常见的 470 μF 电解电容，用于稳定电压和滤波，并联 100 μF 高频电解电容以减少高频分量，同时减小电容的 ESR。

3.4 效率分析

系统效率主要取决于主电路，在输入 $U_i = 28$ V，输出 $I_o = 2$ A，$U_o = 36$ V 条件下，题目要求 AC-DC 变换电路的效率 $\eta \geqslant 95\%$，则可损耗最大功率值为 3.79 W。

本作品的效率分析如下：

(1) 系统静态损耗包括辅助电源、线路损耗等。当输入 $U_i = 28$ V 时，单片机不产生对整流桥的控制信号时，系统的静态损耗测量可得为 $P_S = 1.0$ W。

(2) 开关管损耗包括开关损耗(包括开通损耗和关断损耗)与导通损耗，其中导通损耗与开关管的通态内阻相关，开关损耗与开关频率相关，选用的 MOSFET 导通内阻为 2.0 mΩ。

① 导通损耗，包括桥式整流与 Buck 电路的 MOS 管，估算为

$$I^2R = I_a{}^2R + I_o{}^2R \tag{2}$$

代入数据得 $I^2R = 1.5^2 \times 2 \times 10^{-3} \times 3 + 2^2 \times 2 \times 10^{-3} \times 1 = 0.0215\text{W}$

② 开通和关断损耗分别为

$$P_{open} = \frac{1}{2} \cdot U_{ds\_open} \cdot I_{ds\_open} \cdot f_S \cdot T_{open} \tag{3}$$

代入数据得 $P_{open} = 0.0184$ W。

$$P_{close} = \frac{1}{2} \cdot U_{ds\_close} \cdot I_{ds\_close} \cdot f_S \cdot T_{close} \tag{4}$$

代入数据得 $P_{close} = 0.0168$ W。

(3) 电感损耗：考虑电感导通时的铜耗，忽略电感励磁损耗，即

$$I^2R_L = I_a^2R_{L1} + I_O^2R_{L2} \tag{5}$$

代入数据得 $I^2R_L = 0.4845$ W。

综上，经过计算可得系统的功率损耗值为 1.5412 W(1.0 W + 0.0215 W + 0.0184 W + 0.0168 W + 0.04845 W)，1.5412 W＜3.79 W，效率可满足题目要求。

3.5 电压、电流采样电路设计

本系统的采样电路由 SGM8632 运放、交流电流互感器 DL-CT1005AP、交路电压互感器 DL-PT202D 和差分电路组成。交流电流采样、交流电压采样和直流电压采样如图 5(a)、(b)、(c)所示。

(1) 交流电压采样电路：本系统的交流电压采样电路由型号为 DL-PT202D 的交流电压互感器和型号为 SGM8632 的运放组成。DL-PT202D 为磁隔离交流电压互感器，降压后经运算放大器 SGM8632 差分放大并增加偏置后送入单片机 ADC 引脚。单片机采集到的交流电压信号将用于网侧电压定相。为满足 DL-PT202D 输入电流不超过 2 mA 的要求，本设计在输入侧串入了 33 kΩ 的电阻，保证采样精度。

(2) 交流电流采样电路：与交流电压采样电路类似，本系统的交流电流采样电路由型号为 DL-CT1005AP 的交流电流互感器和型号为 SGM8632 的运放组成。经差分放大并增加偏置后送入单片机 ADC 引脚，用于整流电路的电流控制。

(3) 直流电压 U_{dc} 和 U_o 采样电路：为了保证直流电压采样的准确性，本系统的直流电

压采样电路同样采用差分电路的形式，这种采样方式虽比电阻分压复杂，但能很好地抑制共模干扰。

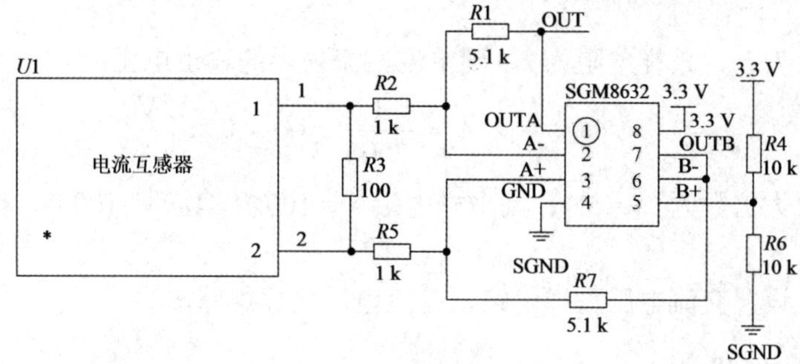

(a) 交流电流采样

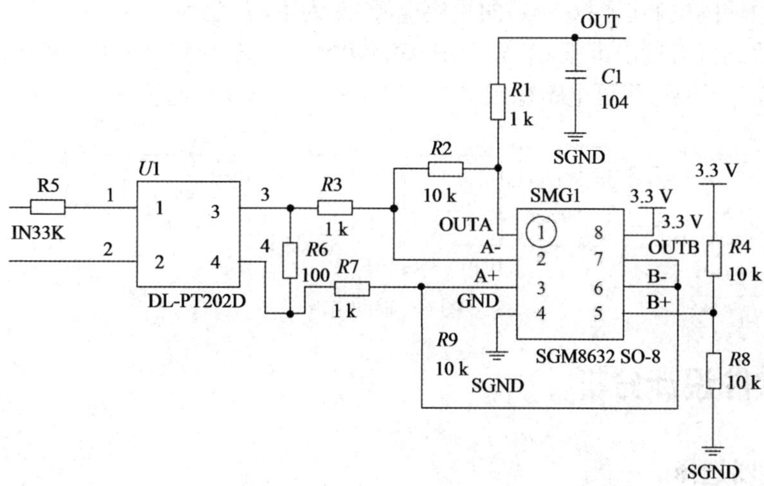

(b) 交流电压采样

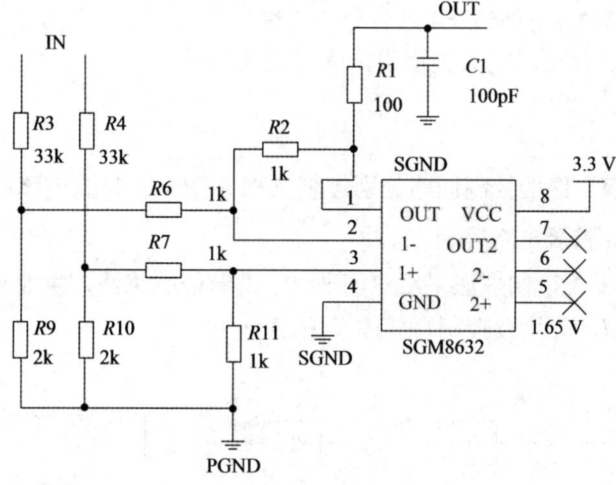

(c) 直流电压采样

图 5　交流电流、交流电压和直流电压的采样电路

已知，交流电流采样处的相电流峰值为 $I_{im} = 3$ A，考虑到 2～3 倍的裕量，将采样的范围设定为−6～6 A，即需要测量的电流量程为 12 A，已知电流互感器变比为 $k_1 = \dfrac{2000}{1}$，设运放的放大倍数为 k_2，采样电阻为 r，则单位电流采样的输出电压：

$$\frac{I}{k_1} \cdot r \cdot k_2 = \frac{1}{2000} \cdot r \cdot k_2 = 0.257 \frac{\text{V}}{\text{A}} \tag{6}$$

设置运放放大倍数为 $k_2 = 5.1$，则采样电阻 $r = 100.78\ \Omega$，取 $100\ \Omega$，则实际电流量程为−6.47A。

以类似方式设置交流电压采样电路、直流电压采样电路参数。

3.6 辅助电源电路设计

本系统的辅助电源以图 6 所示的模块电源 U_2 为主，产生所需直流电源 +15 V，+3.3 V。首先将三相桥式整流输出电压 U_{dc} 输入 HDW5-48S15A1 芯片模块电源，将直流电压 U_{dc} 转为+15 V 电源，再经过降压电路稳压器 LM2596S 产生+3.3 V 电源。

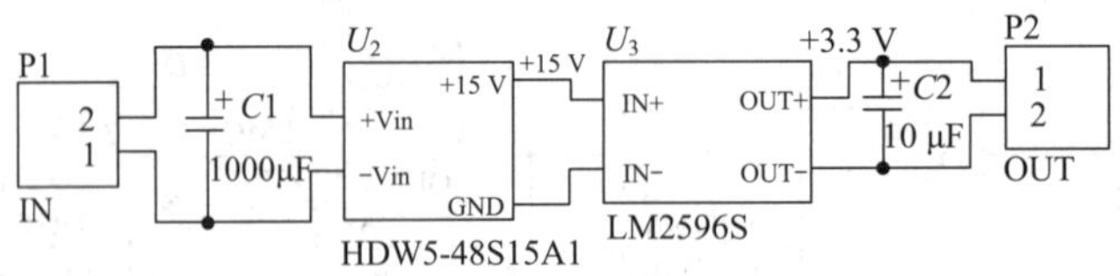

图 6 辅助电源

4. 系统软件设计分析

4.1 微控制器选择

本系统的主控芯片为 STM32F407VET6，它采用 Cortex M4 内核，带 FPU 和 DSP 指令集。对于相同的外设部分，STM32F4 具有更快的模数转换速度、更低的 ADC/DAC 工作电压，32 位定时器且 IO 复用功能大大增强，满足系统要求。

4.2 控制方法

三相 AC-DC 变换电路的控制回路分别控制三相 SVPWM 整流电路和 Buck 电路进行。

1. 三相 SVPWM 整流电路控制

该电路基于变压器二次侧电压采用双闭环 PI 调节控制算法，主要是对整流输出电压 U_{dc}，三相相电流 i_a，i_b，i_c 进行控制，如图 7 所示。

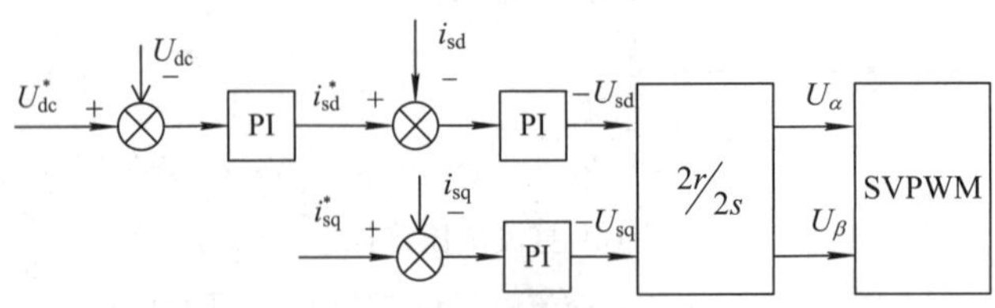

图 7 双闭环控制原理图

2. Buck 电路控制

该电路采用 PI 调节的 PWM 控制方法，根据输出电压给定值 U_o^* 与实际输出 U_o 值构成控制偏差，其开环传递函数为：

$$W(s)=\frac{K(T_1s+1)}{s^2(T_2s+1)} \quad (T_1>T_2) \tag{7}$$

控制流程图如图 8 所示。

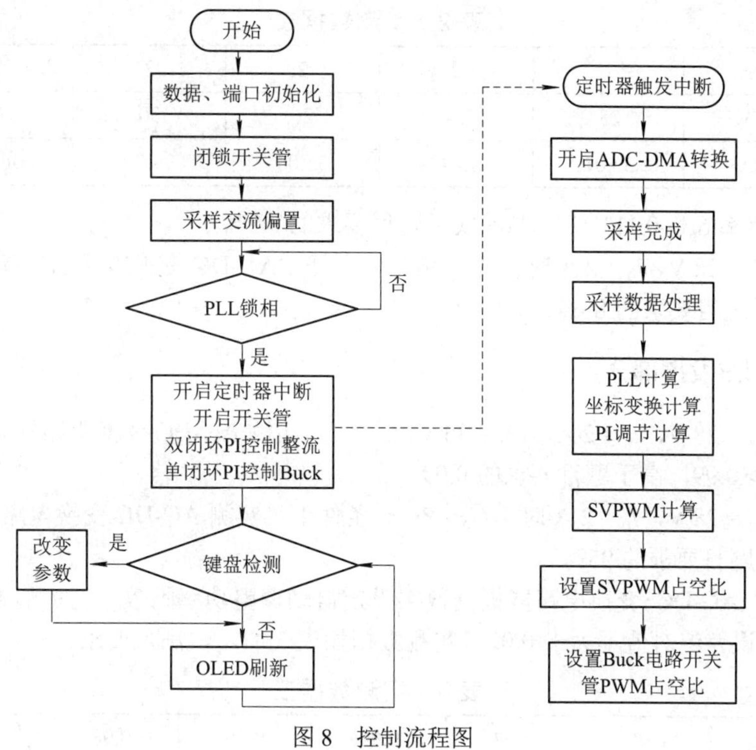

图 8 控制流程图

5. 系统测试与结果分析

5.1 测试仪器及方案

PF3401 型电参数测量仪，用于测量输入电压、电流、功率和功率因数；UNI-T/UPO2102CS 型示波器，用于观测实际输入电压电流及波形；PF200 型电参数测量仪用于测量输出电压、电流及功率。

5.2 测试结果(基本要求)

(1) 交流输入线电压 $U_i = 28$ V，$I_o = 2$ A 时，$U_o = 36\pm0.1$ V。

输入保持 $U_i = 28$ V，调节负载电阻，输出电流 $I_o = 2$ A 时，输出电压为 36.03 V，满足输出直流电压 $U_o = (36\pm0.1)$ V。

(2) 当 $U_i = 28$ V，I_o 在 0.1～2.0 A 范围内变化时，测试数据如表 1 所示。

表 1　实测数据一

U_i/V	28	28	28	28	28
I_O/A	0.1	0.5	1.1	1.5	2.0
U_O/V	36.05	36.03	36.03	36.03	36.03

负载调整率 S_I = 0.055%≤0.3%，低于题目要求的 0.3%。

(3) 当 I_o = 2 A，U_i 在 23～33 V 范围内变化时，测试数据如表 2 所示。

表 2　实测数据二

I_O/A	2	2	2	2	2
U_i/V	23	24	26	30	33
U_O/V	36.01	36.02	36.03	36.03	36.05

电压调整率 S_u = 0.11%≤0.3%，低于题目要求的 0.3%。

(4) 在 U_i = 28 V，I_o = 2 A 时，U_o = 36 V 条件下，AC-DC 变换电路的效率为 η = 95.5%＞85%，高于题目要求的 85%。

5.3　测试结果(发挥部分)

(1) 在 U_i = 28 V，I_o = 2 A，U_o = 36 V 条件下，实测 AC-DC 变换电路输入侧功率因数为 PF = 1.00＞0.99，高于题目要求的 0.99。

(2) 在 U_i = 28 V，I_o = 2 A 时，U_o = 36 V 条件下，实测 AC-DC 变换电路的效率为 η = 95.5%，高于题目要求的 95%。

(3) 三相 AC-DC 变换电路能根据数字设定自动调整功率因数，功率因数调整范围为 0.90～1.00，误差绝对值不大于 0.02。实测数据如表 3 所示，满足要求。

表 3　实测数据三

设定值	0.90	0.92	0.94	0.96	0.98	1.00
实测值	0.897	0.923	0.939	0.962	0.995	1.000

C 题　三端口 DC-DC 变换器

一、任务

设计并制作三端口 DC-DC 变换器，其结构框图如图 1 所示。变换器有两种工作模式：模式 I，模拟光伏电池向负载供电的同时为电池组充电($I_B>0$)；模式 II，模拟光伏电池和电池组同时为负载供电($I_B<0$)。根据模拟光照(U_S)的大小和负载情况，变换器可以工作在模式 I 或模式 II，并可实现工作模式的自动转换，在各种情况下均应保证输出电压 U_O 稳定在 30 V。

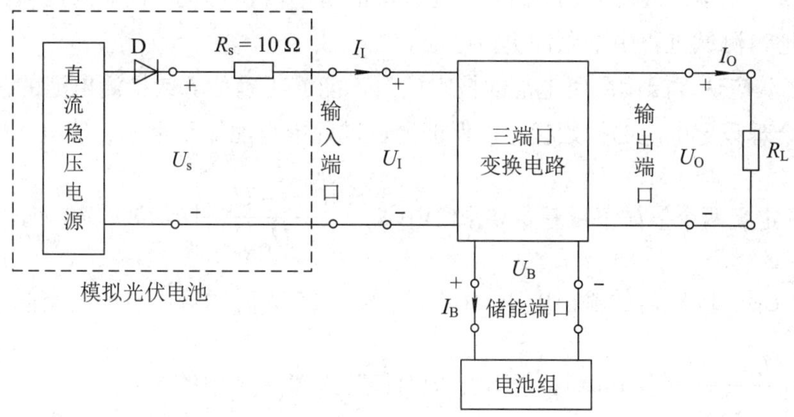

图 1　三端口 DC-DC 变换器结构框图

二、要求

1. 基本要求

(1) $U_S = 50$ V、I_O=1.2 A 条件下，变换器工作在模式 I，$U_O = (30 \pm 0.1)$V，$I_B \geqslant 0.1$A。

(2) $I_O = 1.2$ A、U_S 由 45 V 增加至 55 V，电压调整率 $S_U \leqslant 0.5\%$。

(3) $U_S = 50$ V、I_O 由 1.2 A 减小至 0.6 A，负载调整率 $S_I \leqslant 0.5\%$。

(4) $U_S = 50$ V、$I_O = 1.2$ A 条件下，变换器效率 $\eta_I \geqslant 90\%$。

2. 发挥部分

(1) $I_O = 1.2$ A、U_S 由 55 V 减小至 25 V，要求：变换器能够从模式 I 自动转换到模

式Ⅱ；在 U_S 全范围实现最大功率点跟踪，偏差 $\delta_{U_1}=\left|U_I-\frac{U_s}{2}\right|\leqslant 0.1V$；电压调整率 $S_U\leqslant 0.1\%$。

(2) $U_S = 35$ V、$I_O = 1.2$ A 条件下，变换器工作在模式Ⅱ，$U_O = (30 \pm 0.1)$V，效率 $\eta_{II}\geqslant 95\%$。

(3) $U_S = 35$ V、I_O 由 1.2 A 减小至 0.6 A，变换器能够从模式Ⅱ自动转换到模式Ⅰ，负载调整率 $S_I\leqslant 0.1\%$。

(4) 其他。

三、说明

(1) 图 1 中直流稳压电源、二极管 D、电阻 R_S 构成模拟光伏电池。直流稳压电源建议使用输出电压不小于 60 V(可两路串联获得)，额定电流不小于 3 A 的成品电源，使用过程中应注意安全、避免触电伤害，测试时直流稳压电源由赛区提供；二极管 D、电阻 R_S 的选用应注意电流、功率等指标，必要时加装散热装置，注意避免烫伤。

(2) 图 1 中电池组由 4 节容量 2000～3000 mAh 的 18650 型锂离子电池串联组成，要求采用自带管理功能(或自带保护板)的电池。电池组不需要封装在作品内，测试时自行携带至测试场地，测试过程中不允许更换电池。

(3) 参赛队应认真阅读所用电池的技术资料，能够正确估算或检测电池的荷电状态，测试前自行合理设定电池的初始状态，保证测试过程中电池能正常充、放电。

(4) 本题定义两个值如下：基本要求(2)中 $S_U=\left|\frac{U_{O55}-U_{O45}}{U_{O45}}\right|\times 100\%$，

其中 U_{O45} 为 $U_S = 45$ V 时的输出电压，U_{O55} 为 $U_S = 55$ V 时的输出电压；类似地，发挥部分(1)中 $S_U=\left|\frac{U_{O55}-U_{O25}}{U_{O25}}\right|\times 100\%$，基本要求(3)和发挥部分(3)中的 $S_I=\left|\frac{U_{O06}-U_{O12}}{U_{O12}}\right|\times 100\%$。

(5) 变换器效率 $\eta_I=\frac{P_O+P_B}{P_I}\times 100\%$、$\eta_{II}=\frac{P_O}{P_I+P_B}\times 100\%$，其中 $P_I = U_I \cdot I_I$、$P_O = U_O \cdot I_O$、$P_B = |U_B \cdot I_B|$。变换器的所有电路(包括测控电路)均由模拟光伏电池供电，即从输入端口(U_I 处)取电。赛区测试时不再接入其他任何交、直流电源。

(6) 制作时应合理设置测试点，具体可参考图 2。

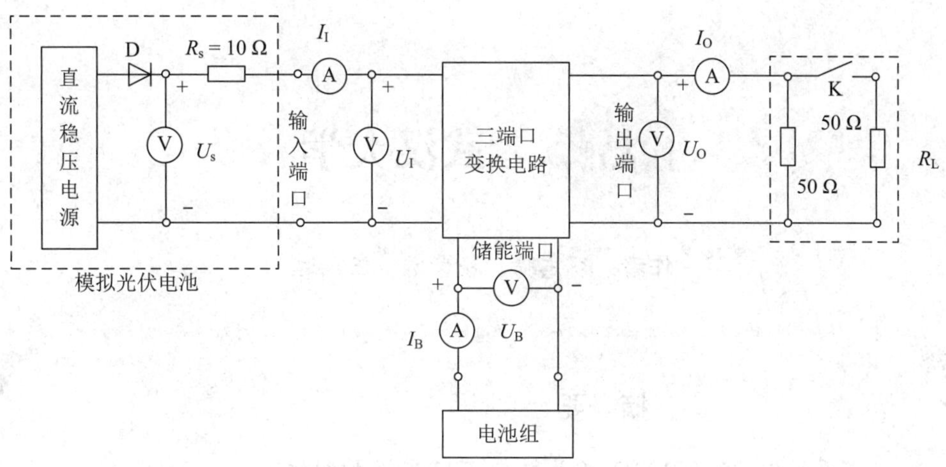

图 2　三端口 DC-DC 变换器测试参考接线图

四、评分标准

	项　目	主 要 内 容	满分
设计报告	方案论证	比较与选择，方案描述	3
	电路与程序设计	主回路与器件选择，测量控制电路、控制程序	6
	理论分析与计算	主回路主要器件参数计算，控制方法与参数计算，提高效率的方法	6
	测试方案与测试结果	测试方案及测试条件，测试结果及其完整性，测试结果分析	3
	设计报告结构及规范性	摘要，设计报告正文的结构，图表的规范性	2
	合计		**20**
基本要求	完成第(1)项		14
	完成第(2)项		10
	完成第(3)项		10
	完成第(4)项		16
	合计		**50**
发挥部分	完成第(1)项		20
	完成第(2)项		15
	完成第(3)项		10
	其他		5
	合计		**50**
总　分			**120**

武汉大学

作者：罗志腾、杨紫璇、王翔远

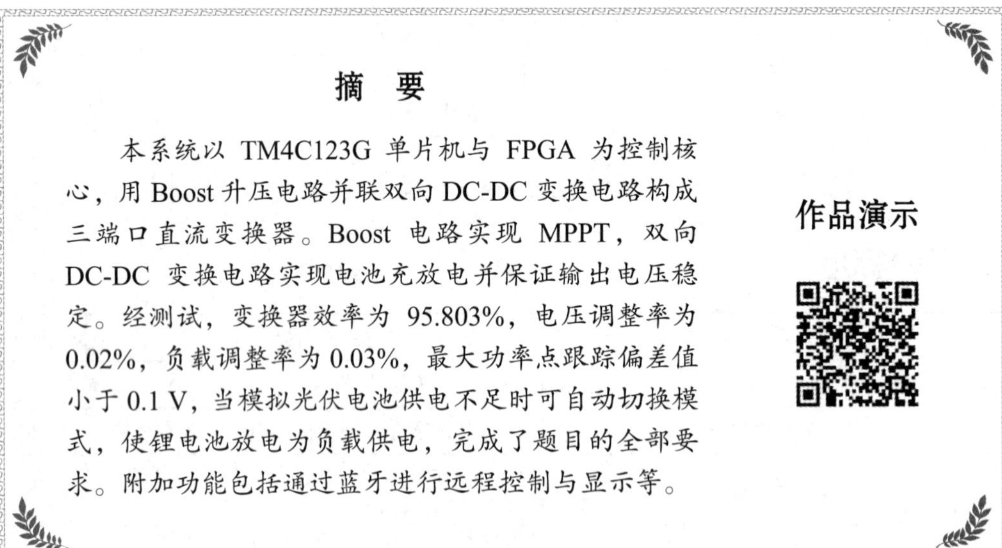

摘　要

本系统以 TM4C123G 单片机与 FPGA 为控制核心，用 Boost 升压电路并联双向 DC-DC 变换电路构成三端口直流变换器。Boost 电路实现 MPPT，双向 DC-DC 变换电路实现电池充放电并保证输出电压稳定。经测试，变换器效率为 95.803%，电压调整率为 0.02%，负载调整率为 0.03%，最大功率点跟踪偏差值小于 0.1 V，当模拟光伏电池供电不足时可自动切换模式，使锂电池放电为负载供电，完成了题目的全部要求。附加功能包括通过蓝牙进行远程控制与显示等。

关键词：三端口 DC-DC 变换；PID 算法；最大功率点跟踪

1. 方案比较与论证

1.1　三端口 DC-DC 变换电路拓扑方案论证

方案一：Boost 升压电路并联双向 DC-DC 变换电路(如图 1 所示)。在模拟光伏电池后级连接 Boost 升压电路控制电路的输入电压，以实现最大功率点跟踪功能，并在锂电池组的后级连接双向 DC-DC 电路控制输出电压的稳定。该电路结构较为简单，所用元器件较少。

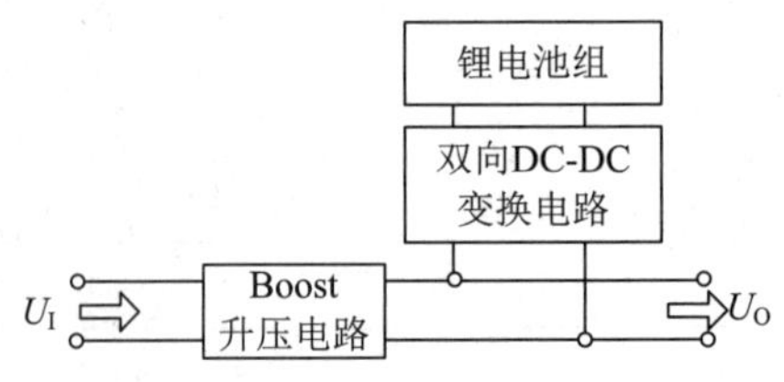

图 1　并联电路结构图

方案二：Buck-Boost 升降压电路串联 Boost 升压电路(如图 2 所示)。在模拟光伏电池后级连接 Buck-Boost 升降压电路控制电路的输入电压，以实现最大功率点跟踪功能，并在后级串联 Boost 升压电路控制输出电压的稳定。

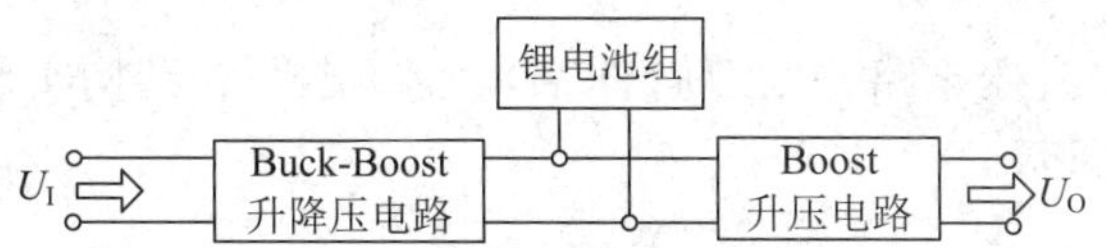

图 2　串联电路结构图

方案选择：由于系统输出电流较大，使用方案二时，主回路元件较多，会导致电路消耗的功率增加，降低系统效率，故选择方案一。

1.2　输出稳压电路拓扑方案论证

方案一：同步 Buck-Boost 拓扑结构(如图 3 所示)。电路前后结构对称，可实现双向升降压变换，但由于两个开关管均浮地，需要两个半桥驱动芯片才能完成该电路的控制。

方案二：同步 Buck 拓扑结构(如图 4 所示)。该拓扑的反向拓扑为同步 Boost 电路拓扑，即该拓扑只能实现正向的降压变化和反向的升压变换，但该电路结构简单，使用一个半桥驱动芯片即可实现电路的控制。

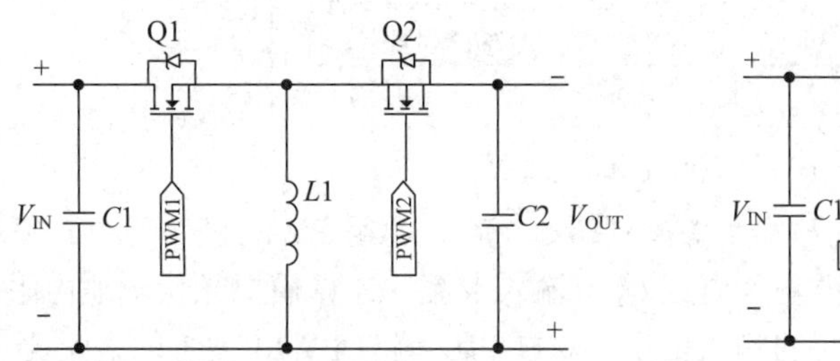

图 3　同步 Buck-Boost 拓扑结构

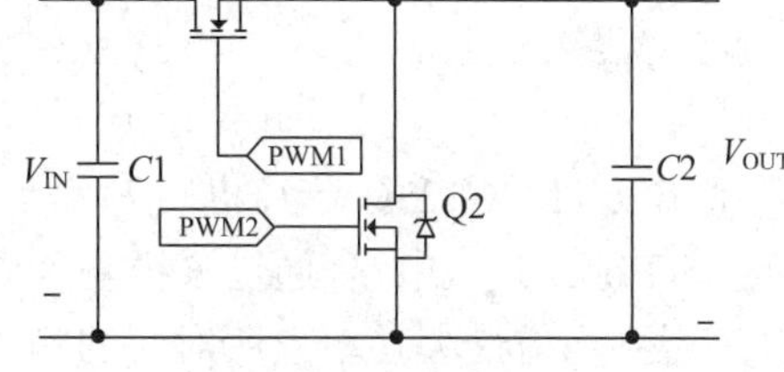

图 4　同步 Buck 拓扑结构

方案选择：根据题目要求，电池组的输出电压为 14.8 V，小于输出电压 30 V，方案二满足题目要求，并且方案二的电路结构与控制较为简单，因此选择方案二。

1.3　最大功率点跟踪(MPPT)方案论证

方案一：内阻计算法。根据最大功率传输理论可知，当模拟光伏电池内阻 R_S 与外阻 R_d 相等，即输入电压恰好为电动势的一半时，达到最大功率点，根据当前输入电压计算电池电动势，通过 PID 算法调整输入电压为电池电动势的 1/2 即可。此方案的缺点是每次重启电路时需要重新计算电动势，速度较慢。

方案二：扰动观测法。不断微调 SPWM 波的调制比，调整输出电压的大小，根据扰动前后功率的变化情况，确定输出电压的调节方向，使其工作在功率最大点处。此方案控制较为简单，但稳定状态时会在最大功率点附近振荡。

方案三：导纳增量法。根据功率与输出电压的关系可知在最大功率点处 $dP/dU=0$。根据公式 $P=U\times I$ 可以计算得到最大输出功率满足 $dP/dU=-I/U$。此方法可以准确地跟踪

最大功率点，并且得到较为稳定的输出，但是此方案调节速度较慢，并且控制较为复杂。

方案选择：综合考虑控制难度、稳定性与调节速度等多方面因素，选择方案一。

1.4 总体方案描述

本系统采用Boost升压电路并联双向DC-DC变换电路的结构实现三端口DC-DC变换。系统总体框图如图5所示。

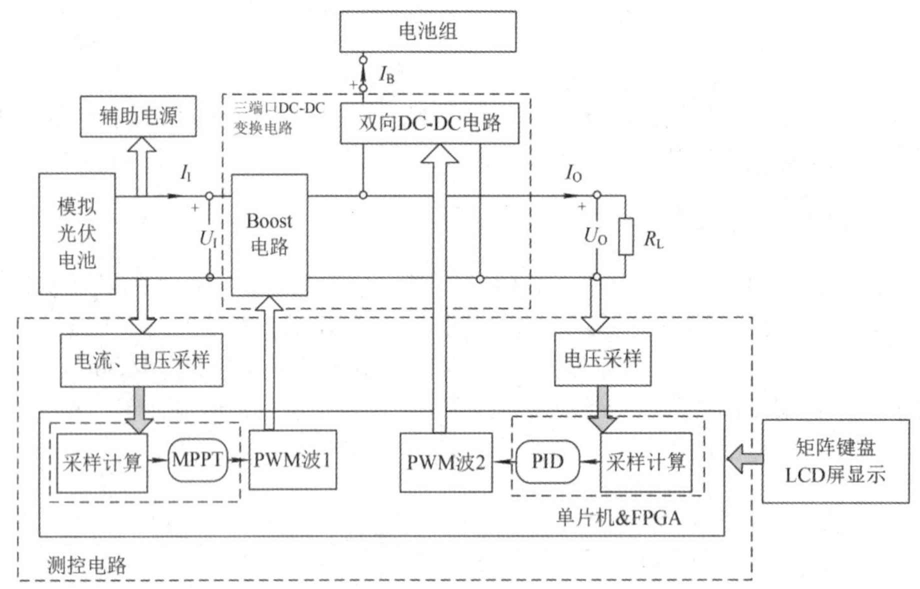

图5　系统总体框图

本系统以TM4C123G单片机与FPGA为控制核心，产生两组PWM波，其中PWM波1用于驱动Boost升压电路，通过采样输入电压U_I与输入电流I_I计算模拟光伏电池内阻R_S，从而计算得到当前最大功率点所对应的输入电压，通过PID调节PWM波1的占空比使输入电压达到设定值；PWM波2用于驱动双向DC-DC变换电路，根据采样得到的输出电压U_O，通过PID算法调整PWM波2的占空比，使输出电压稳定在30 V。辅助电源由直流电压电源供电，为测控电路供电。系统通过矩阵键盘实现人机交互，同时在LCD屏幕上显示当前电路状态。

2. 电路与程序设计

2.1 主回路与器件选择

1. 双向DC-DC变换电路

双向DC-DC变换电路采用同步Buck电路，如图6所示。采用半桥控制芯片UCC27211与损耗较低的CSD19536开关管搭建栅极自举驱动电路，输出两路PWM波来控制半桥电路的两个开关管的开断，两路PWM波互为镜像，并设置200 ns左右的死区时间，以防止两个开关管同时导通。栅极驱动电阻为10 Ω，同时并联二极管以减小开关时间。栅源极并联10 kΩ电阻以减小静态损耗。

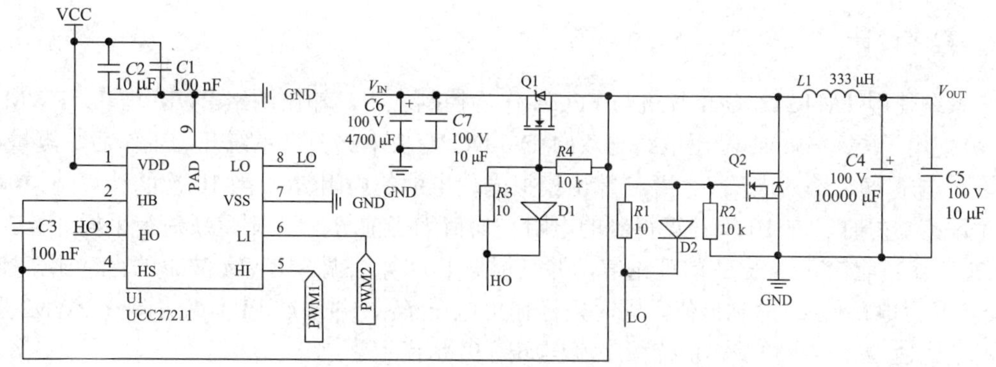

图 6　同步 Buck 变换电路

2. 辅助电源电路设计

系统中 UCC27211 使用+12 V 直流电压，单片机供电、INA282 以及 ADS8688 需要使用+5 V 供电，利用集成降压芯片 LM5164 搭建辅助电源电路可得到 12 V 与 5 V 电压。辅助电源电路如图 7 所示。

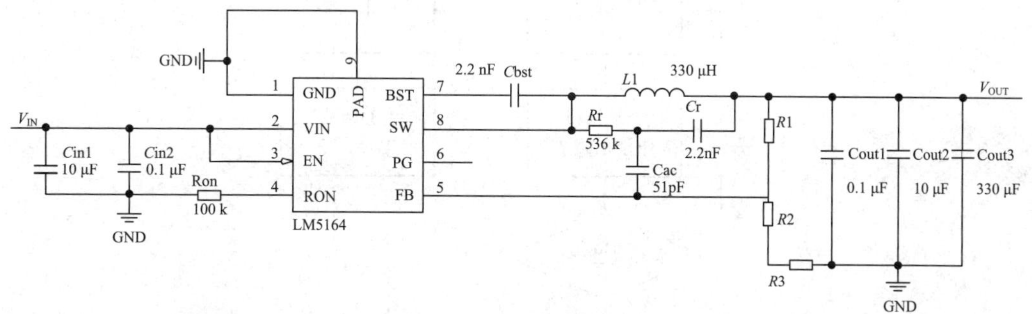

图 7　辅助电源电路

3. 电流采样电路设计

根据题目要求，输出电流范围为 0.6～1.2 A，选取阻值为 20 mΩ 的康铜丝采样电阻，计算可得采样电阻两端电压范围为 12～24 mV，经过 INA282 适当放大之后输出至 A/D 转换器。电流采样电路如图 8 所示。

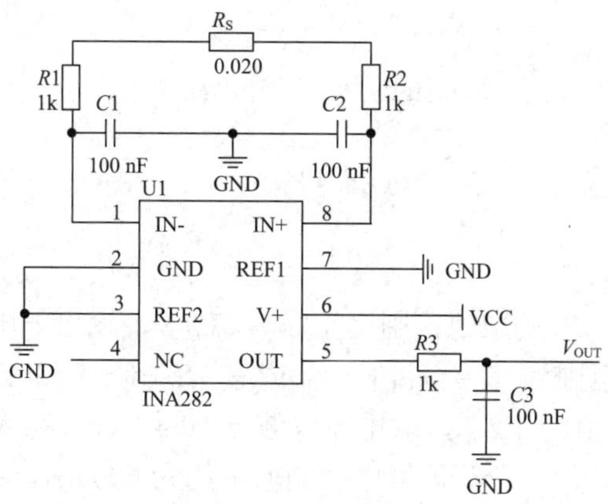

图 8　电流采样电路

2.2 程序设计

系统使用 TM4C123G 单片机与 FPGA 作为控制中心，输出两组 PWM 波 1、PWM 波 2，分别用于驱动 Boost 升压电路与双向 DC-DC 变换电路。当系统开始工作后，测量 10 次输入电压 U_I、输入电流 I_I，并计算出模拟光伏电池的内阻 R_S，当 10 次的计算结果偏差在允许范围内时，取 10 次计算得到的电阻平均值为当前 R_S，否则重新进行采样计算。根据 R_S 计算当前输入电压 U_I 的理论值，并且根据 PID 算法调节 PWM 波 1 的占空比，控制 Boost 升压电路使 U_I 达到该值。同时采样输出电压 U_O，并通过 PID 算法调节 PWM 波 2 的占空比使 U_O 达到 30 V。系统程序流程如图 9 所示。

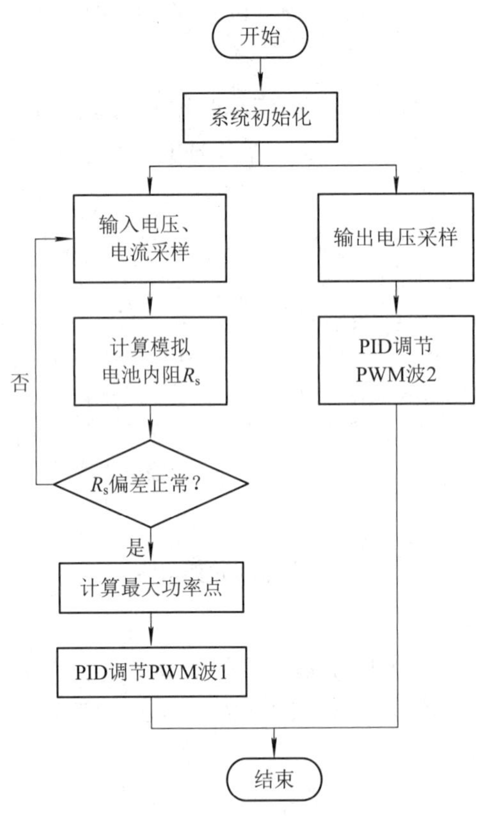

图 9　系统程序流程

3. 理论分析与计算

1. 电感值计算

Boost 电路输入电压 V_{IN} 的取值范围为 12.5～27.5 V，输出电压 U_O 为 30 V，计算可知开关管工作时的占空比范围为 $D=(V_{OUT}-V_{IN})/U_O=8.3\%\sim58.3\%$。题目规定输出电流 I_O 的最小值为 0.6 A，最大值为 1.2 A，取电流纹波 $r=0.4$，开关频率为 20 kHz，Boost 电路储能电感的计算公式为式(1)，计算可得电感的取值约为 600 μH，在实际电路中可取 1 mH 左右的电感。

$$L = \frac{V_{IN} \times D \times (1-D)}{r \times f \times I_O} \tag{1}$$

2. 电容值计算

为得到理想的输出电压，输出端电容的计算公式如式(2)。

$$C = \frac{I_O \times D_{ON}}{f \times \Delta V_{P-P}} \tag{2}$$

选取电压纹波为 $\Delta V_{P-P} = 30$ mV，输出电流 $I_O = 1.2$A，计算可得输出电感的取值约为 1000 μF，同时在两端并联 ESR 小的电容以降低等效阻抗，提高稳态特性。类似地，双向 DC-DC 的电感电容可选 3 mH 和 1000 μF。

控制方法与参数计算(MPPT 控制理论分析)如下：

模拟光伏电池的电动势 U_S 与输入电压 U_I、电流 U_I、电池内阻 R_S 之间的关系如式(3)所示，分别采样两个点输入电压与电流为 U_{I1}、I_{I1}、U_{I2}、I_{I2}，可知电池内阻为 $R_s = (U_{I1} - U_{I2}) / (I_{I2} - I_{I1})$，根据计算得到的电池内阻即可计算出当前的电动势 U_s，得到输入电压的理论值 $U_I = U_S / 2$，通过 PID 调节 U_I 达到理论值即可。

$$U_S = U_I + R_S * I_I \tag{3}$$

3. 提高效率的方法

影响系统效率的因素主要有开关损耗、电容 ESR、电感磁芯损耗以及绕组损耗等。

(1) 合理选择开关频率。开关频率较低时，需要的电感较大、会增加 DC-DC 变换器的体积，增大磁芯损耗；当开关频率较高时，开关管的损耗会随之增加，因此综合各方面因素，选择 20 kHz 的开关频率比较合理。

(2) 选择栅极电容与导通电阻较小的开关管。减小开关管的栅极串联电阻，可以控制脉冲上升沿与下降沿的时间，防止震荡，减小开关管的漏极冲击电压；同时在开关管的栅极和源极之间并联较大的保护电阻，可以减小开关管断开时的静态电流。

合理选择电感与电容。选择电阻率高的磁芯并改善绕制工艺可以降低电感损耗；滤波电容采取多个并联的方式降低等效串联电阻(ESR)。

4. 测试方案与测试结果

(1) 输出电压与效率测试：U_S = 50 V、R_L = 25 Ω 时，测量得 U_O = 30 V，I_B = 1.158 A，变换器工作在模式Ⅰ，效率为 95.803%。

(2) 电压调整率测试：在保持负载不变的情况下，调整 U_S 为 45 V、48 V、50 V、52 V、55 V，分别测量输出电压 U_O 并计算电压调整率。测量结果如表 1 所示。

表 1　电压调整率测试结果

电动势 U_S/V	45	48	50	52	55
输出电压 U_O/V	30.002	30.006	30.003	30.004	30.008

计算可得当 U_S 在 45～55 V 范围内变化时，电压调整率为 0.02%。

(3) 负载调整率测试：保持 U_S = 50 V 的情况下，调整负载分别为 25 Ω 与 50 Ω，测量输出电压 U_O 并计算负载调整率。测量结果如表 2 所示。

表 2　负载调整率测试结果

输出电流 I_O/A	0.6	1.2
输出电压 U_O/V	29.99	30.00

计算可得负载调整率为 0.03%。

(4) 最大功率点跟踪测试：保持负载为 25 Ω，调整直流电压源的输出电压 U_S 为 55 V、45 V、35 V、25 V，测量输入电压 U_I、输出电压 U_O 以及电池电流 I_B 并计算电压调整率。测量结果如表 3 所示。

表 3　最大功率点跟踪测试结果

电动势 U_S / V	55	45	35	25
输入电压 U_I / V	27.48	22.47	17.50	12.51
输出电压 U_O / V	30.02	29.99	29.99	30.01
电池电流 I_B / A	1.692	0.572	−0.468	−1.502
偏差 δ_U / V	0.02	0.03	0	0.01

由上表可知，当直流电压源的输出电压 U_S 从 55 V 减小到 25 V 时，系统能够实现最大功率点跟踪，偏差值小于 0.1 V，电压调整率为 0.03%。

(5) 模式转换测试：保持直流电压源输出电压 U_S 为 35 V，调整负载分别为 25 Ω 与 50 Ω，测量输出电压 U_O 以及电池电流 I_B 并计算负载调整率与效率。测试结果如表 4 所示。

表 4　模式转换测试表

输出电流 I_O/A	0.6	1.2
输出电压 U_O/V	29.95	29.93
电池电流 I_B/A	0.606	−0.498

由上表可知，当 U_S 保持为 35 V，输出电流 I_O 为 1.2 A 时，变换器工作在模式Ⅱ，输出电压为 29.93 V，效率为 95.15%。当电流减小为 0.6 A 时，变换器由模式Ⅱ自动转换为模式Ⅰ，输出电压 U_O 为 29.95 V，负载调整率为 0.07%。

专家点评

该设计方案合理，电路设计、参数计算阐释详细，有参考价值。电路中对使用 FPGA 的必要性未作说明。

国防科技大学

作者：李亮儒、孟令鑫、陈博闻

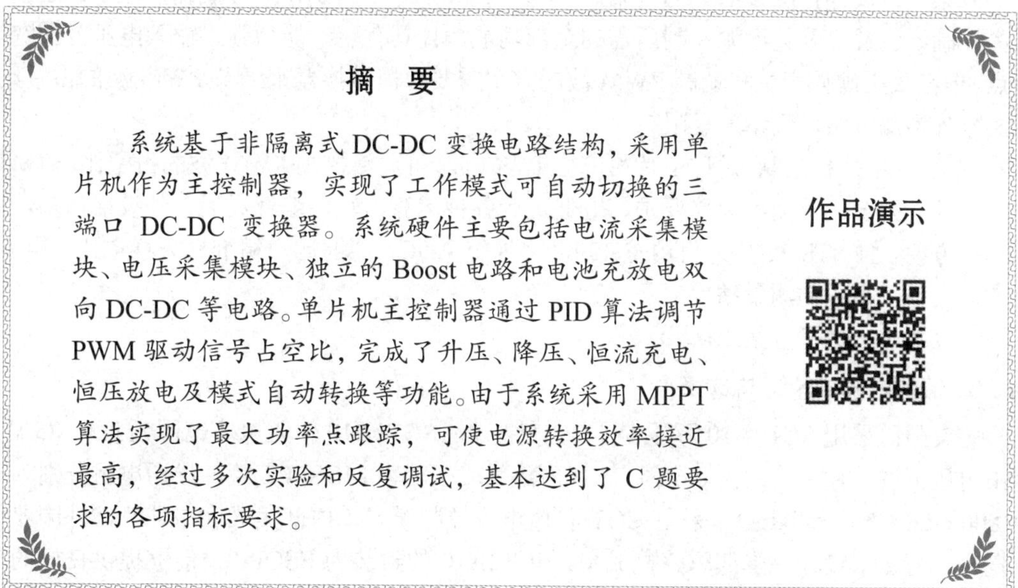

摘　要

系统基于非隔离式 DC-DC 变换电路结构，采用单片机作为主控制器，实现了工作模式可自动切换的三端口 DC-DC 变换器。系统硬件主要包括电流采集模块、电压采集模块、独立的 Boost 电路和电池充放电双向 DC-DC 等电路。单片机主控制器通过 PID 算法调节 PWM 驱动信号占空比，完成了升压、降压、恒流充电、恒压放电及模式自动转换等功能。由于系统采用 MPPT 算法实现了最大功率点跟踪，可使电源转换效率接近最高，经过多次实验和反复调试，基本达到了 C 题要求的各项指标要求。

关键词：STM32；DC-DC 变换器；自动模式转换；MPPT 算法

1. 系统设计

1.1　设计思路

采用 STM32 单片机控制非隔离式 Boost 电路和双向 DC-DC 变换电路完成各项功能要求，控制内容包括升压、降压、恒流充电、恒压放电、模式自动转换及 MPPT 最大功率点跟踪，驱动控制信号为 PWM 占空比调节形式。

1.2　方案论证与选择

1. 输入电路 DC-DC 变换器的论证与选择

方案一：采用隔离型 DC-DC 变换器方式。本变换器由升降压斩波电路加隔离变压器构成，主要包括主回路、控制电路、启动电路和反馈电路四部分，具有结构简单、输入电压范围宽等特点。这种方案的缺点是变压器存在铜损和铁损、开关管损耗大，因而导致变换器效率降低，且该方案结构和控制策略复杂，不易于调试。

方案二：采用非隔离型 DC-DC 变换器。非隔离型 DC-DC 变换器不但节省了磁性元件，减轻了重量，而且效率较高。驱动电路可选用集成驱动芯片，这种芯片重量小，外围电路少，性能稳定，例如驱动芯片 IR2110。

综合考虑，选择方案二。

2. PWM 波的产生方案的论证与选择

方案一：硬件控制方法。通过采用 TL494 或 UC3843 等 PWM 控制器产生 PWM 波。这类控制器包含了开关电源控制所需的全部功能，且具有驱动能力强、输入电压范围宽等特点。但是采用硬件产生和调制 PWM 波的方案需要数模转换器来调节 PWM 波的占空比，需要额外增加电路，且精度受限。

方案二：单片机控制。通过单片机产生 PWM 波，可灵活控制 PWM 波的占空比。STM32 单片机性能完全满足题目运算要求，方便进行各种运算，软件编程灵活，外设接口多，在线调试方便。且 STM32 单片机内置 12 bit 多通道 ADC，能够比较精准地采样电压、电流，有效提高整个系统的测量精度。

综合考虑，选择方案二。

3. 辅助电源的论证与选择

方案一：采用 SCT2A10 降压 DC-DC 变换器。SCT2A10 输入电压范围为 4.5～85 V、输出电压可调，输出电流为 0.6 A，芯片内部集成了功率 MOSFET 管，导通电阻分别为上管 800 mΩ，下管 500 mΩ。采用 COT 谷值电流控制模式，内部集成回路补偿，外围器件数量少，简化了设计并降低了整机成本。SCT2A10 的封装为 ESOP-8，能够提供良好的散热。该芯片具备输出电压过压保护、开关谷值电流限制和过热保护功能，为使用安全性提供了多重保障。

方案二：线性稳压电源方案。线性稳压电源的输出电压低于输入电压，瞬态响应速度快、电压输出精度高、纹波电压小。但线性稳压电源效率较低，特别在输入、输出电压差较大的情况下尤为突出。如果此时输出电流也较大，会有明显的发热发烫现象，不利于节能高效率的要求。

综合考虑，选择方案一。

2. 系统理论分析与计算

2.1 电感参数计算

按照题目要求，电池充放电电路的电压变化范围为 16～30 V，为降低开关损耗，将开关频率设定在 20 kHz 左右，占空比取 0.53，设电感脉动电流 $\Delta I \leqslant 1$ A 。

代入数据计算得

$$T = \frac{1}{20000} \times 0.53 = 2.65 \times 10^{-5}\ \text{s}$$

$$U_{\text{in}} - U_{\text{O}} = L\frac{\Delta I}{T} \tag{1}$$

由(1)得

$$L = \frac{T\left(U_{\text{in}} - U_{\text{o}}\right)}{\Delta I}$$

代入数据计算得

$$L = \frac{2.65 \times 10^{-5} \times 14}{1} = 3.71 \times 10^{-4}\,\text{mH} = 371\ \mu\text{H} \tag{2}$$

所以取电感值为 400 μH。

2.2　MPPT 的控制方法与参数计算

为实现最大功率点跟踪功能，根据光伏电池的工作原理，变换器输入端功率计算公式如下：

$$P_{\text{in}} = \frac{(U_{\text{S}} - U_{\text{d}})}{R_{\text{S}}} \times U_{\text{d}} = \frac{1}{R_{\text{S}}} \times \left[\frac{1}{4}U_{\text{S}}^2 - \left(U_{\text{d}} - \frac{U_{\text{s}}}{2}\right)^2\right] \tag{3}$$

由此可看出，电路应控制 $U_{\text{d}} = \frac{1}{2}U_{\text{s}}$，此时输入功率最大，

$$P_{\text{in max}} = \frac{U_{\text{S}}^2}{4R_{\text{S}}} \tag{4}$$

本系统分别对输入稳压源电压 U_{S} 和直流电压 U_{d} 进行测量，进而通过单片机闭环控制 $U_{\text{d}} = \frac{1}{2}U_{\text{s}}$，使电路工作在最大功率处。

3. 系统电路与程序设计

3.1　电路设计

1. 整体电路设计

综合上述方案论证，本系统选择以 STM32 单片机为主控制器，非隔离式 DC-DC 变换器采用独立的 Boost 电路，充放电双向 DC-DC 变换器采用 Buck-Boost 电路，在输入端口设置电流和电压的采样电路，输出端口设置电压采样电路，系统电路整体设计方案如图 1 所示。

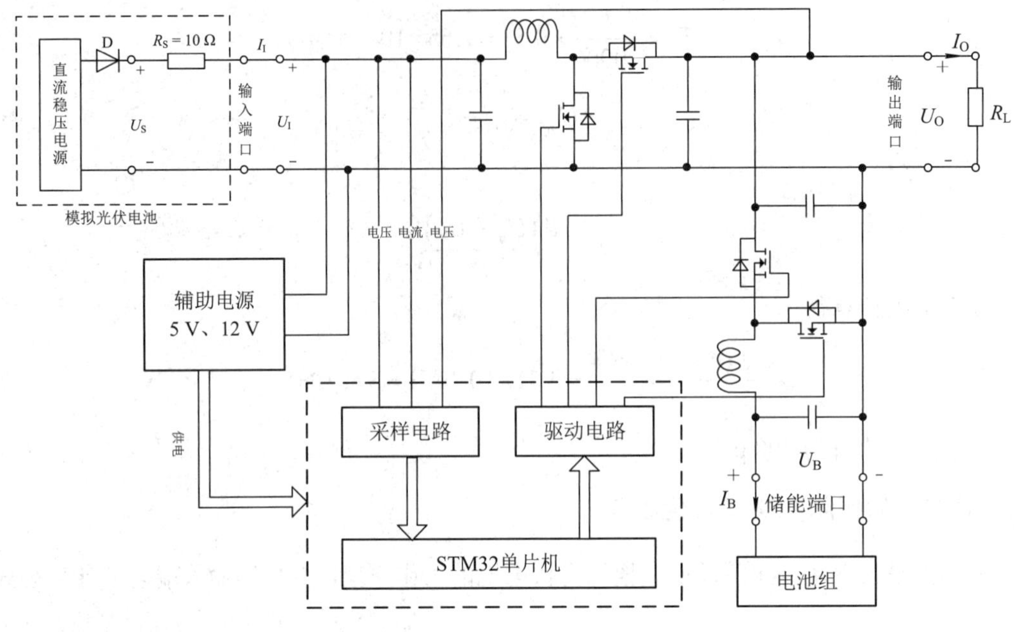

图 1　系统电路整体设计方案

2. 非隔离式 Boost 电路

非隔离式 Boost 电路如图 2 所示，器件型号与参数见图 2 中标示。

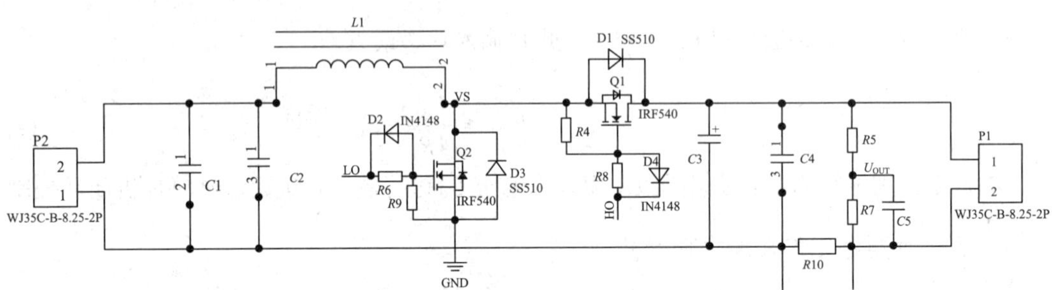

图 2　非隔离式 Boost 电路

3. 双向 DC-DC 变换器电路

双向 DC-DC 变换器采用 Buck-Boost 电路，用单片机产生的 PWM 波通过驱动电路控制电路的输出电压。电路最高工作电压接近 100 V，因此二极管选择 SS510，功率 MOSFET 管选择耐压值高、导通内阻低的 IRF540N。双向 DC-DC 变换器电路如图 3 所示。

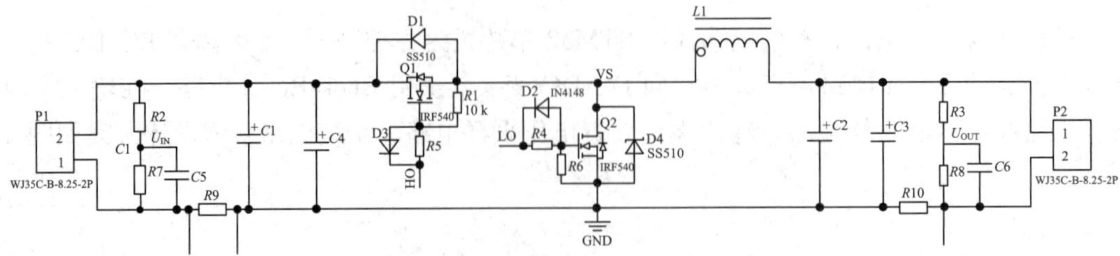

图 3　双向 DC-DC 变换器电路

4. 驱动电路

驱动电路使用 IR2110 驱动器芯片，其优点是电路结构简单，驱动能力强，响应快，可提高电路的稳定性。驱动电路如图 4 所示。

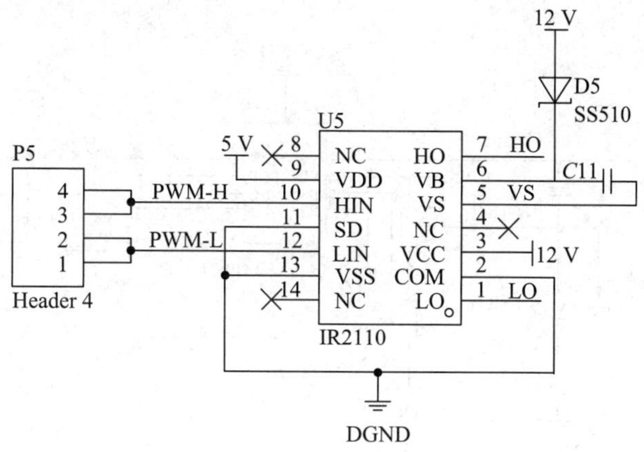

图 4　驱动电路

5. AD 采样电路

电流经采样电阻后转换为电压，再经过电流采样监控器 INA282 及运放 LM358 放大后输入 ADC；两路电压采样信号经过分压经运放 LM358 放大后输入 ADC，ADC 采样点路如图 5 所示。

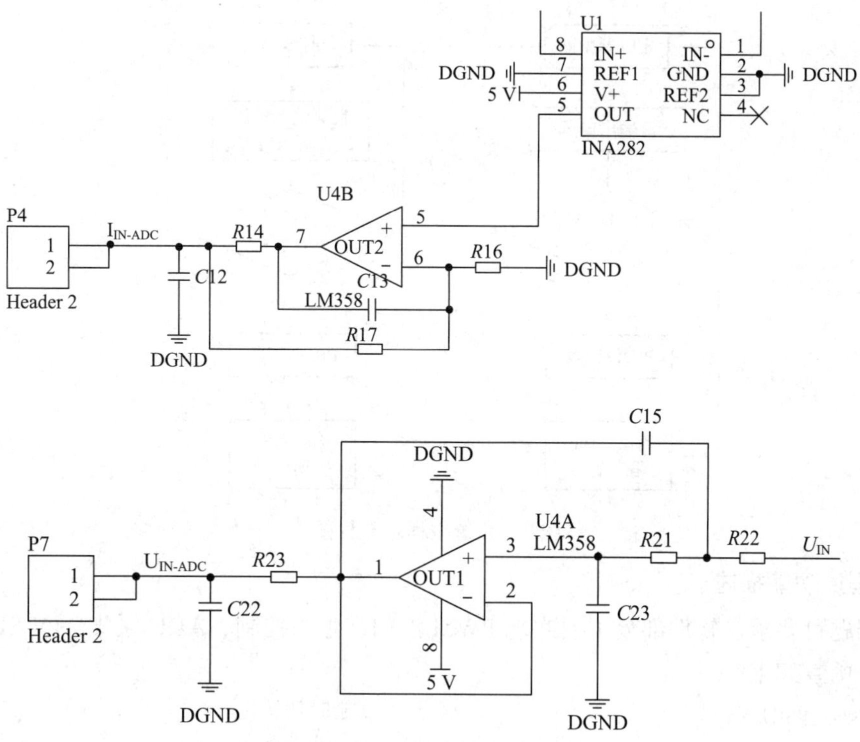

图 5　ADC 采样电路

6. 辅助电源电路

辅助电源由直流稳压源供电，要求在 24～85 V 范围内。电路选用 SCT2A10 降压芯片将输入电压转换成 12 V，再接入两片 TPS5430，分别转换得到 5 V 电压，辅助电源电路如图 6 所示。

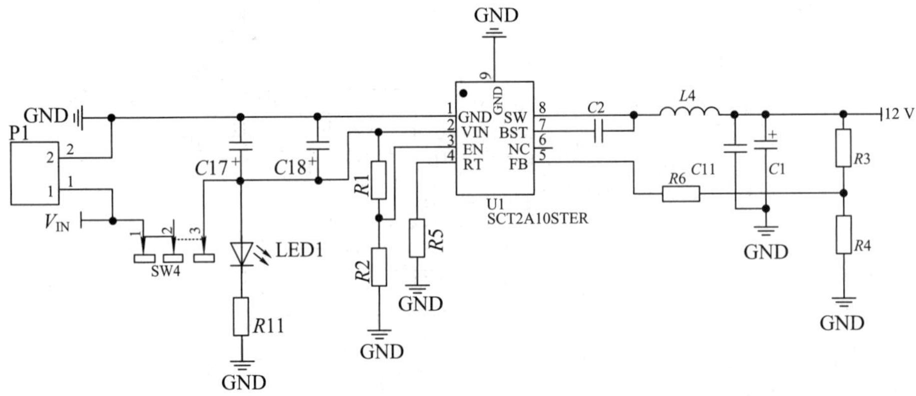

图 6　辅助电源电路

3.2　程序设计

1. 程序流程图

系统主程序流程图如图 7 所示。

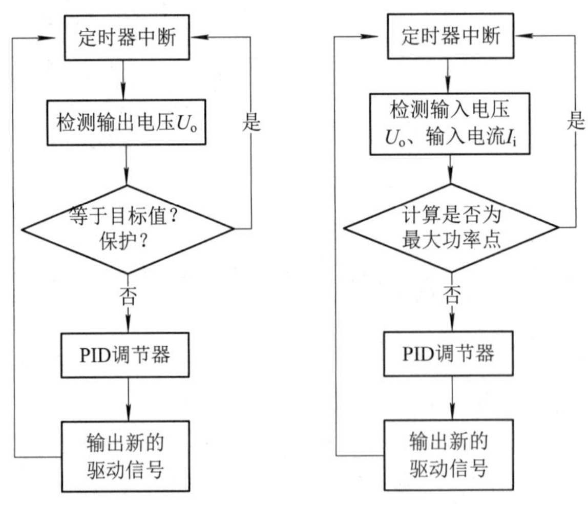

图 7　系统主程序流程图

2. 程序功能描述

根据题目要求，软件部分主要实现 PWM 波的产生与控制、ADC 采集、OLED 显示。部分函数如下：

```
delay_init();                       //延时初始化
Adc_Init();                         //ADC 初始化
OLED_Refresh_Gram();                //更新显示到 OLED
```

```
ADC_DMACmd(ADC1,ENABLE) ;                //使能 adc DMA
ADC_Cmd(ADC1, ENABLE) ;                  //使能指定的 ADC1
TIM_CtrlPWMOutputs(TIM8, ENABLE) ;       //PWM 输出使能
TIM_SetCompare1(TIM8,pwm_out) ;          //设置占空比
sPID.Proportion = SPD_P_DATA;            //比例常数 Proportional Const
sPID.Integral = SPD_I_DATA;              //积分常数 Integral Const
sPID.Derivative = SPD_D_DATA;            //微分常数 Derivative Const
TIM_Cmd(TIM3, ENABLE) ;                  //开启 PID
```

4. 系统测试

4.1 测试条件与仪器

测试条件：反复检查，确认硬件电路与系统原理图完全相同，硬件电路保证无虚焊。
测试仪器：可调稳压电源 SPD3303X，台式数字万用表 SDM3055X-G。

4.2 测试结果及分析

1. 基本部分

(1) 在 $U_s = 50$ V、$I_O = 1.2$ A 条件下，变换器工作在模式 I，U_O、I_B 测试结果见表 1。

表 1　U_O、I_B 测试结果

U_O / V	I_B /A
30.01	0.37

测试结果分析：U_O、I_B 皆满足题目要求。

(2) 在 $I_O = 1.2$A、U_S 由 45 V 增加至 55 V 的条件下，由公式 $S_U = \left|\frac{U_{O55} - U_{O45}}{U_{O45}}\right| \times 100\%$ 计算电压调整率 S_U，测试结果见表 2。

表 2　电压调整率 S_U 测试结果

U_{O45} / V	U_{O55} / V	S_U
30.22	30.10	0.40%

测试结果分析：S_U 满足≤0.5%的要求。

(3) 在 $U_S = 50$ V、I_O 由 1.2 A 减小至 0.6 A 的条件下，由公式 $S_I = \left|\frac{U_{O0.6} - U_{O1.2}}{U_{O1.2}}\right| \times 100\%$ 计算负载调整率 S_I，测试结果见表 3。

表 3　负载调整率 S_I 测试结果

$U_{O0.6}$ / A	$U_{O1.2}$ / V	S_I
30.13	30.01	0.40%

测试结果分析：S_I满足≤0.5%的要求。

(4) 在$U_S=50V$、$I_O=1.2A$条件下，由公式$\eta_I=\frac{P_O+P_B}{P_I}\times100\%$变换器效率$\eta_I$测试结果见表4。

表4　变换器效率η_I测试结果

U_I/V	I_I/A	U_O/V	U_B/V	I_B/A
25.0	2.33	30.07	16.41	1.07

计算得：

$P_I=U_I\cdot I_I=58.25$

$P_O=U_O\cdot I_O=36.084$

$P_B=|U_B\cdot I_B|=17.559$

测试结果分析：$\eta_I=92.09\%$，满足题目要求。

2. 发挥部分

(1) 在$I_O=1.2A$、U_S由55 V减小至25 V的条件下，变换器可以实现从模式I自动转换到模式 II 的功能；并且在 U_S 全范围实现最大功率点跟踪，由公式$\delta_{U_I}=\left|U_I-\frac{U_S}{2}\right|$和$S_U=\left|\frac{U_{O55}-U_{O25}}{U_{O25}}\right|\times100\%$计算电压调整率$\delta_{U_I}$和$S_U$，测试结果见表5、表6。

表5　偏差δ_{U_I}测试结果

I_O/A	U_S/V	U_I/V	δ_{U_I}/V
1.2	55	27.45	0.05
1.2	47	23.56	0.06
1.2	36	18.06	0.06
1.2	25	12.43	0.07

表6　电压调整率S_U测试结果

I_O/A	U_{O25}/V	U_{O55}/V	S_U
1.2	30.057	30.035	0.073%

测试结果分析：$\delta_{U_I}\leqslant0.1V$、$S_U\leqslant0.1\%$，题目要求$\delta_{U_I}$和$S_U$均满足。

(2) 在$U_S=35$ V、$I_O=1.2$ A条件下，变换器工作在模式II，测量U_O的值，并由公式$\eta_{II}=\frac{P_O}{P_I+P_B}\times100\%$计算效率$\eta_{II}$，测试结果见表7。

表 7　效率 η_{II} 测试结果

U_I/ V	I_I/ A	U_O/ V	U_B/ V	I_B/ A
17.45	1.51	30.03	13.15	0.82

计算得：

$P_I = U_I \cdot I_I = 26.350$

$P_O = U_O \cdot I_O = 36.036$

$P_B = |U_B \cdot I_B| = 10.783$

测试结果分析：U_O 在题目要求范围内，$\eta_{\mathrm{II}} = 97\%$，满足题目要求。

(3) 在 $U_S = 35$ V、I_O 由 1.2 A 减小到 0.6 A 的条件下，变换器能够从模式 II 自动切换到模式 I，由公式 $S_I = \left|\dfrac{U_{O0.6} - U_{O1.2}}{U_{O1.2}}\right| \times 100\%$ 计算，负载调整率 S_I，测试结果见表 8。

表 8　负载调整率 S_I 测试结果

$U_{O0.6}$/ V	$U_{O1.2}$/ V	S_I
30.078	30.080	0.067%

测试结果分析：S_I= 0.067%满足题目要求。

(4) 按键输入微调输出电压 U_O 和最大功率点位置的输入电压 U_I。通过单片机按键输入改变设定的目标值来微调 U_O 和 U_I，并且为了防止调节过度，设置最大上调或下调五次的限制。

4.3　测试分析与结论

通过一系列功能测试，本系统以 STM32 单片机为主控制器，以 Buck-Boost 型电路和 Boost 型电路为核心，设计并制作三端口 DC-DC 变换器，可用于(1)模拟光伏电池向负载供电的同时为电池组充电，(2)模拟光伏电池和电池组同时为负载供电这两种模式。经测试，系统能够实现基础部分和发挥部分所有要求。基础部分变换器效率达到 97%以上，电压调整率 0.4%，在 0.5%以下，四个要求均可以较好地完成。发挥部分，本系统可以通过 STM32 单片机实现模式自动转换和最大功率点跟踪，电压调整率、效率、负载调整率均高于题目要求。

设计原理及测试方式的描述比较详细，所采用的方案合理可行，能够实现题目要求。文中主程序表述不够完整，对采样、驱动等电路的说明过于简单。

作品3 华中科技大学

作者：周文涛、商毅、何汰航

摘　要

系统由 Boost 变换器和 Buck-Boost 变换器组成。Boost 变换器与模拟光伏电池连接，通过控制算法实现最大功率点跟踪(Maximum Power Point Tracking，MPPT)；双向 Buck - Boost 变换器控制电池组充放电，实现充放电模式自动切换和保证输出电压稳定。系统测试结果满足题目各项指标，其中电池组充电模式下电压调整率为 0.03%，负载调整率为 0.02%，Boost 变换器的输入电压与最大功率点电压的偏差为 0.03 V，系统效率为 95.17%，电池组放电模式下电压调整率为 0.06%，负载调整率为 0.03%，系统效率为 95.2%。此外，系统具有较好的人机交互界面，可实时显示系统状态参数以及电池充放电模式，输出端设置了过压和过流保护功能。

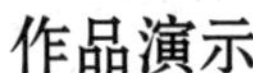

作品演示

关键词：Boost 变换器；Buck-Boost 变换器；最大功率点跟踪

1. 方案论证

1.1　方案比较与选择

1. 输入端口最大功率点跟踪方案

方案一：恒定电压法。本队认为输入端口开路电压与最大功率点对应电压之间具有比例关系，仅需测量输入端口开路电压即可实现最大功率点跟踪。此方案对软硬件精度要求较低，但当模拟光伏电池开路电压发生波动时，系统无法有效跟踪最大功率点。

方案二：扰动观察法。对输出电压施加微小的扰动，观察输入功率的变化趋势，从而确定扰动变化的方向，使系统逐渐靠近最大功率点。该方案可在模拟光伏电池电压波动时准确跟踪最大输出功率，但是对软硬件精度要求更高。

综合考虑，为保证系统在不同工况下均能准确跟踪最大功率，选择方案二。

2. 电池组储能端口拓扑方案

方案一：采用 Buck 拓扑和 Boost 拓扑并联方案。此方案在不同的工作模式下采用不同拓扑结构分别完成相应功能，但电路结构较为复杂，并且需要考虑模式切换问题。

方案二：采用 Buck-Boost 变换器拓扑方案。此方案电路较为简单，可以自动实现充放电模式切换，且测量电路较为简单，功率损耗也较低。

综合考虑，由于系统对转换效率有要求，应选取主电路结构相对简单的方案二。

1.2　方案描述

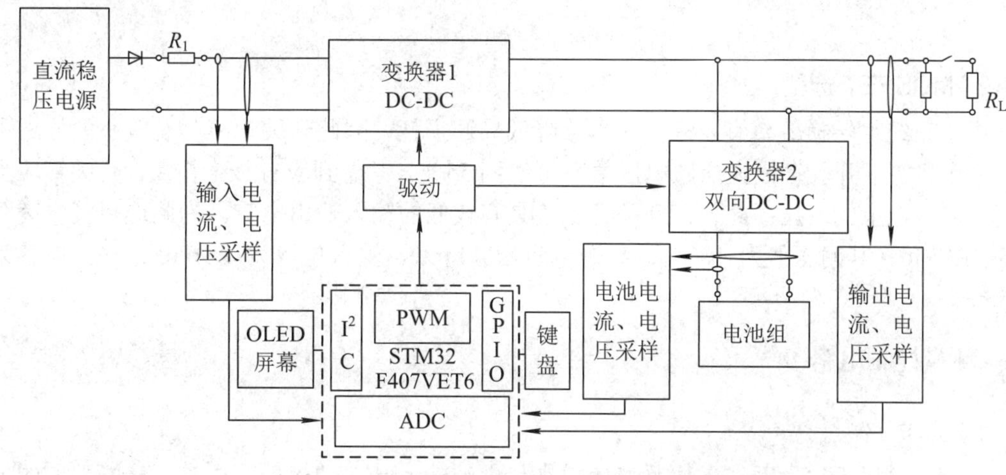

图 1　系统整体框图

系统由主电路、控制电路及采样测量电路等构成系统，整体框图如图 1 所示。其中主电路含变换器 1 和变换器 2 两个部分。变换器 1 为 Boost 升压电路，与模拟光伏电池输入端口(直流稳压电源)连接，通过检测输入端口的电压、电流获取功率变化信息，利用扰动法实现最大功率点跟踪；变换器 2 为 Buck-Boost 电路，与电池组储能端口连接，通过测量储能端口的输出电压变化，实现稳压输出，同时满足电池组与负载间的功率分配。

2. 电路与程序设计

2.1　三端口 DC-DC 主电路与器件选择

1. 主电路

由于系统供电取自模拟光伏电池输入端口，且工作在最大功率点时，变换器 1 输入电压始终小于输出电压，故变换器 1 采用 Boost 升压电路。由于电池组具有充放电双向工作模式，故变换器 2 采用 Buck-Boost 电路。系统电路如图 2 所示。

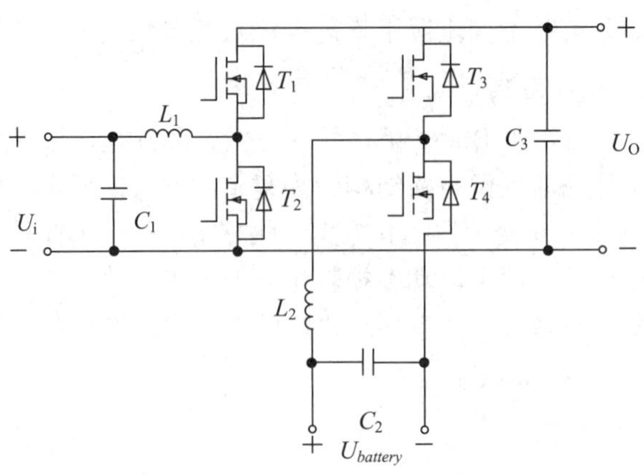

图 2　系统电路图

2. MOSFET 选型

由于系统对转换效率有要求，应尽量降低导通损耗，因此开关管应具有较小的导通电阻；工作状态下开关管最大漏源电压最高可达到 55 V。考虑到应有一定裕量，开关管应当具有 100 V 以上的耐压；此外，开关管应该具有较低的输入输出电容。为此选择英飞凌公司的 IRF540，其耐压值为 100 V，导通电阻为 44 mΩ，输入电容为 1.96 nF，输出电容为 0.25 nF。

2.2　测量控制电路

1.测量电路

由图 1 可以看出，系统需要测量模拟光伏电池输入端口的电压、电流，储能端口的电压、电流以及输出端口的电压、电流。测量电路分为电压测量和电流测量两种类型。

电压测量电路使用仪用放大器 INA333 芯片，电压测量电路原理图如图 3 所示，被测电压 V_{in} 经 R_1 和 R_2 分压，与参考源输出电压送入 INA333 差分输入端，调整电阻 R_g 阻值可改变电压增益，后经过 RC 滤波以及一级电压跟随器后，输出电压 V_{out}，并送入单片机控制器的 ADC 端口进行采集和处理。

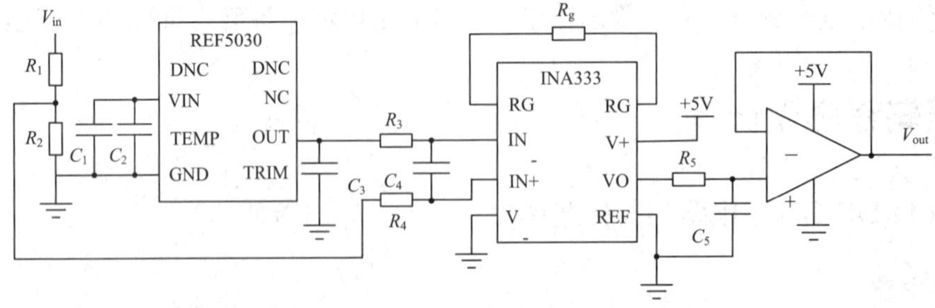

图 3　电压测量电路原理图

电流测量电路使用仪用放大器 INA282 芯片。电流测量电路原理图如图 4 所示，R_1 为采样电阻，INA282 的输入端口接于 R_1 两端，调整参考源分压可改变输出直流偏置，实现双向电流的测量。通过 R_2、R_3 及运算放大器调整增益，输出电压 V_{out}，并送入单片机控制器的 ADC 端口进行采集和处理。

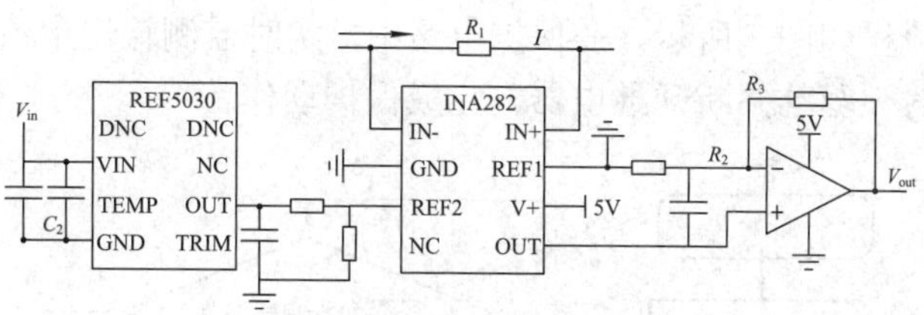

图 4　电流测量电路原理图

2. 驱动电路

驱动电路选用 IR2110 芯片，驱动电路原理图如图 5 所示，H_{in} 和 L_{in} 是由单片机控制器输出的互补带死区 PWM 波，前级采用 HCPL2630 芯片作为驱动信号隔离电路，输出通过自举方式驱动桥臂的上管，实现半桥驱动。电阻 R_4 和 R_5 能够消减栅极振荡，D_2 和 D_3 可使开关管关断速度更快。

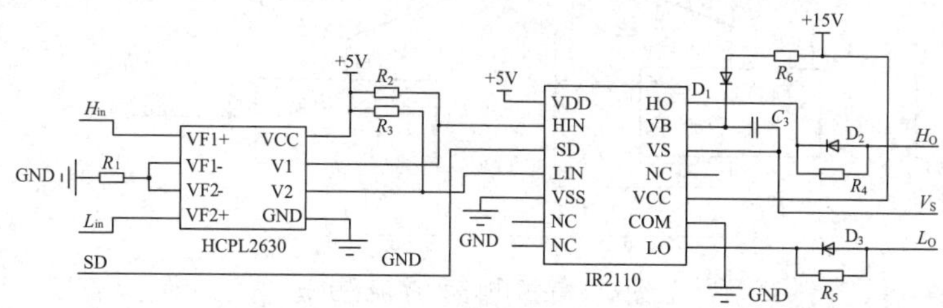

图 5　驱动电路原理图

2.3　控制程序

控制程序分为 MPPT 控制程序、电池组充放电控制程序和保护程序，系统输出控制程序流程图如图 6 所示。MPPT 控制程序利用扰动观察法对输入电压参考值引入微小的正扰动，在系统稳定后观察输入功率增减关系。若输入功率下降，则改变扰动引入的极性，使系统工作在最大功率状态，MPPT 控制程序流程图如图 6(a)所示；电池组充放电控制程序将输出电压作为反馈值，通过 PI 控制器实现对输出电压的恒压控制和电池组与负载的功率分配，电池组充放电控制程序流程图如图 6(b)所示。

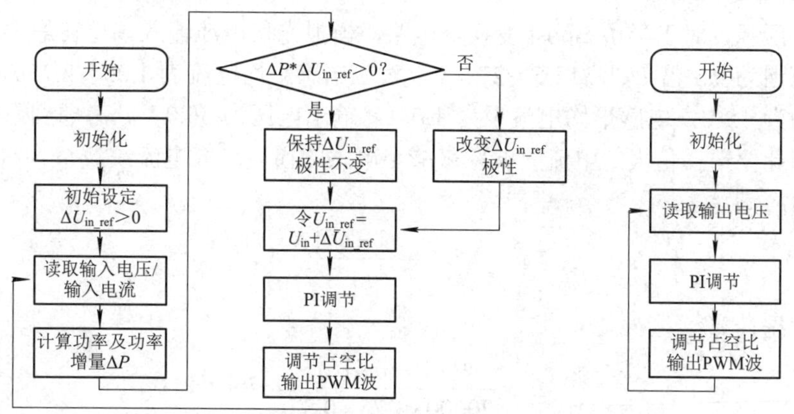

(a) MPPT 控制程序流程图　　(b) 电池组充放电控制程序流程图

图 6　系统输出控制程序流程图

保护电路程序流程如图 7 所示，在保护电路中，实时监测输出电流和输出电压，当超过所设定阈值时，封锁驱动并断开继电器，完成保护动作。

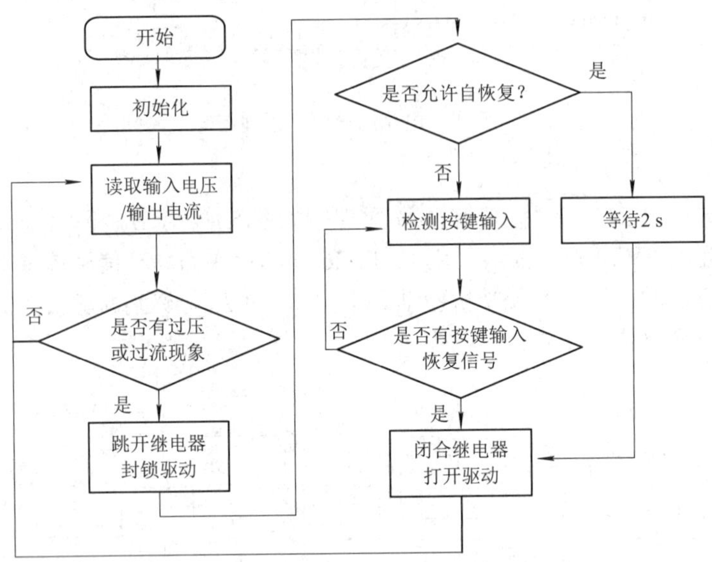

图 7　保护电路程序流程图

3. 理论分析与计算

3.1　主回路主要器件参数选择与计算

1. 开关频率选择

在滤波器设计时，开关频率越低，电感值要求越大，导致电感体积较大。但是开关频率过高，会增加系统的开关转换损耗，综合考虑，选择开关频率为 20 kHz。

2. 滤波电感及滤波电容的参数计算

如图 2 所示，对于半桥 Boost 变换器电路，模拟光伏电池输入端口在最大功率跟踪稳定后电压范围为 0.5 倍 U_S 即 12.5～27.5 V，对应电感平均电流为 1.25～2.75 A。储能端口电池电压约为 15 V，电感平均电流设为 1.0 A。输出电压为 30.0 V。考虑到系统对效率要求较高，因此要选择稍大的电流纹波率来减小电感的损耗。取电流纹波率 $r = 0.8$。

电感值应满足：

$$L_1 \geqslant \frac{U_2(1-D_1)}{f_s I_1 r} \tag{1}$$

代入数据计算：

$$L_1 = \frac{30\times(1-0.416)}{20000\times1.25\times0.8} = 876\ \mu\text{H}$$

$$L_2 \geqslant \frac{U_2(1-D_2)}{f_s I_2 r} \tag{2}$$

代入数据计算：$L_2=\dfrac{30\times(1-0.5)}{20000\times1\times0.8}=937\ \mu\text{H}$。

其中 f_s 为开关频率，L_1 光伏电池输入侧为电感值，U_2 为母线电压，I_1 为光伏电池输入侧电感平均电流，L_2 储能端口电池侧为电感值，I_2 为储能端口电池侧电感平均电流，D_1 与 D_2 均为最小占空比。考虑一定裕量，选择 L_1 电感值为 1 mH，L_2 电感值为 1.2 mH。

考虑 LC 滤波器的截止频率为开关频率的二十分之一，可以计算得电路工作在 Boost 模式下的滤波电容 C_1、C_2 值为

$$C_1\geqslant\frac{20^2}{4\pi^2f_s^2L_1}\tag{3}$$

代入数据计算：$C_1=\dfrac{20^2}{4\pi^2\times20000^2\times1000\times10^{-6}}=25.3\ \mu\text{F}$

$$C_2\geqslant\frac{20^2}{4\pi^2f_s^2L_2}\tag{4}$$

代入数据计算：$C_2=\dfrac{20^2}{4\pi^2\times20000^2\times1200\times10^{-6}}=21.1\ \mu\text{F}$

考虑一定裕量，C_1、C_2 电容值均取为 100 μF。

3.2　控制方法与参数计算

系统使用扰动观察法实现最大功率点跟踪，为了得到扰动步长的最优值，对模拟光伏电池的输出特性进行建模。依据所搭建模拟光伏电池的电压和电阻参数，可知其 U-P 曲线为 $P=-0.1U_{12}+5.5U_1$。对此曲线进行分段线性化，可以得到最优步长：

$$\Delta U_{\text{ref}}=\begin{cases}0.2,\ |\Delta P|>1\\0.05,\ 1\geqslant|\Delta P|>0.3\\0.0167,\ 0.3\geqslant|\Delta P|>0.03\\0,\ 0.03\geqslant|\Delta P|\end{cases}\tag{5}$$

在 PI 参数的整定之中，首先建立电路的小信号模型，导入到 MATLAB 的 simulink 工具箱之中，分别将 MPPT 控制程序和电池组充放电控制程序的目标带宽设定为 1000 Hz 和 2000 Hz，目标相位裕度为 45° 和 60° ，经计算，可得 MPPT 控制程序对应的 PI 参数为：$K_p=0.0102$，$K_i=0.6196$；电池组充放电控制程序对应的 PI 参数为：$K_p=0.0465$，$K_i=2.1107$。

MPPT 控制传递函数流程图如图 8 所示，电池组充放电控制传递函数流程图 9 所示。

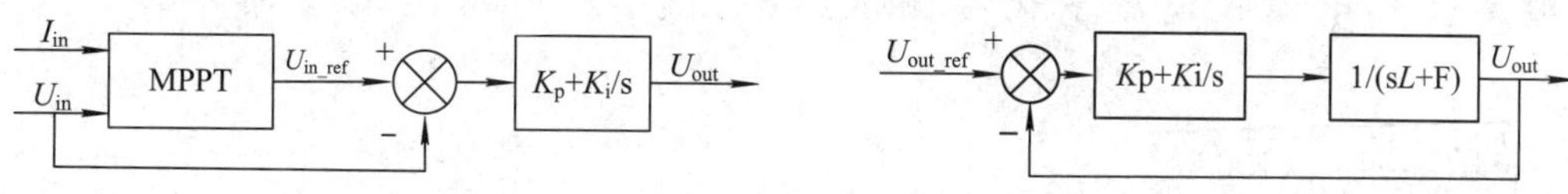

图 8　MPPT 控制传递函流程图　　图 9　电池组充放电控制传递函数流程图

3.3 效率提高

系统的主要损耗为开关管的开关损耗与导通损耗，电容等效串联电阻的损耗以及电感的铜损与铁损等。考虑开关损耗与滤波器体积的折衷，选择开关频率为 20 kHz；选择导通电阻和栅极电容较低的开关管也可有效降低导通损耗和开关损耗；选择高频特性好、等效串联电阻小的 CBB 电容多个并联，降低电容损耗；电感多股铜线并绕，降低电感损耗。

4. 测试方案与测试结果

4.1 测试方案及测试条件

测试方案：系统测试时，使用稳压源、二极管和电阻构成模拟光伏电池，电池组由 4 节容量为 2000～3000 mAh 的 18650 型锂离子电池串联组成，输出端口并联一个滑动变阻器 R_L，直流稳压源在 25～55 V 之间变化，使用万用表测量输入端口的 U_1、I_1，储能端口的 U_B、I_B 和输出端口的 U_o 和 I_o。

测试仪器：直流电压源 DF1743003C 一台、数字万用表 U3402A 两台、手持万用表 FLUKE 15B 5 台、示波器 DPO2012B 一台。

4.2 测试结果

1. 模式 I 输出电压测试

测试条件：取 $U_S = 50$ V，$I_O = 1.2$ A，测量输出电压 U_O 和电池电流 I_B，模式 I 的测试结果如表 1。

表 1　模式 I 测试结果

实验次数	1	2	3	4	5
输出电压 U_O/V	30.00	29.99	30.01	30.02	30.00
电池电流 I_B/A	1.46	1.45	1.45	1.47	1.46

由测试结果知，I_B 始终大于 0.1 A，输出电压偏差最大为 0.02 V，小于 0.1 V，满足题目要求。

2. 电压调整率测试

测试条件：$I_O = 1.2$ A，调整 U_S 使其在 25～55 V 变化，测量输出电压 U_O，计算电压调整率，充电模式电流变化率测试结果如表 2 所示。偏差 $\delta_{U_1} = \left| U_1 - \frac{U_S}{2} \right|$，

$$S_U = \left| \frac{U_{O55} - U_{O45}}{U_{O45}} \right| \times 100\%。$$

表 2　充电模式电流变化率测试结果

电源电压 U_s/V	25	30	40	50	55
输入电压 U_i/V	12.53	15.06	20.04	25.01	27.53
偏差 δ_{U_i} /V	0.03	0.06	0.04	0.01	0.03
输出电压 U_o/V	30.01	30.00	30.01	29.98	30.00
电压变化率 S_U	0.03%				

由测试结果知，电压调整率最大为 0.03%，小于 0.1%，最大功率点电压的偏移仅有 0.03 V，达到要求。

3. 负载调整率测试

测试条件：设定 U_s = 50 V 和 35 V，分别将电流从 1.2 A 减小至 0.6 A，测量输出电压 U_O，计算负载调整率，负载调整率测试结果如表 3 所示。

表 3　负载调整率测试结果

U_S/V	I_o/A			
	0.6	0.8	1.0	1.2
50	U_O = 30.01 V	U_O = 30.00 V	U_O = 29.98 V	U_O = 30.02 V
35	U_O = 30.00 V	U_O = 29.99 V	U_O = 30.01 V	U_O = 30.01 V

由结果知，在两种电压工况下，负载调整率均小于 0.1%，满足要求。

4. 系统效率测试

测试条件：设定 I_O = 1.2 A，分别测量 U_S = 50 V 和 U_S = 35 V 时的输入输出侧电压电流，计算系统效率，放电模式效率测试如表 4 所示。

表 4　放电模式效率测试结果

输出电压 U_2/V	输出电流 I_2/A	输入电压 U_1/V	输入电流 I_1/A	放电效率 η_2
29.99	1.21	24.62	2.376	96.07%
15.141	1.315			
30.01	1.211	17.48	1.686	92.2%
		13.919	0.624	

由结果知，在两种输入电压工况下，系统效率均大于 95%，满足要求。

4.3　测试结果分析

从测试数据来看，额定状态下变换器的输出电压精度为 99.93%，电压调整率为 0.03%，负载调整率为 0.02%。在电池充电模式下，效率为 95.17%；在电池放电模式下，效率为 95.2%。在题目要求的输入电压变化范围内，均可实现最大功率点跟踪，偏差小于 0.1 V。综合以上结果，系统各项指标均达到题设要求。

5. 总结

作为三端口 DC-DC 变换器，系统在模拟光伏电池输入端，利用 MPPT 算法实现了最大功率点的跟踪；在电池组储能端口通过调整互补 PWM 波的占空比实现了充放电功能。系统电压调整率和负载调整率均小于 0.1%，效率不低于 95%。本系统结构简单，可保证长时间稳定工作，且在输出端设置了过压、过流保护电路，保证系统发生故障时能够可靠切除。

专家点评

技术路线明确，方案论证和参数计算比较详细，测试结果完整齐全，能够实现题目要求。但 MPPT 控制流程描述不够清晰。

西北大学

作者：刘小龙、惠玉皎、胡莹莹

摘　要

本设计以 GD32 单片机为核心，采用同步整流升压模块实现 30 V 稳压输出，采用全桥 Buck-Boost 电路实现电池组充、放电，通过比较输入功率和输出功率实现工作模式的自动转换。采用恒定电阻 PID 算法实现 *U*s 从 14 V 至 60 V 的宽电压范围的最大功率点跟踪。采用基于 SY8120 的开关型辅助电源为测控电路供电。

本设计完成了题目的所有指标：系统的效率为 98.35%，负载调整率 S_I 为 0.027%，电压调整率 S_U 低至 0.0133%，最大功率点跟踪偏差不超过 0.056 V。此外，作品还实现了欠压保护、过压保护和输出电压可调等功能。

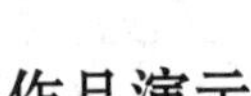

关键词：MPPT；PID 控制；三端口 DC-DC 变换

1. 系统方案的论证与比较

1.1　电池充电模块

1. 同步整流 Buck 降压

采用单片机输出 PWM 信号控制开关管半桥，与 LC 滤波电路构成同步整流降压电路为电池充电，原理图如图 1 所示。相较于传统 Buck 电路，同步整流电路损耗更低，效率更高。系统中 U_B 电压可能在 12～16.8 V 范围内变化，而 U_I 电压则可能低至 12.5 V 以下。该方案只能在输入电压高于电池电压时为电池充电，输入电压低于电池电压时无法实现最大功率点跟踪的功能。

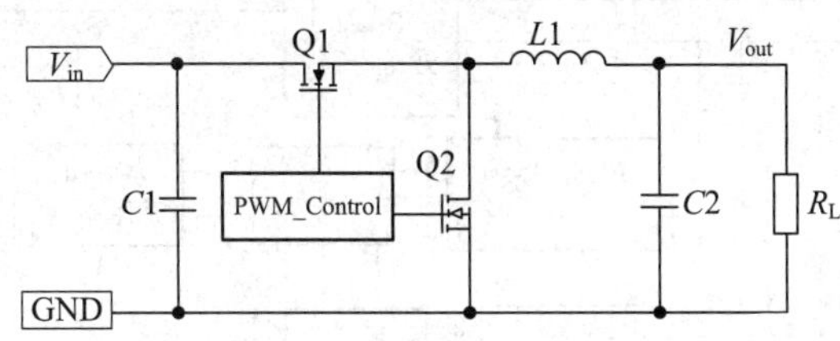

图 1　同步整流 Buck 电路

2. 全桥 Buck-Boost 电路

全桥 Buck-Boost 电路可以视为同步整流 Buck 电路(见图 2)与 Boost 电路的结合，虽然采用该方案电路和控制算法相对复杂，但可以在很宽的输入电压范围内为电池充电，能实现宽范围的最大功率点跟踪。因此采用该方案。

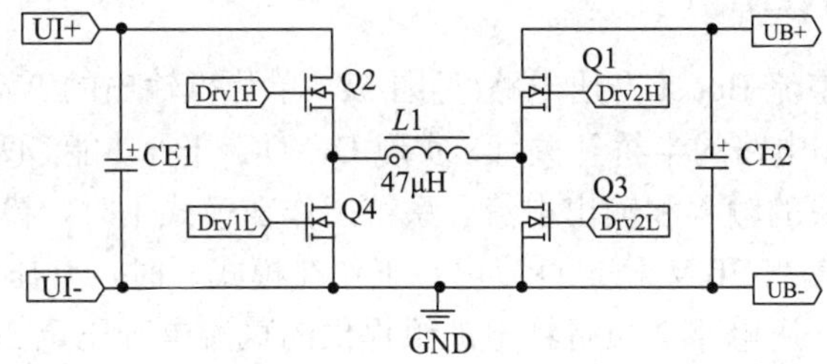

图 2　全桥 Buck-Boost 电路

1.2　DC-DC 升压模块

Boost 型升压电路(见图 3)通过控制开关管的通断来控制电感的储能与放电，从而实现升压功能。该方案电路和控制简单、稳定性好、效率高，因此采用此方案。

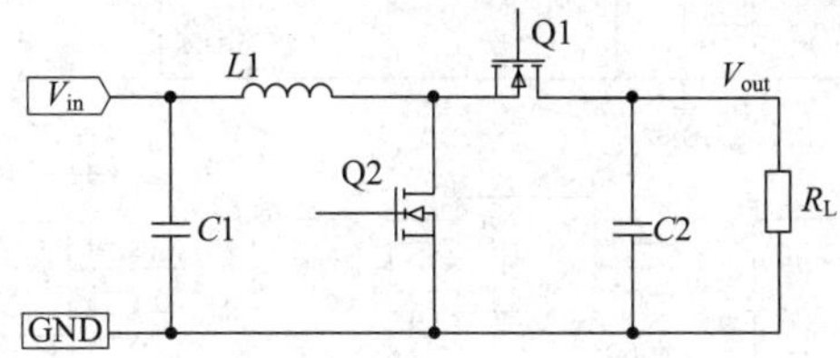

图 3　Boost 型升压电路

1.3 最大功率点跟踪

可以通过检测 Boost 电路输入电压和输入电流计算系统的等效输入电阻，通过 PID 算法调节使等效输入电阻等于光伏模拟电池的内阻，从而实现最大功率点跟踪。

2. 系统框图与电路设计

2.1 系统总体框图

本系统主要由单片机控制电路、DC-DC 变换电路及辅助电源电路等组成，如图 4 所示。

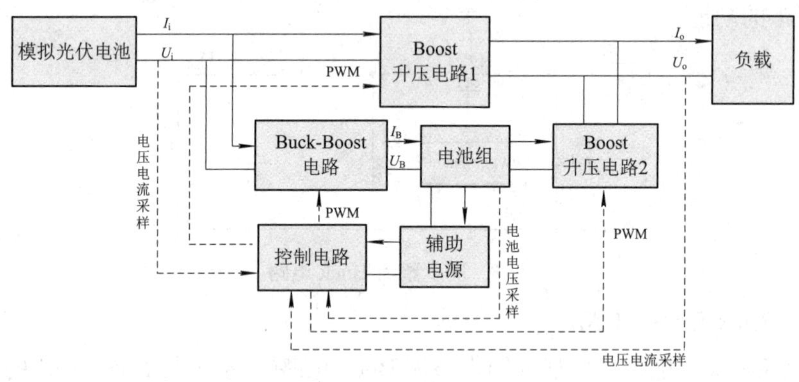

图 4　系统框图

2.2 Boost 升压电路设计

本模块采用同步整流 Boost 升压电路(见图 5)，单片机输出的 PWM 信号通过 EG2104 半桥驱动器驱动 Boost 电路的半桥开关管，实现 DC-DC 升压功能。两片 INA240 电流检测放大器分别检测该模块的输入和输出电流。系统工作在模式 I 时，模拟光伏电池提供的直流电通过升压电路 1 输出 30 V 稳定直流电；工作在模式Ⅱ时，升压电路 1 实现光伏电池的最大功率点跟踪，升压电路 2 负责将电池组提供的直流电升压至 30 V，稳定输出电压。

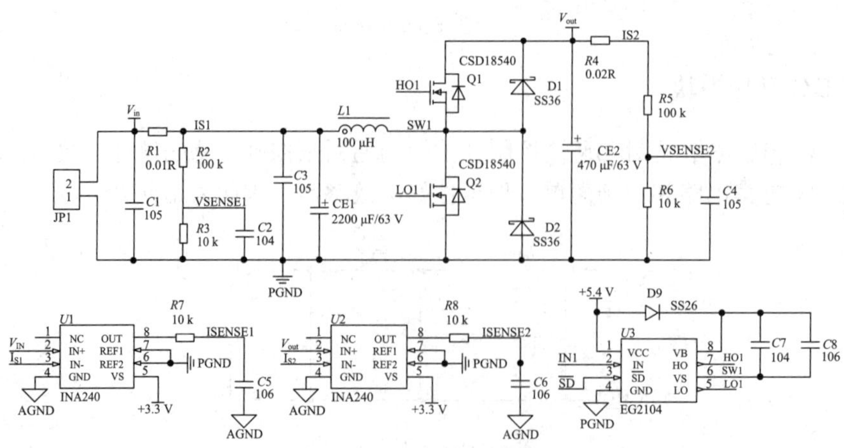

图 5　同步整流 Boost 升压电路

2.3　Buck-Boost 充电模块设计

本模块采用同步整流 Buck-Boost 电路，如图 6 所示，单片机输出两路 PWM 信号分别控制 Buck 半桥和 Boost 半桥的开关管，实现自动升降压的功能。当光伏模拟电池输出电压大于电池组电压时，降压为电池组充电，反之则升压给电池组充电，采用该方案可以实现在工作模式 I 条件下的 U_S 全范围内的最大功率点跟踪的功能。

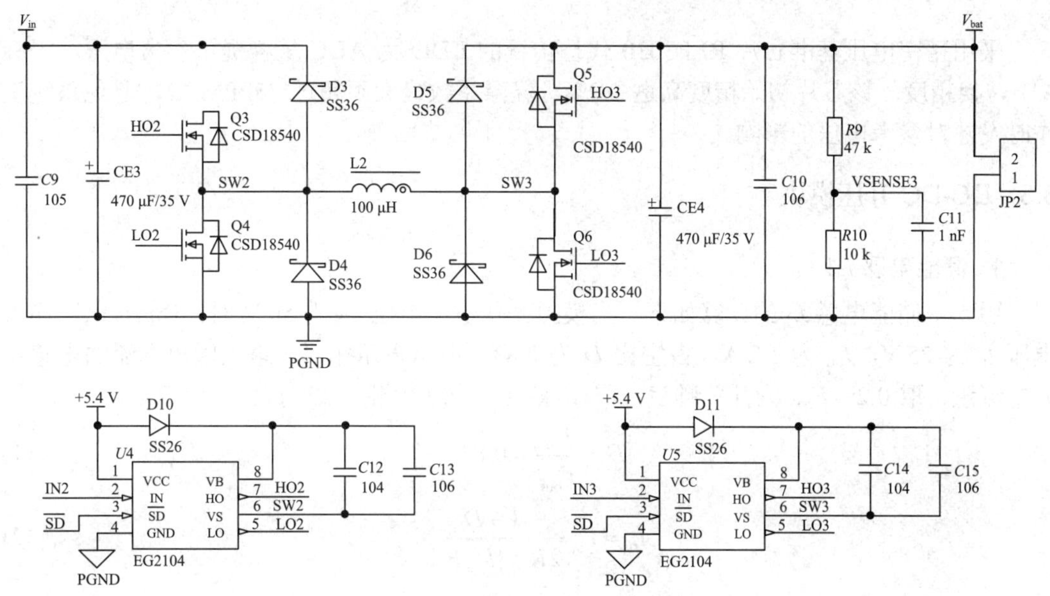

图 6　Buck-Boost 模块原理图

3. 理论分析与参数计算

3.1　提高系统效率的方法

主要采用优化功率拓扑结构和优化辅助电源的方法来提高系统的效率。

1. DC-DC 变换电路的改进

DC-DC 变换电路均采用同步整流型，减小整流管的功率损耗；选择合适的高性能场效应管和合适的驱动电压以减小开关损耗。

2. 辅助电源的改进

本系统采用 SY8120 开关降压电源，将输入的直流电压降至 5.4 V，为场效应管驱动电路和单片机测控电路供电。采用 SY8088 的同步整流开关降压电路来代替传统的 LDO 电源为单片机供电，以降低辅助电源的功率损耗。将单片机的供电电压降低至 3.1 V，在满足性能要求的前提下适当降低系统时钟频率，进一步减小单片机的功率消耗。

3. 拓扑结构设计

功率部分由两个同步整流 Boost 升压模块和一个全桥 Buck-Boost 电路组成。由于

DC-DC 模块可以支持双向的 DC-DC 功率传输，三端口变换电路实际上可以由上述三个模块中的任意两个模块组合，进而实现题目的所有要求，但此方案存在能量会串联流经两个功率变换模块，使在对应的工作模式下损耗增大，效率降低的问题。本作品采用拓扑方案，虽然牺牲了电路简洁性，但是系统会自动选择开启最佳的能量流通路径，使得系统无论工作在模式Ⅰ还是在模式Ⅱ，都可以获得尽可能高的效率。

3.2 提高控制精度的方法

采用精密电压基准芯片 REF3030 代替传统的 LDO 为 ADC 采样提供参考电压，提高 AD 转换精度。该芯片初始精度高达 0.2%，温漂系数最大不超过 75PPM/℃，避免系统工作时发热对参考电压的影响。

3.3 DC-DC 升压模块

1. 储能电感 $L1$

图 5 中储能电感 L_1 的计算如下，当模拟光伏电池电压 U_S 为 50 V 时，Boost 电路输入电压 I_{in} 为 25 V，I_{out} 为 1.2 A，占空比 D 为 0.83。K_{IND} 表示相对于最大输出电流的电感纹波电流量，取 0.2。F_{SW} 为开关频率，取 40 kHz，计算结果为 221 μH。

$$D=\frac{V_{in}}{V_{out}}=0.83 \tag{1}$$

$$L_1=V_{in}\frac{1-D}{2K_{IND}I_{out}F_{SW}} \tag{2}$$

适当减小电感可以提高系统的效率，虽然会增大输出纹波，但可以通过增加输出电容来抵消这一影响。经权衡考虑，选取 100 μH 的电感。

2. 输出滤波电容 CE_2

为了保证输出的电压的稳定性，图 6 中输出滤波电容的选择应满足以下计算公式。其中 I_{Omax} 为最大输出电流，取 1.2 A。D_{max} 为最大占空比，为期望的输出纹波电压，选择 50 mV。

$$CE_2>\frac{I_{Omax}\times D_{max}}{F_{sw}\times\Delta V}$$

输出滤波电容的耐压值应大于输出可能出现的最高电压，因此选择耐压为 63 V，容量为 470 μH。

4. 程序设计

选择 GD32F103C8T6 单片机为控制核心，定时器 TIMER4 配置为 PWM 输出功能，利用 PID 算法实现稳压和最大功率点跟踪的功能；根据输入和输出功率判断系统的工作模式；欠压保护和过压保护可以避免系统在非正常情况下工作；系统的程序流程图如图 7 和图 8 所示。其中 A 模块为模拟光伏电池为负载供电时的 Boost 升压电路，B 模块为模拟光伏电池为电池组充电时的 Buck-Boost 升降压电路，C 模块为电池组为负载供电时的 Boost 升压电路。

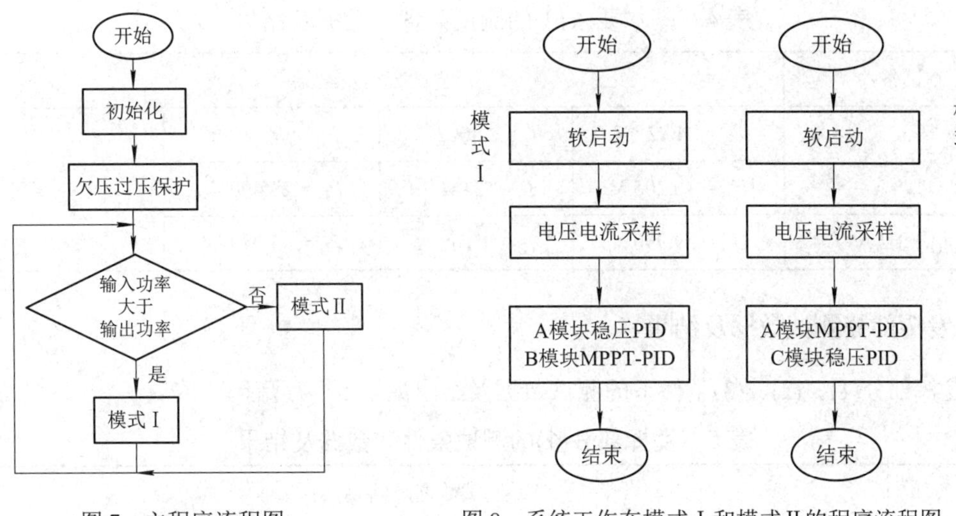

图 7　主程序流程图　　图 8　系统工作在模式Ⅰ和模式Ⅱ的程序流程图

5. 测试方案与测试结果

5.1　测试方案

使用 1 台直流稳压电源与 7 台万用表按题目要求的测试参考接线图连接测试点，根据题目要求调节直流电源输出电压和负载大小，记录数据。

5.2　基本要求测试数据及结果

基本要求(1)、(2)、(3)、(4)条件下的测试数据及结果如表 1～4 所示。

表 1　基本要求(1)的测试条件、数据及结果

测试条件	测试数据及结果		
$U_S = 50$ V	$U_O = 29.988$ V	$I_B = 1.482$ A	$\delta_{U_o} = 0.012$ V
$I_O = 1.2$ A			
工作模式：模式Ⅰ			

表 2　基本要求(2)的测试条件、数据及结果

测试条件	测试数据及结果		
$I_O = 1.2$A	$U_{O45} = 29.986$ V	$U_{O55} = 29.991$ V	$S_U = 0.0167\%$
U_S 由 45 V 增加至 55 V			

表 3　基本要求(3)的测试条件、数据及结果

测试条件	测试数据及结果		
$U_S = 50$ V	$U_{O0.6} = 29.990$V	$U_{O1.2} = 29.990$V	$S_I = 0$
I_O 由 1.2 A 减小至 0.6 A			

表 4　基本要求(4)的测试条件、数据及结果

测试条件	测试数据及结果			
$U_S = 50$ V	$U_I = 24.721$ V	$I_I = 2.4002$ A	$P_I = 59.335$ W	$\eta_I = 98.47\%$
	$U_B = 16.205$ V	$I_B = 1.444$ A	$P_B = 23.400$ W	
$I_O = 1.2$ A	$U_O = 29.990$ V	$I_O = 1.168$ A	$P_O = 35.028$ W	

5.3　发挥部分测试数据及结果

发挥部分(1)、(2)、(3)条件下的测试数据及结果如表 5～7 所示。

表 5　发挥部分(1)的测试条件、数据及结果

测试条件	测试数据及结果					
$I_O = 1.2$A $U_S = 55$～25 V	$U_{O55} = 30.001$ V	$I_{O55} = 1.174$ A	$U_{I55} = 27.178$ V	$I_{I55} = 2.644$ A	$U_S = 54.486$ V	$S_U = 0.0133\%$
	$U_{O45} = 29.998$ V	$I_{O45} = 1.174$ A	$U_{I45} = 22.201$ V	$I_{I45} = 2.168$ A	$U_S = 44.540$ V	
	$U_{O35} = 29.994$ V	$I_{O35} = 1.174$ A	$U_{I35} = 17.255$ V	$I_{I35} = 1.686$ A	$U_S = 34.579$ V	
	$U_{O25} = 29.997$ V	$I_{O25} = 1.174$ A	$U_{I25} = 12.274$ V	$I_{I25} = 1.204$ A	$U_S = 24.625$ V	

表 6　发挥部分(2)的测试条件、数据及结果

测试条件	测试数据及结果			
$U_S = 35$ V	$U_I = 17.225$ V	$I_I = 1.686$ A	$P_I = 29.041$ W	$\eta_{II} = 98.35\%$
	$U_B = 15.5044$ V	$I_B = -0.436$ A	$P_B = 6.760$ W	
$I_O = 1.2$ A	$U_O = 29.994$ V	$I_O = 1.174$ A	$P_O = 35.212$ W	

表 7　发挥部分(3)的测试条件、数据及结果

测试条件	测试数据及结果				
$U_S = 35$ V	$U_{O1.2} = 29.994$ V	$U_{I1.2} = 17.225$ V	$I_{I1.2} = 1.686$ A	$I_{O1.2} = 1.174$ A	模式 II
	$U_{O0.6} = 29.986$ V	$U_{I0.6} = 17.299$ V	$I_{I0.6} = 1.684$ A	$I_{O0.6} = 0.586$ A	模式 I
$I_O = 1.2$～0.6 A	$S_I = 0.027\%$				

5.4　拓展功能

1. 输出电压可调功能

单片机可通过按键设定输出电压目标值。输出电压可调功能的测试数据表如表 8 所示，该功能可将输出电压精准地稳压在 25～32 V 之间的目标电压。

表 8　输出电压可调功能的测试数据记录表

目标输出电压 U_{O1} /V	实际输出电压 U_{O2} /V	输出电压偏差 δ_U /V
25	25.109	0.109
28	27.987	0.013
32	31.997	0.003

2. 欠压保护与过压保护

本设计拓展了欠压保护与过压保护功能。当输入电压 U_I 小于 7 V 时，开启欠压保护，当电池电压 U_B 过高时，过压保护开启，保护电池组避免过充。

本设计采用三个 DC-DC 电路和同步整流方法，获得了较高的效率。最大功率点跟踪算法适用于本题，但在工程实际中，因无法实时获得光伏板的等效输出，电阻无法实现。

D题 基于互联网的摄像测量系统

一、任务

设计并制作一个基于互联网的摄像测量系统。系统构成如图1所示。图中边长为1 m的正方形区域三个顶点分别为A、B和O。系统有两个独立的摄像节点，分别放置在A和B。两个摄像节点拍摄尽量沿AO、BO方向正交，并通过一个百兆/千兆以太网交换机与连接在该交换机的一个终端节点实现网络互联。交换机必须为互联网通用交换机，使用的网口可以任意指定。在O点上方悬挂一个用柔性透明细线吊起的激光笔，透明细线长度为l。激光笔常亮向下指示，静止下垂时的指示光点与O点重合。拉动激光笔偏离静止点的距离小于10 cm，松开后时激光笔自由摆动，应保证激光笔指示光点的轨迹经O点往复直线运动，轨迹与OA边的夹角为θ。利用该系统实现对长度l和角度θ的测量。

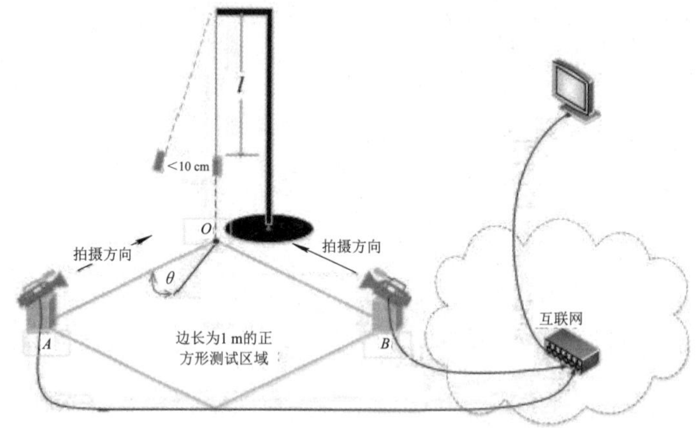

图1 摄像测量系统示意图

二、要求

1. 基本要求

(1) 设计并制作两个独立的摄像节点，每个节点由一个摄像头和相应的电路组成。两个摄像节点均可以拍摄到激光笔的运动轨迹视频并显示。

(2) 设计并制作终端节点。在终端显示器上可以分别和同时显示两个摄像节点拍摄的实时视频。在视频中可以识别出激光笔，并在视频中用红色方框实时框住激光笔轮廓。

(3) 测量系统在终端节点设置一键启动。从激光笔摆动开始计时，测量系统通过对激光笔周期摆动视频信号的处理，自动测量长度 l，50 cm≤l≤150 cm，θ 角度自定。测量完成时，终端声光提示并显示长度 l。要求测量误差绝对值小于 2 cm，测量时间小于 30 s。

2. 发挥部分

(1) 一键启动后，测量系统通过两个独立摄像节点的网络协同工作，当 $\theta=0°$ 和 $\theta=90°$ 时，能自动测量长度 l，50 cm≤l≤150 cm。要求测量误差绝对值小于 2 cm，测量时间小于 30 s。

(2) 一键启动后测量 θ，0°≤θ≤90°。要求测量误差绝对值小于 5°。测量时间小于 30 s。

(3) 其他。

三、说明

(1) 摆的柔性透明细线建议采用单股透明的钓鱼线，直径小于 0.2 mm。不要采用一般捻和的缝纫线，防止激光笔吊起后自转。考虑实际摆与理想摆的差异以及各地重力加速度会有差异，系统应具有校准处理的功能。

(2) 系统获取摆的信息必须来自摄像节点拍摄的视频信息，不得在摆及其附近安装其他传感器和附加装置。θ 角度的标定可利用量角器测量激光指示光点轨迹与 OA 边的夹角实现。

(3) 两个摄像节点拍摄的取景范围仅限激光笔摆动区间的内容，不能包含全部柔性细线的内容和地面激光光点轨迹的内容。在测量 l 和 θ 的过程中，如果视频包含上述内容，需用纸片遮挡这部分内容。否则不进行测试。

(4) 拍摄背景为一般实验室场景，背景物体静止即可，不得要求额外处理。

(5) 三个节点不得采用台式计算机和笔记本电脑。

四、评分标准

	项　目	主 要 内 容	满分
设计报告	方案论证	测量系统总体方案设计	4
	理论分析与计算	系统性能分析，网络协同工作原理分析与计算	6
	电路与程序设计	总体电路图，程序设计	4
	测试方案与测试结果	测试数据完整性，测试结果分析	4
	设计报告结构及规范性	摘要，设计报告正文的结构，图表的规范性	2
	合计		**20**
基本要求	完成第(1)项		6
	完成第(2)项		24
	完成第(3)项		20
	合计		**50**
发挥部分	完成第(1)项		20
	完成第(2)项		26
	其他		4
	合计		**50**
	总　分		**120**

作品1 华中科技大学

作者：李楠、唐崴、冀苗欣

摘　要

本系统是一个基于互联网的摄像测量系统，采用两个树莓派和其上搭载的 CSI 摄像头作为两个摄像节点，通过摄像节点上的 OpenCV 模块对图像进行前景/背景分割,并对指定颜色的单摆进行识别，将识别后的图像和目标信息使用 ZMQ 网络协议通过交换机进行视频推流到第三块,作为终端的树莓派。终端树莓派接收信息后，采用测量多个周期求平均值和快速傅里叶变换算法测算单摆摆动频率和幅值并对测量结果和识别后的画面进行展示。很好地完成题目中的要求。

作品演示

关键词：互联网；ZMQ 协议；目标识别；快速傅里叶变换

1. 方案论证

1.1 比较与选择

1. 摄像节点和终端选择方案

方案一：采用海康威视网络摄像头进行视频推流和显示，两个摄像节点发送到由树莓派担任的终端统一进行 OpenCV 目标识别和摆长、夹角的测算，优点是视频推流方案较为成熟，缺点是摄像节点难以分担图像处理和计算任务。

方案二：采用树莓派节点和 CSI 摄像头作为摄像节点，在摄像节点进行一定的图像处理后将视频流和处理结果送给终端的树莓派进行进一步的摆长、夹角的测算，优点是相同系统节点通信和数据传输较为方便，且能分担图像处理的任务统一时延，缺点是视频推流方案不够成熟。

方案选择：本系统需要实现实时显示的效果，因此将全部的处理和计算任务都交给终端的树莓派，延时较大，难以实现。而通过树莓派上的有线网卡进行视频推流虽然较为复杂但是效果也能满足要求。综合考虑，选择方案二。

2. 有线数据传输方案

方案一：采用 UDP 传输视频，优点在于传输速度快，可以承载更高码率的视频；缺点在于有一定的丢包率，对图像识别与分析不利。

方案二：采用 TCP 传输视频，优点在于稳定性高，不易丢包，并且方便通信和帧同步；缺点在于速度较慢，需要降低帧率才可稳定传输。

方案选择：为了进行目标检测以测量数据，本系统对传输稳定性要求较高。另一方面，单摆的频率较低，即使降低帧率，奈奎斯特采样定律也很容易满足。为了后续测量算法的实现，收到的数据需要进行帧同步，在 ZMQ 网络协议中使用 TCP 通信协议传输视频是十分方便的。综合考虑，选择方案二。

3. 摆长测量方案

方案一：对读取的单摆中心坐标(x, y)分别进行快速傅里叶变换，根据频谱上的峰值求单摆的摆动频率，最终求得摆长。优点是函数简单，参数直观，便于处理，缺点是精度与采样时间和采样帧率相关性较大。

方案二：对读取的单摆中心坐标(x, y)的时域谱进行过原点的周期计数，求平均周期，得到单摆的摆动频率，最终求得摆长。优点是统计周期精度较高，原理简单，缺点是周期计数易受到噪声的影响。

方案选择：本系统对摆长测量的要求是误差绝对值小于 2 cm，精度要求较高，且噪声影响可以通过一定的滤波操作消除，而对摆长公式 $l=\left(\dfrac{1}{2\pi f}\right)^2 g$ ，对频率求导后可知频率上的误差对摆长测量影响较大。综合考虑，选择方案二。

1.2　方案描述

系统框图如图 1 所示。本系统在 A 和 B 两个摄像节点显示原始视频数据，通过图像处理的方式将识别之后的图像和坐标信息通过 ZMQ 协议发送至交换机，终端的树莓派 C 接收到数据并进行数据处理和测算，通过可视化界面实现人机交互与测算模式切换。

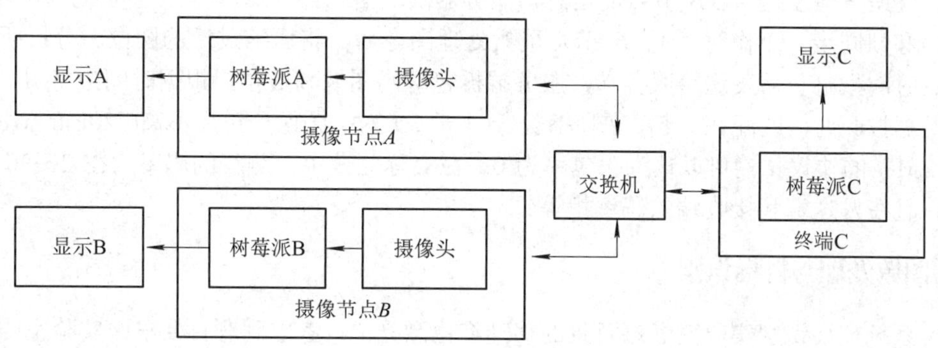

图 1　系统框图

2. 理论分析与计算

2.1 系统性能分析

树莓派的主要工作在图像处理上，也就是目标识别，其次是图像编解码。经过测量，*A*、*B* 端树莓派 CPU 使用率约 60%，图像处理占大部分；终端树莓派 CPU 使用率约 40%，不承担图像处理的任务，只进行两路视频解码和摆长、夹角的测算。因而，设计系统时选择图像识别任务分配给 *A*、*B* 摄像节点，终端进行将测量算法以及交互界面的运行任务放在终端 *C* 节点的选择是合理的。考虑到树莓派的性能，适当削减传输显示视频的清晰度和帧率，以保证图像识别与数据处理有充分的时间运行。经过反复测试，系统能够稳定工作。

2.2 网络协同工作原理分析与计算

1. ZMQ 工作原理

ZMQ 的作用类似一个并发框架，为使用者提供了各种传输工具，如进程内、进程间、TCP 和组播中进行原子消息传递的套接字。在本系统中，我们主要采用了其中的“发布-订阅”工作模式，将两个摄像节点设立为“发布者”发送数据，将终端节点设立为“订阅者”接收数据，当一个“订阅者”连接到多个“发布者”时，会遵循“公平排队”的原则，均衡地从每个“发布者”读取消息。

2. 交换机工作原理

交换机在接收到数据帧以后，首先会记录数据帧中的源 MAC 地址和对应的接口到 MAC 表中，然后检查自己的 MAC 表中是否有数据帧中目标 MAC 地址的信息，如果有，则会根据 MAC 表中记录的对应接口将数据帧发送出去(单播)；如果没有，则会将该数据帧从非接受接口发送出去(广播)。

3. 系统总体架构

终端作为服务端，摄像节点作为客户端。发起连接时，节点连接上服务器，建立 socket 连接，向服务器发送 *A*、*B* 节点的信息，服务器确认信息并发送服务器时间戳，用于同步时间戳和帧同步。工作时，*A*、*B* 节点采集处理图像后，将压缩过后的图像、分析所得的数据、时间戳打包后发送给服务端，服务端拆包解码图像和数据，根据时间戳将 *A*、*B* 图像和数据按照时间匹配在一起，在帧率较低(小于 30 f/s)，图像分辨率不高(720P)的情况下，通过 ZMQ 的协议传输可以认为丢包率为 0。在实际测试中，测得的码率约在 2～20 Mb/s 之间，且在发送端和接收端的码率相等。

2.3 图像处理与目标识别

本系统需要识别实验室静态背景的移动红色激光笔，考虑到题目要求中实验室的静态背景中有可能会出现红色色块，因此仅仅对读取的图像进行色块识别是不够的。因此需要引入背景/前景分割算法来找出动态前景中的红色物体，从而对单摆进行更有效的识别。Background Subtractor MOG 是以高斯混合模型为基础的背景/前景分割算法，使用 $K(K = 3$

或 5)个高斯分布混合对背景像素进行建模，使用这些颜色(在整个视频中)存在时间的长短作为混合的权重。背景的颜色一般持续的时间最长，而且更加静止，因此会逐渐被剥离出来。选用此算法在本系统中能较好地完成背景剥离的任务。为了提升在不同光照条件下对颜色识别的鲁棒性，本系统还需要对图像进行直方图均衡调整，在视频流的处理中本系统选择在 YCrCb 空间对图像进行亮度和颜色的分离，从而对光照条件进行自适应调整。综合直方图均衡，前景/背景分割算法和色域识别，本系统在目标识别方面能极好地完成题目的任务。

2.4　近似处理和摆长与夹角算法设计

为了减少运算量，直接使用目标识别的坐标作为实际坐标投影的等比例缩放。本系统进行了一系列近似处理，由于单摆在小范围摆动时，其在 z 轴上的变化较小可以忽略不计，因此单摆近似与相机中心在同一水平面内，摄像测量系统的三维图如图 2 所示。

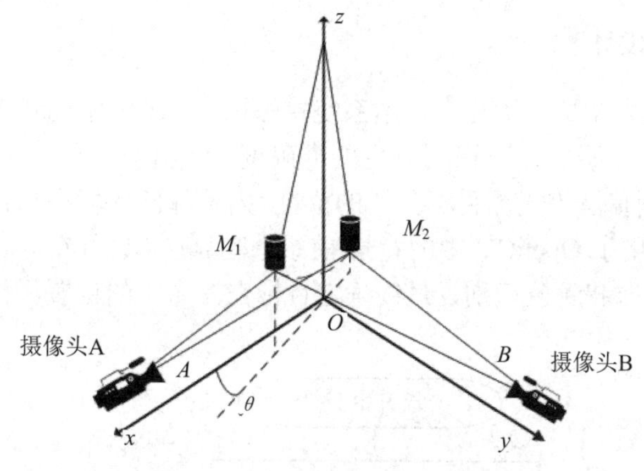

图 2　摄像测量系统三维图

由题意可知，$OA = OB = 1$ m；$OM_1 = OM_2 < 10$ cm。OA 与 OM_1 不在同一个数量级，OA 远远大于 OM_1，可以对 AM_1 和 AM_2 作平行近似。在此基础上，AM_1 和 AM_2(的延长线)与 y 轴的交点与 M_1，M_2 在 y 轴上的投影点可以近似认为重合。经过计算，单摆摆幅最大时，产生的最大误差小于 0.5%，对结果影响甚微，因此这些近似是合理的。

在上述近似的基础上，考虑到图像处理算法对每一帧的处理时间不同，本队对图像的单帧处理添加了补偿时间，获得了稳定、低帧率的图像和目标位置信息。本队测量了时间间隔相同的单摆经过其平衡点 N 次的时间 T_N，求得单摆的单次周期如下：

$$T = \frac{T_N}{N} \tag{1}$$

在小角度下近似的单摆周期公式如下：

$$T = 2\pi\sqrt{\frac{l}{g}} \tag{2}$$

以式(2)为依据，可以求得摆长：

$$l = \left(\frac{T}{2\pi}\right)^2 g \tag{3}$$

对于单摆轨迹与 OA 夹角 θ，在满足奈奎斯特采样定律：$f_s > 2f_{max}$ 的前提下，本队伍通过对稳定帧率下采样的单摆中心点的时间数组做快速傅里叶变换。由于采样时间较短，求得的频谱的分辨率较低，我们近似认为分辨率较低造成的频率偏差在两个摄像节点处相同，可以通过相除来消除。在此前提下，求得夹角 θ 的公式如下：

$$\tan\theta = \frac{y_{max}}{x_{max}} \tag{4}$$

y_{max}、x_{max} 为摄像头 A、B 所求的频谱峰值频率 f 所对应的幅值。

3. 电路与程序设计

3.1 图像处理程序设计

为了提高精确度以及抗干扰能力，本系统首先在 YCrCb 空间对图像进行直方图均衡调整，以满足在不同光照条件下识别颜色的准确度，提升鲁棒性。其次，本系统采用了 HSV 通道的颜色识别算法来检测目标色块的位置。为了降低环境中与目标颜色相同的目标的影响，本系统还采用了 OpenCV 中的背景/前景分割算法，进行在静止的背景中提取移动的前景，综合前景提取和颜色识别，最终确定目标在图像中的位置。程序设计流程图如图 3 所示。

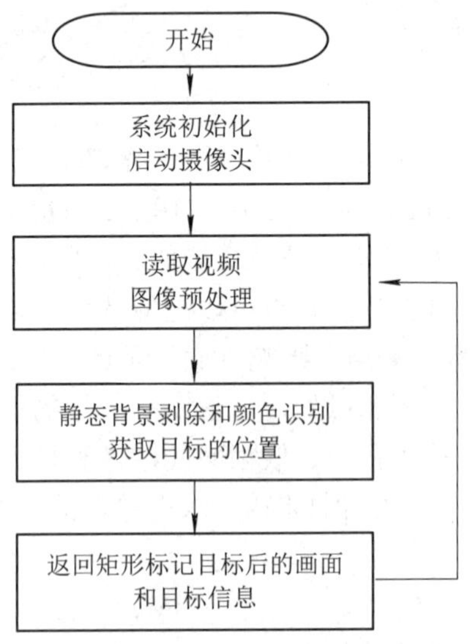

图 3　图像处理程序设计流程图

3.2 节点、终端程序设计

为了保证系统运行时能够同时播放视频与接收视频流，需要开启多个线程来进行对视频流的接收。而对于数据流，如果一直进行数据的接收和存储，则会导致系统运行一段时间后内存溢出。为此我们对指定时间内的数据进行存储，利用这段时间内存储的数据，通过在第二部分提及的摆长、夹角测量算法，计算得到摆长 l 和夹角 θ。节点、终端程序设计流程图如图 4 所示。

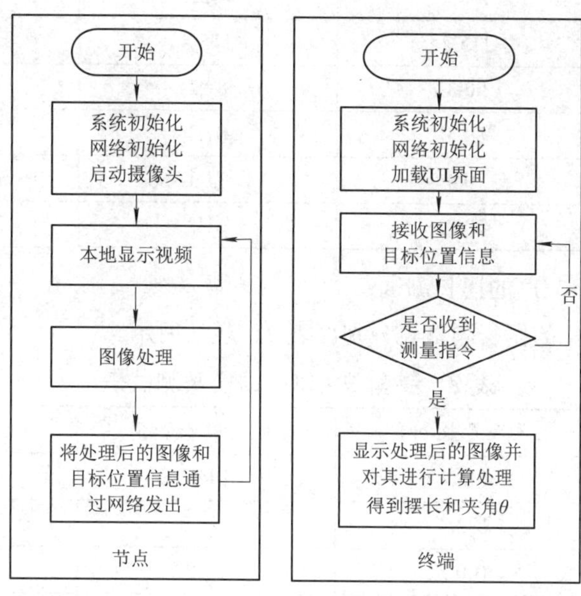

图 4　节点、终端程序设计流程图

4. 测试方案与测试结果

4.1　测试方案

测试所用器件为 SanLiang(品牌)的 187-101 型万用角度尺与 MASTERPROOF 的 64013 型 5 m 卷尺。

1. 摆长/测试方案

在 0.5～1.5 m 范围内随机选择摆长，单摆开始稳定小幅度摆动后，控制系统一键启动测量，记录耗时、测量摆长和误差。

2. θ = 90° 和 0° 时的摆长 / 测试方案

当 θ = 90° 和 0° 时分别选择测量摆长，单摆开始稳定小幅度摆动后，控制系统一键启动测量，记录耗时、测量摆长和误差。

3. 夹角(θ)测试方案

在 0° ～90° 范围内随机选择 θ，单摆开始稳定小幅度摆动后，控制系统启动测量，记录耗时、测量夹角和误差。

4.2　测试结果与数据

1. 摆长 / 测试

摆长 l 测试表如表 1 所示。

表 1　摆长 / 测试表

测试序号	测量摆长/cm	实际摆长/cm	所用时间/s
1	140.2	140.5	24.5
2	115.2	115.8	25.4
3	90.3	89.2	24.6
4	80.5	81.3	24.2
5	70.4	71.1	25.1
6	60.8	61.2	24.9

2. 夹角 $\theta = 90°$ 和 0° 的摆长测试

夹角 $\theta = 90°$ 和 0° 的摆长测试表分别如表 2、表 3 所示。

表 2　夹角 $\theta = 90°$ 的摆长测试表

测试序号	测量摆长/cm	实际摆长/cm	所用时间/s
1	145.3	144.2	24.5
2	122.4	122.9	24.0
3	100.2	99.9	24.0
4	75.4	75.2	24.2
5	61.0	60.2	24.4
6	56.2	57.1	25.2

表 3　夹角 $\theta = 0°$ 的摆长测试表

测试序号	测量摆长/cm	实际摆长/cm	所用时间/s
1	143.9	144.2	25.1
2	122.2	122.9	24.1
3	100.2	99.9	24.1
4	75.1	75.2	24.4
5	60.8	60.2	24.4
6	58.1	57.1	24.6

3. 夹角 θ 测试

夹角 θ 测试表如表 4 所示。

表 4　夹角 θ 测试表

测试序号	测量夹角/°	实际夹角/°	所用时间/s
1	15.6	15	24.5
2	29.3	30	25.1
3	45.9	45	25.2
4	60.6	60	24.2
5	74.9	75	24.6

4.3 测试结果分析

(1) 摆长 l 测试分析：由数据结果知，摆长 l 测量精度满足题目要求。误差主要来源于单摆的自转、圆锥摆和图像识别准确度不够导致的目标位置信息误差。

(2) 夹角 $\theta=90°$ 和 $0°$ 的摆长测试分析：由数据结果知，摆长 l 测量满足题目要求。误差主要来源于图像识别准确度不够导致的目标位置信息误差和摆长、夹角算法中的近似处理所造成的误差。

(3) 夹角 θ 测试分析：由数据结果知，夹角 θ 测量满足题目要求。误差主要来源于采样时间不够造成的频谱分辨率低和图像识别准确度不够导致的目标位置信息误差。

4.4 测试结果总结

经测试和分析可知，本系统的测试误差均在题目要求范围内，圆满完成题目要求。

本作品设计简单实用，利用 ZMQ 网络协议实现网络协同。测量中，作品充分利用摆的周期特性，利用 FFT 测量角度，提高了测量精度。在测试中，测量精度达到题目的要求，表现优秀。

作品2　南京工程学院

作者：张乐泉、冯家乐、俞阳

摘　要

本系统设计了一套基于互联网的摄像测量系统，该测量系统由 USB 摄像头、树莓派、英伟达 Jetson Nano 以及显示器组成。图像传输以及转发节点选用了树莓派和 USB 摄像头的组合，通过交换机与终端节点英伟达 Jetson Nano 进行连接，并通过 TCP/IP 协议进行图像传输。能够实现在任意角度、任意长度下，通过 A、B 两个摄像节点观测 O 点激光笔摆动情况，计算运动周期 T 以及摆幅 ΔX，进而计算出线长 l 和偏转角 θ。实验证明，该方案可行，线长 l 和偏转角 θ 的误差分别可以控制在 2%和 5%以内，误差较小，在合理范围内。

作品演示

关键词：互联网测量系统；单摆测量；误差

1. 方案论证

1.1 技术方案分析比较

方案一：A、B 两节点选择 IP 摄像头作为摄像节点，终端节点选择树莓派作为处理器。将 IP 摄像头与树莓派连接到同一千兆交换机上，并且设置到同一网段中。此方案中，由于选择的 IP 摄像头无法通过 HTTPS 或者 RTSP 流进行访问，所以无法通过 OpenCV 进行访问。同时，树莓派处理性能有限，在接收两路视频信号的同时，如果再进行图像处理以及识别，那么视频帧率会大大降低，这会影响对激光笔摆动周期的判断，降低识别精度。

方案二：A、B 两节点各选择一个 USB 摄像头与一个树莓派结合作为 IP 摄像头，终端节点选择英伟达 Jetson Nano(以下简称 Nano)作为处理器。将两块树莓派与 Nano 连接到同一千兆交换机上，并且设置到同一网段下。此方案中，由于选择了树莓派进行了图像转发，虽然不能达到 IP 摄像头的每秒 60 帧的速率，但是能以接近 30 帧的速率传输 480P 高清图像，也可以使用树莓派达成显示摄像头原始图像的效果；同时，由于选择了 Nano 作为终端节点，因此整个系统拥有了较为充裕的算力，可以较为精确地确定激光笔的摆动周期，提高识别精度。

方案选择：经比较可得，使用树莓派作为 A、B 节点、Nano 作为终端节点更符合需求，故选择方案二。

1.2 系统结构工作原理

1. 连接实现

系统网络拓扑结构如图 1 所示，Nano 与 A、B 两节点上的树莓派之间通过超六类网线与交换机连接，并设置为同一网段下，实现 MCU 之间的 TCP/IP 图像传输。显示器与各 MCU 之间通过 HDMI 高清信号线进行连接，摄像头与各树莓派之间均通过 USB 实现连接。同时上位机 Nano 通过串口与下位机 STM32F103ZET6 进行连接，并传输相关信号控制输出。

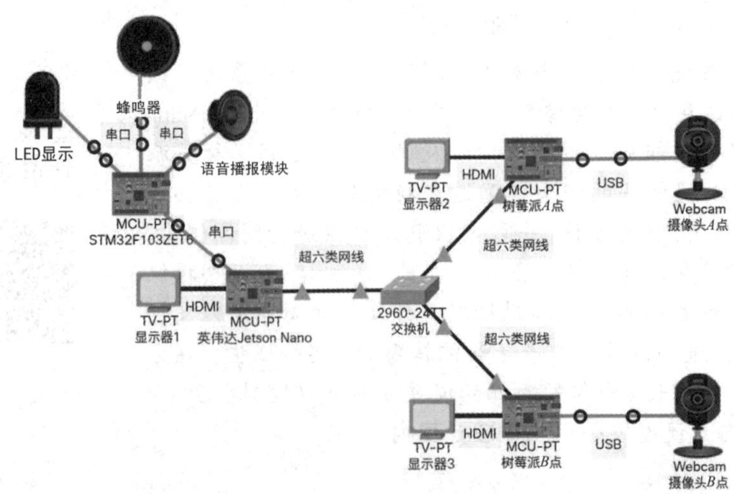

图 1　系统网络拓扑结构

2. 显示实现

A、B 两点的树莓派同时开启双线程，其中一个线程进行图像读取并在显示器上显示图形，而另一个线程通过自制 TCP/IP 进行高清图像传输；当 Nano 的读取线程读取到图片后，将图片传送给处理线程，处理线程将图像矫正畸变，并且标识完毕后，通过显示器 1 将含有标识的图像进行显示。

2. 理论分析与计算

2.1 原理介绍

被测系统运动构成的运动轨迹可以简化为一个单摆运动的运动轨迹，而在两个正交平面上被观察到的投影可以进一步转化为运动周期函数，通过所得的周期函数即可反解该单摆运动。

2.2 算法实现

由牛顿力学定律可知，重力对单摆运动的力矩为

$$M = -mgl\sin\theta \tag{1}$$

其中 m 为质量，g 为重力加速度，l 为摆长，θ 为单摆与竖直方向的夹角。

由角动量定律可知：

$$M = ml^2 \frac{\mathrm{d}^2\theta}{\mathrm{d}t^2} \tag{2}$$

由式(1)、(2)联立得：

$$\frac{\mathrm{d}^2\theta}{\mathrm{d}t^2} + \frac{g}{l}\sin\theta = 0 \tag{3}$$

先实现小角度近似解：

对 $\sin\theta$ 进行泰勒展开，可得：$\sin\theta = \sum_{n=0}^{\infty} \frac{(-1)^n \theta^{2n}}{2n!}$。则当 θ 趋于 0 时，可以舍弃 $n>1$ 的项得到近似解 $\sin\theta = \theta$。则式(3)可以转化为：

$$\frac{\mathrm{d}^2\theta}{\mathrm{d}t^2} + \frac{g}{l}\theta = 0 \tag{4}$$

其中式(4)的通解为 $\theta = A\cos(\omega t + \varphi)$，其中 A 和 φ 的值由单摆的初始状态决定，同时由于 $\omega^2 = \frac{g}{l}$，可得解为

$$T = \frac{2\pi}{\omega} = 2\pi\sqrt{\frac{g}{l}} \tag{5}$$

进一步实现精确解，令 $\omega = \frac{\mathrm{d}\theta}{\mathrm{d}t}$，则式(3)可以转化为

$$\omega\frac{\mathrm{d}\omega}{\mathrm{d}\theta} + \frac{g}{l}\sin\theta = 0 \tag{6}$$

分离变量后可以解得方程通解为

$$\omega^2 = 2\frac{g}{l}\cos\theta + C \tag{7}$$

开始时，激光笔位置处于运动最高点处，则可以记 $\theta|_{t=0}=a(0<a<\frac{\pi}{2})$，$\omega|_{t=0}=0$，所以通解可以转化为

$$\omega^2 = 2\frac{g}{l}(\cos\theta - \cos a) \tag{8}$$

由于运动是周期变化的，为方便积分，则只考虑 $\frac{T}{4}$ 的情况：

$$\frac{T}{4} = \int_{\frac{T}{4}} \frac{\mathrm{d}\theta}{\omega} = \frac{1}{2}\sqrt{\frac{l}{g}}\int_0^a \frac{\mathrm{d}\theta}{\sqrt{\cos\theta - \cos a}} \tag{9}$$

记 $\sin\varphi = \dfrac{\sin\frac{\theta}{2}}{\sin\frac{a}{2}}$，化简后可得：$\dfrac{T}{4} = \sqrt{\dfrac{l}{g}}\displaystyle\int_0^{\frac{\pi}{2}} \frac{1}{\sqrt{1-\sin^2\frac{a}{2}\sin^2\frac{\varphi}{2}}}\mathrm{d}\varphi$，接着引入第一类完全椭圆积分可以得到：

$$\frac{T}{4} = \sqrt{\frac{l}{g}}K\sin^2\frac{a}{2} \tag{10}$$

2.3 测量控制分析处理

对式(5)和式(10)的计算结果进行误差计算。

比较式(5)与式(10)，不一样的关键变量为 a，则下面计算未引入 a 导致的相对误差。显然，在此题目条件下，当线长度为 50 cm，拉升 10 cm 时，偏差最大，代入 Matlab 计算，可得在题目条件下最大相对误差为 0.25%，可以使用小角度近似解。

3. 系统关键器件性能

(1) 英伟达 Jetson Nano：GPU 为英伟达 128 CUDA 核心显卡，支持硬解 HEVC 编码的 720P 60 帧图像，因此可以处理树莓派传输的 480P 30 帧图像；网卡为百兆以太网卡，带宽足够支持自制 TCP/IP 图传的图像传输所需带宽。

(2) 树莓派 4B：显卡可以硬解 H.264 编码的 1080P 60 帧视频，网卡为千兆以太网卡，因此可以支持 480P 30 帧图像采集以及转发的性能和速率要求。

4. 系统软件设计

4.1 系统总体工作流程

系统总体工作流程图如图 2 所示。

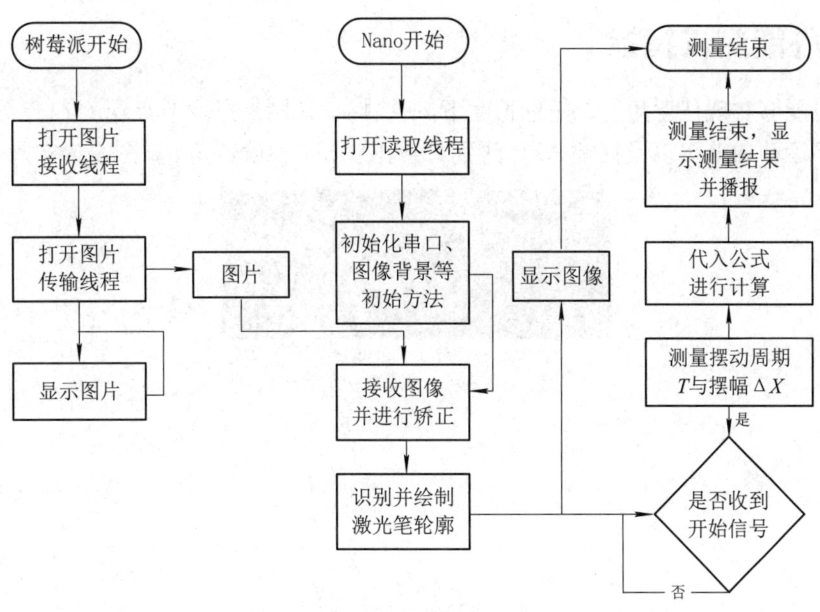

图 2　系统总体工作流程图

4.2　主要模块程序设计

1. 视频传输模块

本项目的视频传输模块使用了自制的 TCP/IP 图传程序，以树莓派为服务器端，Nano 为客户端。服务器端开启双线程，其一负责采集并且显示图像，其二负责通过 TCP/IP 传输视频图像，具体方式为：利用 TCP/IP 协议，将图像转为数据流格式进行传输，首先传输一个 16 位的二进制数，表明接下来传输图像的数量，随后将二维图像数据扁平化为一维数据流进行发送。在 Nano 客户端，首先接收接下来将要接收的图像数量，接着接收图像的一维数据流，最后将一维数据流转化为二维图像进行处理。

2. 物体识别模块

首先进行色域转换，将图像由 RGB 色域转化到 HSV 色域，接着利用黑色色域的范围对图像进行二值化分割，进而确定图像上所有黑色色块的轮廓，利用激光笔的形状特点，通过面积、长宽比过滤其他大小的干扰或者噪点，得到激光笔的轮廓。得到轮廓后，计算出其中心的坐标，并将激光笔的位置简化为中心的位置，当中心运动到一侧最高点时，记录下当前时间，当运动到另一侧最高点时，再次记录时间，进而计算两次到达最高点的时间差，多次测量取平均值，最终得到激光笔单摆运动的周期时间，同时通过坐标可以得到激光笔运动的摆幅，利用运动周期 T 和运动摆幅 ΔX，就可以计算出线长 l 和偏转 θ。

3. 设计分析软件环境

分析激光笔单摆运动时，使用 MATLAB 软件进行误差分析以及运动模型计算。进行软件开发时，使用 Jetbrains Pycharm 进行 OpenCV Python 开发，并利用 git 工具进行版本控制。

5. 系统性能测试指标

系统应能够实现任意角度、任意长度下，通过 A、B 两点摄像节点观测 O 点激光笔摆动情况，计算运动周期 T 以及摆幅 ΔX，进而计算出线长 l 和偏转角 θ。图 3 为实际测量场景。

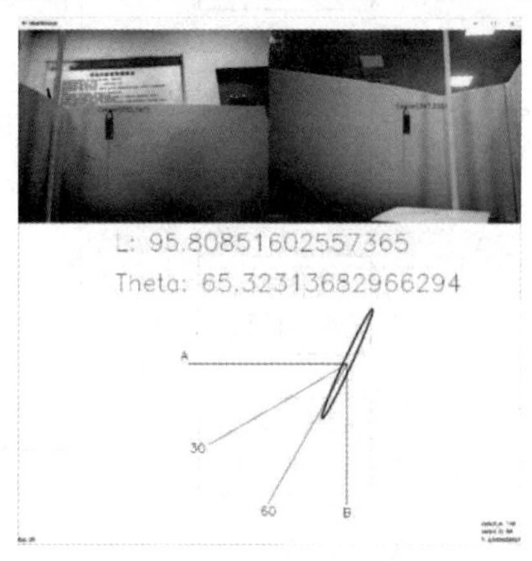

图 3　系统实际测量场景

激光笔单摆的摆动情况和真实值与测量值对比如表 1 所示。在 50 cm≤l≤150 cm 范围内，长度 l 的测量值误差始终保持在 2%之内；在 0°≤θ≤90° 范围内，当偏转角 θ 处于中间范围时，测量值较为精确，但当偏转角 θ 在 0° 或 90° 附近时，测量值容易出现 10%左右的偏差，需要进行算法修正。l 为长度误差百分比，即(测量值—真实值)/真实值；ε_θ 为角度误差百分比。

表 1　成效得失对比分析表

$l_{真实}$/cm	$\theta_{真实}$/°	$l_{测量}$/cm	$\theta_{测量}$/°	T/s	ΔX_A/cm	ΔX_B/cm	ε_l/%	ε_θ/%
126.5	2	126.5	1.93	2.34	5	148	0.000	3.500
126.5	30	125.84	28.82	2.335	82	149	0.522	3.933
126.5	60	126.11	59.76	2.338	187	109	0.308	0.400
126.5	90	125.87	86.63	2.33	153	9	0.498	3.744
105.2	1	105.03	1.20	2.148	3	143	0.162	20.000
105.2	29	104.68	30.43	2.14	84	143	0.494	4.931
105.2	60	104.46	60.64	2.14	144	81	0.703	1.067
105.2	89.5	104.71	88.96	2.14	188	3	0.466	0.603
70.4	4	70.1	3.37	1.792	4	68	0.426	15.750
70.4	30	70.203	30.67	1.793	51	86	0.280	2.233
70.4	61	70.26	62.78	1.794	70	36	0.199	2.918
70.4	89	69.25	85.5	1.782	89	7	1.634	3.933
56.8	1	56.51	7.306	1.629	15	117	0.511	630.600
56.8	30	55.735	30.72	1.623	60	101	1.875	2.400
56.8	61	55.869	61.425	1.62	112	61	1.639	0.697
56.8	87	56.39	83.02	1.631	196	24	0.722	4.575

6. 创新特色

作品在实现视频显示测量值线长 l 和偏转角 θ 的同时，也使用了语音播报模块对测量值进行语音播报，以及对检测开始和检测结束进行语音播报。测量完成后，作品会对激光笔的运动轨迹进行描绘，通过图像显示激光笔的运动过程。

专家点评

本作品的方案设计详细，误差分析合理。网络采用 BS 架构，利用 TCP/IP 协议实现图像的传输。测量中，作品充分利用了摆的特性，进行了精度算法补偿，提高了测量精度。在测试中，测量精度达到了题目的要求，表现优秀。

作品3　昆明理工大学

作者：段鉴哲、华春月、陈佳宏

摘　要

本摄像测量系统(基于互联网)采用三个树莓派作为摄像节点以及终端的数据处理器。由树莓派与摄像头连接获取图像，经过 OpenCV 等图像处理，通过单摆周期近似公式计算得到长度 l。通过位置的反三角函数运算，得到角度 θ，通过 Socket 嵌套字将图像以及长度位置信息传送给终端，在终端框出激光笔并显示长度以及角度结果。

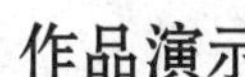

关键词：互联网测量系统；单摆测量；Socket 嵌套字

1. 方案设计

1.1　节点处理器的论证与选择

方案一：k210，成本相对较低，有神经网络的硬件加速，可以在 16 帧左右的情况下使用 yolo 算法识别激光笔；缺点是帧数不是方案中最高的，没有板载网口。

方案二：树莓派，有板载网口，可以方便地使用网络传输；缺点是没有神经网络的硬件加速，使用神经网络识别的话帧数不高。

综合考虑，选用方案二。

1.2 长度测量的方案论证与选择

方案一：直接由摄像头单目测量计算出长度，测量简单、准确，但由于不能看到全部的线段，本方案无法使用。

方案二：利用三维空间信息确定线长，可以同时确定线长和角度，对测量的精准度要求较高。

方案三：利用单摆周期运动公式计算，测量难度较高，做到精准比较困难。

方案一不符合题意，方案二对高度测量的要求过高，故选择方案三。

1.3 激光笔图像识别方案的论证与选择

方案一：使用差值法，根据前一帧与后一帧的区别得到物体所在的位置，运算简单，计算量小，对环境要求低，对时间要求高，结果相对随机性高。

方案二：使用神经网络识别，对环境的要求最低、稳定性最强、难度比较大、不可控因素比较多，帧率相对较低。

方案三：使用颜色识别，逻辑简单、运算量大、受环境影响较大，帧率相对比较低。

经过测试，差值法对激光笔的定位不准确，神经网络识别难度较大，并且在树莓派上帧率较低，识别效果不理想。虽然方案三直接使用帧数较低，且受环境影响较大，但是可以通过算法避免环境的影响，并且在保持实时性的同时将帧数提高到 25 帧，故最终选用方案三。

1.4 网络通信方案的论证及选择

由于激光笔运动的视频由一帧帧图片组成，数据量较大，格式相同，所以考虑使用 TCP 协议进行传输，同时考虑到摄像头采集的实时性，将这部分的传输连接设计为一个子线程。一键启动以及测量结果的信息量小，通信发起时间未知，故而采用 UDP 协议。由于 UDP 与 TCP 协议端口不冲突，两路信息分别传输，可以简化对消息的处理过程。“一键启动”信号由终端发往摄像节点，测量结果则由摄像节点发往终端节点，这两个摄像节点使用不同的 UDP 端口，保证两者互不干扰。

综合各个模块的论证与选择，测量系统框图如图 1 所示。

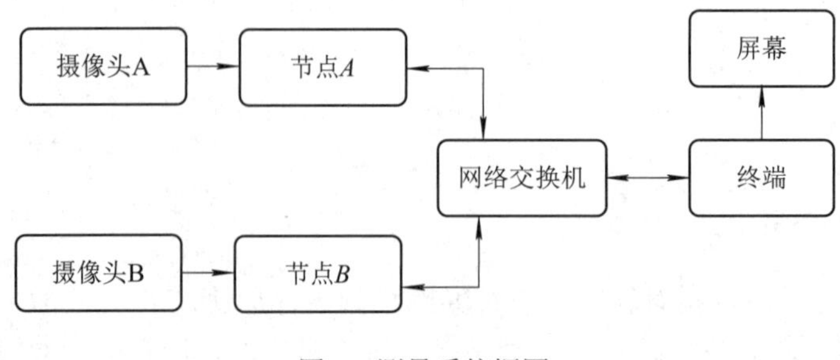

图 1　测量系统框图

2. 理论设计及计算

2.1　长度 l 的测量

单摆周期公式如下：

$$T = 2\pi\sqrt{\frac{l}{g}} \tag{1}$$

想要得到长度 l，需要知道摆动周期 T 和重力系数 g，网络查询当地海拔得到重力系数 g，从视频识别的结果得到周期 T。

经测试，摄像头的帧率为 25 帧，每帧时长 0.04 s。根据题意，长度为 50～150 cm，周期为 1.419～2.459 s，0.04 s 的最大差值为 3～5 cm，未达到题目要求的 2 cm。

在周期上进行修正。周期是两次图像中，激光笔通过原点的时间之差，由于帧率为 25 帧，每帧之间时间差为 0.04 s，几乎无法拍摄到刚好通过中心线的帧，故用通过中心线的前一帧对通过时间进行修正，如图 2 所示，将当前帧的时间加上 L*系数 p(人为设置)得到更接近的通过中心线的时间。图 2 中，短线为激光笔重心到中心的距离 $|L|$。

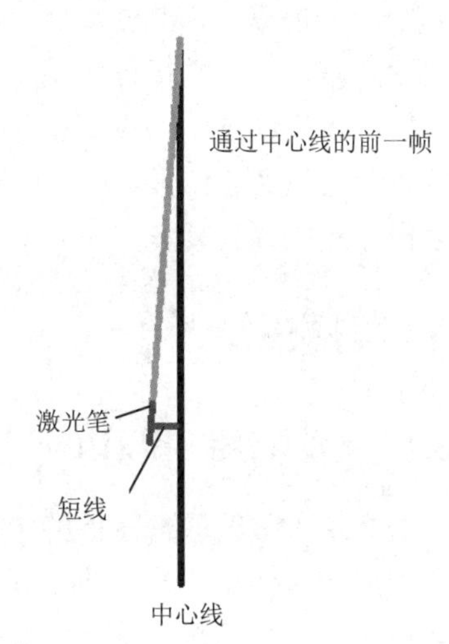

图 2　周期修正示意图

使用此方法得到的周期准确了许多，为了更进一步提高精度，再进行往复多次的测量，得到 7 个左右的可信周期。为提高稳定性，去除不可信周期数据，取得所有周期的中位数，再根据中位数去掉周期数据中离中位数较远的周期，再将余下的周期取平均值，从而得到最终的周期 T。带入公式(1)计算得到重心到固定点的距离再减去笔的重心到线的距离，得到线长 l。通过实验，经过以上算法处理，可以将测量精度提高到 5 mm 左右。

2.2　角度 θ 的测量

测量角度时，系统在水平面的投影如图 3 所示。

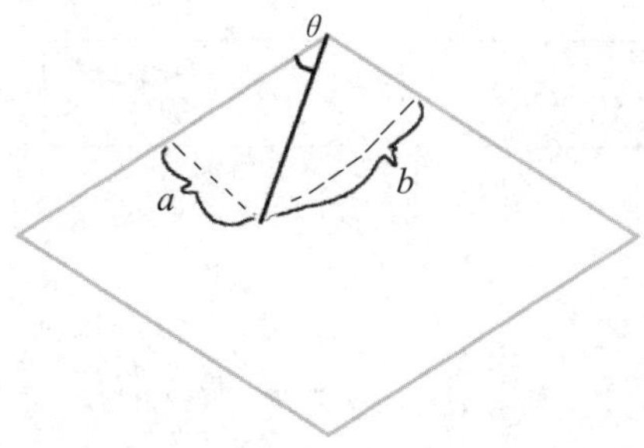

图 3　测量角度时系统在水平面的投影

根据图 3，角度 θ 在地面上的投影有

$$\tan\theta=\frac{a}{b} \tag{2}$$

则

$$\arctan\frac{a}{b}=\theta \tag{3}$$

测量角度需要同时测量 a 和 b 的距离，也可以直接得到两个方向上最远的距离，然后做除法，用反三角函数计算得到 θ。在拍摄图片时，虽然可以通过在发送距离信息时加时间戳来尽量实现同步，但是在无法绝对同步的情况下，激光笔在中间部分移动速度较快，距离中心的像素值本身少，短时间内值的变化比较大，加入到计算中反而会影响数据准确性。摆到达顶点时速度最慢，帧率为 25 帧，基本可以得到最大值，并且那个时候距离中心最远，即使差一两个像素对角度计算影响也不是很大，所以选择只取最大值。

图像处理部分首先进行图像的切割，由于激光笔只会在静止 10 cm 的范围内摆动，所以只保留中间部分的图像。避免环境的噪声影响，之后进行色彩空间的转换，将 RGB 色彩空间转换成 HSV 色彩空间，利用阈值将激光笔与其他部分进行分割，再利用开闭操作去除噪点，利用外接方框将激光笔框住，取阈值内的点的重心作为激光笔的中心，提高稳定性，每次经过中心点，重新开启最高值测量，可以得到三个左右最高值，取平均值作为位置信息发送给终端，用于计算角度。经过实验，通过上述算法，角度精度可以保持在 3°以内，达到题目要求。

3. 程序设计

3.1 视觉算法程序设计

算法先裁剪取得图像的中间部分，对其色彩空间进行转换，用阈值法取出目标的布尔类型的 mask，由外接方框确定激光笔的位置，再由布尔类型加权计算得到激光笔的重心。然后测量激光笔每个从左到右摆动的周期和从右到左摆动的周期，通过上述算法得到最终周期 T，从而由单摆周期公式计算得出线长 l。视觉算法简化流程图见图 4。

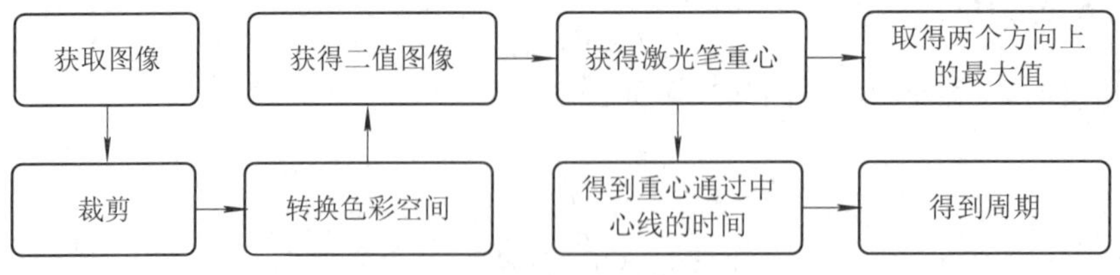

图 4　视觉算法简化流程图

3.2 网络程序设计

由于三个节点通过交换机连接，因此将三台设备的 IP 设置在同一网段下，这样即可相互访问以及使用互联网传输协议。

分析题目，摄像节点与终端节点之间主要通信的信息包括激光笔运动视频的传输、一键启动的信号传输、测量结果的传输。

激光笔运动的视频是由一帧帧的图片组成的，数据量较大，并且格式相同，所以考虑使用 TCP 协议进行传输，同时考虑到摄像头采集的实时性，将这部分的传输连接设计为一个子线程。连接与监听分别放在终端和摄像节点上。

一键启动以及测量结果信息量小，通信发起时间未知，故而采用 UDP 协议。同时，UDP 与 TCP 协议端口不冲突，两路信息分别传输，可以简化对消息的处理过程。“一键启动”信号由终端节点发往摄像节点，测量结果则由摄像节点发往终端节点，这两者则使用不同的 UDP 端口，保证两者互不干扰。

综上，两个摄像节点除主线程外，还额外设置 TCP 服务端、UDP 接收两个线程；终端节点则设置 TCP 客户端、UDP 接收两个线程。

整个系统的控制顺序如下：首先由终端节点发送“启动”消息，当两个摄像节点接收到此消息时，摄像节点启动 TCP 服务并开始拍摄图像，之后终端节点发起 TCP 连接来获取图像。获取到图像后，终端节点开始进行图像处理等相关计算。当计算完成后，终端节点又将得到的结果发送给屏幕，最后屏幕收到长度 l 和角度 θ 后进行显示。网络传输部分程序流程图如图 5 所示。

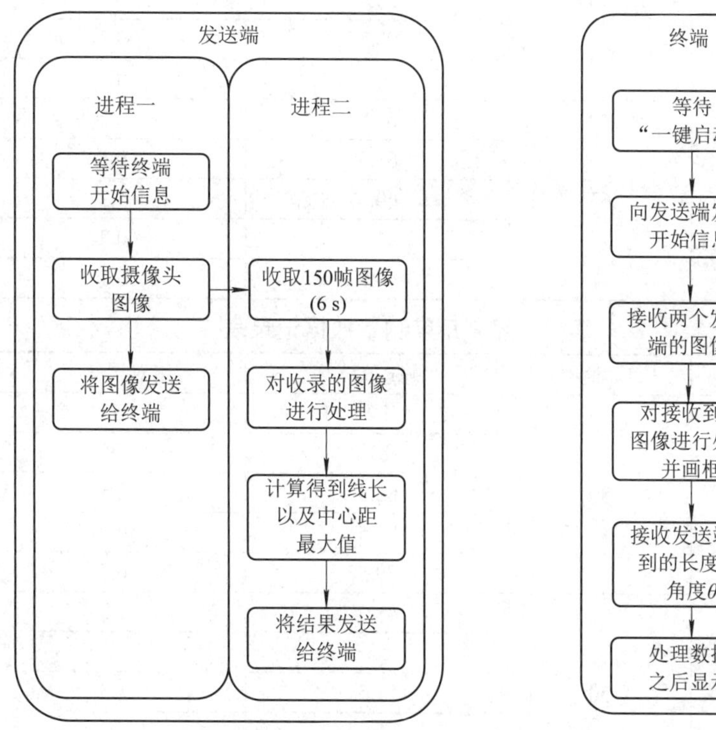

图 5　网络传输部分程序流程图

4. 系统测试及分析

4.1　测试方法

(1) 拉动激光笔偏离静止点的距离小于 10 cm，松开后激光笔自由摆动，应保证激光

笔指示光点的轨迹经 O 角度点往复直线运动，同时开始计时。

(2) 一键启动系统，等待结果显示。

4.2 测试结果

部分长度 l 和角度 θ 的测试结果如表 1、表 2 所示。

表 1　部分长度测量数据记录表

序号	实际值/cm	测量值/cm	绝对误差/cm
1	116	116.3	0.3
		116.4	0.4
		116.1	0.1
		116.4	0.4
		116.2	0.2
2	90	90.6	0.6
		90.3	0.3
		90.4	0.4
		90.3	0.3
		90.1	0.1
3	62	61.8	0.2
		61.9	0.1
		60.8	1.2
		61.8	0.2
		61.9	0.1

表 2　部分角度测量数据记录表

序号	实际值/°	测量值/°	绝对误差/°
1	80	82	2
		81	1
		82.5	2.5
		80.5	0.5
		79.5	0.5
2	50	48.5	1.5
		53	3
		51.5	1.5
		46	4
		50	0
3	10	15	5
		9	1
		14.5	4.5
		9	1
		12	2

5. 结论与心得

本作品采用三个树莓派作为摄像节点以及终端，由树莓派与摄像头连接获取图像，经过 OpenCV 等图像处理，通过单摆周期近似公式计算得到长度 l，通过反正切函数的运算，得到角度 θ。之后通过 Socket 嵌套字编程传送给终端，框出激光笔并显示结果，可以在 30 s 内对实际摆的摆线长度 l 进行测量，并且可以测量出摆动轨迹与 OA 边的夹角 θ。对于测试结果，因为受外界环境干扰等因素影响，存在误差。但是本作品能够确保长度测量误差绝对值小于 1 cm，角度测量误差绝对值小于 3°，满足误差要求。

专家点评

本作品的结构设计简单实用，利用常见的网络协议实现不同类型数据的传输。测量中，作品充分利用摆的特性、设计的测量和精度补偿方法，提高了测量精度。在复测中，测量精度达到题目的要求，表现优秀。

北京航空航天大学(节选)

作者：李军阳、苏小鹏、倪俊锋

摘　要

基于互联网的摄像测量系统使用 MJPG 格式通过 HTTP 协议压缩编码并传输视频数据给树莓派作为主控制器的终端节点，同时开启 Web 服务器，使得终端节点可以控制摄像头的摄像参数；在检测节点利用 OpenCV 进行运动目标检测，对两节点所得异步数据重采样、滤波、量化、后处理，实现对于单摆摆幅与周期的计算，代入利用采集数据拟合的公式计算出摆长 l 与摆动方向角度 θ。同时，利用 Python tkinter 开发友好的用户界面实现对于整套系统的控制。系统运行稳定，资源占用率合理，可长时间工作，测量结果长度误差优于 2 cm，角度误差优于 5°，测量时间小于 30 s。

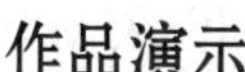

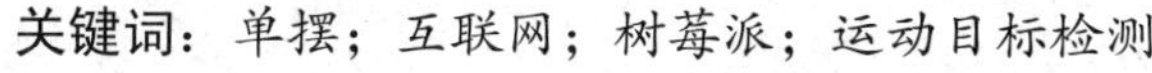
关键词：单摆；互联网；树莓派；运动目标检测

1. 系统方案

本系统主要由两个摄像节点、一个终端节点、千兆交换机、电源系统、机械结构部分组成。

(1) 每个摄像节点由一个 UVC 摄像头和相关电路组成，相关电路包括负责摄像头数据的采集、编码、显示以及网络协议栈的树莓派 4 B，一块显示器和供电系统。

(2) 终端节点由一台负责通过网络接收视频数据并处理、处理用户输入及反馈输出的树莓派 4B、负责显示用户界面和节点视频的显示器、进行声光报警的蜂鸣器/二极管驱动电路、键盘与鼠标组成的输入系统以及供电系统组成。

(3) 千兆交换机采用 TP-LINK SG1055+，通过千兆网线与两个摄像节点，一个终端节点相连。

(4) 电源系统输入 220V AC 市电，转换为各系统需要的直流电压供电。

(5) 机械结构部分利用标记过的矩形木板实现摄像节点与激光笔摆的定位，利用摄像机三脚架配合单摆悬挂器悬挂激光笔，并实现可调的摆长，通过木板上的标记结合关节角度测量尺支持摆动角度的测量。

1.1 摄像节点软硬件方案的论证与选择

方案一：硬件系统采用 ARM 核 MCU，配合以太网扩展模块，摄像头扩展模块与显示屏驱动电路，运行实时操作系统完成视频的采集、显示和编码传输。其优点在于理论上实时操作系统可以达到很好的实时性，功耗与成本较低等；缺点在于市场上普遍采用的 Cortex-M 系列内核的 ARM 单片机性能过低，采用性能较高的 Cortex-A 系列内核的单片机相对少，其中高性能的型号成本过高，失去了成本优势，同时，复杂的外围电路降低了系统稳定性。

方案二：软硬件系统采用 FPGA 编程实现高速的网络协议栈电路、摄像头采集编码电路、显示器驱动电路。其优点在于 FPGA 可以达到很高的速度与实时性，并且后期可以转化为集成 IC 将系统集成量产；缺点在于研发周期长，可靠性论证复杂，设计形成后功能重构与扩展相对困难，灵活性差。

方案三：硬件系统使用具有 MMU 内存管理能够运行 Linux 实时系统的通用型 ARM SOC，配备 HDMI，USB，以太网接口的开发板，配合 UVC 协议的 USB 摄像头，HDMI 显示器；软件系统采用 Linux 操作系统配合高级编程语言驱动外设，实现图像的采集、显示、编码、传输。其优点在于系统硬件采用通用性解决方案，无论是硬件系统还是软件算法，其可重构性、可替换性都极佳，同时 ARM 可以实现很好的能耗比，在性能保证的前提下，方便物联网场景下的部署，并且开发周期短、人力成本低。

方案四：硬件系统使用高性能的 x86-64 架构 Intel CPU 驱动的开发板 LattePanda，配合 UVC 协议的 USB 摄像头，HDMI 显示器；软件系统同方案三。其优点在于 x86 处理器性能高，同时灵活性和可扩展性很好；缺点在于能耗太高，计算能力冗余严重，同时成本过高。

通过比较，本队选择方案三，采用搭载由 4 核 Cortex-A72 构成的 BCM2711 SOC 的树莓派 4B，结合通用的 USB UVC 协议摄像头，HDMI 显示器组成硬件系统；采用 Linux 操作系统，利用内核自带驱动，驱动摄像头与显示器；以太网接口，利用 MJPG-streamer 采集 V4L2 设备节点的视频数据进行 MJPG 编码，HTTP 传输。利用 Chromium 浏览器播放 http 视频流，实现摄像头图像实时展示。

1.2　终端节点软硬件方案的论证与选择

终端节点的方案除声光报警系统外，论证与摄像节点类似。在本题场景下，树莓派 4B 性能恰能满足处理要求，同时具备低功耗的优点。但若节点数增加，处理逻辑复杂化，那么应当选用性能更强的 x86-64 开发平台或设计 FPGA 电路实现功能。

声光报警电路采用有源蜂鸣器与发光二极管进行提示，配合 9013 三极管提供驱动电流，连接到树莓派的 GPIO 控制。

综合考虑，选择树莓派 4B 结合 HDMI 显示器，利用 GPIO 驱动声光报警电路组成硬件系统，采用 Linux 系统结合 Python OpenCV 进行视频的处理，结果的计算。采用 tkinter 编写友好的用户界面，用 RPI.GPIO 包实现 GPIO 控制。

1.3　网络协同工作的方案论证与选择

三个节点连接到千兆交换机，由于没有主机运行 DHCP 服务，因而各节点将根据自身 MAC 物理地址按照一定规律为自身指定一个 IP 地址，在终端节点配置两摄像节点的 IP 地址，即可实现网络层的节点互联。

本系统摄像节点运行在 Linux 系统上，通过 Linux 系统内核的 V4L2 设备节点获取视频数据，通过内核自带的 TCP/IP 协议栈传输数据。

在应用层上的实现有多种选择：(1) 利用 RTSP 协议传输视频流。其优点在于协议较为常用，方案成熟；其缺点在于很多防火墙仅允许 RTSP 协议分组通过，会显著影响视频数据的实时性。(2) 利用 HTTP 格式打包数据，并开启 Web 服务器监听 8080 端口，以适配终端节点的访问。其优点在于 Web 管理界面可以提供对网络摄像头的基本配置功能，可以实现简单的远程操作，并且 HTTP 协议避免了 RTSP 协议带来的延迟问题；其缺点在于相对于更简单的协议，额外增加了一些处理 HTTP 编码的计算资源消耗。

综上考虑，应用层的方案选择了利用 MJPG-streamer 建立 HTTP 服务器监听 8080 端口，实现视频数据的传输和对摄像头的远程管理与配置。

2. 系统理论分析与计算

2.1　网络协同工作原理分析与计算

协同工作需要将摄像节点采集到的视频数据编码传输到终端节点，终端节点需要实现实时解码、测量、显示的工作。在摄像节点处，稳定工作时，网卡 Tx 传输速度在 8.5～10

Mb/s 之间，在终端节点处网卡 Rx 传输速度在 17.3～20 Mb/s 之间。简单计算可得，使用百兆交换机即可满足互联需求。

终端节点可以通过 ssh 服务访问摄像节点，控制摄像服务的开启与关闭，通过 VNC 服务访问摄像节点桌面服务，控制摄像节点显示的拍摄画面，通过 HTTP 访问摄像节点 8080 端口的 MJPG-streamer 服务，控制摄像头的曝光、白平衡、色温色调、锐度等参数。

终端节点从 HTTP 报文中解析出 MJPG 编码的视频流，再进行相关处理与测量。

2.2　终端节点性能分析

终端方案采用的树莓派 4B 有四个 Cortex-A72 核心，经过实际测试，单个核心的软件解码性能不足以在解析摄像头高清视频流的同时，运行视觉与测量算法。方案采用的 Python 脚本语言由于每个进程运行时仅使用同一个解释器，解释器无法使用多核心资源，因而多线程无法提高系统计算能力。因而采用多进程 multiprocess 架构，将两个节点的解码，两个节点的视觉处理分配到四个不同物理核心上，实现实时、流畅的解码与处理，同时通过 Linux 系统的消息队列 Queue 实现进程间通信。经过调优后，系统在正常运行时能够达到 30f/s 的实时识别采样率，CPU 占用率在 65%左右，Load Average 在 2.7～3 之间，符合长期稳定运行的要求。

2.3　细线长度 / 测量方案分析与计算

(略)

2.4　轨迹与 OA 边夹角 θ 测量方案分析与计算

(略)

3. 电路与程序设计

(略)

4. 测试方案与测试结果

(略)

专家点评

本作品方案设计较为详细，考虑因素合理。

中国海洋大学(节选)

作者：王哲涵、全泓达、谢元昊

摘　要

作品搭建了摄像节点与终端节点组成的网络环境，通过动态识别和颜色识别相结合的方式来实现对激光笔的实时追踪和框取。利用 NVIDIA Jetson NX 进行图像的处理计算，利用 NVIDIA Jetson Nano 作为终端节点进行视频显示，采用 Python 进行编程，通过千兆网络交换机和 UDP 通信来实现视频的传输，实现了网络下摄像机协同工作对单摆的长度与角度的测量。

作品演示

关键词：单摆；OpenCV；动态识别；颜色识别；UDP 协议；视频传输

1. 系统方案设计

(略)

2. 图像处理与分析

2.1　摄像头的选择

摄像节点采用的是乐视体感摄像头，拥有红外摄像模组、RGB 相机模组、IR 相机模组，在本项目中只采用 RGB 相机模组，其余摄像模组用胶布覆盖。该 RGB 相机模组像素为 1080P，分辨率为 1280*720，摄像头视频帧率约 10 f/s。摄像头通过 USB2.0 的接口与 NVIDIA Jetson NX 相连，获取的图像数据将在 NVIDIA Jetson NX 上进行处理。

2.2　物体的实时框取

物体的实时框取基于 OpenCV 库，采用动态识别和颜色识别方法的协同识别，解决了小视角、摄像头底噪等问题。

1. 动态识别

在测量系统工作的时候，背景物体等可以认为是静止的，在整个画面中应该只有单摆(激光笔)是在运动的。识别整个画面中运动的部分可以认为就是激光笔所在位置。首先对获取图像的背景进行消除。这里使用的是 Background SubtractorMOG2，它是一种以混合高斯模型为基础的前景背景分割算法，通过对当前图像的前 100 帧图像进行计算，对当前图像的前景与背景进行分割，获得一个只含有前景的二值化点图并进行形态学运算。再利用轮廓检测，获得二值图内物体的轮廓并对轮廓边缘周长进行判断，删除周长过小的噪声点，便可以很好地获得运动物体的轮廓与位置信息。

2. 颜色识别

在单摆摆动方向与某一摄像头的夹角接近 0° 时，摄像头内单摆的摆动变为小幅度的上下移动，由于题目要求摆幅不超过 10 cm，所以看到的上下移动的变化极少。而在动态识别中，微小运动会被处理为摄像头的本底噪声而被消除，在这种特殊情况下，激光笔很可能不能被识别到。为了解决这个问题，我们根据激光笔的颜色进行颜色识别，通过对获得的 RGB 图像形态学运算，可以很好地区分所需要的颜色，有效地解决了特殊角度下的识别框取问题。

3. 综合识别判断

为了消除动态识别和颜色识别中噪声带来的误识别，本队通过比较两种方法获得的物体坐标值进行对比，当差值小于一定范围时，两个坐标值才被认为是真实的物体位置，这大大提高了系统的识别精度和对噪声的容忍性。

2.3 运动周期的求解与角度的求解

在上述的物体实时框取中，我们获取了物体根据时间变化的坐标。由于单摆运动的周期性，所以坐标值对于时间存在强周期性。考虑到可能出现的噪声，可以对信号进行低通滤波，滤除扰动造成的高频信号(因为动态识别中扰动出现的时间极短，体现为频率极高的信号)。再对信号进行傅里叶变换便可以获得坐标的周期变化的频谱图，因为频率与识别的中心点是否偏差无关(即与信号的空域无关联) ，仅需要在时域上的周期信息，所以我们可以完全认为坐标的变化频率就是单摆的摆动频率，根据单摆公式和当地的重力加速度即可获得摆绳长度。

根据获得的周期信号，我们可以找出在一个周期内的 x 坐标的峰峰值，根据两个摄像头获得峰峰值，传送回终端进行运算。将摄像头 1 的峰峰值除以摄像头 2 的峰峰值，便可以获得摆动方向与摄像头方向的夹角的正切值，通过正切值反解出夹角。因为两个摄像头相对单摆的距离是相等的，所以两个摄像头的像素长度与实际长度的比例应相同，不需要对画面中的长度进行单独的定标。

3. 网络通信

网络通信采用 socket 库达成通信。提高网络传输过程中，显示终端显示帧率采用 UDP 协议通信。通信过程中，测量数据与图像信息分别采用不同的网络端口进行传输，确保测量数据能顺利到达显示终端。

3.1 配置传输环境

为保证一键启动得以实现，需要固定视频终端与显示终端的 IP 地址。视频终端、显示终端插接在一个千兆网络交换机上。在 shell 中相互 ping 相对应的 IP 地址，确保网络畅通，传输过程无阻塞。通信采用的编程环境为 Python3.6.9 + pypi.socket 库。

3.2 视频传输

视频传输采用 UDP 协议进行通信。单次 UDP 传输最大字节为 65 536 Bit，低于摄像头一帧画面大小。传输中分割单帧画面，将每一帧图像打包成若干个数据包，每个数据包包含 16 位校验信息与 1008 位图像数据信息。校验信息中包含当前画面帧数、帧画面大小、单帧数据包总个数、当前数据包位数、剩余包数信息，防止直接传输画面时，高速移动物体导致丢帧产生时，造成的显示终端显示效率低下。经过测试，显示终端显示画面可以保持在 15 f/s，保证了画面流畅通顺。为保证显示终端的流畅运行，视频帧包在没捕获到下一帧画面之前将数据发送到目标端口，显示终端在需要显示时打开端口即可获得相应的数据流。

3.3 信息传输

为确保不打扰捕获的摄像头数据流，信息传输不采用阻塞式通信方式。每一帧画面结束后，会查询当前信息通信端口是否接收到发送请求。在 UDP 非阻塞模式下，数据信息暂时存放在缓存区，利用 try-except + recv()配合，可以有效响应计算开始请求，并在测量时间后将数据发送回显示终端。结束后重现关闭计算，并开始等待下一次数据传输的请求开始。

4. 系统测试与结果分析

(略)

专家点评

本作品方案充分考虑到了摆的周期性，采用较低的图像帧速率，实现了题目要求的指标。

E题 数字-模拟信号混合传输收发机

一、任务

设计并制作在同一信道进行数字-模拟信号混合传输的无线收发机。其中，数字信号由4个0～9的一组数字构成；模拟信号为语音信号，频率范围为100 Hz～5 kHz。采用无线传输，载波频率范围为20～30 MHz，信道带宽不大于25 kHz，收发设备间最短的传输距离不小于100 cm。

收发机的发送端完成数字信号和模拟信号合路处理，在同一信道调制发送。收发机的接收端完成接收解调，分离出数字信号和模拟信号，数字信号用数码管显示，模拟信号用示波器观测。

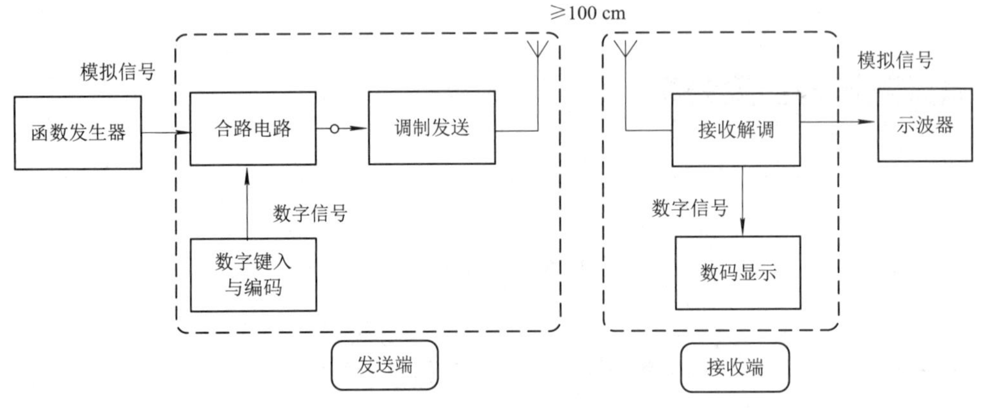

图1 数字——模拟信号混合传输收发机示意图

二、要求

1. 基本要求

(1) 实现模拟信号传输。模拟信号为100 Hz～5 kHz的语音信号，要求接收端解调后的模拟信号波形无明显失真。在只有模拟信号传输时，接收端的数码显示处于熄灭状态。

(2) 实现数字信号传输。首先键入4个0～9的一组数字，在发送端进行存储并显示，然后按下发送键对数字信号连续循环传输。在接收端解调出数字信号，并通过4个数码管显示。要求开始发送到数码管显示的响应时间不大于 2 s。当发送端按下停止键，结束数字信号传输，同时在发送端清除已传数字的显示，等待键入新的数字。

(3) 实现数字-模拟信号的混合传输。任意键入一组数字，与模拟信号混合调制后进行传输。要求接收端能正确解调数字信号和模拟信号，数字显示正确，模拟信号波形无明显失真。

(4) 收发机的信道带宽不大于 25 kHz，载波频率范围为 20～30 MHz。要求收发机可在不少于 3 个载波频率中选择设置，具体的载波频率自行确定。

2. 发挥部分

(1) 在发送端停止数字信号传输后，接收端数码显示延迟 5 s 自动熄灭。

(2) 在满足基本要求的前提下，收发机发送端的功耗越低越好。

(3) 在满足基本要求的前提下，收发机所传输的模拟信号频率范围扩展到 50 Hz～10 kHz。

(4) 其他。

三、说明

(1) 数字和模拟信号必须先经过合路电路处理，然后在同一信道上调制传输，其调制方式和调制度自行确定。在合路电路的输出端应留有观测端口，用于示波器观测合路信号的波形变化。

(2) 收发机的发送端和接收端之间不得有任何连线。

(3) 收发机的发送端与天线的连接采用 SMA 接插头，发送端为 F(母)头，天线端为 M(公)头。天线的长度不超过 1 m。

(4) 收发机的发送端和接收端均采用电池单电源供电，发送端的供电电路应留有供电电压和电流的测试端口。

(5) 收发机的载波频率选取应尽量避开环境电波干扰。

(6) 本题目中信道带宽约定为已调信号的-40 dB 带宽，通过频谱仪进行测量。具体如图 2 所示。

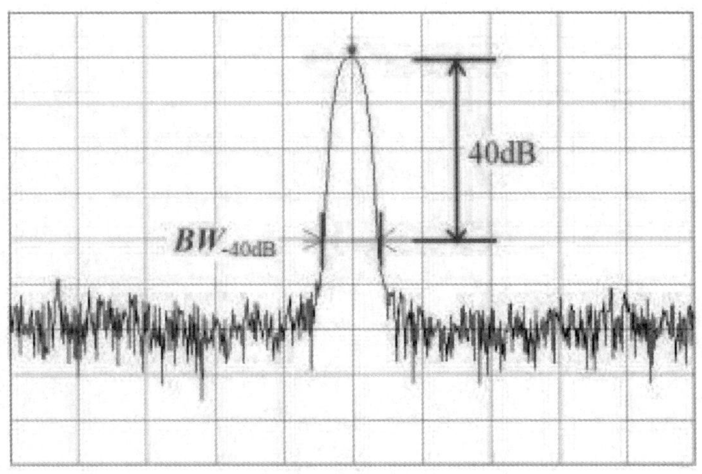

图 2　信道-40 dB 带宽定义

四、评分标准

	项　目	主 要 内 容	满分
设计报告	方案论证	比较与选择，方案描述	2
	理论分析与计算	数字-模拟信号合路、调制方式、信道带宽的设计策略	6
	电路与程序设计	数字-模拟信号合路、调制发送、接收解调，以及分离电路的设计，控制程序流程	6
	测试方案与测试结果	测试方案及测试条件，测试结果及其完整性，测试结果分析	4
	设计报告结构及规范性	摘要，设计报告正文的结构，图表的规范性	2
	合计		**20**
基本要求	完成第(1)项		12
	完成第(2)项		10
	完成第(3)项		12
	完成第(4)项		16
	合计		**50**
发挥部分	完成第(1)项		5
	完成第(2)项		20
	完成第(3)项		20
	其他		5
	合计		**50**
总　分			**120**

作品1　桂林电子科技大学

作者：肖　凯、唐　海、李帅强

摘　要

本系统包含本振、加法器、AM 调制/检波、上/下变频与滤波等模拟电路，以及 FPGA 实现的数字滤波与 ASK 解调。发射端先通过 MSP430 将数字码元合成 11.5 kHz 的 PWM 脉宽调制 ASK 信号，再通过加法器和模拟信号相加得到混合信号，并调制成 AM 信号，载波频率范围为 20～30 MHz，经放大后送入天线发射。接收端先将射频信号混频得到 10.7 MHz 中频信号，通过滤波、AGC 处理，送入二极管进行 AM 包络检波，得到混合信号，将混合信号 ADC 采集，由 FPGA 进行数字滤波和数字 ASK 解调，分离出模拟信号和数字码元信号。经测试，射频调制信号的带宽小于 25 kHz，解调后 50 Hz～10 kHz 的模拟信号无明显失真，数字码元信号传输稳定，时延小于 1 s，发射部分实测功耗为 200.79 mW。

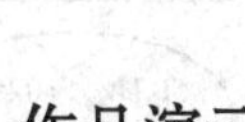
作品演示

关键词：PWM 调制；数字滤波；AM 包络检波

1. 系统方案

根据题目要求，本系统分为 AM 发射端和 AM 接收端，如图 1、图 2 所示。

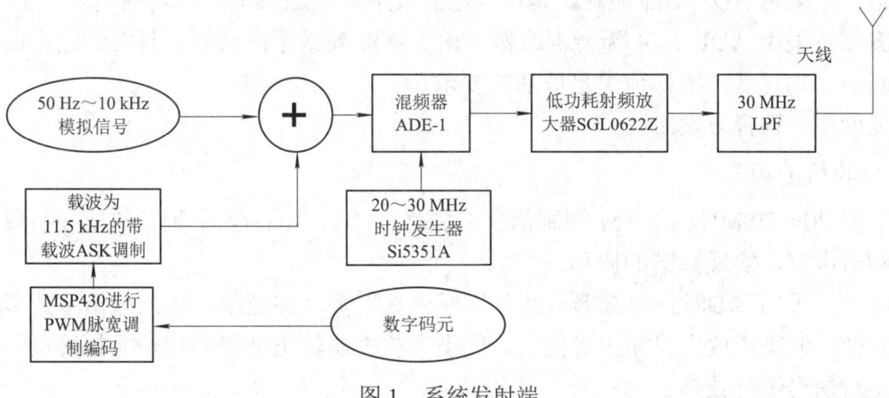

图 1　系统发射端

发射端采用 MSP430 进行 PWM 数字码元编码，并进行带载波 ASK 调制，把数字码元调制到 11.5 kHz 处，与频率范围为 50 Hz～10 kHz 的模拟信号相加，得到混合信号。经 ADE-1 无源混频器把混合信号与本振信号进行混频，生成频段在 20～30 MHz 的 AM 调制信号。

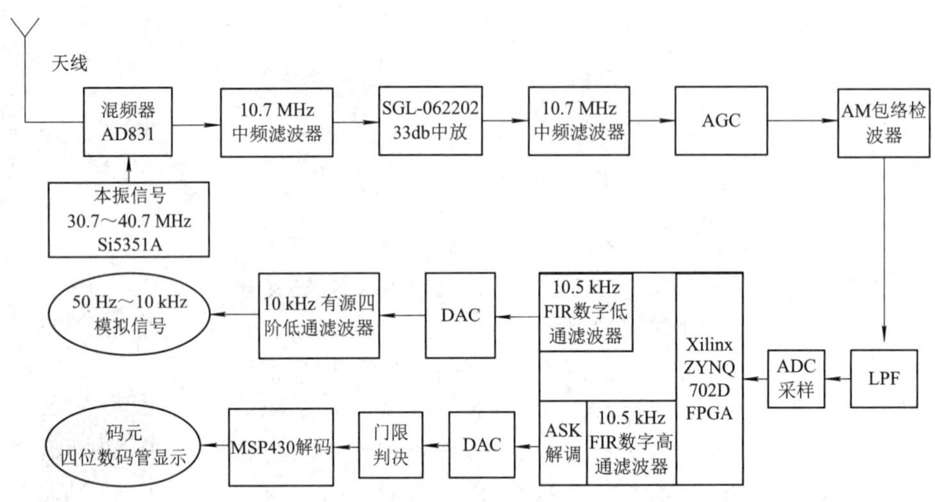

图 2　系统接收端

接收端，将接收信号通过 AD831 混频到 10.7 MHz 中频，经过 10.7 MHz 带通滤波、放大、AGC 处理后，传入二极管包络检波，检波输出信号由 ADC 采集，送 FPGA 中进行处理，分别得到模拟信号和 ASK 解调信号。最后模拟信号送低通滤波器处理；ASK 解调信号通过门限判决送入 MSP430 单片机进行解码处理，得到数字码元信息。

2. 方案选择和论证

2.1　混频器的选择

1. 发送端混频器

发送端实现将频谱搬移至 20～30 MHz 的频段内，这需要使用混频器。

方案一：采用 AD831 混频器。其缺点是需采用双电源供电，且功耗高。

方案二：采用 ADE-1-24 无源混频器。由于该混频器无需供电，且混频输出的信号非线性失真小、功耗低，很好地满足低功耗要求。

综上所述，选择方案二。

2. 接收机混频器

为了将 20～30 MHz 的 AM 调制信号，搬移至 10.7 MHz 的中频，需要在接收端设计一个混频器电路，实现频谱的搬移。

方案一：采用 AD831 混频器。其具有低失真、宽动态范围，输入输出方式多样，使用灵活方便，低噪声放大器输出等优点。低噪声放大器输出使得输出信号幅度高，便于后级进一步对信号进行处理。

方案二：采用 ADE-1-24 等无源混频器。本方案功耗低，但是不能进行信号放大处理。

综上所述，选择方案一。

2.2　数字码元信号调制选择

本次系统设计要求进行模拟码元信号和数字码元信号共同传输，其中数字码元信号的处理有以下三种方案。

方案一：采用 FSK 频移键控法。抗噪声与抗衰减的性能较好，需要两种不同频率的载波进行调制。

方案二：采用简单 ASK 幅移键控法。调制方式实现简单，让载波在二进制调制信号控制下发生通断。

方案三：采用带载波的 ASK 幅移键控法。其调制幅度不能为 0，即“0”信号时产生与“1”信号幅度不一样的载波信号。此方法使得能量汇聚在功率谱的主瓣，减少旁瓣处功率泄露。

综上所述，考虑到 ASK 调制频带利用率较高，同时，带载波的 ASK 调制比简单的 ASK 调制旁瓣泄露少，对 50 Hz～10 kHz 的模拟信号的干扰少，故选择方案三。

2.3　滤波器方案选择

方案一：采用 8 阶的巴特沃兹滤波器。电路设计较复杂，一旦电路搭建完成难以修改滤波参数，并且阻带内最小衰减很难达到-60 dB。

方案二：基于 FPGA 的数字滤波器。采用软件编程，滤波器参数修改简单，阻带内最小衰减容易达到-60 dB，而且精度高、可靠性好。该滤波器遵循奈奎斯特采样定理，数字滤波器能处理的信号频域宽度小于采样率的二分之一，无法处理产生混叠的信号。

综上所述，考虑到系统有较高信噪比要求，且只有 1 kHz 过渡带的设计要求，故采用方案二。

2.4　调制方式的选择

方案一：采用 AM 调制。AM 调制信号的带宽是调制信号带宽的两倍。解调时使用相干解调或包络检波，可以简化接收过程。由于 AM 波的信息存在于幅度，因此容易受到信道干扰。

方案二：采用 FM 调制。FM 信号信息存于频率的变化，受信道干扰小，抗干扰能力强。但会占用较大的信道带宽，频谱利用率低，且接收机设计比较复杂。

综上所述，考虑到题目要求发送信号带宽只有 25 kHz，故选择方案一 AM 调制。

2.5　ASK 解调方式的选择

方案一：采用相干解调。通过锁相环提取出载波信息，然后与输入信号相干解调出信号。该方法解调出的信号质量好，但电路复杂，难以实现，需要同步解调信息。

方案二：采用包络检波。在解调时先对调幅波进行整流和滤波，得到波包络变化的电流信号。解调的主要过程是对调幅信号进行半波或全波整流，无法鉴别调制信号的相位信息。

方案三：采用数字包络检波。把整流电路和低通滤波器都使用 FPGA 来实现。其性能和模拟包络检波器一致。

综上所述，由于本系统的 ASK 信号由 FPGA 数字滤波器得出，故选择方案三，数字包络检波解调 ASK 信号，该方案简化了接收机电路，确保了系统的稳定性。

3. 理论分析计算

3.1 滤波器分析

1. FIR 滤波器原理

FIR 滤波器是有限冲击响应滤波器，能在设计任意幅频特性的同时，保证严格的线性相位特性。FIR 滤波器的数学表达式为

$$y(n)=\sum_{m=0}^{N-1}x(m)h(n-m) \tag{1}$$

在式(1)中，N 个滤波器的抽头系数 $h(n)$分别与 N 个采样数据 $x(n)$相乘，所得的积累加后产生单个输出结果，滤波器没有输出信号的反馈。进行 Z 变换，可得：

$$H(Z)=\frac{1}{Z^N}\sum_{i=0}^{N-1}h_i Z^{N-i} \tag{2}$$

从式(2)可以看出，对于一个 N 阶的 FIR 滤波器，滤波器有 N 个抽头系数，仅在原点处存在 N 个极点，是全零点结构的滤波器，这保证了滤波器的全局稳定性。根据式(1)，FIR 滤波器的实现可以采用不同的架构，通常有串行结构和并行结构。串行结构实现仅需使用极少的硬件资源，适合在速采样速率低、系数多的情况下使用。并行结构实现的 FIR 滤波器，其最大采样速率等于系统时钟频率，适用于采样速率较高的 FIR 滤波器，但是其缺点非常明显，需要 N 个移位寄存器来存储滤波器的系数，同时需要 N 个乘法器和加法器，硬件资源消耗大。

本系统需要高效率处理数据，选用并行结构。滤波器结构图如图 3 所示。

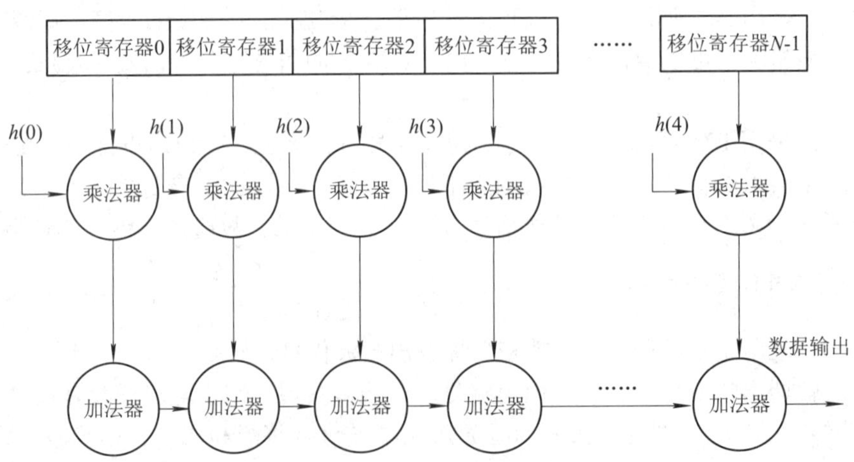

图 3　滤波器结构

2. 滤波器参数选取

题目要求发送信号带宽不大于 25 kHz。对 AM 调制信号而言，基带信号的带宽不大于 12.5 kHz。由于模拟信号需要占用 10 kHz 以内的带宽，故数字码元信号仅有 2.5 kHz 的带宽。为此，将数字码元信号采用载波频率为 11.5 kHz 的 ASK 调制，ASK 调制的信号带宽设置在 1 kHz 左右。

使用 MATLAB 软件的 filter design 工具包，设计出滤波器参数导入 FPGA 的 FIR IP 核得到滤波器。本系统中使用了 2 个 FIR 低通滤波器和一个 FIR 高通滤波器，共使用了 210 个 DSP 运算单元。

(1) 一个 179 阶的低通滤波器，用于得到模拟信号，该滤波器通带频率 $F_p = 9.8$ kHz，阻带频率 $F_S = 10.5$ kHz，带内波段 $A_p = 0.5$ dB，阻带衰减 $A_S = 60$ dB。

(2) 一个 57 阶低通滤波器用于解调 ASK，该滤波器 $F_p = 0.7$ kHz，$F_S = 5$ kHz，$A_p = 1$ dB，$A_S = 60$ dB。

(3) 一个 173 阶的 FIR 高通滤波器，用于得到 ASK 调制信号，该滤波器 $F_p = 11$ kHz，$F_S = 10$ kHz，$A_p = 1$ dB，$A_S = 65$ dB。

经过实际测试，所设计的三个数字滤波器性能满足题目要求。第一个数字低通滤波器是由 DAC 输出，得到模拟信号的，因此需要一个模拟滤波器进行平滑处理，为此本队还设计了一个 4 阶切比雪夫滤波器，使得 10 kHz 通带更加平滑。

3.2　基带信号增益分析

模拟信号与 11.5 kHz ASK 调制的数字码元信号相加，由于使用单电源供电的加法器，因此需要在信号输入端加入一个直流信号，保证输出信号无底部失真。模拟信号和 ASK 调制的数字码元信号的输入幅度都为 200 mVpp，加法器设置相加比例为 1∶1，最后相加输出信号幅度为 200 mVpp，满足了 ADE-1-24 无源混频器输入幅度要求。

3.3　频带信号增益分析

为使天线发射功率足够大能被接收机接收，发射功率需大于等于 0 dBm。发送端采用 ADE-1-24 无源混频器，混频输出 AM 信号幅度较小，功率约为−18 dBm，因此在混频器输出端加入一级 22 dB 功率放大器，经过通带衰减为 1 dB 的低通滤波器输出后，功率为 3 dBm，满足发射功率要求。

3.4　数字码元处理分析

通过分析题目指标要求，可知整体信号带宽为 25 kHz，要求接收机接收范围是 50 Hz～10 kHz。预留给数字码元信号的带宽为 2.5 kHz。考虑滤波器的过渡带要求，对 ASK 调制信号的载波频率选择为 11.5 kHz。

题目的数字传输速度要求 2 s 以内正常传输 4 位 0～9 的数字码元，每个十进制数字需要 4 位二进制数传送，16 位数据加上帧头和帧尾以及校验位，通过计算可知数字码元速率不得低于 12 Hz。为了防止信道干扰，最好远大于 12 Hz，故本系统选择 100 Hz 为数字码元信号速率。

4. 电路设计和程序设计

4.1 混频器设计

1. ADE-1-24 无源混频器

题目对功耗有较高要求，因此采用无源混频器，其电路原理图如图 4 所示。

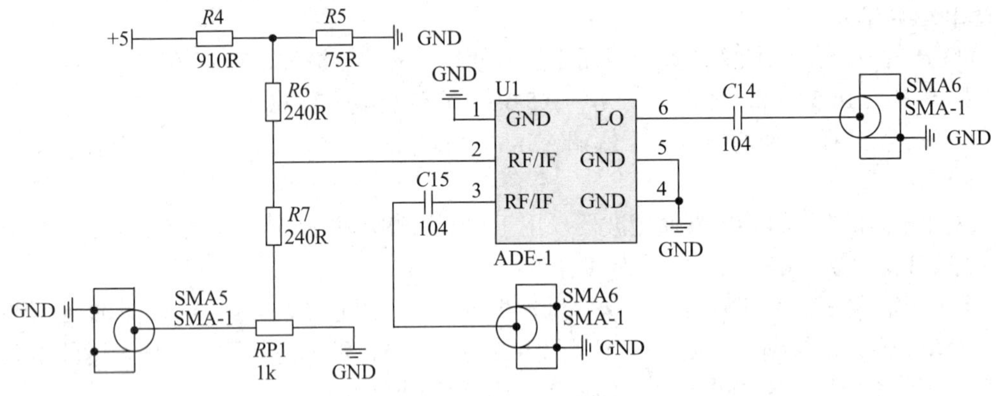

图 4 ADE-1-24 无源混频器原理图

电路是一个三端电路，其中两个输入分别为调制信号和本振信号输入，一个输出为调制输出信号。

2. AD831 有源混频器

AD831 有源混频器将 20～30 MHz 频率的 AM 调制信号，混频至 10.7 MHz 中频，以便进行下一步的 AM 解调处理。AD831 电路原理如图 5 所示。

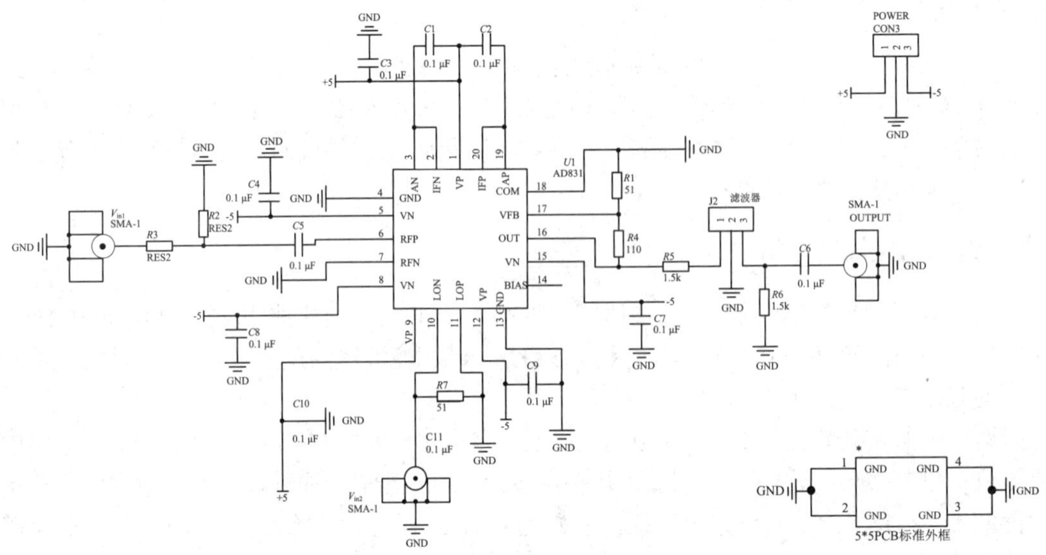

图 5 AD831 原理图

4.2　Si5351A 设计

该芯片是一款低功耗，可编程的锁相环，频率 2.5 kHz～200 MHz 可变，最小步进达 1 kHz。Si5351A 的电路原理图如图 6 所示。

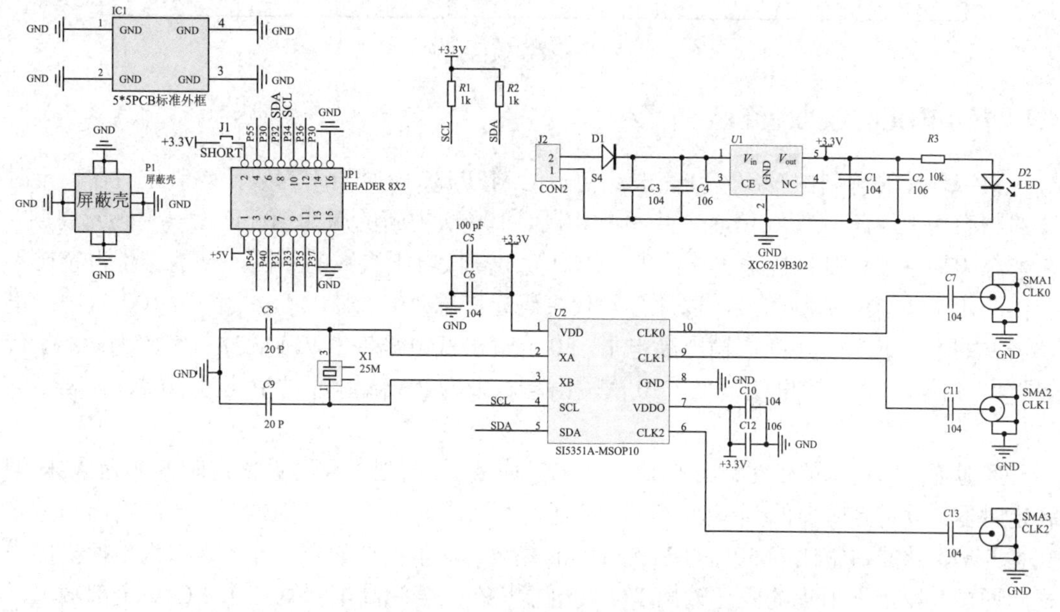

图 6　Si5351A 电路原理图

4.3　数字码元处理的帧格式和 ASK 调制幅度

数字码元处理采用了带载 ASK 调制方法。其中“1”和“0”信号分别采用了 70% 和 30%的占空比的 PWM 脉冲调制信号表示，如图 7(a)为“1”信号，图 7(b)为“0”信号。

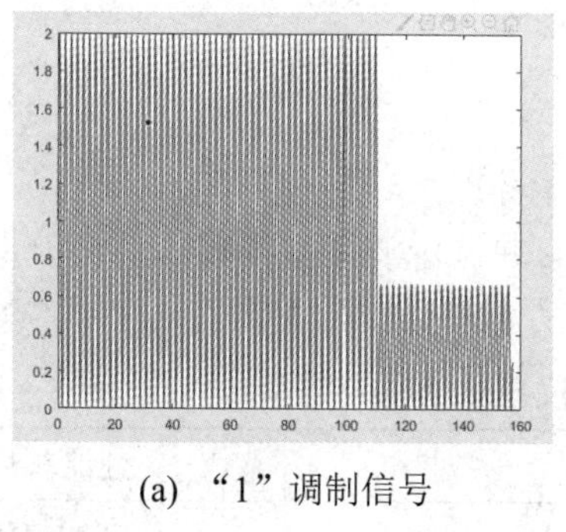

(a)　“1”调制信号

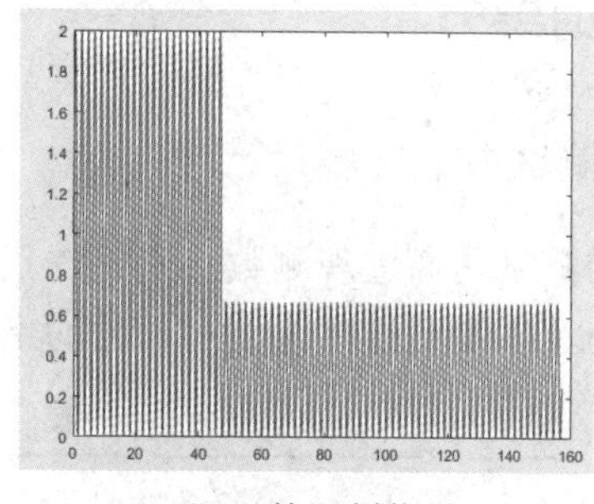

(b)　“0”的调制信号

图 7　调制信号

为保证 4 位十进制数字码元的通信完整性，需要有效二进制数字 16 位，每 4 位表示一个有效十进制数字码元。数据帧尾可以设置为 4 位二进制数字“1110”。帧头为 8 个二进制“11111111”作为数据的帧头。另外加入一个 4 位的帧校验数据。校验数据的具体意义代表的是有效数据中“1”的数量，在接收端收到数据后可以作为校验依据。综上所述，数字帧由 32 位二进制数构成，分别是“帧头 + 有效数据 + 校验帧 + 帧尾”(见图 8)，为满足系统带宽要求采用 10 ms 为码元宽度，传输一帧所需时间为 320 ms。

32位

数据开始帧 11111111	数据1	数据2	数据3	数据4	校验帧	数据结束帧 1110

图 8　数据帧格式

4.4　数字码元信号处理流程

数字码元的调制由 MSP430 完成。初始化 MSP430 定时器 1 为码元控制定时器，定时器的频率为 10 kHz，即 0.1 ms 产生一次中断，100 次中断的周期 10 ms 为一个码元周期。在一个周期中，控制推挽输出模式的 I/O 口输出高低电平次数的不同，便能产生占空比不一样的 PWM 脉宽调制信号，以此分别代表码元信息“0”或“1”。具体为 100 次中断里 70 次中断使推挽输出 I/O 口输出高电平，30 次输出低电平为 PWM 脉冲占空比为 70%，代表“1”信号，30 次输出低电平，70 次输出高电平为 PWM 脉冲占空比为 30%，代表“0”信号。

此时 I/O 口输出的仅是码元信息，还未完成 ASK 调制。需再设置定时器 2 为 ASK 调制定时器。设定定时器的频率为 23 kHz，通过两次中断一次输出低电平，一次输出高电平产生 PWM 脉冲占空比为 50%的 11.5 kHz 的载波。这里需要设置三个 I/O 口为推挽输出模式，通过读取上面所提的码元输出 I/O 口电平状态，若为高电平则三个 I/O 口全部输出，若为低电平，则只输出一个 I/O 口为高电平，完成带载式 ASK 信号调制。

接收端数字码元信号的获取，是利用 MSP430 定时器的脉冲宽度捕获功能进行实时捕获的，实现的重点在于定时器的频率要高于捕获信号的频率，同时正确设置上升沿开始捕获高电平，下降沿结束捕获一个高电平，计算出脉冲信号的宽度。只有捕获到帧头，才开始正式接收数据，接收完最后的帧尾且数据校验正确才使用数码管显示。

5. 测试结果分析

5.1　系统测试方案

系统的测试是通过观测数字码元的正确与否，通过示波器观测模拟信号波形失真情况和幅度大小，以及通过频谱仪对信号的带宽以及功率进行实时观测。

表 1　测试仪器

序号	仪器类别	数量	性能参数
1	数字示波器	1	500 MHz
2	数字频谱仪	1	6.5 GHz
3	直流稳压源	1	32 V，3 A
4	数字万用表	1	三位半
5	信号源	1	60 MHz

5.2　测试结果和分析

(1) 发送端输入模拟信号幅度为 200 mVpp，且频率在 50 Hz～10 kHz 范围内。以 1 MHz 为步进，载波频率由 20 MHz 逐渐增加至 30 MHz，来进行测试。通过接入示波器来检测接收端解调出来的模拟基带信号的失真情况和幅度值，可以判断出该频段是否有干扰信号，最终输出的模拟基带信号幅度值范围在 3～4 Vpp 之间。

(2) 选择模拟信号解调输出较好的载波频率进行测试，在幅度为 200 mVpp 的信号条件下，通过连续改变模拟基带信号频率，通过示波器观察能否解调出对应的模拟信号。通过测试得到系统模拟信号的解调频率范围：30.2 Hz～10.24 kHz。

(3) 在数字信号解调通过调整输出码元占空比尽量接近 7∶3 的情况下，可以获得最低误码率。选择好合适的载波频率之后，可测得稳定的模拟/数字混合通信情况下，最远距离达 5 m。

(4) 实测不同载波频率下的模拟信号解调幅度关系如表 2 所示，模拟信号频率范围数据如表 3 所示，合路信号解调模拟信号频率范围及数字信号误码情况如表 4 所示，系统功耗如表 5 所示。

表 2　不同载波频率下模拟信号解调输出幅度关系

载波频率 /MHz	模拟信号输出幅度 /Vpp	失真情况
30	3.91	无明显失真
29	3.97	无明显失真
28	3.75	无明显失真
27	3.76	无明显失真
26	3.12	无明显失真
25	3.32	轻微失真
24	3.25	无明显失真
23	3.41	无明显失真
22	4.03	无明显失真
21	3.9	无明显失真
20	3.78	无明显失真

表 3　模拟基带信号解调输出频率范围

模拟信号频率 /Hz	模拟信号输出幅度 /Vpp	失真情况
30.2	0.4	轻微失真
50	1.23	轻微失真
100	2.84	无明显失真
500	3.51	无明显失真
1000	3.45	无明显失真
5000	3.69	无明显失真
10200	3.54	无明显失真

表 4　合路信号解调模拟信号频率范围及数字信号误码情况

载波频率 /MHz	模拟信号频率范围 /Hz	数字信号有无误码
20	30～10323	无
21	32～10301	无
22	33～10303	无
23	28～10289	无
24	33～10234	无
25	42～10351	无
26	36～10312	无
27	30～10339	无
28	35～10285	无
29	32～10322	无
30	33～10328	无

表 5　发送设备功耗指标

输入电压 /V	输入电流 /mA	发送设备功耗 /mW
2.91	69	200.79

6. 总结和改进

(1) 该系统设计完成了在特定带宽要求下的模拟信号和数字信号混合传输，模拟信号的传输在较宽频率范围实现了较低的失真度，数字码元信号传输，在较高的传输速度下实现了较低的误码率。系统采用了高性能数字滤波器设计和大、高动态 AGC 电路，保持了信号传输幅度的稳定性。

(2) 该系统还存在发射部分功耗较大的问题，可以优化电路结构，减少电路功率损耗。同时各级电路之间匹配并不完全，还存在模拟信号传输后失真的情况。

专家点评

该作品系统设计考虑比较全面，不论是模拟-数字信号的合路处理和分离处理电路的设计，还是发射端低功耗设计都比较充分，确保了作品功能的完整性、可靠性。作品测试指标全部达到设计要求，在全国复测中，作品工作稳定，性能指标符合题目要求，表现优秀。

作品2　北京邮电大学

作者：党导航、蒋睿阳、李肖龙

摘　要

本系统采用频分复用(FDM)和包络调制(AM)技术，完成了一套数模混合传输收发机。首先将数字信号映射到 11～12 kHz 频段，转换为 FSK 信号；将 FSK 信号和经过增益调节的模拟语音信号相加，并叠加了直流偏置；最后与 DDS 信号源产生的本振混频得到 AM 信号。产生的 AM 信号经功率放大器(PA)放大，从 1 m 的鞭状天线发射出去。接收端从天线接收到的信号，通过带通滤波器，再经过 LNA 和 VCA 放大，最后被包络检波器转换为基带信号。单片机用片上 ADC 对基带信号采样后进行数字滤波，分离模拟和数字信号，从而完成了题目的各项要求。本系统采用 FSK 技术，提高了数字传输的准确率，响应速度优势突出；采用的 AM 调制方案，极大简化了接收端模拟电路的结构，具有较高鲁棒性。

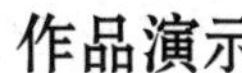

关键词：频分复用；FSK 调制；AM 调制；数字滤波器

1. 设计方案

1.1　整体设计与方案选择

根据题目要求，数字-模拟信号混合传输收发机设计的重点和难点，在于选择合适的数字模拟信号合路方案和调制解调方案。

1. 数字模拟信号合路方案

方案一：将数字和模拟信号先正交调制到中频处，使数字和模拟信号分别被中频的同相和正交分量调制，然后经过射频通道进行发射和射频接收。在接收端得到中频信号后，再进行正交相干解调，恢复出相互正交的数字和模拟信号。该方案模拟电路相对复杂，特别是系统中出现中频，有镜像干扰问题。中频相干解调的难度较大，信号间隔离度较低，本振的微小相位差就会让数字和模拟信号之间出现相互干扰。

方案二：数字信号先使用 FSK 调制，将不同数字映射到不同频率上，均匀分布在 11～

12 kHz。FSK 信号和模拟信号直接用加法器相加。在之后的调制和解调中，将相加后的信号当作基带信号操作。在解调得到基带信号后，先做低通滤波得到模拟信号，并在 11～12 kHz 做鉴频恢复得到数字信号。该方案采用数字信号处理，软件相对复杂，硬件电路简单，测量准确度较高。由于本题的基带信号不到 12 kHz，对于数字信号处理的压力较小，可以实现高阶的数字滤波器，可以实现较为理想的两路信号分离，且数字鉴频的精度也较高。

为确保系统精度和稳定性，选择方案二作为数字模拟信号合路方案。

2. 调制解调方案

方案一：采用调频(FM)方案，将基带或者中频信号用调频方式调制到射频，接收端使用 PLL 等鉴频电路解调。

方案二：采用双边带抑制载波调幅(DSB)，将待发射信号直接与载波相乘，调制到射频。接收端提取载波后，相干解调到中频。

方案三：采用包络调制(AM)，将待发射信号叠加直流信号，保证信号电平非负后，再与载波相乘。接收端直接采用包络检波。

从原理上讲，在相同发射功率和信道条件时，上述三种方案的输出信噪比递减。但是由于本题对带宽限制(25 kHz)与基带信号带宽基本相同(2*12 = 24 kHz)，FM 很难满足带宽要求。而 DSB 需要提取载波，接收端易出现不稳定问题。为确保系统的精度和稳定性，考虑到短距离传输对信噪比要求不高，选择方案三作为调制解调方案。

1.2 器件选型

1. 天线选型

题目要求天线长度不得超过 1 m。非鞭状天线按照周长计算长度，为了避免方向性天线的对齐问题和储运过程中的弯折损坏，本队选择了 1 m 鞭状天线作为收发天线。但是，该天线的谐振点在 45 MHz 左右，因此在 20～30 MHz 工作时，会呈现较大容性。为了避免回波损耗和 PA 不稳定问题，在天线端口处串入了一个 2200 μH 电感调谐。加感之后从此时 PA 输出端看，负载为 27 MHz 谐振的 25 Ω 纯阻性负载，回波损耗小于 10 dB。

2. 发送端器件选型

1) MCU

本队选择的是 STM32F407VET6 单片机。STMF407 系列单片机带有高速片上 DAC，可以直接在单片机控制产生键入数字对应的 FSK 信号，使数字信号的接收和转换单片完成，简化硬件结构。

2) 本振发生器

本队选择了 AD9959 DDS 芯片。尽管 DDS 芯片的功耗较大，达到上百 mA，但是在竞赛期间很难找到在 20～30 MHz 频率工作的 VCO 或 PLL，且需具有不少于 3 个载波的选择功能，所以只能使用 DDS 来产生本振。

3) 模拟前端部分

本队使用乘法器 AD835 进行混频，采用低失真、高压摆、电流驱动能力达 175 mA 电流反馈运算放大器 AD8009 充当功率放大器。此外，为了应对可能出现的不同幅度的模拟输入信号，本队采用 NE5534 音频放大器来调整输入的语音信号的幅度。

3. 接收端器件选型

模拟前端部分，本队采用 LNA ADL5536 和 VCA AD8367 来实现低噪声、增益可调的信号放大功能。放大后的信号经 ADL5511 包络检波获得基带信号，基带信号直接输入单片机。

在接收端，本队使用了 STM32G431RBTx 单片机来处理射频前端解调所得的基带信号。该系列单片机带有片上 ADC 转换器和 DAC 转换器，可以单片实现信号采集和产生的功能。此外，STM32G4 单片机还带有片上 FMAC (Filter Math Accelerator)单元，可作为 FIR、IIR 数字滤波器的加速计算模块，配合片上 DAC、ADC 以及 DMA 模块可以实现实时数字滤波。

2. 理论分析与计算

2.1　数字-模拟信号合路

经过前级运放后，输入的语音信号被变换到-1～1 V 的电压范围。DAC 输出的 FSK 信号的电平处于 0～3.3 V 的区间。为了合成非负的基带信号，且满足乘法器 AD835 所要求的输入信号电平在 1 V 以下，需要使用一个电阻信号合成网络，将语音信号、FSK 信号和直流偏直叠加。电阻合路装置电路如图 1 所示。

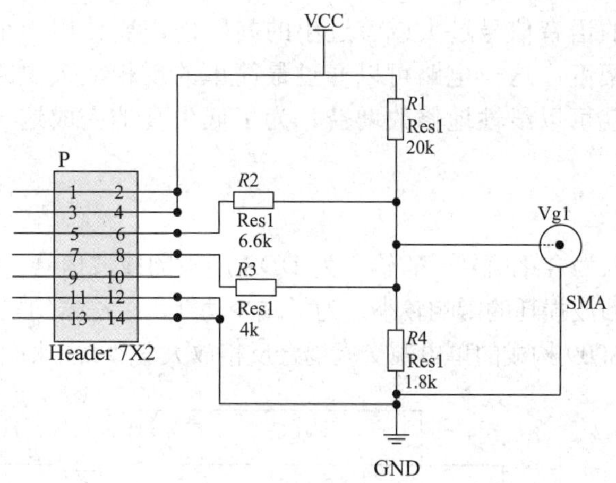

图 1　电阻合路装置

2.2　频谱分配与使用

在本设计中，需要将合路电路相加得到基带信号，调制到 20～30 MHz 的短波频段，本队伍选择 27 MHz 为中心的 0.6 MHz 频段。考虑到 AM 信号的频谱特点，为了使已调信号的-40 dB 带宽小于 25 kHz，基带信号的带宽小于 12.5 kHz。而题目要求所传输的模拟信号频率范围为 50 Hz～10 kHz，为了接收端滤波的可实现性，在模拟和数字频谱间预留 1 kHz 过渡带，故编码的数字信号频率分布在 11～12 kHz 范围内。

2.3 数字滤波器设计

所设计的 125 阶数字滤波器的频率响应的 MATLAB 仿真结果如图 2 所示。具体性能为通带截止频率 9.83 kHz，通带波动 2.2 dB，阻带截止频率 11.2 kHz，阻带衰减 60 dB。

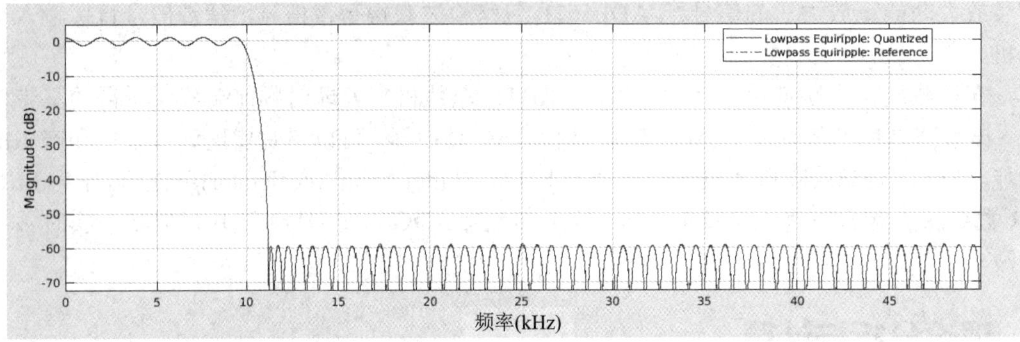

图 2　数字滤波器 MATLAB 仿真

3. 电路与程序设计

3.1 硬件电路设计

1. 语音信号放大电路

为了避免输入的语音信号过大或者过小的问题，需要使用一个增益可变放大电路来调整语音信号的幅度。这一电路可以通过最简单的反相放大电路来实现，只需调整反馈电阻的阻值，就可以线性地修改增益。为了低失真地完成这一任务，本队选择了 NE5534。

2. 调制发送

乘法器的 X 输入为合路信号，Y 输入为 DDS 产生的载波信号。由于 27 MHz 的电磁波波长约为 10 m，回波损耗的影响较小，为了减少功耗，乘法器均采用高阻输入。混频后的信号需要经过 AD8009 构成的单电源交流耦合反相放大器放大，来驱动 25 Ω 的天线负载。

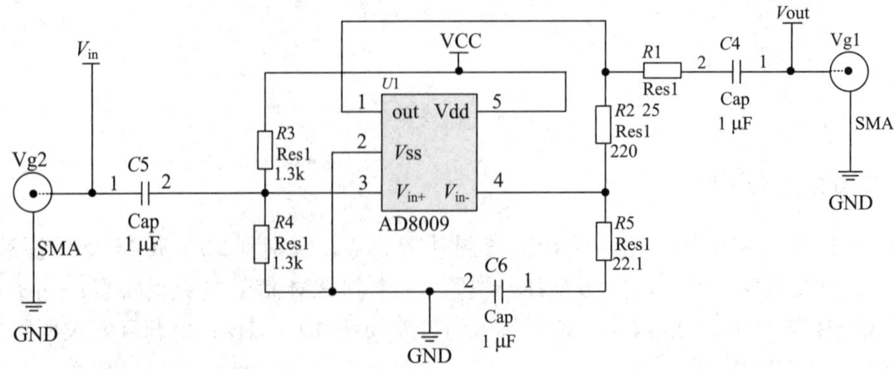

图 3　AD8009 功放电路

3. 接收解调

天线接收到的信号，经过一个 7 阶巴特沃斯 40 MHz 低通 LC 滤波器，接入到 LNA ADF5336。为了适应不同的实验环境和天线间距，我们使用了一个 VCA 模块 AD8367(见图 4)来调整检波前的信号幅度。然后使用包络检波芯片 ADL5511 进行包络检波，并将结果输入单片机。

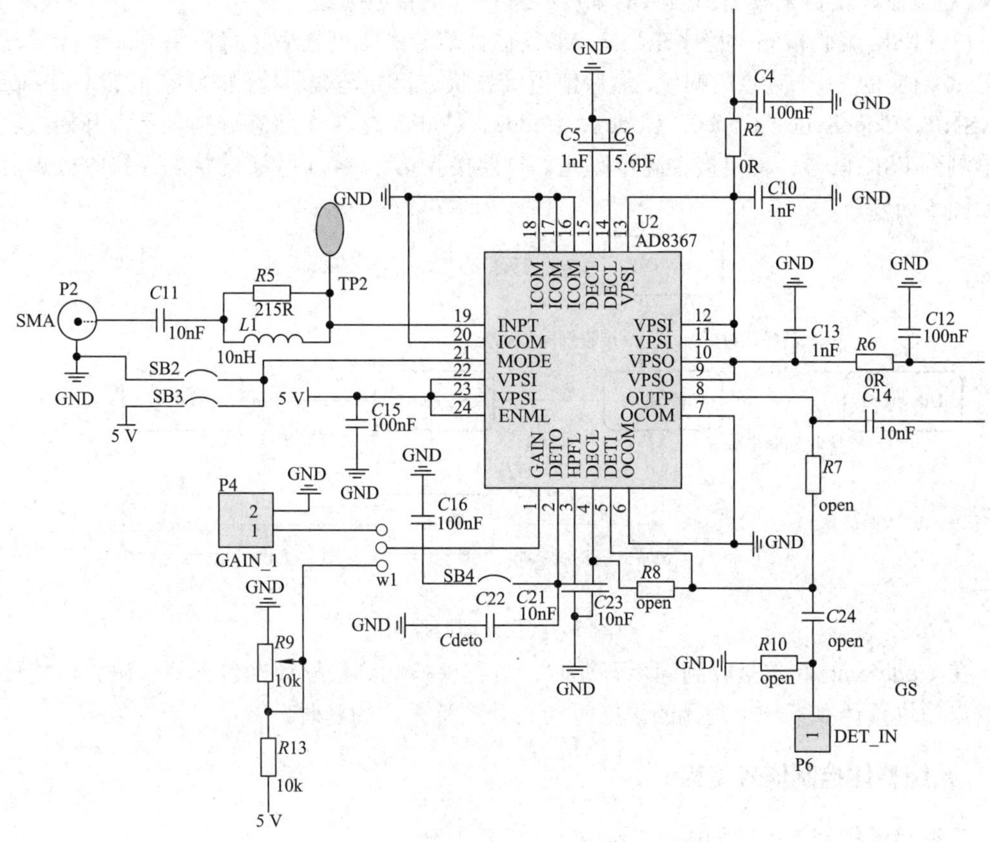

图 4　VCA AD8367 电路

3.2　程序设计

1. 发射端程序设计

发射端使用 STM32F4VE 进行设计，对应的软件包括 4 位数字信号循环发送以及控制 DDS 输出载波的功能实现。

(1) 4 位数字信号。STM32F4VE 通过串口交互获取所发送的 4 位数字信号内容，并将数字信号编码使之成为不同频率的正弦信号，使用内部 DAC+DMA 功能输出正弦信号。

(2) DDS 输出载波信号。本队将载波频段设定在 26.7～27.3 MHz 之间，STM32 与 AD9959 之间通过 SPI 通信传输载波信息。

2. 接收端程序设计

(1) 数字滤波器。在接收端单片机，我们使用了片上的 FMAC 模块，实现 FIR 滤波器

算法。在单片机初始化 ADC 和 DAC 模块后，将提前计算好的 FIR 系数加载至该模块，随后启用 DMA 模块，将 ADC 的采样点复制到 FMAC 的输入，并将 FMAC 的计算输出用 DMA 复制到 DAC 输出。

(2) 自动增益控制。在程序中，程序会每隔 50 ms 使用 DMA 将 ADC 的采样点复制到 RAM 中，随后估计其幅度，并计算预期能够放大到合适幅度的增益，并调整片上 PGA 和 ADC 的增益，使得采集输出信号的幅度维持在一个合适的值。

(3) FSK 编码检测。程序在采集 ADC 估计信号的幅度之后，将使用 Goertzel 算法检测 FSK 对应的 11 个频点的幅度，然后使用接收状态机处理编码检测。状态机的 Unsynced、LowSNR、CodeSync、Code0、Code1、Code2、Code3 这 7 个状态分别表示未开始接收、未检测到 FSK 信号、将要接收同步码元、将要接收第 1～4 个数字的状态。接收处理流程图如图 5 所示。

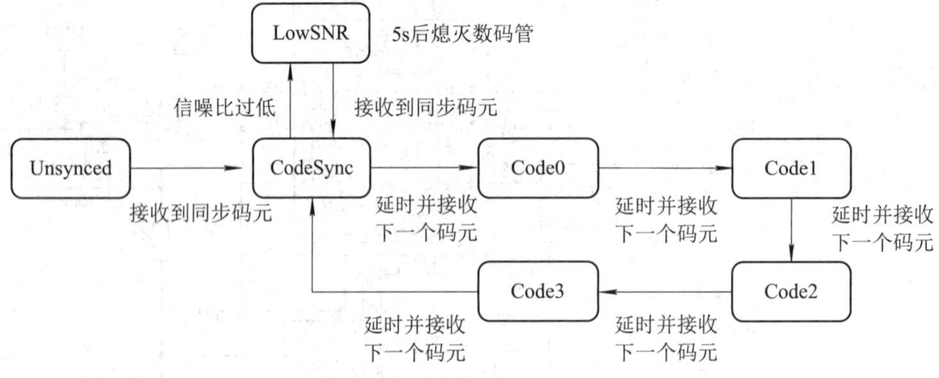

图 5　接收处理流程图

在 CodeSync 状态接收到同步码元时，若程序检测到采样周期包含两个码元，将根据间断点的位置计算下一个码元的采样时间，并调整采样的延时。

3.3　系统整体控制信号流程

系统整体控制流程图如图 6 所示。

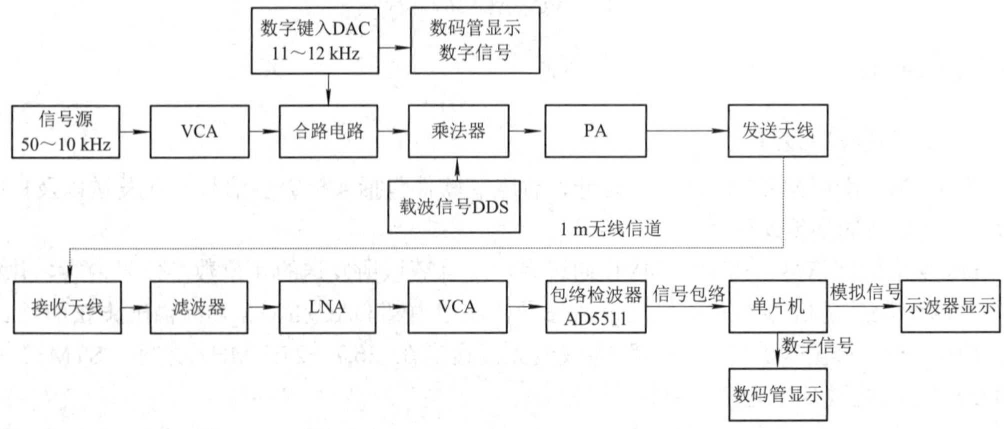

图 6　整体控制流程图

4. 系统测试

4.1　测试仪器清单(见表 1)

表 1　测试仪器清单

序号	仪器名称	型　号	生产厂家	数　量
1	信号发生器	TFG6300	suin	1
2	示波器	MDO3024	Tektronix	1
3	频谱仪	SA9124	suin	1
4	数字万用表	UT804	UNI-T	2

4.2　测试方案及结果

1. 基本要求测试

(1) 实现单语音信号传输。

(2) 实现单数字信号传输。

(3) 实现数字-模拟信号的混合传输。接入 100 Hz 正弦信号，载波 26.7 MHz，观察接收端输出。再接入 1 kHz 正弦信号，载波 27 MHz，观察接收端输出。再接入 5 kHz 正弦信号，载波 27.3 MHz，观察接收端输出。

(4) 测试信道带宽以及载波频率范围。频谱仪测量接收端载波频率以及信道带宽。

对基本要求进行测试，结果如表 2 所示。

表 2　基本要求测试结果

模拟信号频率	载波频率/MHz	输入端数字信号	接收端数码管显示	频谱仪载波频率/MHz	频谱仪显示带宽/kHz
100 Hz	26.7	0123	0123	26.7	25
1 kHz	27	0859	0859	27	25
5 kHz	27.3	6789	6789	27.3	25

2. 发挥部分测试

(1) 延迟 5 s 功能测试。在发送信号后停止发送，观察接收端数码管显示延迟时间。

(2) 功耗测试。输入端电压固定为 5 V，在发送时检测输入端电流，计算输入端电压。

(3) 模拟信号频率扩展测试。接入 50 Hz 正弦信号，载波 26.7 MHz，观察接收端输出。再接入 10 kHz 正弦信号，载波 27.3 MHz，观察接收端输出。

对发挥部分进行测试，测试结果如表 3 所示。

表 3 发挥部分测试结果

模拟信号频率	载波频率 / MHz	输入端数字信号	接收端数码管显示	频谱仪载波频率 / MHz	频谱仪显示带宽 / kHz	输入端电流 / mA
20 Hz	26.7	0731	0731	26.7	25	230
10.5 kHz	27.3	7622	7622	27.3	25	230

4.3 测试结果分析

根据测试结果可以看出，系统实现了在 3 种不同载波下传输话音信号以及数字信号的功能，满足了题目中所给出的所有要求。经过测试，系统所能传输的最低信号频率达到 10 Hz 以下。最高频率达到 10.5 kHz。

5. 结论

通过理论分析和计算，系统采用频分复用(FDM)和包络调制(AM)技术，实现了一套数模混合传输的收发机。首先使用 FSK，将数字信号映射到 11～12 kHz 频段，与模拟信号相加后，采用包络调制(AM)方案进行调制。接收端通过天线接收信号，通过滤波、LNA、VCA 放大，最后经包络检波器解调得到基带信号，实现了基本的模拟——数字混合信号无线传输功能。

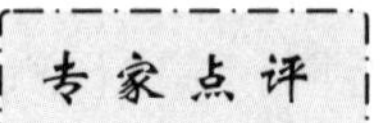

该作品系统设计思路比较有特色，包括采样 FDM 处理数字码元信号，使用单片机的片上 FMAC 模块进行实时的数字滤波。作品功能完整，基本完成了基本要求和发挥部分，主要技术指标满足题目要求。

东北电力大学

作者：刘志强、王锦洋、徐莹

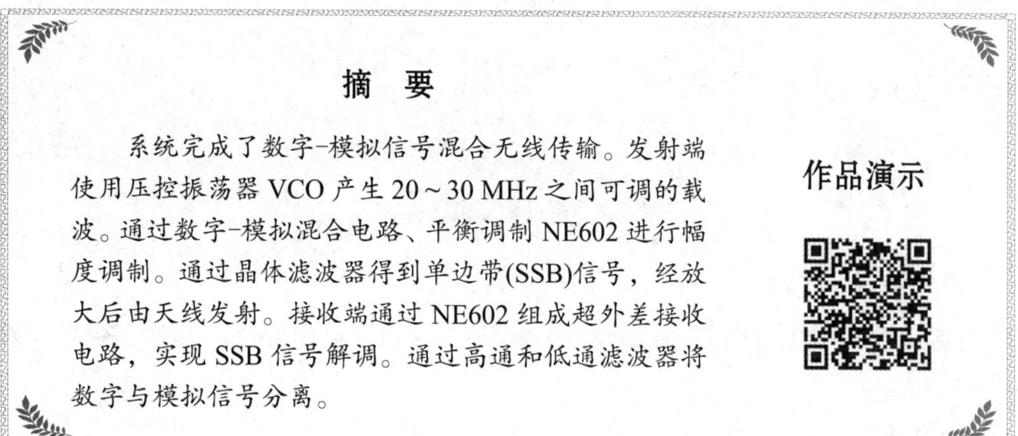

摘　要

系统完成了数字-模拟信号混合无线传输。发射端使用压控振荡器 VCO 产生 20～30 MHz 之间可调的载波。通过数字-模拟混合电路、平衡调制 NE602 进行幅度调制。通过晶体滤波器得到单边带(SSB)信号，经放大后由天线发射。接收端通过 NE602 组成超外差接收电路，实现 SSB 信号解调。通过高通和低通滤波器将数字与模拟信号分离。

作品演示

关键词：单边带 SSB；超外差接收；锁相环

1. 系统方案

本系统由发射装置和接收装置两部分组成，如图 1 所示。在发射装置中，单片机通过模拟开关控制固定频率波形的高低电平来表征数字信号。数字信号与模拟信号经放大合路，再通过模拟乘法器进行调制。接收装置对接收到的信号进行放大和解调，将分离的模拟信号经音频功率放大器放大后通过扬声器播放，实现模拟语音传输。将分离的数字信号通过锁相环解调后传至单片机，通过 4 个数码管显示，实现数字信号传输。

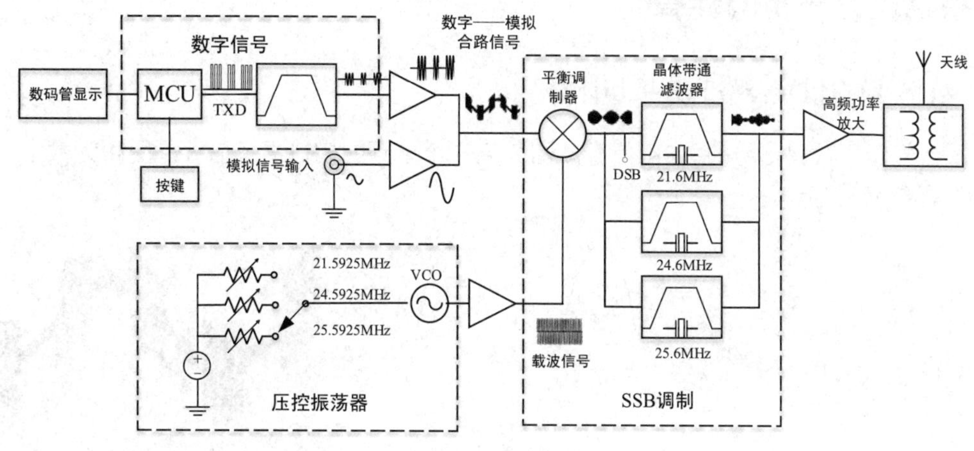

(a) 发射部分

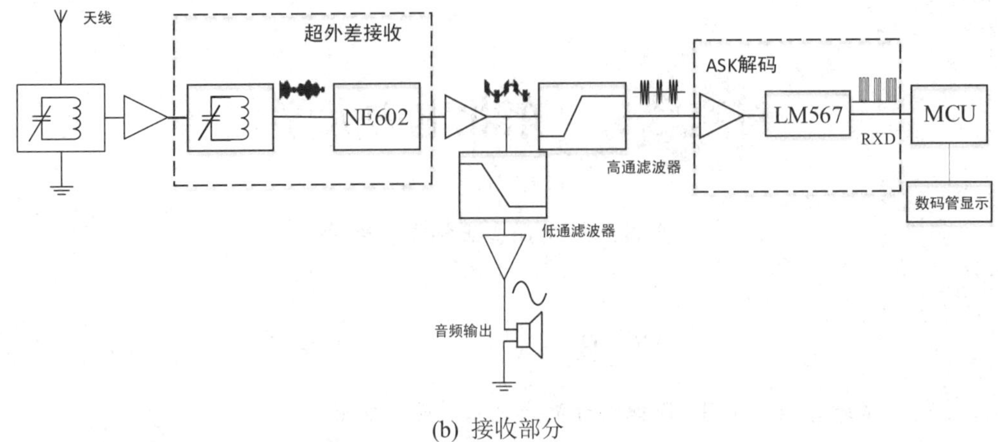

(b) 接收部分

图 1　系统设计方案总体框图

1.1　单片机的选择

选择 ATmega-8L 单片机。ATmega-8L 具有高速度、高密度性、低功耗和低价位的优点。

1.2　发射端的选择

采用单边带调幅的方式。通过自制的压控振荡器(VCO)产生高频载波，通过 TL431 稳压，使用电位器改变压控电压从而改变频率，用波段开关选择信道，可实现 20～30 MHz 范围内频率的稳定调节。

1.3　接收端的论证

采用超外差接收电路来得到所需信号的解调。利用天线接收到的高频信号和自身外围电路搭建的振荡器实现外差处理，经解调后得到所需的音频信号和数字信号。

2. 系统理论分析与计算

2.1　数字-模拟信号合路的分析与计算

图 2 显示了数码信号的 ASK 信号。图 3 为一个单频的模拟语音信号。图 4 为数字——模拟混合信号波形。

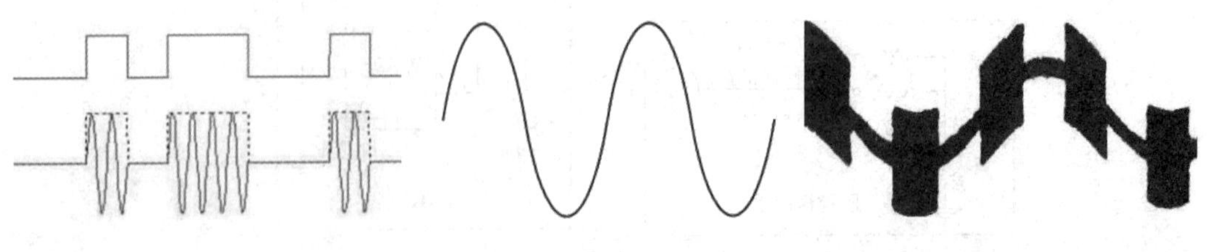

图 2　ASK 数字信号　　　图 3　模拟语音信号　　　图 4　数字——模拟混合信号

2.2　SSB 调制电路的分析与计算

由于调幅波有 3 个频率分量(载波，上边带 USB，下边带 LSB)，其中上下两个边带都含有相同的信息，载波不携带有用信息，所以只传送一个边带就可以完成信息的传送，同时还可以降低发射功耗。故采用单边带调制。

选择市售的成品滤波器来滤出 SSB 信号。考虑要发送的模拟信号最大频率为 10 kHz，数字信号的载波频率为 14 kHz，因此考虑选择的滤波器通频带范围为 15 kHz。

2.3　数字信号波特率分析与计算

根据要传输的数码个数和可用带宽，选择将数字信号的波特率设置为 100。

3. 电路与程序的设计

3.1　调制发送电路

使用自制的压控振荡器(VCO)产生高频载波，通过 TL431 稳压，使用多个电位器预先调整压控电压改变载波频率，用波段开关选择信道，可实现 20～30 MHz 范围内频率的稳定调节。压控振荡电路如图 5 所示。

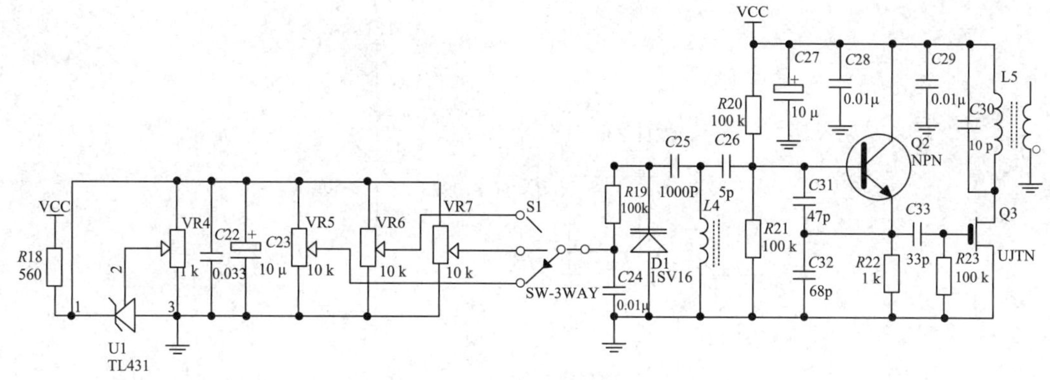

图 5　压控振荡电路(VCO)

采用晶体带通滤波器，对平衡调制器输出的调制信号进行滤波，实现单边带 SSB 的产生。SSB 单边带发生电路图如图 6 所示。单边带发生电路输出的信号经 Q1 与 L，C21 组成的选频放大电路放大，通过 LC 低通滤波器耦合至天线，完成信号的发送过程。高频功率放大电路如图 7 所示。

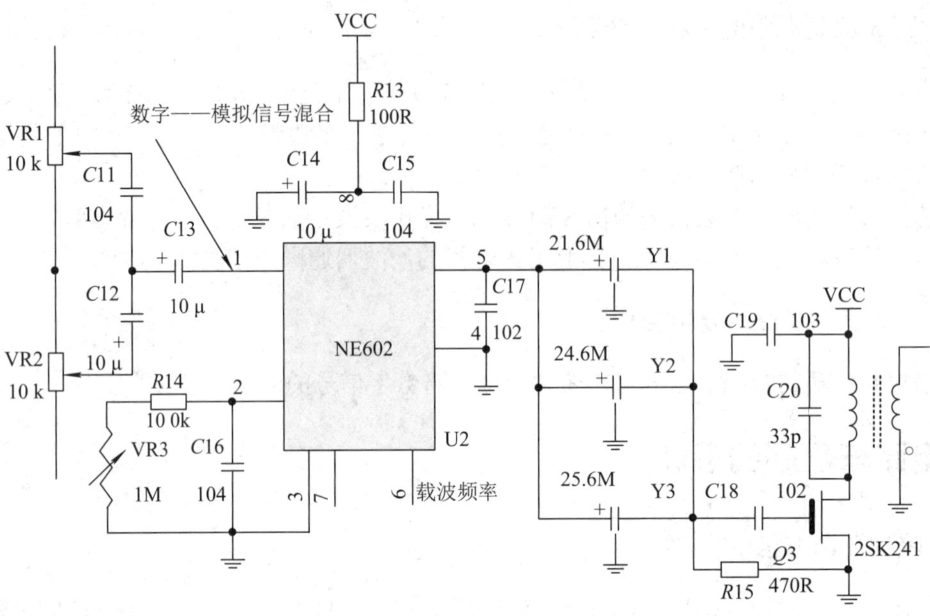

图 6　SSB 单边带发生电路

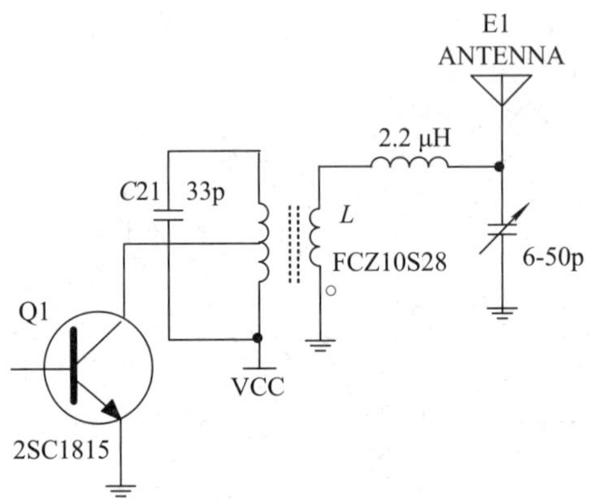

图 7　高频功率放大电路

3.2　接收解调电路及分离电路

采用 NE602 超外差接收电路，进行变频和单边带解调，如图 8 所示。解调后得到的混合信号送到以 13 kHz 为界限的高通滤波器和低通滤波器，进行分离，实际电路如图 9 所示。

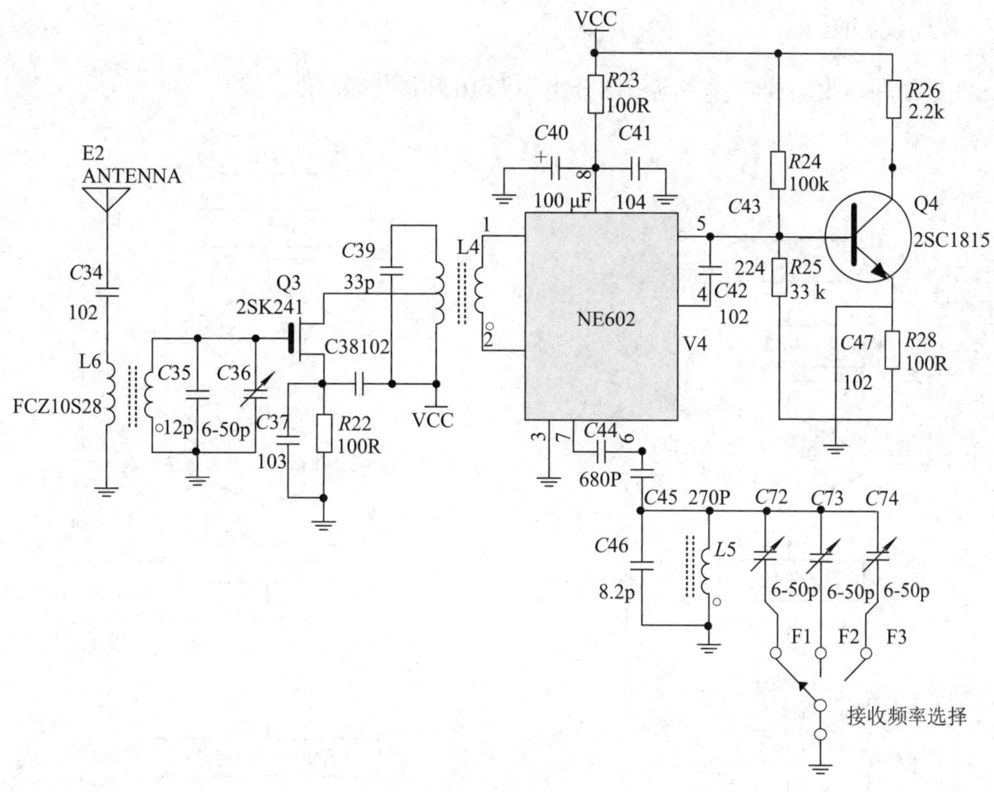

图 8 超外差接收电路

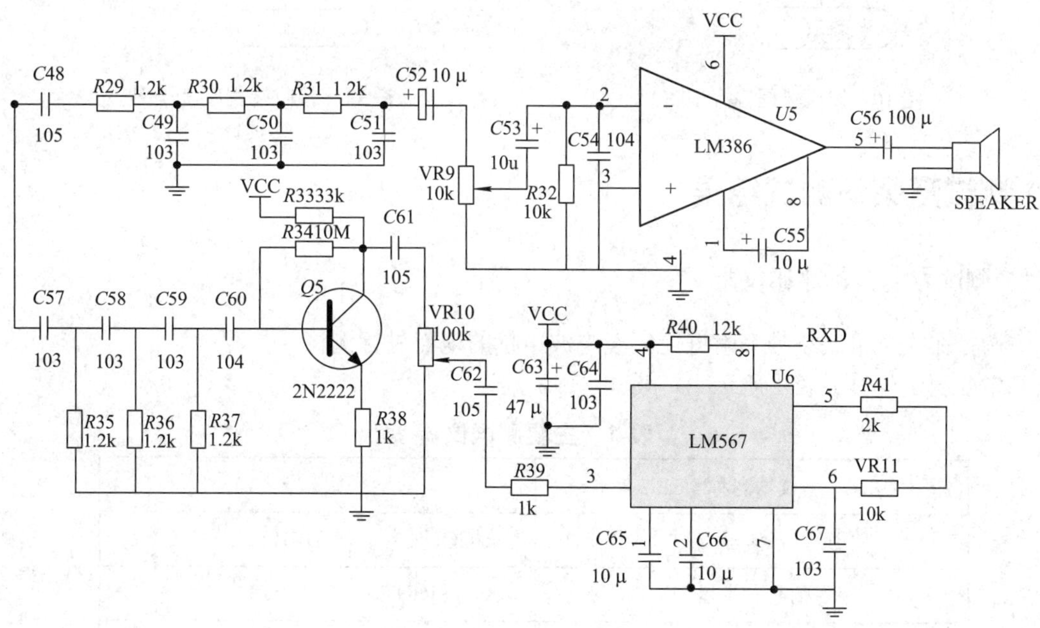

图 9 数字、模拟分离及数字解码电路

3.3 程序流程图

发送端和接收端控制程序流程图分别如图 10 和图 11 所示。

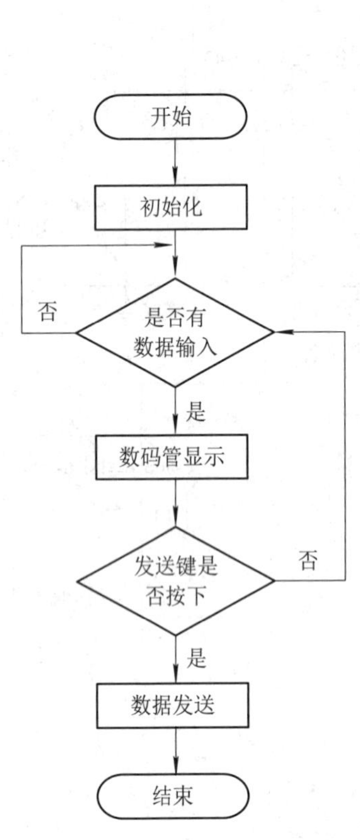

图 10 发送端程序流程图

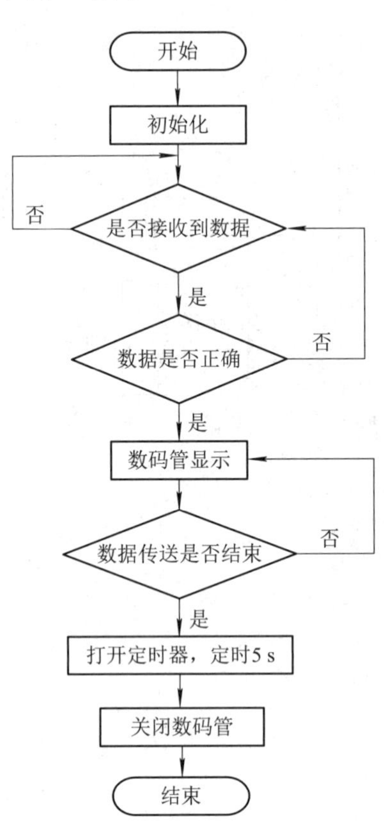

图 11 接收端程序流程图

4. 测试方案与测试结果

4.1 测试方案、条件和仪器

选择在收发机载波频率附近无环境电波干扰的地点进行测试。

主要测试仪器如表 1 所示。

表 1 主要测试仪器

仪器名称	型 号
示波器	RIGOL DS1052E
信号发生器	KEYSIGHT 33500B
频谱分析仪	ADVENTEST R4131C

4.2 测试结果及分析

模拟信号传输距离测试结果如表 2 所示。

表 2　模拟信号传输距离测试结果

测试距离 / cm	模拟传输 / 1 kHz	数字传输	混合输出	声音信号是否失真
100	清晰	正确	正确	无明显失真
150	清晰	正确	正确	无明显失真
240	清晰	正确	正确	无明显失真

三个通道模拟信号传输测试结果如表 3 所示。

表 3　三个通道模拟信号传输测试结果

通道	模拟传输 / 1 kHz	数字传输	混合输出	声音信号是否失真
1	清晰	正确	正确	无明显失真
2	清晰	正确	正确	无明显失真
3	清晰	正确	正确	无明显失真

频率对模拟信号波形影响的测试结果如表 4 所示。

表 4　频率对模拟信号波形影响的测试结果

发送数字	发送的模拟信号频率	接收的模拟信号波形	接收数字
2246	40 Hz	无明显失真	2246
8031	50 Hz	无明显失真	8031
1024	100 Hz	无明显失真	1024
8550	1 kHz	无明显失真	8550
8050	5 kHz	无明显失真	8050
9013	10 kHz	无明显失真	9013
8051	12 kHz	无明显失真	8051

频谱仪测量已调信号-40 dB 时的信道带宽如表 5 所示。

表 5　频谱仪测量已调信号-40 dB 时的信道带宽

通道	模拟信号频率 10 kHz	模拟数字信号混合带宽
1(21.6 MHz)	11 kHz	14.5 kHz
2(24.6 MHz)	11 kHz	14.5 kHz
3(25.6 MHz)	11 kHz	14.5 kHz

专家点评

该作品采用 SSB 技术进行无线收发机的设计，系统方案很有特色。在信道带宽保障和低功耗设计方面考虑得很仔细。

F 题　智能送药小车

一、任务

设计并制作智能送药小车，模拟完成在医院药房与病房之间药品的送取作业。院区结构示意如图 1 所示。院区走廊两侧的墙体由黑实线表示。走廊地面上画有居中的红实线，并放置标识病房号的黑色数字可移动纸张。药房和近端病房号(1、2 号)如图 1 所示位置固定不变，中部病房和远端病房号(3～8 号)测试时随机设定。

文中彩图

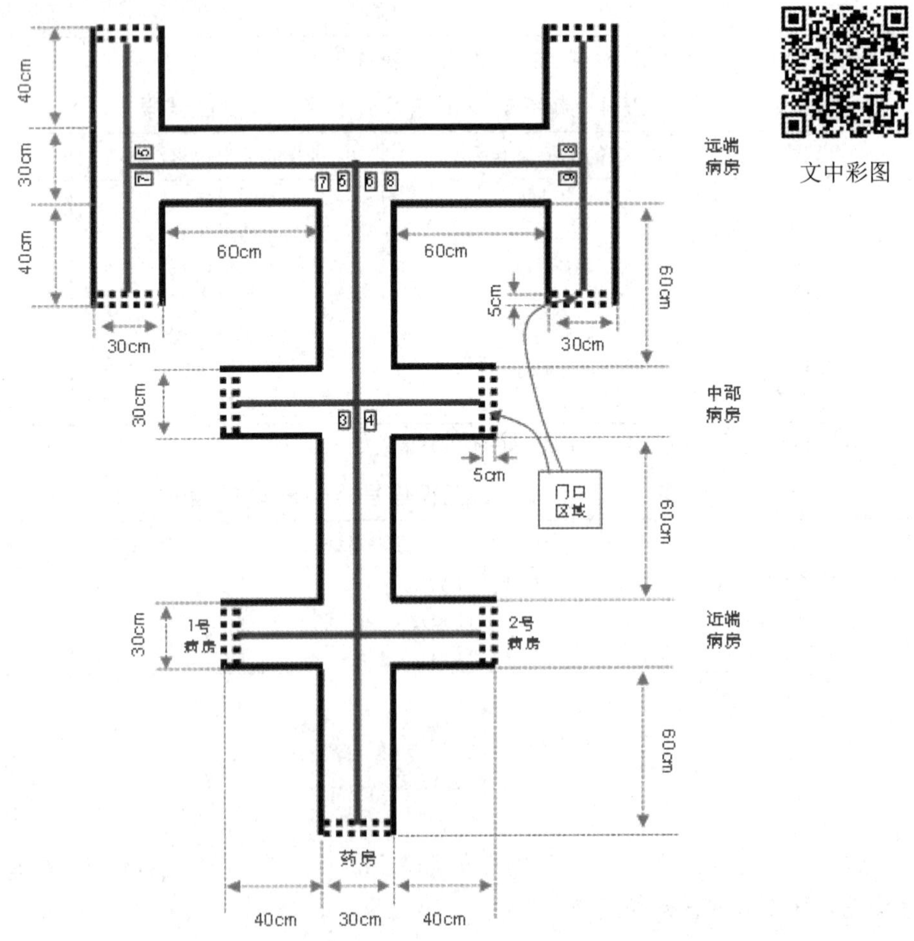

图 1　院区结构示意图

工作过程：参赛者手动将小车摆放在药房处(车头投影在门口区域内，面向病房)，手持数字标号纸张由小车识别病房号，将约 200 g 药品一次性装载到送药小车上；小车检测到药品装载完成后自动开始运送；小车根据走廊上的标识信息自动识别、寻径将药品送到指定病房(车头投影在门口区域内)，点亮红色指示灯，等待卸载药品；病房处人工卸载药品后，小车自动熄灭红色指示灯，开始返回；小车自动返回到药房(车头投影在门口区域内，面向药房)后，点亮绿色指示灯。

二、要求

1. 基本要求

(1) 单个小车运送药品到指定的近端病房并返回到药房。要求运送和返回时间均小于 20 s，超时扣分。

(2) 单个小车运送药品到指定的中部病房并返回到药房。要求运送和返回时间均小于 20 s，超时扣分。

(3) 单个小车运送药品到指定的远端病房并返回到药房。要求运送和返回时间均小于 20 s，超时扣分。

2. 发挥部分

(1) 两个小车协同运送药品到同一指定的中部病房。小车 1 识别病房号装载药品后开始运送，到达病房后等待卸载药品；然后，小车 2 识别病房号装载药品后启动运送，到达自选暂停点后暂停，点亮黄色指示灯，等待小车 1 卸载；小车 1 卸载药品，开始返回，同时控制小车 2 熄灭黄色指示灯并继续运送。要求从小车 2 启动运送开始，到小车 1 返回到药房且小车 2 到达病房的总时间(不包括小车 2 黄灯亮时的暂停时间)越短越好，超过 60 s 计 0 分。

(2) 两个小车协同到不同的远端病房送、取药品，小车 1 送药，小车 2 取药。小车 1 识别病房号装载药品后开始运送，小车 2 于药房处识别病房号等待小车 1 的取药开始指令；小车 1 到达病房后卸载药品，开始返回，同时向小车 2 发送启动取药指令；小车 2 收到取药指令后开始启动，到达病房后停止，亮红色指示灯。要求从小车 1 返回开始，到小车 1 返回到药房且小车 2 到达取药病房的总时间越短越好，超过 60 s 计 0 分。

(3) 其他。

三、说明

(1) 院区可由铺设的白色亚光喷绘布制作。走廊上的黑线和红线由喷绘或粘贴线宽约为 1.5～1.8 cm 的黑色和红色电工胶带制作。药房和病房门口区域指其标线外沿所涵盖的区域，其标线为约 2 cm 黑白相间虚线。图 1 中非黑色、非红色仅用于识图解释，在实测院区中不出现。

(2) 标识病房的黑色数字可在纸张上打印，数值为 1～8，每个数字边框长宽为 8 cm × 6 cm，将“数字字模.pdf”文件按实际大小打印即可；数字标号纸张可由无痕不干胶粘贴在走廊上，其边框距离实线约 2 cm；图 1 中标识远端病房的两个并排数字边框之间距离

约 2 cm。

(3) 小车的长 × 宽 × 高不大于 25 cm × 20 cm × 25 cm，使用普通车轮(不能使用履带或麦克纳姆轮等特殊结构)。两小车均由电池供电，小车间可无线通信，外界无任何附加电路与控制装置。

(4) 作品应能适应无阳光直射的自然光照明及顶置多灯照明环境，测试时不得有特殊照明条件要求。

(5) 每项测试开始时，只允许按一次复位键，装载药品后即刻启动运送时间计时，卸载药品后即刻启动返回时间计时。计时开始后，不得人工干预。每个测试项目只测试一次。

(6) 小车于药房处识别病房号的时间不超过 20 s。发挥部分(1)中自选暂停点处的小车 2 与小车 1 的车头投影外沿中心点的红实线距离不小于 70 cm。

(7) 有任何一个指示灯处于点亮状态的小车必须处于停止状态。两小车协同运送过程中不允许在同一走廊上错车或超车。

(8) 测试过程中，小车投影落在黑实线上或两小车碰撞将被扣分；小车投影连续落在黑实线上超过 30 cm 或整车越过黑实线，或两小车连续接触时间超过 5 s，该测试项计 0 分。

(9) 参赛队伍需自带两套数字标号纸张，无需封箱。

四、评分标准

	项　目	主 要 内 容	满分
设计报告	方案论证	比较与选择，方案描述	3
	理论分析与计算	数字识别方法，自动寻径方法	6
	电路与程序设计	电路设计，程序设计	6
	测试方案与测试结果	测试方案及测试条件，测试结果及其完整性，测试结果分析	3
	设计报告结构及规范性	摘要，设计报告正文的结构，图表的规范性	2
	合计		**20**
基本要求	完成第(1)项		12
	完成第(2)项		18
	完成第(3)项		20
	合计		**50**
发挥部分	完成第(1)项		23
	完成第(2)项		21
	其他		6
	合计		**50**
总　分			**120**

作品1　电子科技大学

作者：林璟贤、岳涛、贺骞

摘　要

模拟医院内部药房与病房间的药物送取作业，本作品为两辆智能送药小车。小车通过机器视觉识别代表病房号的数字，以及地面红线巡线，完成药房至病房的送药任务，此外，通过采用基于 NRF24 的无线通信模块，实现双车的协同送药任务。控制系统采用 STM32F405RGT6 芯片为主控器，ICM42688 为惯导模块，K210 为完成识别和巡线的视觉模块。数字识别算法运用了 YOLO 算法进行目标检测。机械结构采用双轮差速驱动结构，两端电机由 CAN 总线控制。测试表明，在题目所给的环境中，小车能完成巡线运动并到达指定位置，且用时较短，定位精准，满足题目要求。

作品演示　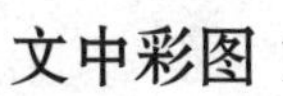文中彩图 1　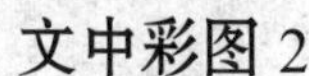文中彩图 2

关键词：数字识别；ICM42688；YOLO；K210；神经网络；互补滤波

1. 方案设计与论证

任务要求设计并制作能够进行数字识别以及精准定位的智能送药小车，同时还能实现两车的协调运行，拟定的由 STM32F405 主控的系统整体框图如图 1 所示。

1.1　机械结构设计与搭建

考虑到药物的装取、摄像头位置的架设方式，为便于调试，本队设计了如图 2 和图 3 所示的结构附件。摄像头支架如图 2 所示，每一个安装处留了可旋转空间以找到最适合摄像头和视觉模块工作的位置及角度。图 3 为药物装载结构，其侧壁用于固定触碰开关，药品选择 200 g 重的砝码，内环直径较砝码直径大 1～2 mm 以便于 3D 打印。

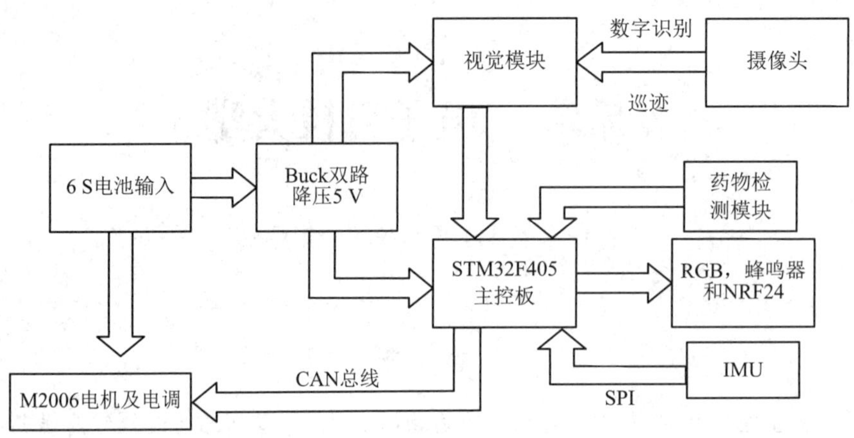

图 1　智能送药小车结构框图

图 2　摄像头支架

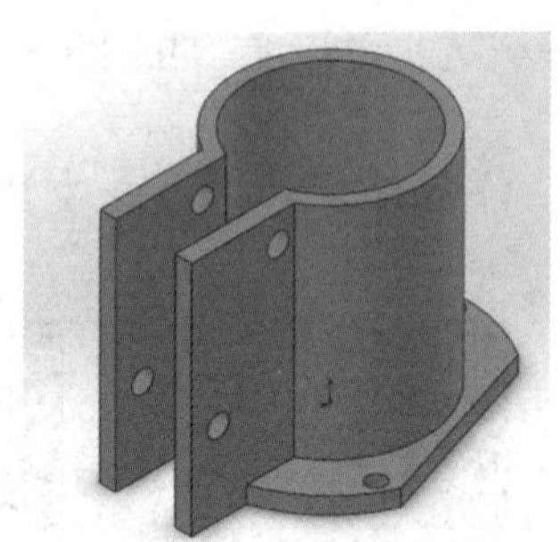

图 3　药物装载结构

1.2　电机选型

本设计对电机要求较高。小车的速度响应、供电电压、整车体积、控制的难易程度、部件可维护性、定位准确性等均是本次设计电机选型需要考虑的。考虑到供电以及对电机控制的闭环要求，有如下两种方案：

方案一：采用 MG513 直流有刷减速电机，减速比 30∶1，额定电压 12 V，空载转速 366 r/m，额定扭矩 1 N • m，通过光电编码器输出脉冲信号。

方案二：采用 DJI M2006 直流无刷减速电机，减速比 36∶1，额定电压 24 V，空载转速 500 r/m，持续最大扭矩 1 N • m，通过三个霍尔传感器检测转子位置。

相同功率下，12 V 供电电流大于 24 V 供电电流，24 V 供电电压下的控制器效率和负载承受能力优于 12 V 供电，同时 M2006 电机体积小、减速比大、转速快，霍尔传感器定位精准，故选用方案二。

1.3　图像处理模块方案论证与选择

考虑到本次设计对于数字识别任务的要求，有如下三种方案可供选择：

方案一：传统图像处理。利用 OpenCV 等图像处理库，对数字进行模板匹配识别，匹配算法简单、响应速度快，但是对环境光照、数字拍摄角度等条件要求较为精确，在不同环境下鲁棒性较差。

方案二：图像分类。利用卷积神经网络，进行图像分类，输出图像中不同数字的类别。此方案无需人工提取数字特征，且能够适应更多环境。但是该方法缺点在于对每一张图像网络最终会输出一个类别，而当图像或者视频中有多个待检测物体时，无法输出物体类别且无法获取物体在图片中的具体位置。

方案三：目标检测。卷积神经网络在机器视觉领域应用的又一分支，能够在图片或者视频流中框选出多个同类或者不同类别的物体，同时可以获取并显示物体在图片中的位置。同时具有多种轻量化模型，在较为廉价的设备上也能流畅调用。

本次任务要求小车在行驶过程中识别不同的数字编号，以达到将药送往不同病房的目的。路口放置了多个数字牌，要求小车能够快速识别并规划送药路径。基于此要求，选用方案三，以 YOLOv2 为训练模型，并选用了 K210 模块作为视觉处理的平台。

1.4　巡线模块方案论证与选择

本次任务地面有红线可以用作巡线，有如下两种方案：

方案一：采用 RGB 灯和光敏三极管制作而成的 RGB 巡线传感器，由采样电阻进行电流到电压的转换，送入多路同步采样 ADC 到 MCU 处理。将引导线与地面背景的区别转换为“0”或“1”逻辑信号。该方案是通过少量逻辑信号进行判断的，因此存在容错性差、精度差、响应慢等特点。

方案二：进行目标检测的同时利用视觉模块进行巡线，借助快速线性回归，采用最小二乘法，通过计算曲线的吻合度，查找道路的边缘。

由于任务需求，需要视觉模块利用神经网络进行数字识别。使用视觉模块实现识别数字的同时也能进行视觉巡线，用一块传感器实现了两部分功能，同时提高了机器的易维护性和可靠性，又节约了制造成本。故选用方案二。

2. 理论分析与计算

2.1　基于自适应互补滤波算法的姿态解算

ICM42688 是一种性能强劲，应用广泛的 6 轴 IMU，其测量数据受到如电机振动、PCB 安装位置或外界噪声的影响较大，故采用互补滤波算法进行姿态解算。

互补滤波算法是一种直观的信号融合方案，假设对同一物理量的测量有两种方式，第一种信号易受高频干扰，而另一种易受低频干扰，那么就可以设计互补的两个滤波器 F_1 和 F_2，F_1 为低通滤波器，用来滤除第一种信号中的高频噪声；F_2 为高通滤波器，滤除第二种信号中的低频噪声。这样分别把相应测量中的噪声滤除，从而得到更精确的测量结果，这便是互补滤波算法(见图 4)。

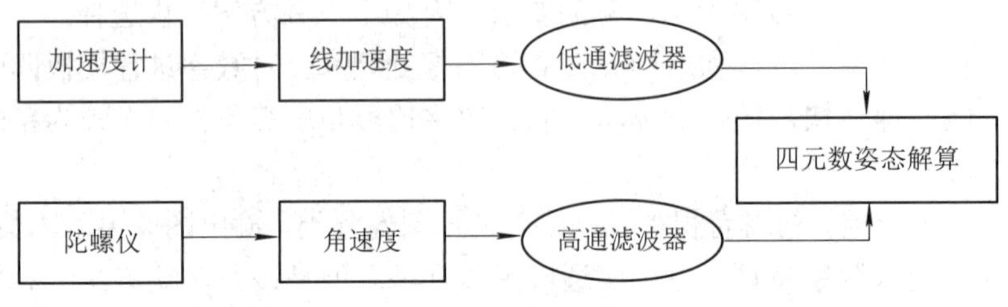

图 4　互补滤波算法

加速度计容易受到振动等高频噪声的干扰，陀螺仪容易受到漂移等低频噪声的干扰。根据图 4 所示，通过互补滤波融合数据，并采用最常用的四元数姿态角更新小车的导航方程如下：

$$\vec{\boldsymbol{Q}}\left(q_0,q_1,q_2,q_3\right)=q_0+q_1\vec{\boldsymbol{i}}+q_2\vec{\boldsymbol{j}}+q_3\vec{\boldsymbol{k}} \tag{1}$$

考虑偏航角ϕ，互补滤波器框图如图 5 所示。

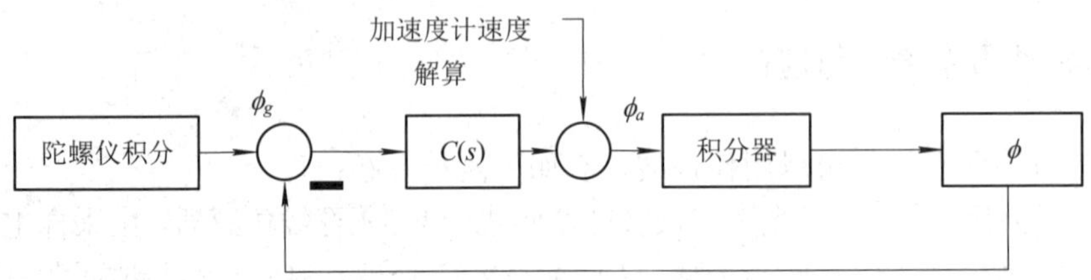

图 5　互补滤波框图

其中，低通滤波器：

$$F_1\left(s\right)=\frac{C\left(s\right)}{C\left(s\right)+s} \tag{2}$$

高通滤波器：

$$F_2\left(s\right)=1-F_1\left(s\right)=\frac{s}{C\left(s\right)+s} \tag{3}$$

传统互补滤波算法对高频噪声的滤波并不彻底，且噪声较大时，低通滤波器带阻衰减缓慢，故引入 PI 控制器：

$$C\left(s\right)=K_{\mathrm{p}}+\frac{K_{\mathrm{i}}}{s} \tag{4}$$

式中，K_{p}为下列调节系数，K_{i}为积分调节系数。

加速度计的测量在车辆迅速转弯时会有较大的时滞，而陀螺仪在低速转向时有很大的误差，所以本设计采用了自适应补偿系数算法，如图 6 所示。

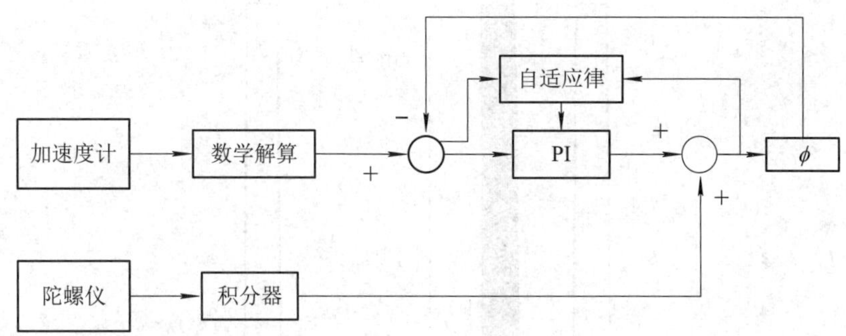

图 6　自适应互补滤波框图

设定陀螺仪的截止角速度为 $\omega_c(\omega_c<\omega_{max})$，$\omega_{max}$ 为陀螺仪最大输出量程，自适应补偿系数算子如下：

$$K_p=\begin{cases}K_{p0} & ,0\leqslant|\omega|\leqslant\omega_c\\ K_{p0}+\dfrac{K_{p1}-K_{p0}}{\omega_{max}-\omega_c} & ,\omega_c\leqslant|\omega|\leqslant\omega_{max}-\omega_c\\ K_{p1} & ,\omega_{max}-\omega_c\leqslant|\omega|\leqslant\omega_{max}\end{cases}\tag{5}$$

加速度计和陀螺仪的数据经过自适应互补滤波器后，进行微分计算得到初始化的四元数，再结合姿态数据采样周期以及采样数据，使用一阶 Runge-Kutta 法求解微分方程，便可得到小车行驶的偏航角 ϕ。

2.2　巡线算法理论与设计

巡线采用特征框识别的方法对道路要素进行识别，巡线和路口特征框如图 7 所示。根据摄像头的安装角度选取若干合适的 ROI(Region of Interest，感兴趣区域)，通过综合分析各 ROI 中目标红色色块的出现情况推断道路要素。

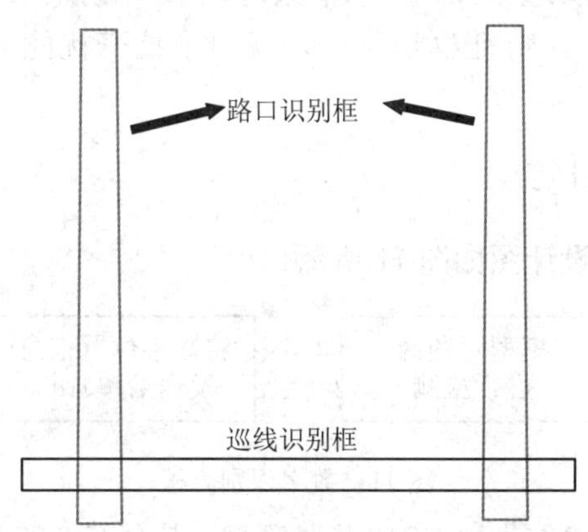

图 7　巡线和路口特征框

当巡线时，典型的情况如图 8 所示。巡线识别框中有一红色色块，而路口识别框中没有，可以推断出此时小车正在直线上行驶，小车中心与红线的偏差可以通过摄像头中的色块与图像中心线的偏差来表示。

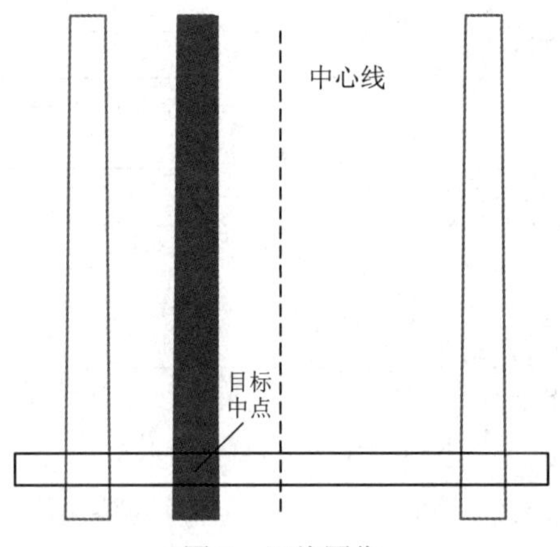

图 8　巡线图像

当遇到路口时，巡线图像如图 9 和图 10 所示。

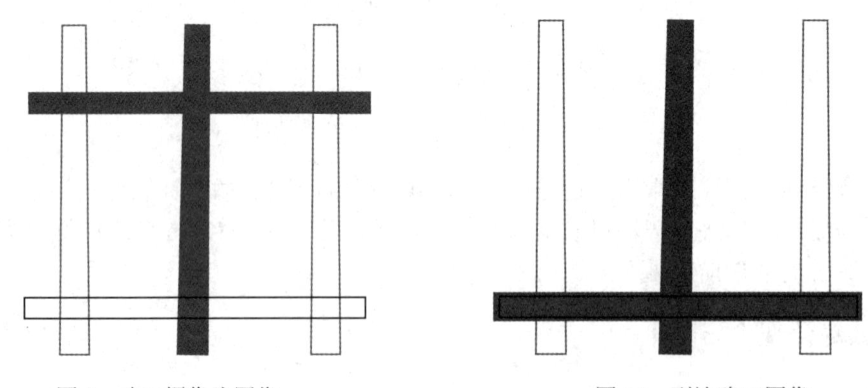
图 9　路口摄像头图像　　图 10　到达路口图像

路口检测框中检测到了红色色块，这时可以判断出小车正在接近路口，小车降低速度准备转弯。当小车运动至图 10 所示情景时，小车判断结果为已经到达路口，可以进行转弯。在多次测试中，特征框识别法表现出了抗干扰能力强、速度快、稳定性高的特性。

2.3　数字识别的理论与计算

数字识别方案的流程设计图如图 11 所示。

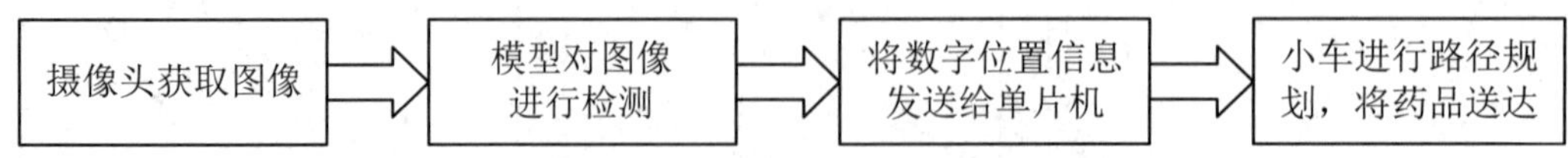

图 11　数字识别流程

运行目标检测的视觉模块为以 K210 为处理器，其具有 0.8TOPS 的 KPU，并集成了硬件加速的 AI 机器视觉模块，同时支持 microPython 编程来实现常规 MCU 操作，如 I/O 口输出输入，PWM 产生，UART 通信等。

本次设计采用 YOLOv2 作为目标检测的模型，YOLOv2 在 YOLOv1 模型的基础上进行了多种改进，不但更加快速，而且识别率更高。

考虑到 K210 计算能力有限，设计选择输入图尺寸为 224 × 224。为了理论上验证模型的优劣，本设计采用了 Loss 函数。Loss 值越低，表示模型在训练集或者验证集上的表现更好，模型更优。设计拍摄了 3000 张数字作为数据集输入模型进行训练，借助 TensorFlow 作为训练框架，得到 Loss 函数的曲线，如图 12 所示。图中黄色曲线表示模型在验证集上的 Loss，而蓝色曲线表示模型在训练集上的 Loss。图中可见，随着迭代次数增加，训练集的 Loss 下降很快，而验证集的 loss 在下降后趋于稳定，并没有上升，说明模型训练正常，没有出现对于训练集的过拟合现象。最终 Loss 到了 0.1 以下，表示模型较为稳定，可以用于实际任务。

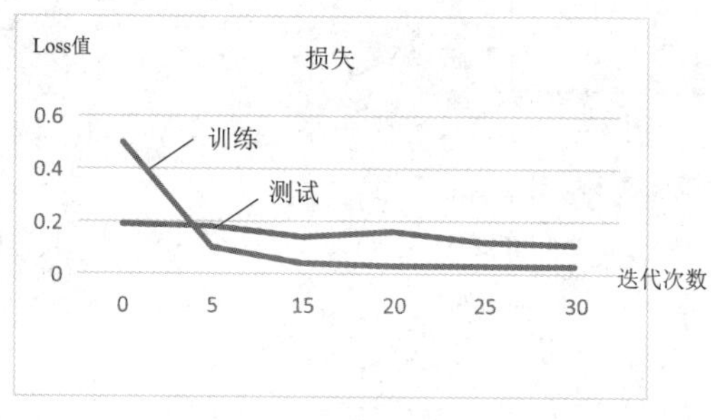

图 12　Loss 函数曲线

3. 系统软硬件设计

3.1　IMU 模块

本设计采用 ICM42688 芯片两个中断信号显示 IMU 当前状态。陀螺仪正常运行时，INT1 为高，INT2 为低，对应 LED1 和 LED2 熄灭和发光。ICM42688 电路原理图如图 13 所示。

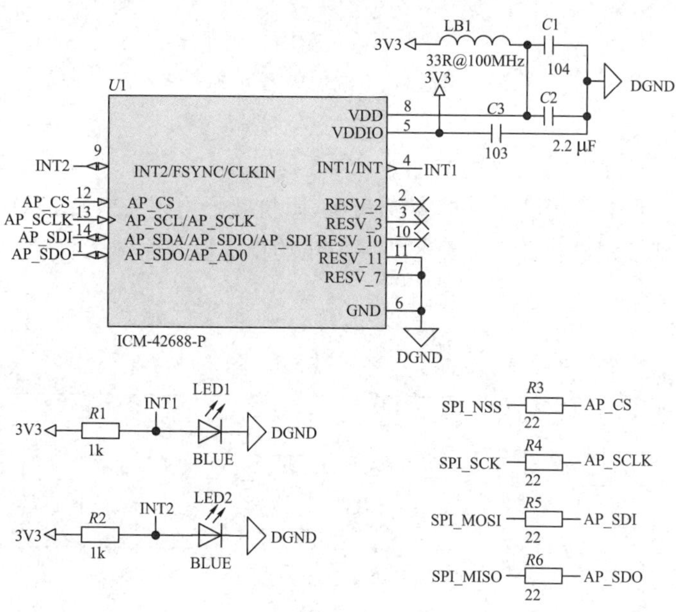

图 13　ICM42688 电路图

3.2 电源模块

电源采用 TI 公司的 TPS54386，具有内部补偿的 4.5～28 V 输入、双路 3A 输出、600 kHz 降压转换器，用来产生两路+5 V 直流电压。同时使用 LDO 提供 3.3 V 输出。原理图如图 14 所示。6 S 电池输入端使用了 PMOS 防反接电路，使用稳压管提供基准栅压。

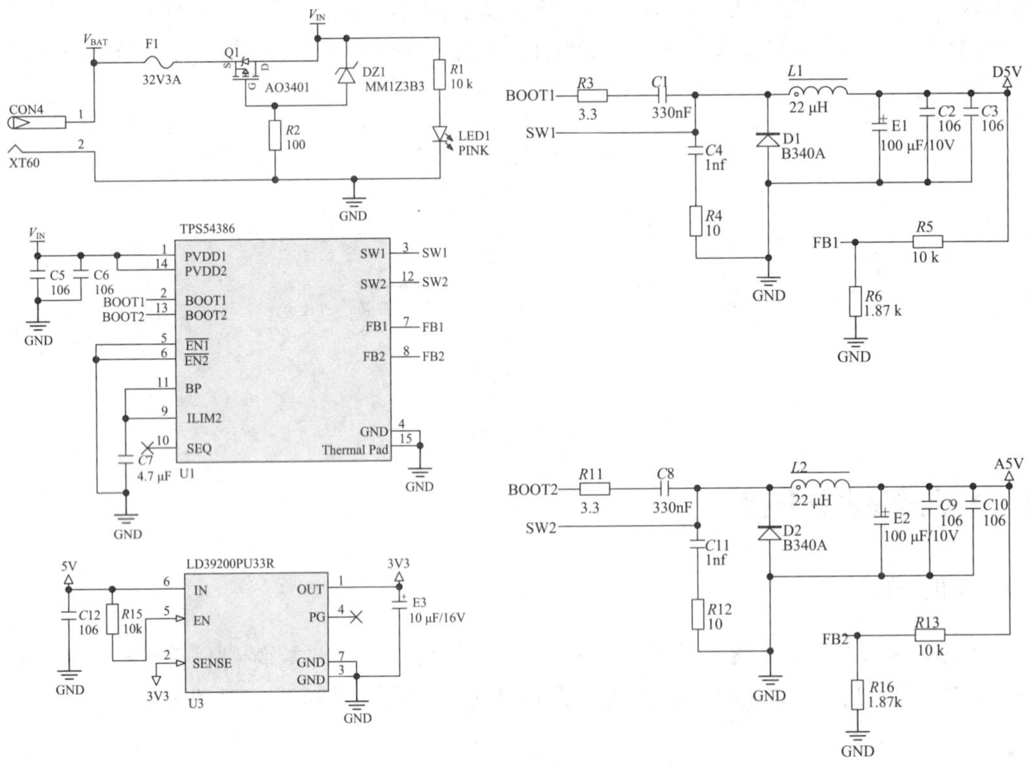

图 14　电源模块电路图

3.3 CAN 驱动电路

CAN 驱动采用 TI 公司的 SN65HVD1050，阻抗匹配电阻 120 Ω，从中部截断，并加上 TVS 二极管以及 RC 滤波电路，来确保共模电压的稳定以及系统的稳定性。CAN 驱动模块电路如图 15 所示。

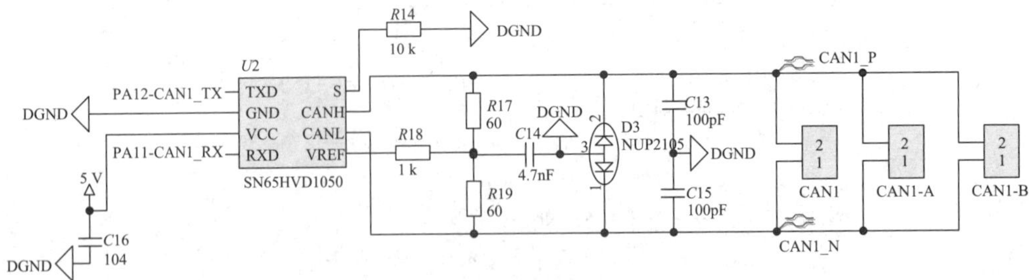

图 15　CAN 驱动模块电路图

3.4　系统软件设计

程序设计采用模块化设计，各功能函数经过主函数进行调用。两小车程序流程如图 16 和图 17 所示。小车 1 程序初始化完成后，通过接收视觉模块传来的数字信息，对病房位置进行建模，随后通过摄像头巡线前往指定病房送药。小车 2 初始化完成后，将接收小车 1 传来的病房分布图，并根据小车 1 的指令，选择自选暂停点，完成随后的任务。

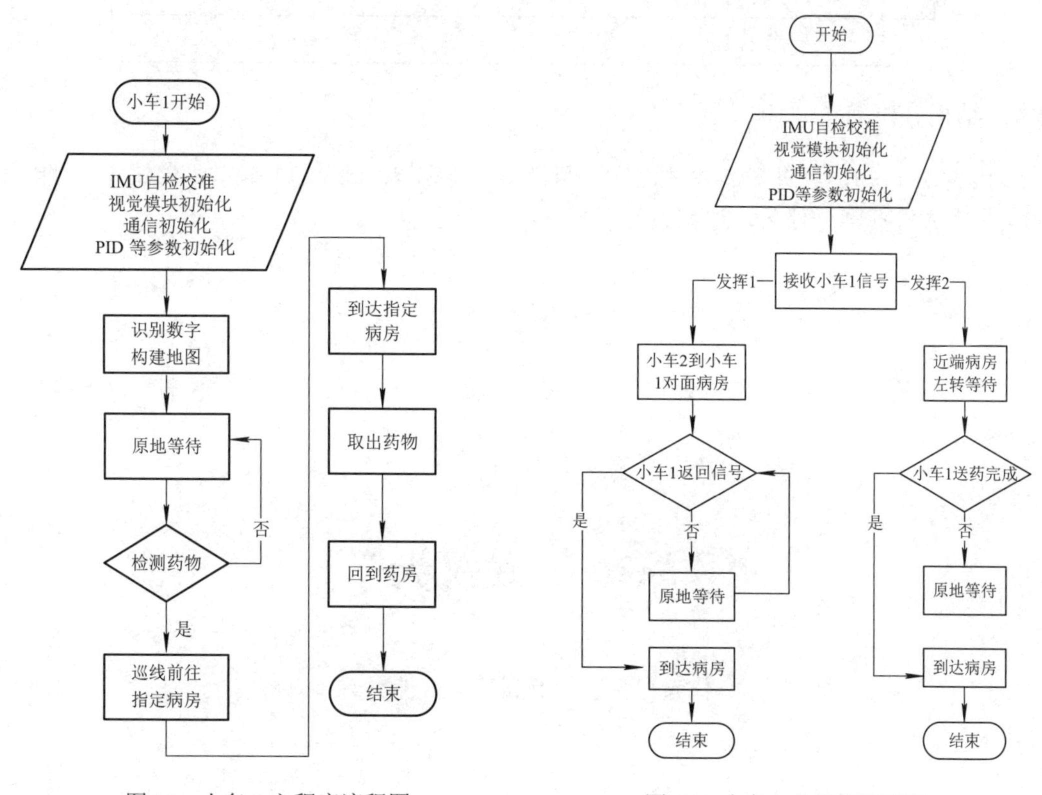

图 16　小车 1 主程序流程图　　图 17　小车 2 主程序流程图

4. 系统测试及结果

4.1　测试仪器

本设计测仪所需仪器为秒表、华为手机和药物(200 g 砝码)。

4.2　测试方法

小车识别数字成功并装载药物后开始秒表计时，到完成送药取药任务停止计时。

4.3　测试结果

项目测试内容和结果如表 1 所示。

表 1　测试内容和结果

任　务	完成时间/s
近端病房	3.6
中部病房	6.3
远端病房	11.0
发挥任务 1	12.5
发挥任务 2	13.6

4.4　结果分析

由表 1 可知，经过多次调试优化，两辆小车能在 20 s 内完成基本要求任务，且能在 60 s 内完成发挥部分任务，达到设计要求。

专家点评

系统软硬件均采取模块化设计，项目完成质量高。小车的姿态感知控制和巡线算法研究较为深入。

作者：孙基玮、张瑞君、朱许波

摘　要

本系统以 STM32G474 单片机为核心控制器件，采用三轮结构(二轮驱动 + 一轮支撑)小车作为运动平台，OpenMV 摄像头作为巡线模块，K210 摄像头作为数字识别模块，蓝牙作为通信交互模块。单片机利用搭载 YOLO 网络的 K210 摄像头进行数字识别，具有较高的识别准确率；采用 OpenMV 进行红线中心色块坐标提取，以色块坐标相较于视角中心的偏移量为依据进行寻径的 PID 控制，能快速修正偏差，稳定性较高。另外，本系统具有良好的人机交互，无需复杂的参数设置，可以一键启动送药，且各项关键参数均可通过 OLED 显示屏进行显示。

关键词：数字识别；PID 算法；无线通信

1. 方案论证

1.1　比较与选择

1. 数字识别选择方案

方案一：使用模板匹配进行数字识别。模板匹配是一项在一幅图像中寻找与另一幅模板图像最匹配(相似)部分的技术，采用 NCC 算法，对算力要求不高，但只能匹配与模板图片大小和角度基本一致的图案，有较大的局限性。

方案二：使用神经网络进行数字识别。神经网络有很强的非线性拟合能力，可映射任意复杂的非线性关系，具有很强的鲁棒性、记忆能力以及强大的自学能力。虽然神经网络算法对于数据集和算力等资源具有较高要求，但能取得比一般算法更为准确的识别效果。

考虑到本系统对于数字识别的准确率有很高的要求，优先选择神经网络作为数字识别的方案。

2. 小车寻径选择方案

方案一：使用多路灰度传感器进行寻径。灰度传感器是一种模拟传感器，其内部具有发光二极管和光敏电阻，通过调整阈值可以区分红色与白色。但传感器只能对当前位置的偏差产生反应，敏感性较差，且传感器的数目较少或间距较大会对小车寻径稳定性造成影响。

方案二：使用 OpenMV 摄像头进行寻径。OpenMV 是一款小巧、低功耗、低成本的摄像头，自带图像处理器，可以使用 Python 编程，通过计算红实线中心与视角中心的偏差值进行寻径，且在架高之后可以观察到小车前方的红实线，对于偏差更为敏感，具有较高的编程灵活性和寻径稳定性。

考虑到本系统对寻径的稳定性需求较高，优先选择 OpenMV 摄像头作为小车寻径的传感器。

3. 无线通信选择方案

方案一：使用红外进行无线通信。红外通信具有抗干扰能力强、信息传输可靠和速率高等显著优点，但传输距离较短，只有 1 m 左右。

方案二：使用蓝牙进行无线通信。蓝牙技术是一种短距离无线通信技术，具有方便快捷、灵活安全、低成本、低功耗等优点，传输距离可达 10 m 左右。

考虑到赛道较大，两车通信距离可能超过 1 m，且只需传输简单字符，对传输速率无过高要求，优先选择蓝牙进行无线通信。

4. 运动平台选择方案

方案一：采用三轮结构。两个轮子连接电机构成主动轮，安装一个万向轮作为支撑点和从动轮。虽然驱动力会有所牺牲，但简单的结构使得小车的转弯半径易于控制，可轻易地实现原地旋转。

方案二：采用四轮结构。四个轮子均连接电机，拥有较强的驱动力，但增加了结构的复杂性，且在寻径和转弯过程中容易发生压线。

考虑到赛题对直角转弯的较高要求，优先选择三轮结构作为运动平台。

1.2 方案描述

本系统的技术路线如图 1 所示，外界图像分为两部分后输入视觉传感器中。地面图像输入 OpenMV，通过寻径算法计算偏差值；字模图像输入 K210 中，通过神经网络得到字模数值，二者均作为小车送药过程中的外界信息输入进入 SMT32 主控板中。与此同时，小车还可通过蓝牙模块进行与外界的无线通信。STM32 综合以上三类信息，通过调整 PWM 波的输出控制电机转动，最终使小车完成送药任务。

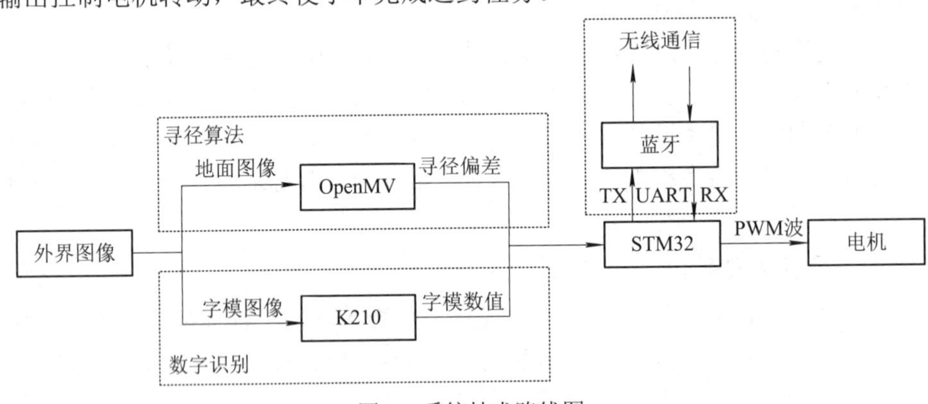

图 1　系统技术路线图

2. 理论分析与计算

2.1 数字识别方法

卷积神经网络是人工神经网络的一种，可以直接将图片作为网络的输入，自动提取特征，并给出分类结果。

YOLO 网络为目标检测网络，可以实现对目标位置的框定(生成矩形框)和对目标进行分类，十分符合本系统对数字识别功能的要求。

假设输入图像大小为 448 × 448，经过 YOLO 的若干个卷积层与池化层，变为 7 × 7 × 1024 张量，最后经过两层全连接层，输出张量维度为 7 × 7 × 30，这就是 YOLOV1 的整个神经网络结构。YOLO 网络检测物体非常快，标准版本的 YOLO 在 TITAN X 的 GPU 上能达到 45 f/s。TITAN X 的算力为 44TOPs，拥有 1TOPS 算力的 K210 摄像头在相同条件下理论上可达 1 f/s 左右。考虑到实际拍摄的字模图片尺寸约为假设图像的 1/16，理论上采用搭载了 YOLO 网络的 K210 摄像头识别数字可达 15 f/s 以上，完全满足运动过程中的数字识别需求。

同时，结合 YOLO 网络的实际应用效果，考虑到本项目中的字模背景单一，更易识别，预测识别准确度可达 90%以上。

2.2 自动寻径方法

PID 控制的公式如下：

$$u(t)=K_p\left[e(t)+\frac{1}{T_i}\int_0^t e(t)\mathrm{d}t+T_D\frac{\mathrm{d}e(t)}{\mathrm{d}t}\right] \tag{1}$$

其中 $u(t)$为被控制的参数，K_p 为比例参量，T_i 为积分参量，T_D 为微分参量，$e(t)$为需求值与实际值之间的偏差。

OpenMV 的分辨率为 320 × 240，假设架高摄像头后，OpenMV 看到的实际面积为 220 cm^2，则每个像素点对应的实际长(宽)为 $\sqrt{\frac{220\text{cm}^2}{320\times240}}\approx0.054$ cm，因此，通过对 PID 参数的适当调整，理论上寻径精度可达厘米级甚至毫米级，符合本系统对于寻径的要求。

3. 电路与程序设计

3.1 电路设计

本系统的电路设计如图 2 所示，STM32G474 单片机作为主控模块，是整个电路的核心；K210 和 OpenMV 为信息输入设备。单片机根据其输入参数调整输出 PWM 波来控制电机的转动。OLED 为输出显示设备，用于进行关键参数的显示。蓝牙模块是系统与外界通信的接口，可以进行无线收发。电源模块由电池和稳压电路组成，用于为系统供电。

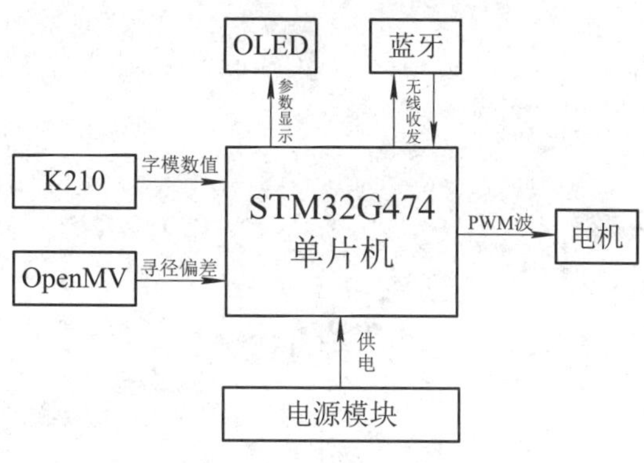

图 2　电路设计框图

3.2 程序设计

1. 数字识别程序设计

数字识别算法流程如图 3 所示。K210 先将神经网络模型参数存入内存中，在经过初始化后，等待接收来自主控板的控制信号；收到指令后，调用训练好的 YOLO 网络模型参数识别字模数字，并采用滤波去除干扰，最后将结果通过串口输出给 STM32。

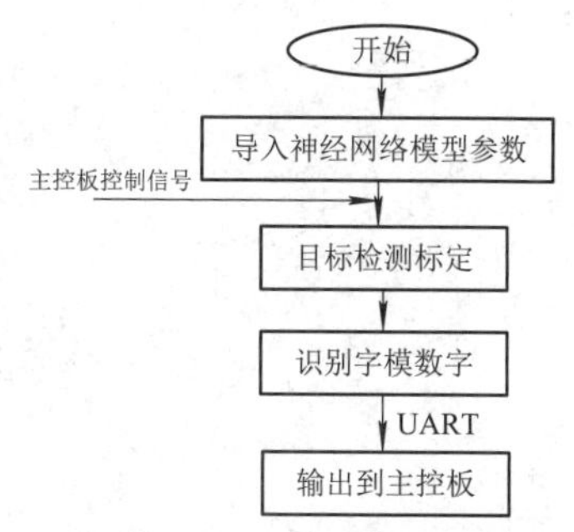

图 3　数字识别算法流程图

神经网络的训练数据集和训练结果如图 4 和图 5 所示。

图 4　训练数据集(以数字 3 为例)

	1	2	3	4	5	6	7	8
1	100%	0%	0%	0%	0%	0%	0%	0%
2	0%	100%	0%	0%	0%	0%	0%	0%
3	0%	0%	100%	0%	0%	0%	0%	0%
4	0%	0%	0%	100%	0%	0%	0%	0%
5	0%	0%	0%	0%	100%	0%	0%	0%
6	0%	0%	0%	0%	0%	100%	0%	0%
7	0%	0%	0%	0%	0%	0%	100%	0%
8	0%	0%	0%	0%	0%	0%	0%	100%
F1 SCORE	1.00	1.00	1.00	1.00	1.00	1.00	1.00	1.00

图 5　神经网络训练结果

2. 自动寻径程序设计

红实线中心坐标提取流程如图 6 所示。OpenMV 先截取视角中间的图像，然后识别图像中的色块，通过提取面积最大的色块滤除杂波，之后提取色块中心横坐标，将其输出给 STM32 进行 PID 控制。

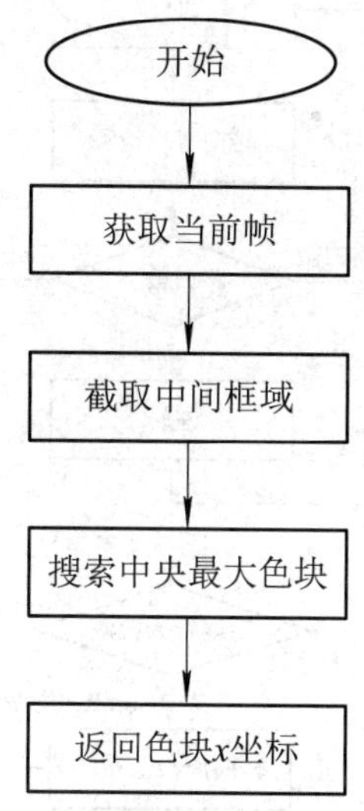

图 6　实线中心坐标提取流程图

PID 算法流程图如图 7 所示。

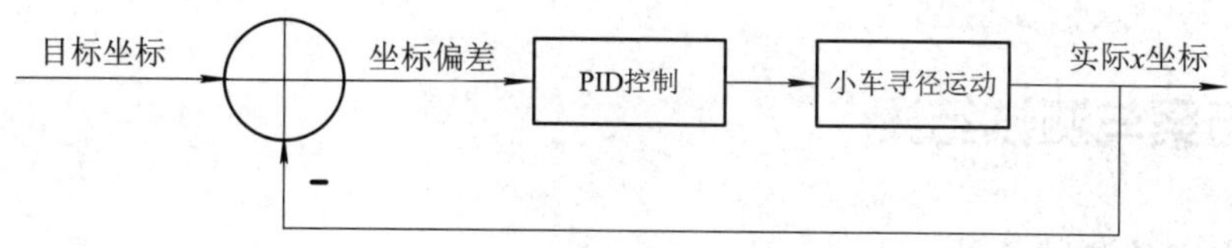

图 7　PID 算法流程图

3. 系统程序设计

以基本要求下的小车 1 为例，系统程序流程如图 8 所示。在去往病房的程序中，小车在识别数字和装载药品后开始直行，遇到路口进行转向判断；若路口数字等于识别数字，则拐入所指示路径；若不相等，则继续直行，重复上述过程直至到达后端路口。在后端路口直接左转前行，读取后端分支路口的数字，若与识别数字都不相等，则掉头去另一分支进行识别。路口数字若等于识别数字，则同样拐入所指示路径。

从病房返回的过程则与去往病房的路径相反。可以通过存储去病房的路径并反向输出来实现。

发挥要求涉及两车之间的蓝牙通信。在部分运行状态里会有新的判断条件，而这些判断条件在小车 2 未开启时不起作用，这样就实现了同一套系统程序对两种要求(基本要求和发挥部分)的逻辑兼容。

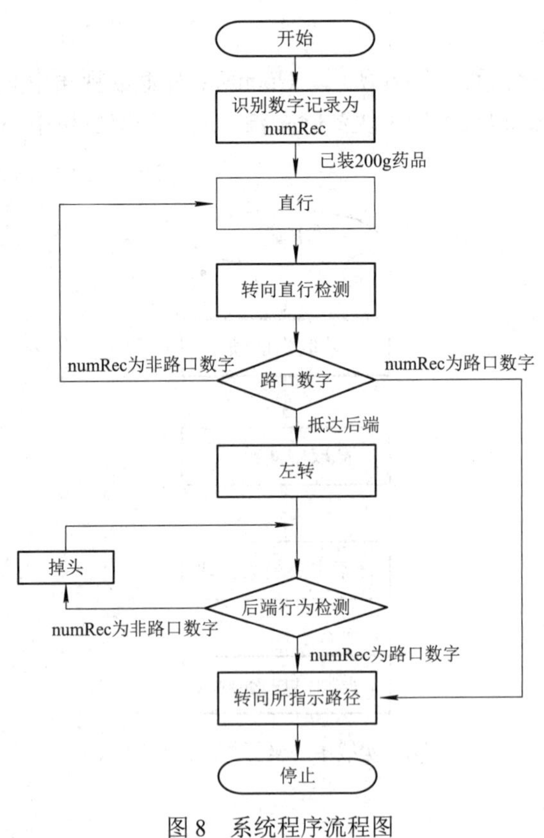

图 8　系统程序流程图

4. 测试方案与测试结果

4.1　测试方案及测试条件

1. 测试方案

基本要求测试方案：只启动小车 1，观察小车运行逻辑是否符合要求，用秒表记录各基本要求下的小车 1 运送和返回的时间，同一基本要求下进行多次测量取平均值。

发挥部分测试方案：同时启动小车 1 和小车 2，观察小车运行逻辑是否符合要求，用秒表记录各发挥要求下的所花时间，同一发挥要求进行多次测量取平均值。

2. 测试条件

测试仪器为精度 0.01 s 秒表，测试环境为自然光照条件下的室内，测试场地为用白色亚光喷绘布制作的赛道，其上红、黑线标识清晰，尺寸严格符合院区结构示意图的要求。

4.2　测试结果

1. 基本要求测试结果

基本要求测试结果如表 1 所示。

表 1　基本要求测试结果表

测试次数	基本要求 1		基本要求 2		基本要求 3	
	出发时间/s	返回时间/s	出发时间/s	返回时间/s	出发时间/s	返回时间/s
1	5.97	4.93	8.36	7.87	19.22	16.17
2	5.58	4.79	8.67	7.79	17.21	16.35
3	6.03	4.98	8.40	7.78	16.98	16.23
平均时间	5.86	4.90	8.48	7.81	17.80	16.25

2. 发挥部分测试结果

发挥部分测试结果如表 2 所示。

表 2　发挥部分测试结果表

测试次数	发挥要求 1 总时间/s	发挥要求 2 总时间/s
1	18.26	29.21
2	17.47	30.07
3	18.31	29.65
平均时间	18.01	29.64

4.3　测试结果分析

从测试结果表来看，基本要求下的往、返程所需时间均小于 20 s。且发挥要求 1 和发挥要求 2 的测试时间平均为 30 s 左右，远小于 60 s。

从运行时的情况来看，小车的巡线较为平稳，数字识别速度快，准确率高，运行过程中无压线现象。综合来看，本系统完全满足设计要求。

系统采取模块化设计，灵活运用机器学习和图像处理算法，高质量完成了题目要求。在路径规划和系统性价比方面，还可以进一步改进。

作品3 西南石油大学

作者：彭友鑫、张星、周于博

摘 要

本系统以STM32F4单片机为控制核心，采用PID控制算法，实现对电机速度的快速且有效的控制。小车由电源、电机及驱动、陀螺仪加速度计、OpenMV可编程摄像头和蓝牙通信模块等构成。通过OpenMV摄像头模块，使用卷积神经网络的视觉算法识别不同病房号和红色引导线，实现循迹行驶到指定位置，完成药品的送取作业。在车身结构方面，轮子采用动静摩擦系数大的橡胶轮来保证足够的驱动力。测试结果表明系统性能指标达到了设计要求。

作品演示

关键词：单片机；OpenMV；PID控制；卷积神经网络

1. 方案论证与比较

1.1 电机模块方案

方案一：JGA25-370_DC12V_1360RPM减速编码电机。优点：减速电机结构紧凑、体积小、承受过载能力强，且能耗低。缺点：容易出现车轮打滑或车轮反转的现象；输出扭矩的增加和电机功率的增加不成正比。

方案二：JGY-370_DC12V_66RPM蜗轮蜗杆编码减速电机。优点：机械结构紧凑、体积轻巧、小型高效；传动速比大、扭矩大、承受过载能力高；运行平稳、噪音小、经久耐用；具有自锁功能适合用于提升作业。缺点：蜗轮蜗杆通常都是以轴输出，很难控制空回，当蜗轮与蜗杆磨合时间比较长后，其空回比较大。

方案三：步进电机。优点：步进电机采用脉冲驱动，转动的方向、速度都是可控的，而且精度高不会积累误差。缺点：其驱动能力有限(不适合驱动小车)，价格昂贵。

基于需要提升作业，防止反转，分析和实际测试后选用方案二。

1.2　循迹路线检测模块方案

方案一：采用红外循迹传感器。采用这种传感器能准确识别黑白两种颜色的路线，并且控制简单，无需 AD 转换。但在识别红白两种颜色时，其抗干扰能力一般。

方案二：采用数字灰度光敏传感器。这种传感器灵敏度高、可调，抗干扰能力强，但受光照和温度条件影响较大。

方案三：采用 OpenMV 摄像头模块。通过二值化处理后调节阈值对路线进行判断和识别。这种技术方法目前较为成熟并且寻线效果良好，同时 OpenMV 摄像头模块也应用于病房号识别。

考虑到病房号识别，实用效果和抗干扰能力，选用方案三。

1.3　车体结构模块方案

方案一：采用三轮后驱，后面采用两轮蜗轮蜗杆电机驱动，前面安装一个牛眼轮。这种方式虽成本低，车身更轻，制作较为简单，但是精度较差，更容易压线，控制效果差。

方案二：采用四轮后驱悬架结构，通过四个蜗轮蜗杆电机驱动，同时采用抓地力更好的轮子，更好地保证了车轮与地面的接触，提升了小车的稳定性。这种方式制作较为简单，同时控制准确。

考虑到精度和易于控制等多方面因素，选用方案二。

2. 理论分析与计算

2.1　PID 算法控制分析

PID 调节器是一种线性调节器，它将给定值 $r(t)$与实际输出值 $c(t)$的偏差 $e(t)$经过比例(P)、积分(I)、微分(D)的线性组合构成控制量 $u(t)$，对被控制对象进行控制。PID 算法如图 1 所示。

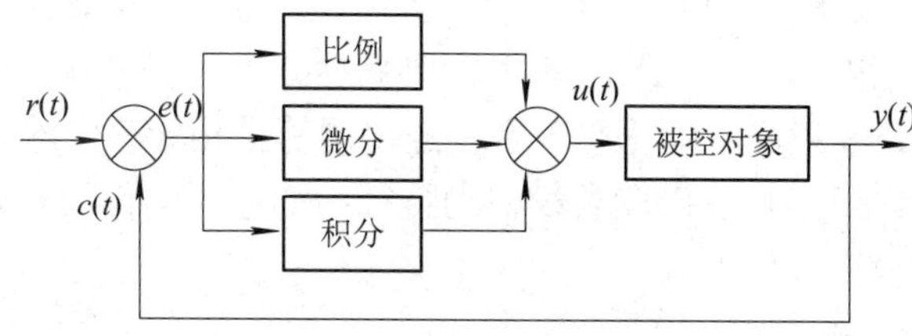

图 1　PID 算法图示

PID 调节器的微分方程：

$$u(t) = K_{\mathrm{P}}\left[e(t) + \frac{1}{T_{\mathrm{I}}}\int_0^t e(t)\mathrm{d}t + T_{\mathrm{D}}\frac{\mathrm{d}e(t)}{\mathrm{d}t}\right] \tag{1}$$

式中，$e(t) = r(t) - c(t)$。

PID 调节器的传输函数：

$$D(S)=\frac{U(S)}{E(S)}=K_{\mathrm{P}}\left[1+\frac{1}{T_{\mathrm{I}}S}+T_{\mathrm{D}}S\right] \tag{2}$$

PID 控制器的各项参数及其作用如下：

(1) 比例部分：增大比例系数使系统反应灵敏、调节速度加快，并且可以减小稳态误差。但是比例系数过大会使超调量增大、振荡次数增加、调节时间加长、动态性能变差、比例系数太大甚至会使闭环系统不稳定。单纯的比例控制很难保证调节得恰到好处，完全消除误差。

(2) 积分部分：积分项有减小系统稳态误差，提高控制精度的作用。只有当系统处于稳定状态，比例部分和微分部分均为零时，积分部分才不再变化，并且刚好等于稳态时需要的控制器的输出值。积分作用一般是必须的。

(3) 微分部分：闭环控制系统的振荡甚至不稳定的根本原因在于有较大的滞后因素。而微分项能预测误差变化的趋势，这种“超前”的作用可以抵消滞后因素的影响。适当的微分控制作用可以使超调量减小，增加系统的稳定性。

对于有较大的滞后特性的被控对象，如果 PI 控制的效果不理想，可以考虑增加微分控制，以改善系统在调节过程中的动态特性。微分控制的缺点是对干扰噪声敏感，使系统抑制干扰的能力降低。

2.2 OpenMV 神经网络算法分析

1. 卷积神经网络分析

卷积神经网络(Convolutional Neural Network，CNN)是一类需要进行卷积计算并且具有深层神经元结构的网络结构，是目前图像识别和检测中一种主流的深度学习算法。CNN 算法的主要特点是采用局部链接并进行权值共享，而不采用全链接。该算法采用局部链接的原因是图像中的任意像素都与其周围的像素彼此关联，而不关联着图像整体的所有像素点。采用局部链接对图像信息的特征提取具有良好的效果。采用权值共享方法的优点是对图像卷积操作时，不用对所有的卷积核都建立新参数，卷积核参数在滑动过程中都是可以共享的。与 DNN 算法相比，CNN 算法能极大地减小图像识别过程中的计算量。卷积神经网络主要包括输入层、卷积层、池化层以及全连接层等结构。其中输入层的作用是输入图片的特征；卷积层的作用是负责提取卷积核的特征；池化层的作用是降低模型的参数量；全连接层作用是进行全链接处理。

2. 数据集采集及处理分析

本队构建了一个含有数字 1～9 的数据集。为保证数据多样性，采取了以下措施：

(1) 选择不同的角度进行拍摄。

(2) 选择不同的距离进行拍摄。

(3) 拍摄局部数字照片使其具备广泛性。

数据集实例如图 2 所示。

采用的网络架构基于目标检测网络 YOLOv3，使用主干网络 DarkNet-53。该网络的作用是提取图像的特征，共有 53 层卷积，除去最后一个 FC(Fully Connected Layers，全连接层，实际上是通过 1 × 1 卷积实现的)共有 52 层卷积，用作主体网络。该网络模型结合了深度残差单元和 YOLOv2 的基础特征提取网络 DarkNet-19。

输入 416 × 416 的图片进入到 Darknet-53 网络架构中。首先是 1 个 32 个过滤器的卷积核，然后是 5 组重复的残差单元。在每个重复执行的卷积层中，先执行 1 × 1 的卷积操作，再执行 3 × 3 的卷积操作，过滤器数量减半再恢复，共有 52 层。视觉训练结果如图 3 所示。

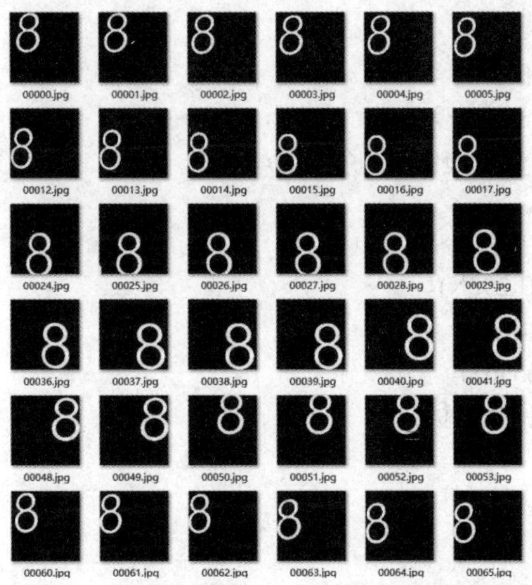

图 2　数据“8”的数据集

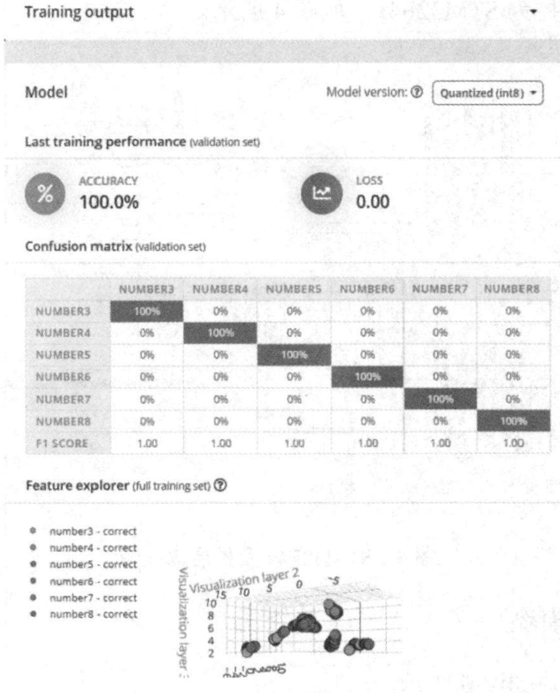

	NUMBER3	NUMBER4	NUMBER5	NUMBER6	NUMBER7	NUMBER8
NUMBER3	100%	0%	0%	0%	0%	0%
NUMBER4	0%	100%	0%	0%	0%	0%
NUMBER5	0%	0%	100%	0%	0%	0%
NUMBER6	0%	0%	0%	100%	0%	0%
NUMBER7	0%	0%	0%	0%	100%	0%
NUMBER8	0%	0%	0%	0%	0%	100%
F1 SCORE	1.00	1.00	1.00	1.00	1.00	1.00

图 3　视觉训练结果

2.3 循迹检测

系统的循迹检测功能通过 OpenMV 对红实线的识别来实现。OpenMV 及卷积神经网络同时实现对数字标号的识别，使得小车能获取病房位置并正确循迹完成送药任务。

3. 电路设计

3.1 系统组成

组成电动小车的系统分为以下几个部分：

(1) STM32F4x。

(2) 红外光电管。

(3) 电机驱动模块(L298N)。

(4) 12 V 聚合物锂电池。

(5) 降压模块(LM2596S)。

(6) 蜗轮蜗杆编码减速电机。

(7) OpenMV。

(8) 通信蓝牙模块。

(9) 陀螺仪。

3.2 主控板模块(电路)设计

本系统选择的主控为 STM32F4x，如图 4 所示。

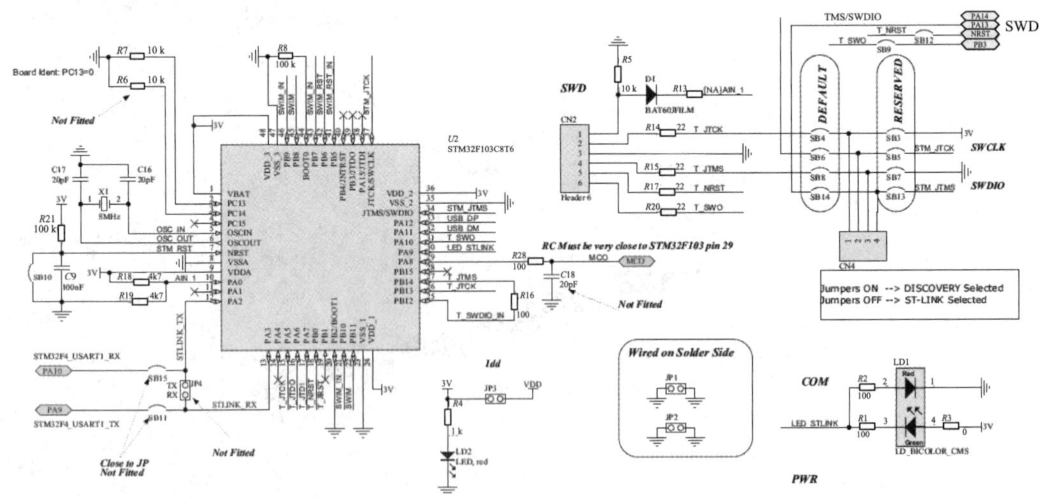

图 4　STM32F4x 及扩展原理图

3.3 电源降压稳压模块

电源降压稳压模块如图 5 所示。

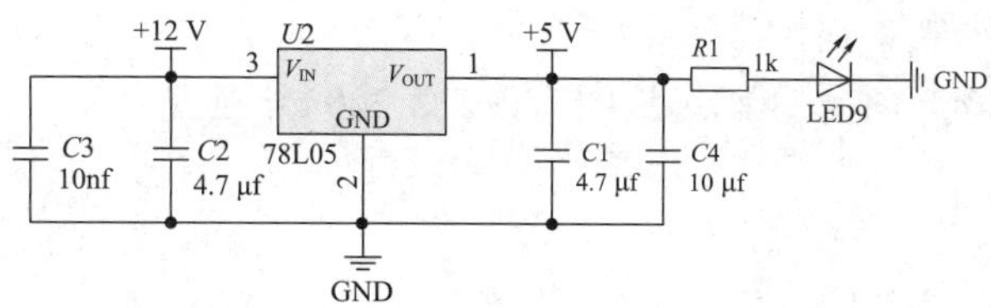

图 5　电源降压稳压模块原理图

3.4　电机驱动、稳压模块

电机驱动、稳压模块如图 6 所示。

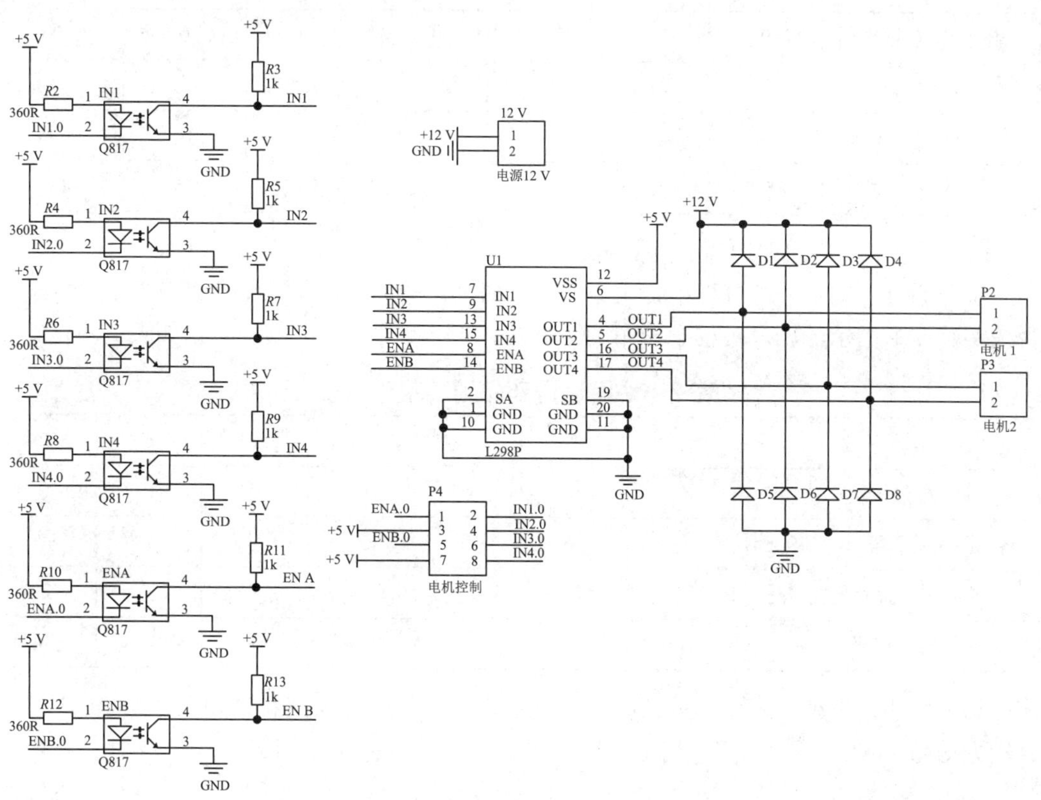

图 6　电机驱动、稳压模块原理图

4. 系统测试

4.1　测试方法和仪器

1. 测试方法

将小车各模块安装好，接上电源，放在事先铺设好的场地上。让其自动行驶并完成定时定点停车。然后按照题目要求，不断改变远端药房编号。观察并记录每次转弯情况和完成时间情况。

2. 测试仪器

测试仪器包括送药小车、印制场地图、秒表、200 g 砝码。

4.2 测试数据与分析

(1) 单个小车运送药品测试。

小车循迹自动行驶，过程中记录小车往返时间和投影落在黑实线上的次数，实验数据如表 1 所示。

表 1　指定病房实验数据表

实验	1	2	3	4	5	6	7
超过黑实线/次	0	0	0	0	0	0	0
运送时间/s	17	16	16	15	15	16	14
返回时间/s	15	14	14	16	15	16	14
平均时间/s	16.5	15	15	15.5	15	26	14

(2) 两个小车协同运送药品到测试。

小车循迹自动行驶，过程中记录小车工作时间、投影落在黑实线上的次数、指示灯是否按实验要求指示，以及过程中两车的距离是否不小于 70 cm，实验数据如表 2 所示。

表 2　协同运送药品到实验数据表

实验序号	1	2	3	4	5	6	7
超过黑实线/次	0	0	0	0	0	0	0
两车距离是否不小于 70 cm	是	是	是	是	是	是	是
指示灯是否满足要求	是	是	是	是	是	是	是
总时间/s	50	48	52	49	49	52	46

综上所述，小车系统达到设计要求。对系统各部分进行校准和处理后，系统的性能都有较大提高。

专家点评

系统硬件采取模块化设计，达到设计要求，系统测试较为规范，但缺少软件设计。

作品4　山东大学(威海)(节选)

作者：钱龙玥、邢语轩、王君豪

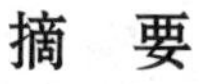

摘　要

本设计基于彩色循迹和图像识别，设计了以单片机TC264为核心，采用OpenMV视觉检测技术和OpenART图像识别技术的智能送药小车系统。系统以TC264单片机作为主控芯片，通过OpenMV摄像头识别路径红色中线，OpenART识别数字编号，控制电机输出转速实现行走和转向，利用红外传感判断装载状态，控制小车启停，通过无线串口进行数据通信，实现两辆小车的交互通信与传递状态信息以完成两车配合。实验及调试结果表明，该装置实现了智能送药小车的数字图像识别、彩色路径中线循迹、差速转向、红外传感判断启停状态等功能。

作品演示

关键词：智能送药小车；图像识别；彩色循迹；红外传感

1. 系统方案

1.1　系统结构框图

本报告介绍了一种基于单片机TC264，协同OpenMV彩色识别循迹和OpenART数字识别，具有识别路径和自主选择并适时停车的智能送药小车系统。本系统总体结构框图如图1所示，其中，主要控制芯片采用单片机TC264，利用串口实现对OpenMV和OpenART模块的控制，对路径进行识别和选择，由红外检测模块识别药品装载情况以判断启停。

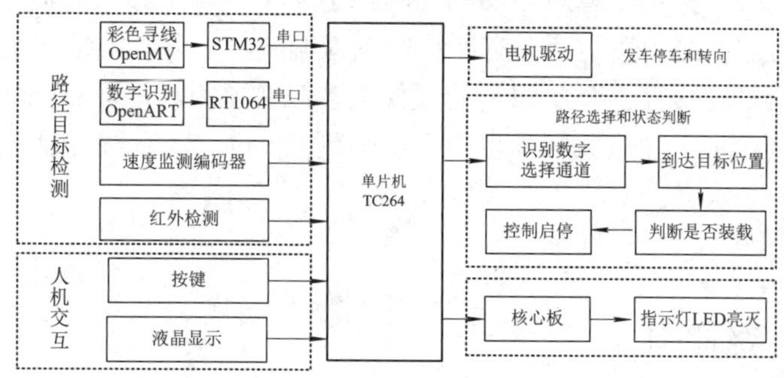

图1　系统总体结构框图

1.2 系统机械结构模型

系统机械结构模型如图 2 所示。

1— OpenART 用于识别数字；
2— OpenMV 用于检测红色赛道中线；
3— TC264 主控芯片；
4— 红外检测模块，用于检测装载状态

图 2 系统机械结构模型

考虑到院区结构中存在很多直角弯道，因此本文在小车的选择上使用了可以原地转动的双电机后轮驱动三轮小车。由于三轮车是通过差速转向的，因此三轮的转向轴在两个后轮所连成的直线上，毋庸置疑，整车的质心越靠近转向轴就越好，转向响应就越快，也就越能更加精准地拐直角弯。如果只在新车模的投影上方搭建车模就会极大地限制车模的质心位置。因此，本作品将小车运送的货物放在小车车轮投影的后方，在平衡车头的重量的同时，还可以防止小车在启动时抬头过猛导致采集到错误图像。

1.3 送药小车传感器位置设计

由于题目要求小车在循迹的同时还要进行地面数字标识的识别，考虑到数字识别需要运行神经网络运算，会占用很大一部分的计算资源，因此设计了双摄像头三处理器的方案。

本题主要采用了 OpenMV 和 OpenART 两种摄像头传感器，其中 OpenMV 主要用于小车的有色红线循迹，OpenART 主要用于地面数字标识的识别。为了使小车可以寻中线，本文将 OpenMV 利用碳素杆支在了小车正中间 20 cm 左右高度的位置上，不仅保证了小车的中线循迹，而且为小车提供了相对足够的前瞻，给予了小车足够大的提速空间。同时，由于 OpenART 向前方拍摄图像的话会有严重的图像畸变，十分影响地面数字的识别，所以通过一些小的碳素杆连接件将负责识别的摄像头装载在了距离地面 24 cm 左右的位置，这样刚好可以采集到数据，并且其影子也不会影响到 OpenMV 的正常循迹。

2. 电路设计

2.1 单片机最小系统设计

单片机最小系统是智能送药小车系统的核心控制组件，本作品共采用了三种单片机。

主控芯片为英飞凌公司推出的 TC264，主要任务是控制小车的电机转动，对另外两个单片机进行控制，并对它们预处理过的信息进行进一步的处理。同时在核心板中引出了红、绿、黄 3 个指示灯，用来显示题目中要求的三种状态。

其次，在两个 Open 摄像头上还存在两个次级单片机。其中 OpenMV 上采用了 STM32H750 单片机，主要负责送药小车的循迹。OpenART 上采用的是 RT1064 单片机，主要负责完成送药小车的数字识别任务。

2.2　PCB 电路设计

电源模块为整个系统其他模块供电，这就要求不仅要考虑到电压范围和电流限制等基本参数，还要考虑到电源芯片的发热量、噪声、防止干扰。因此还要对电路进行进一步的优化。

小车里大致需要 7.4 V、5 V、12 V、3.3 V 4 种不同的电压，分配线性稳压芯片如下：

(1) 电机是整车中的用电大户，额定电压为 7.2 V，因此直接使用 18650 锂电池的 7.4 V 电压对其供电。18650 锂电池正常使用时的电压为 7.4～8.4 V，不会使电机烧毁，因此直接用于电机供电。

(2) 使用 MC29300 线性稳压芯片(LDO)将 7.4 V 电池电压转成 5 V，对单片机和一部分外设供电，MC29300 最大可以提供 3A 的电流。由于 5 V 还要再转换成 3.3 V，选用的芯片是 29150，提供 1.5A 电流，因此 5 V 外设的总电流不能大于 1.5A，满足要求。MC29300 电路如图 3 所示。

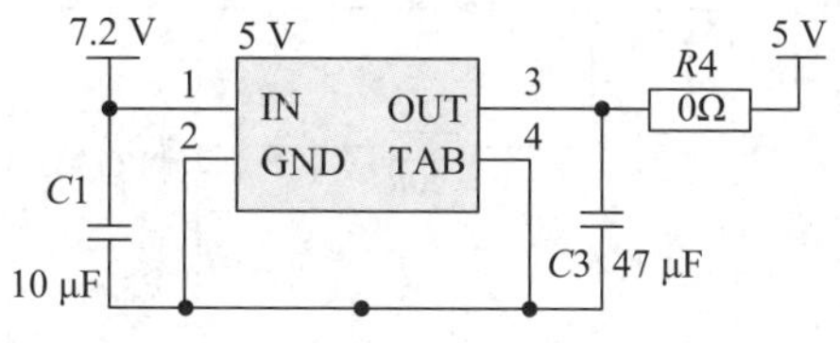

图 3　MC29300 电路(5 V)

(3) 使用 LM29150 线性稳压芯片(LDO)将 5 V 电压转成 3.3 V，给摄像头等其他的外设供电，电流不超过 1.5A，芯片可以正常工作。LM29150 电路如图 4 所示。

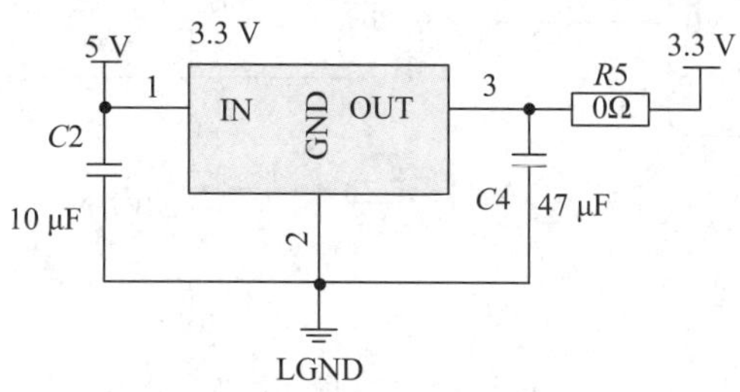

图 4　LM29150 电路(3.3 V)

(4) 12 V 是给 MOS 驱动芯片 IR2104S 供电的电源，对电流要求不高，因此使用了 MC34063 的 12 V 升压电路。MC34063 电路如图 5 所示。

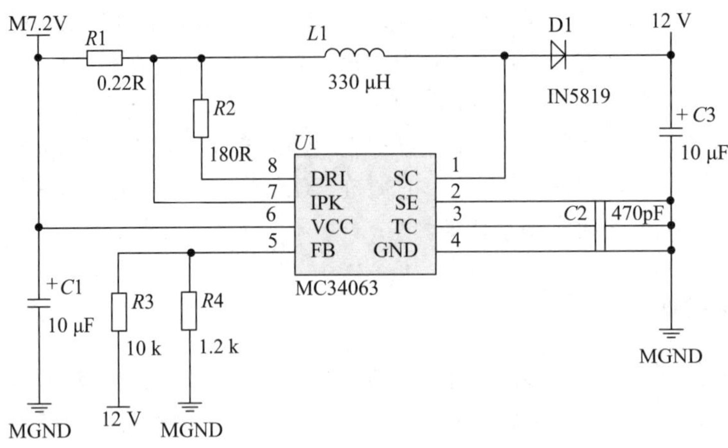

图 5　MC34063 电路(12 V)

(5) 选择 IR2104S 作为栅极驱动芯片，其供电需要 12 V，它可以驱动高端和低端两个沟道的 MOSFET，由于 MOS 管选择了 LR7843，因此驱动电路可以提供较大的电流，并且还有硬件死区，防止相同桥臂导通，使用两个 IR2104S 可以构成一个 MOS 全桥驱动电路，可以驱动一个电机的正反转。全桥驱动电路如图 6 所示。

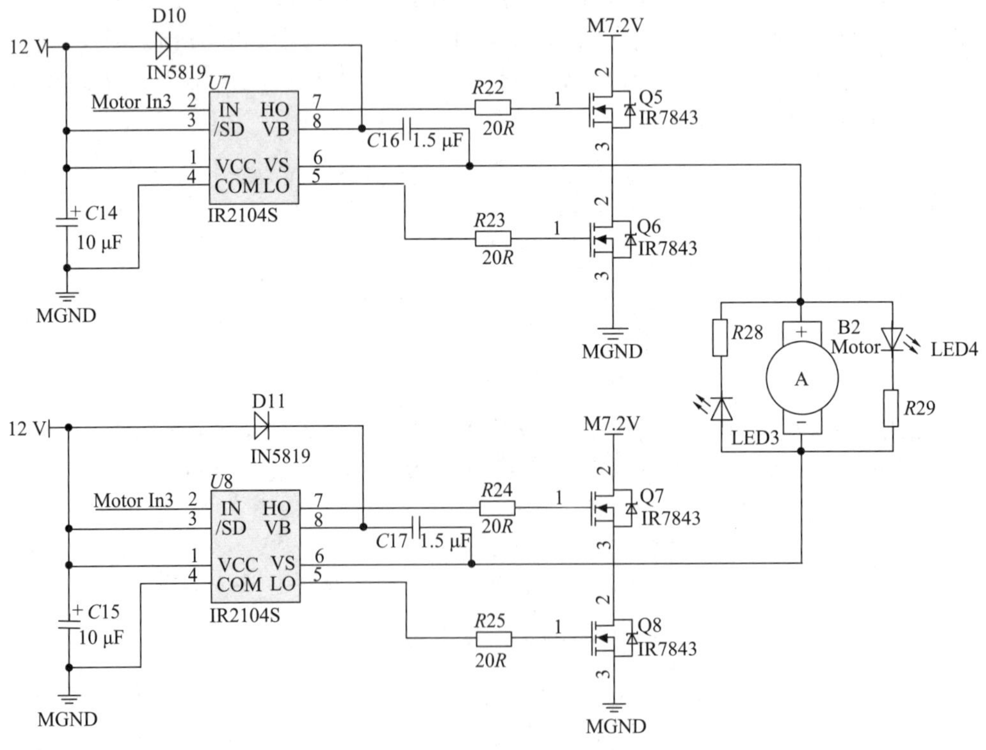

图 6　全桥驱动电路原理图

2.3　外设电路连接

本车使用的外设主要有编码器、红外模块、按键模块、液晶模块、OpenMV 模块以及

OpenART 模块。其中编码器用来测量轮子转速，反馈给 TC264 并通过 PID 算法对电机闭环；红外模块用于检测货物的装载情况，按键模块用于准期期间的调参。外设电路连接图如图 7 所示。

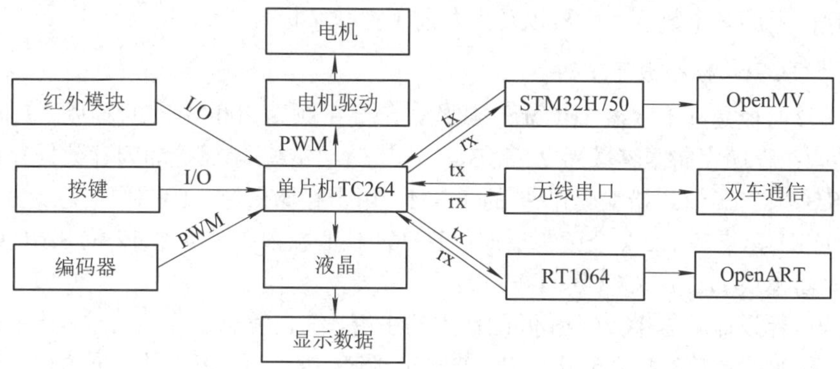

图 7　外设电路连接图

所有外设包括单片机 TC264 全部以自行设计、绘制、打样、焊接并测试的 PCB 电路板为平台进行连接，PCB 平台 AD 第二视图、第三视图如图 8、图 9 所示。

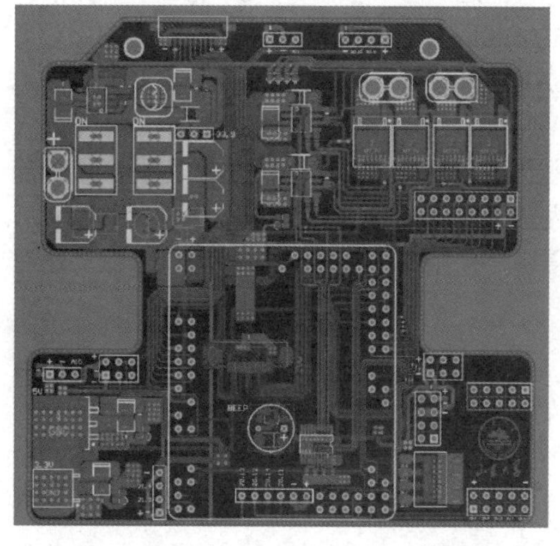

图 8　PCB 平台 AD 第二视图

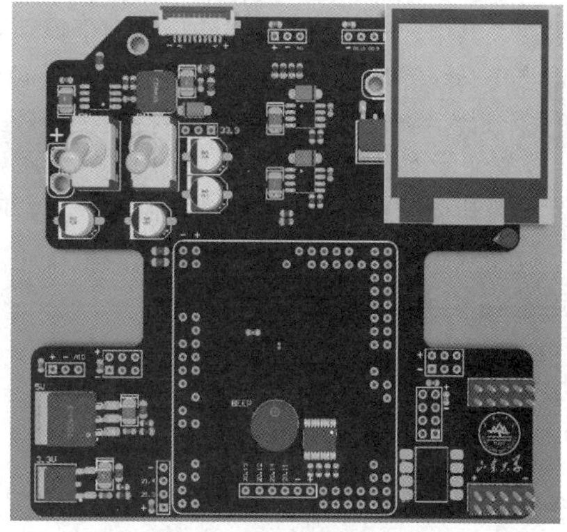

图 9　PCB 平台 AD 第三视图

3. 程序的设计

3.1　程序功能描述

根据题目要求，软件部分主要负责根据出发前所识别的病房号，在运行至十字路口时，通过识别地板上的病床号将药品送至目标病房，并完成双车协同送药任务。

(1) 键盘实现功能：修改车模前进运行时 PI 控制的参数值、车模差速转向时的转向 PD 环的相关参数、车模运行速度等相关调试数据。

(2) 显示部分：通过 LCD 显示车模运行时编码器等各项参数的实时数据以及 OpenMV 摄像头与 OpenART 摄像头显示并处理的结果，便于再调试的过程中更加直观地观察到车模程序的执行状况，提升调试效率。

(3) 摄像头部分：通过 OpenMV 摄像头与 OpenART 识别赛道中部的引导红线、十字路口、三岔路口、重点斑马线等赛道元素引导车模前进，而 OpenART 搭载神经网络算法，用于识别地面上的多个数字病床号以及出发前手持数字标号。

1. 关于 TC264 核心板与主板

TC264 核心板是基于双核 TriCore™架构，最高主频为 200 MHz 的芯片。TriCore™内置 DSP 功能；程序存储器容量为 2.5 MB、带 ECC(纠错编码)保护的闪存数据存储器容量高至 752 KB、带 ECC(纠错编码)保护的 RAM，用于存储摄像头的图像信息。其 EEProm 容量大小 96 KB，支持 125 k 个读写周期；TC264 核心板内置了 4 个 12 位 SAR ADC 转换器以及定时器模块(GTM、CCU6、GPT12)。

本团队自行设计了与 TC264 相匹配使用的主板，综合考虑了各种需求，该主板的设计中包含了 3 组串行通信接口、6 组 PWM 波输出接口，加入了 LED 显示屏模块、红外线传感器模块、双车无线通信模块，以及按键等控制模块。

2. 关于外设的选择

在摄像头模块的选择中，通过多方论证，本作品选择了 OpenMV 与 OpenART 摄像头模块，其中，OpenMV 摄像头模块用于识别赛道中部的引导红线、十字路口、三岔路口、重点斑马线等赛道元素引导车模前进，而 OpenART 搭载神经网络算法，用于识别地面上的多个数字病床号以及出发前手持数字标号。

除此之外，选择红外线模块用于测量车模上是否已经安放 200 g 的示意药品，选择的红外模块通过高电平与低电平反映其检测范围内是否有物品存在，简单快捷、误判率低。

在双车通讯中，本文采用了无线串口通信模块，使用方法简单快捷，丢包率低，适宜用于双车协同使用。

3.2 程序设计思路

(略)

3.3 OpenMV、OpenART 模块的使用

在本作品中，摄像头的主要作用为识别赛道元素、识别手持卡片和病房附近地面的数字；其中 OpenMV 摄像头中的芯片为 STM32H750，而 OpenART 摄像头中的芯片为 RT1064，主频可达 600 MHz，性能较高，可以较为流畅地运行神经网络，故本文采用 OpenMV 来识别十字、三岔等赛道基础元素，采用 OpenART 来识别病房和手持的数字标号。

要利用神经网络对数字进行识别，首先需要制作训练数据文件，为了提升数据集的数目和获取的效率，本队自行编写了 Python 脚本，采集 OpenART 的照片，但是采集的数字外有许多无关紧要的赛道信息，而人工处理成百上千的数据集又太过于繁琐，因此打印数字的时候同时印制了黑色边框，利用了 Python 脚本进行数字图片的自动剪裁，实现了庞大数量的数据集的自动处理。此外，为了进一步提升数据集的多样性，令神经网络对更多情况的数字样式进行学习，团队把每种数字都打印了四份，分别粘贴在了数字可能出现的四个位置，这一优化也大大地提升了神经网络识别的准确率。

在数据集训练完毕后，需要对模型文件进行量化，待一切神经网络学习的工作完成之后通过 OpenMV IDE 将模型下载入摄像头，便可以开始识别数字。

3.4　车模的运动控制

本文所采用的三轮车模由前部万向轮与车模后部两个驱动轮组成，通过后轮的左右两个轮胎的差速实现转向。

在车模的运动过程中，通过配合编码器采集回来的速度数据进行闭环控制，以此来达到对车模运行姿态更加精准的控制，当车模运行到前端的 OpenMV 即将无法看到中线与终线的临界位置时，本作品采用了通过编码器记录轮胎转动距离的方法进行无摄像头的定距离行驶，以此来实现车模到达无法观察到中线与终点线的区域时，依旧可以实现直线行驶与定点停车。

在电机的控制中采用了直行环 PI 闭环与转向环的 PD 闭环进行串联的 PID，以此实现了车模直线行驶与转向掉头的精准、顺畅的控制，在车模的调试过程中，利用 LCD 与按键对 P、I、D 三个参数进行动态调试，通过逐步的测试，试验得出了比较稳定的参数，大大地提升了车模运行过程中的稳定性。

在车模运行的控制系统中，采用了多层次、模块化的设计思路，通过程序给上层控制分析函数下达期望的前进速度和角速度，经过分析函数后，函数自动将直线运行速度和角速度进行叠加运算后，转换为两个轮子的期望速度，并下达到 PID 控制模块，通过分层控制，使得不同模块控制车模运行更加高效、简便。

3.5　双车协作部分设计

在发挥部分的设计中，本队在两辆三轮车上装上了无线串口通信模块，用于两辆三轮车模之间的信息传递。当测试双车协同配合的题目时，小车 1 通过无线串口模块不断发送指定数字，直到小车 2 的 TC264 做出相关响应并通过无线串口与小车 1 建立联系，在完成题目的过程中，当 1 车完成相关任务后，也会及时地通过无线串口通知 2 车继续完成未完成的任务，以此来完成协同配合。

专家点评

该作品以 TC264 单片机为主控核心，完成循迹和数字识别、小车行走控制、装载状态判断、基于无线通信的两车协同送药等功能，满足题目要求。作品设计合理、可行，系统设计过程介绍详细、完整，有特点。

作品5　南京邮电大学(节选)

作者：虞尧、丁家润、孙浩宇

摘　要

本系统构建的智能送药小车，使用德州仪器 TM4C123GH6PM 微控制器作为控制核心，具有自主寻迹、视觉传感、双车协作功能。该系统由视觉传感模块、运动控制模块、电机控制模块、声光提示模块和无线通讯模块组成。视觉传感模块使用 Raspberry Pi 4B 加摄像头运行自主设计的程序。电机控制模块是基于磁编码器反馈的闭环步进电机驱动器。运动控制模块的核心是 TM4C123GH6PM 微控制器，将视觉信息用于控制车身在二维平面上的移动。这几个模块协调工作可以实现寻迹、地图特殊元素识别、数字识别、路径规划、双车协同工作等功能，从而可以很好地完成题目的各个要求。

作品演示

关键词：智能小车；数字图像处理；运动控制；PID；神经网络

1. 设计方案

1.1　主控制器件的论证与选择

方案一：采用 STM32H7 系列单片机。该系列单片机具有良好的生态、丰富的资源、高达 480 MHz 的工作频率，能够对外围电路实现比较理想的控制。但由于性能强大，硬件的功能太过丰富，可自定义的选项太多，短时间很难完全把握。

方案二：采用 TI 公司的 TM4 系列单片机。该系列单片机具有 80 MHz 主频，丰富的外设资源，使用简洁，能很好地满足本题的要求。

综合考虑，选择方案二。

1.2　电机的论证与选择

方案一：采用直流有刷电机，配合霍尔传感器进行闭环控制。使用高减速比的减速机可以实现较大的输出力矩，控制电路简单，算法简单。但需要消耗主控单片机的系统资源，相较于方案二、三性能较差。

方案二：采用基于磁场定向控制的永磁同步无刷电机，配合一定减速比的减速器。本方案可以实现高带宽的电机控制，控制效果极佳。但是算法复杂，控制电路体积大，在本题的应用场景中，性能过剩。

方案三：采用步进电机配合闭环驱动器直接驱动轮子转动。在本题较低负载的情况下，可以实现高精度的电流、速度和位置闭环控制效果，体积小，便于小车的小型化，利于题目的实现。

综合考虑，选择方案三。

1.3 小车结构的论证与选择

方案一：使用四轮小车。后两轮为驱动轮，前两轮由舵机控制为转向轮，具有控制简单，车身稳定性好的优点。但结合本题要求，四轮车不便于在 30 cm 宽的狭小空间内自由的转向。

方案二：使用三轮小车。后两轮为驱动轮，前面一轮为万向轮。可以通过后两轮的差速来实现转向甚至是原地旋转，十分适合本题狭小的道路。

方案三：使用四轮结构加舵轮，可以实现底盘的全向移动，十分灵活，动态性能好。但是机械结构复杂，难以在短时间内很好实现。

综合考虑，选择方案二。

2. 核心部件电路设计

1) 系统总体框图

系统总体框图如图 1 所示。

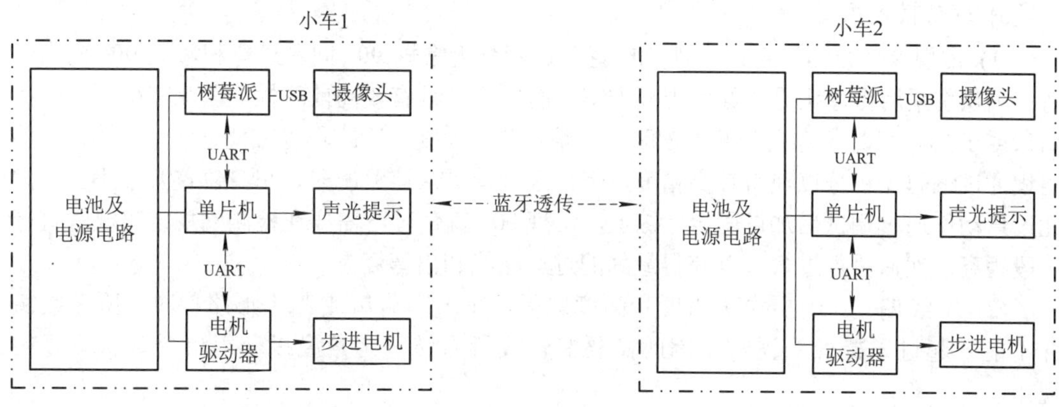

图 1 系统总体框图

2) 工作机理

电池与电源模块为树莓派、单片机和电机驱动器供电。单片机通过串行接口与电机驱动器通信，发送指令控制驱动器驱动步进电机完成小车的运动。单片机通过串行接口与树莓派交互，获取由视觉信息得到的寻迹信息，识别信息等用于小车的运动控制。

3. 系统软件设计

3.1 系统软件流程图

(略)

3.2 主要模块程序设计

1) 道路识别

设计卷积核将道路中间的竖直红色引导线提取出来，将竖直引导线左右两边红色像素的差值作为道路识别的参考标准。

2) 十字路口识别

设计卷积核将道路中间的水平红色引导线提取出来，将通过水平方向红色像素值的个数作为判断标准。

3) 病房、药房识别

将原图像转换为 HSV 图像后提取红色引导线，如果摄像头已经拍不到红色引导线，则认为小车已经到了病房或药房。

4) 数字识别

将原图像通过 Canny 算法提取边缘，运行轮廓检测，获取数字框所在的候选位置。对检测到的轮廓进行多边形逼近，精准地定位出数字所在的位置。提取 ROI，根据提取到的 ROI 信息进行透视变换，获取到数字的正面视角，以提高接下来神经网络推理的稳定性。通过 keras 导入基于 MNIST 数据集训练的数字分类网络，并将透视变换后提取出的数字输入神经网络，得出推理后的结果。

5) 运动模式控制

(1) 常规 90° 直角过弯：常规 90° 直角过弯分为常规 90° 向左过弯和常规 90° 向右过弯。因识别采用摄像头寻找红色中线方案，而摄像头具有较高前瞻性，因此在检测到十字路口或 T 形路况时还未完全贴近该路况，需要继续行驶一段路程以方便过弯。继续行驶的路程通过编码器积分以获得较高精度。因每次过弯进入该路况时，车身位置几乎不变，因此过弯动作通过调试后加以固定。综上，常规 90° 直角过弯需要在检测到规定路况时直行一段距离，然后执行过弯，以获得最好的过弯路线和出弯姿态。

(2) 中线偏左：因摄像头角度和高度原因，在十字路口或者 T 形路口时，所有数字并不能一起进入摄像头视野，因此需要左转或者右转一定角度以获得单个数字更好的视角。

(3) 中线偏左转中线偏右：向左识别数字时，如果寻找到了目标数字，则执行如(5)所述动作，如果未寻找到目标数字，则由中线偏左状态转入中线偏右状态，以识别右边的数字。

(4) 中线偏右状态下归中：若在中线偏右状态下仍未寻找到目标数字，则转置归中状态，执行巡线操作。

(5) 倒退 90° 直角过弯：在中线偏左状态下，若寻找到目标数字，则直接执行倒退 90°

向左直角过弯动作；在中线偏右状态下，若寻找到目标数字，则直接执行倒退 90° 向右直角过弯动作。

(6) 非左即右直角过弯：在第三和第四个 T 形路口处，若在左侧寻找到目标数字，则执行倒退 90° 直角过弯动作；若未寻找到目标数字，则可以判断出该数字一定在右侧，则直接执行非左即右直角过弯动作。

(7) 直行后停车：在检测到药房或者病房时，先直行一段路程，再停止运动，以正确进入其中范围。

6) 道路循迹

经过分析，小车主要有两种运动姿态：一种是循迹姿态，另一种是固定运动姿态。小车采用自制的三轮小车，后两轮主动，第三轮使用普通万向轮，因此需要通过两个主动轮的差速完成循迹任务。通过摄像头获取道路信息，从而计算出车身偏离道路的程度，此数据作为系统的反馈和目标车身位置共同送入增量式转向 PD 控制器。控制器计算出两个轮子的速度，然后通过电机驱动器作用于电机中。选用增量式转向 PD 控制器的原因是 PID 控制器是传统且使用范围最广泛的控制器，而增量式转向 PD 控制器属于 PID 控制器中的一种，更适用于转向模型。

4. 开发工作环境

本作品开发工作环境如下：

(1) 机械模型设计：Solidworks。

(2) 电路设计：AltiumDesigner。

(3) TM4 微控制器程序编写：Code Composer Studio。

(4) 树莓派程序编写及调试：Python，VNC，VSCode。

5. 系统测试结果

(略)

专家点评

小车运动模式控制叙述较为详细。

作品6 北京化工大学(节选)

作者：张泽良、吴洋、杨浩杰

摘　要

本队根据赛题任务与要求，设计并制作了智能送药小车，模拟完成了智能送药小车在医院药房与病房之间药品的送取作业。该智能送药小车能够根据指令方案，沿着预设路径完成药品送取作业。在拓展任务中，两辆智能送药小车能够以通讯功能为基础，实现智能化协作取、送药任务。

该智能送药小车以 STM32F103 为主控核心，以 OpenMV 进行模板匹配，识别数字，由 L298N 驱动电机控制小车整体运动。其中，OpenMV 与 STM32 间可以通过串口通讯实现协同功能。小车的路线循迹采用 16 路光电传感器组识别方案，对走廊地面的红色实线进行识别循迹。两辆智能送药小车之间通过蓝牙通讯。

关键词：送药小车；光电巡线；数字识别

1. 系统方案设计及论证

1.1 控制方案分析与论证

本设计的硬件部分有两方面的需求，一方面是基于摄像头的数字识别；另一方面是基于主控板的嵌入式层，包括电机驱动、路线循迹等功能。经过分析与研究，主要讨论出以下两项方案，如表 1 所示。

表 1　主控方案分析

方案序号	方案内容	方案分析
方案一	树莓派+OpenCV	识别算法更强大
方案二	STM32+OpenMV	能耗低、易开发

经过讨论与反复论证，最终采用了 STM32+OpenMV 方案，原因共有两方面。一方面在于整体的供电问题，树莓派的能耗较高，对电源要求较高。另一方面，由于树莓派实际

上需要调用相当一部分的性能用于其系统的巡行上，这就导致在使用模板匹配时，实际的采样帧率甚至不如直接使用 OpenMV 模块的情况。

综合考虑两种方案的优缺点，最终决定采用 STM32+OpenMV 的方案。

1.2 机械结构设计与优化方案

考虑到本设计以模拟实现智能送药小车的相关功能为主要目标，故在外观与结构设计的方案选择上，以保障整体机械结构的基本稳定为主要目标，并未对其进行进一步加固与美化。本设计以 4WD 智能小车的套件底盘为基础，针对智能送药小车的功能要求进行了一定的设计与改装。电机转动状态编码如表 2 所示。

表 2　电机转动状态编码

左电机		右电机		左电机	右电机	电动车运行状态
IN1	IN2	IN3	IN4			
1	0	1	0	正转	正转	前行
1	0	0	1	正转	反转	右转
1	0	1	1	正转	停	以右电机为中心原地右转
0	1	1	0	反转	正转	左转
1	1	1	0	停	正转	以左电机为中心原地左转
0	1	0	1	反转	反转	后退

该方案的主要优化主要在于两方面。一方面设计了专门的药品装载台，内置有微动开关，可以用来模拟药品的装载。另一方面是对轮子的改装，考虑到实际地面易打滑的特点，本文对小车轮胎进行了特殊设计以增强摩擦力，进而改善其前进与转弯性能。

1.3 运动控制方案

小车的运动控制方案采用 L298N 电机驱动模块控制 4 路电机。该 4 路电机采用普通 DC 电机，具有重量轻、驱动电压低等特点。4 路电机可以保证小车具有足够的驱动动力。相较于其他电机方案，该方案可以使得整体具有更轻的重量，减小小车负载与耗能。

1.4 电源供电方案

本作品的供电方案采用两个 L298N 的供电网络并联，通过 8.4 V 锂电池直接供电，经稳压模块稳压后，经模块分别降压至 3.3 V 与 5 V 的各类模块标准供电电压输出。

主要的供电元件包括 STM32 主控板、OpenMV 模块、4 路电机以及各类功能模块。两个 18690 电池串联供电最高 8.4 V 的供电电压足以支持以上耗能。

1.5 数字识别方案

OpenMV 官方提供的一个手写数字识别例程是基于 MINST 数字数据集训练的，神经网络模型为 Lenet 模型。Lenet 分为卷积层块和全连接层块两个部分。

卷积层块里的基本单位是卷积层后接平均池化层：卷积层用来识别图像里的空间模式，如线条和物体局部，之后的平均池化层则用来降低卷积层对位置的敏感性。

卷积层块由两个基本单位重复堆叠构成。在卷积层块中，每个卷积层都使用 5 × 5 × 5 的窗口，并在输出上使用 sigmoid 激活函数。第一个卷积层输出通道数为 6，第二个卷积层输出通道数则增加到 16。

全连接层块含 3 个全连接层。它们的输出个数分别是 120、84 和 10，其中 10 为输出的类别个数。

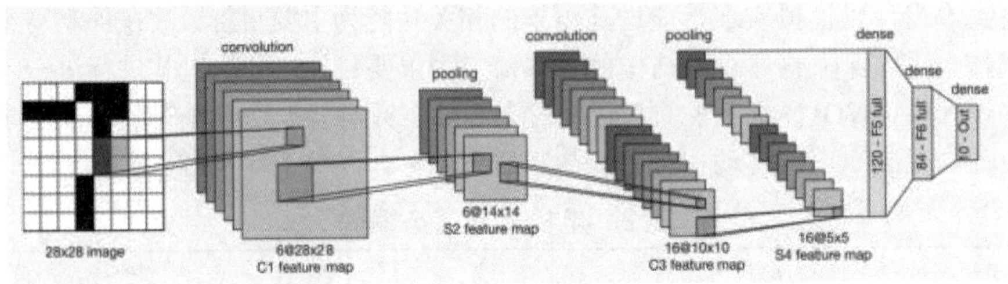

图 1　Lenet 模型

为了保证小车的纠偏精度效率，本设计的循迹部分在前后分别采用了 8 路光电传感器，整体构成了 16 路光电传感器模组。循迹方案如图 1 所示。光电模块在识别到红色时置高电平，识别到白色时置低电平。在循迹过程中，小车通过光电传感器模组的高低电平情况，计算出小车的偏移量，进而进行纠偏，最终实现循迹前进。此外，当前 8 路光电传感器的高电平数达到预设值时，则判定小车遇到了十字路口。与此类似的，同样可以通过光电传感器组的状态识别“T”型路口、病房门口等路况。

单片机通过路径识别模块对路径信息进行采集，以实现小车循迹的功能。8 路光电传感器的发射器是一个砷化镓红外发光二极管，接收器是一个高灵敏度硅平面光电三极管。红外发射管发出的红外光在遇到反光性较强的物体(表面为白色或近白色)后被折回，并被光电三极管接收到，引起光电三极管电极电流增加，将这个变化转为电压信号，就可以被处理器接收并处理，进而实现反光性差别较大的两种颜色(如黑白两色)的识别。

当发光二极管发出的光被反射回来而后被接收管接收时，三极管导通，此时构成电压比较器的 LM324 的同相输入端电压约为 0，LM324 的反相输入端电压取决于可调电阻 $R3$ 的有效阻值；当同相输入端的电压低于反相输入端的电压时，LM324 输出高电平，即 Out 为 1；反之当发光二极管发出的光没被反射回来时，LM324 输出低电平，即 Out 为 0。电压比较器的灵敏度可以通过调节可调电阻 $R3$ 来实现。

在一定的对地垂直高度下，由于白色赛道和红色引导线对于红外线的反射强度不同，不同位置处红外接收管接收到的红外光强会存在较大差异。因此通过单片机读取光电传感器的输出电平就能检测出中心红线位置，从而判断行车控制。

1.7　通信方案

通信主要包括 OpenMV 与 STM32 间的通信以及两辆车之间的通信。本设计的通信采用基于 HC08 模块的蓝牙通信方案。蓝牙模块上电后自动进行匹配，蓝牙模块之间采用透传的方式。

HC08 蓝牙模块是广州汇承公司的产品，HC 系列分别有蓝牙，Wi-Fi 以及 433 MHz 无线通信模块若干，其中 HC 系列的蓝牙模块目前用于单片机通信的方面最广，具有低功耗(以 HC08 为代表)，配备双模蓝牙，操作极为简单(安装支持 BLE 的 APP 后无需对码且指令集简单)，主从机一体、通信效果好等优点。红外检测模块如图 2 所示。

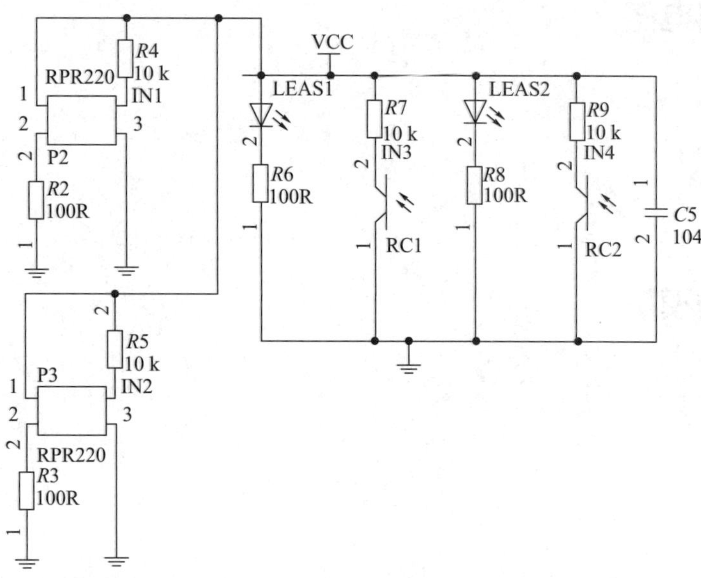

图 2　红外检测模块

HC08 的通信方式是串口通信，出厂设置默认波特率 9600B，后期可以修改，与 PC 的通信方式是通过 USB 转串口(TTL 电平)，然后通过串口调试助手进行指令集和数据的发送，这是与电脑的通信方式。HC08 之间的话，只要设置好一主机一从机，然后打开允许连接后即自动连接。

HC08 采用的是指令集设置蓝牙运行的配置，指令言简意赅，使用极为简单，具体如表 3 所示。

表 3　AT 指令对照表

序号	AT 指令(小写 x 表示参数)	作　用	默认状态	主/从生效
1	AT	检测串口是否正常工作	-	M/S
2	AT + RX	查看模块基本参数	-	M/S
3	AT + DEFAULT	恢复出厂设置	-	M/S
4	AT + RESET	模块重启	-	M/S
5	AT + VERSION	获取模块版本、日期	-	M/S
6	AT + ROLE = x	主/从角色切换	S	M/S
7	AT + NAME = xxx	修改蓝牙名称	HC-08	M/S
8	AT + ADDR = xxxxxxxxxxxx	修改蓝牙地址	硬件地址	M/S
9	AT + RFPM = x	更改无线射频功率	0(4dBm)	M/S
10	AT + BAUD = xx,y	修改串口波特率	9600,N	M/S
11	AT + CONT = x	是否可连接	0(可连)	M/S
12	AT + AVDA = xxx	更改广播数据	-	S
13	AT + MODE = x	更改功耗模式	0	S
14	AT + AINT = xx	更改广播间隔	320	M/S
15	AT + CINT = xx,yy	更改连接间隔	6，12	M/S

2. 信号处理电路

(略)

3. 主控 MCU

(略)

4. 无线传输模块

(略)

专家点评

作品的需求分析合理、方案论证充分，设计过程详细，对药品装载台和车轮做了优化设计，并采用前后 2*8 路光电传感器完成路线循迹，有特点。作品设计合理可行，实现了题目所要求的功能。

作品7 乐山师范学院(节选)

作者：廖聪、钟磊、刘仁平

关键词：(略)

作品演示

1. 设计任务与要求

(略)

2. 系统方案

2.1 技术路线

(略)

2.2 系统结构

智能送药小车的系统结构如图 1 所示。当识别到病房号和检测到药物放上小车后，小车出发，通过 CCD 识别道路信息，根据发车前识别到的号码判断和岔路口的房间信息判断应该在何时转向以及转向的方向。当小车进入病房 CCD 时，检测停车线停车并等待药物被取走；当检测到药物被取走时，小车原地掉头返回药房。

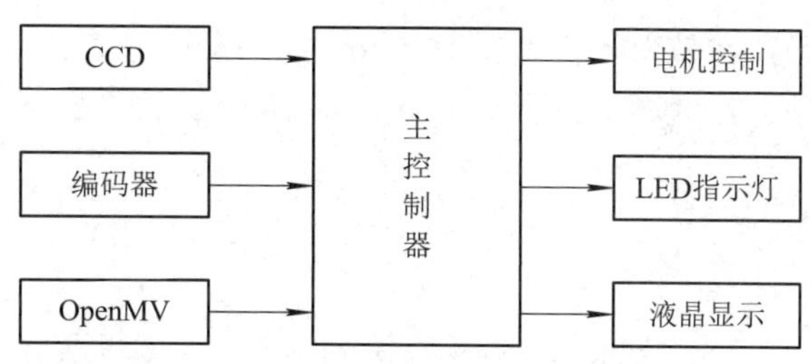

图 1　智能送药小车结构图

2.3　主控制器的方案

主控制器是智能送药小车的核心部分，它需要接收传感器信号，将接收到的信号经过处理后，通过 PWM 输出进行电机控制，从而实现循迹行驶，通过不同传感器的信号判断病房号，从而实现路径选择。

考虑到小车在运送过程中需要稳定的电机控制以及出于性价比的考虑，本作品最终选择了电机驱动和控制专用的 MM32SPIN27PS 单片机。

2.4　传感器的方案

为了识别赛道信息，本队通过分析场地元素，考虑了以下三种方案。

方案一：光电传感器。光电传感器结构简单、精度高、反应快，尤其是对黑色和白色的识别更准确，但对红色的识别不是特别有效。

方案二：MT9V034 摄像头传感器。MT9V034 摄像头虽然可以采集更多更远的数据，但是通过程序控制起来相对复杂。

方案三：线性 CCD 传感器。线性 CCD 传感器具有高解析度，并且其获取的数据相对 CMOS 传感器来说要便于分析，故选用 CCD 传感器。

2.5　显示部分的方案

(略)

2.6　电机部分的方案

方案一：减速电机。经过试验发现，减速电机可以提供一个相对平稳的行车姿态，传动效率高，但满载输出速度不高。

方案二：直流电机。直流电机速度较快，虽然相比减速电机效率略低，但是考虑到后期提速，最终采用直流电机，通过编码器闭环的方式实现速度控制。

3. 理论分析与参数计算

3.1 小车参数

一号小车外形参数：在地面上投影长 14.5 cm，宽 18 cm，高 24 cm；
二号小车外形参数：在地面上投影长 7 cm，宽 18 cm，高 24 cm。

3.2 理论分析

1. 自动循迹部分

小车自动循迹主要分为位置修正、判断转向和停车三部分。本作品针对不同的部分有相对应的处理方式。

(1) 位置修正：通过线性 CCD 传感器采集赛道数据，通过对比度算法识别中心红线的左右边界，再将左右边界的数据通过计算，得到小车当前的位置信息，将位置信息按一定比例转换成 PWM 波的占空比，输出给左右电机，达到位置修正的效果。

(2) 判断转向：由于线性 CCD 采集的是赛道中心红线的数据，当中心红线的数据突然变宽甚至占满整个 CCD 时，小车应当识别到"进入岔路口"，是否做出转向动作则要根据最开始识别的数字和当前路口的数字标识来判断。

(3) 停车：根据赛道信息可知，当小车需要停车时，赛道上贴有 5 cm 宽的黑白相间的虚线，此时 CCD 会采集到一组跳变的数据，这组数据与正常循迹和数据差别很大，通过识别这组特殊的数据来判断小车是否需要停车。

2. 数字识别部分

CCD 用于循迹完全可以实现小车的正常行驶，但小车在正式出发前要先识别数字来判断药物需要送往哪个病房，并且在经过岔路口时还要识别赛道上的房间信息。由于线性 CCD 只能采集一行的数据，因此数字识别采用了专门的图像处理模块 OpenMV，要通过 OpenMV 进行数字识别离不开训练库的支持，需要对目标图片进行大量的训练，才能做到精准地识别出目标数字。OpenMV 是一款具有图像处理功能的可编程的单片机摄像头，通过预先训练的数据来实现小车在发车前和遇到岔路时的数字识别功能，并通过模块内部的单片机将识别到的数字信息发送给主处理器，主处理器接受信息并判断后做出相应的动作。

(其后内容均略。)

专家点评

作品对处理器、传感器等模块进行了需求分析，并做了较充分的设计方案论证。同时，详细介绍了各模块功能实现方法和参数设计过程，有特点。系统设计合理、可行，完成的作品实现了题目所要求的功能。

作品8　湖南工程学院(节选)

作者：钟紫晴、刘振宇、王冠南

摘　要

本智能送药小车以 STM32F103RCT6 单片机作为核心控制器，主要包括摄像头处理模块、载物检测模块和无线通信模块。利用单片机控制整个系统的各个模块协调运行；利用 K210 的模型训练和 OpenMV 的颜色识别实现数字识别和自动寻径的功能；利用红外传感器检测是否装载药物；利用无线通信模块实现两辆小车之间的通信。本系统提出了数字识别算法和自动寻径算法，能够同时实现数字识别和寻径行驶，采用的方法先进有效。经过多次测试，本作品达到了自动寻径送药和两车协同送药的设计要求。

作品演示

关键词：略

1. 设计任务与要求

(略)

2. 系统方案设计系统

(略)

3. 理论分析与计算

3.1　数字识别算法

(略)

3.2　自动寻径算法

自动寻径算法通过 OpenMV 的像素颜色统计来实现，寻径示意图如图 1 所示。首先从

OpenMV 的视野中划分出七个相连的矩形区域，然后在这七个区域内依次进行颜色统计，如果某个区域内的颜色阈值在红色阈值范围内，则认为该区域内包含红实线。将包含红实线的区域标记为“1”，其余标记为“0”，以二进制数的方式记录数值并通过串口发送给单片机。单片机通过标记信息判断小车相对于红实线的偏移程度，并利用 PID 算法精确控制小车的转向角，及时调整小车的前进方向，即可完成自动寻径。

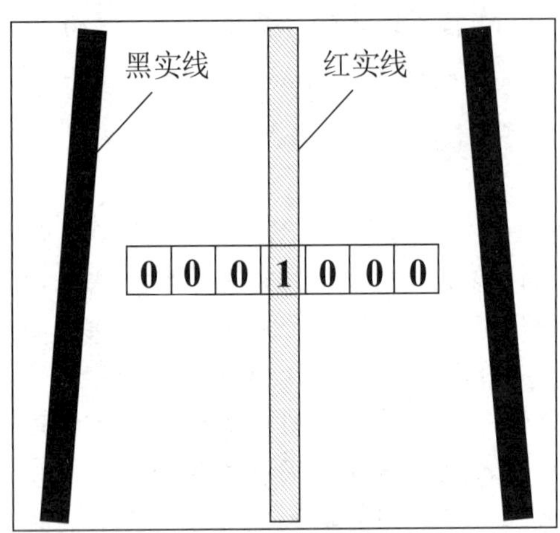

图 1　寻径示意图(OpenMV 视野)

单片机通过红实线的标记信息对小车的转向进行调整的具体操作如下：

(1) 若第一个区域标记了“1”，则控制小车左转 0.5°。

(2) 若第二个区域标记了“1”，则控制小车左转 0.4°。

(3) 若第三个区域标记了“1”，则控制小车左转 0.3°。

(4) 若第五个区域标记了“1”，则控制小车右转 0.3°。

(5) 若第六个区域标记了“1”，则控制小车右转 0.4°。

(6) 若第七个区域标记了“1”，则控制小车右转 0.5°。

(7) 若第二、第五两个区域，或第二、第六两个区域，或第三、第五两个区域，或第三、第六两个区域同时标记了“1”，则认为小车到达十字路口，控制小车左转或右转 90°。

3.3　PID 算法

(略)

4. 电路与程序设计

4.1　电路设计

根据题目要求，本作品设计了系统控制板，主要包括 STM32F103RCT6 单片机、电源、降压模块、ZigBee、OLED、MPU6050 模块、红外传感器、电机驱动、编码器、舵机、OpenMV、

K210 等模块的接线端口，实现了用 STM32F103RCT6 单片机控制各个模块运行的功能，电路方案设计框图如图 2 所示。

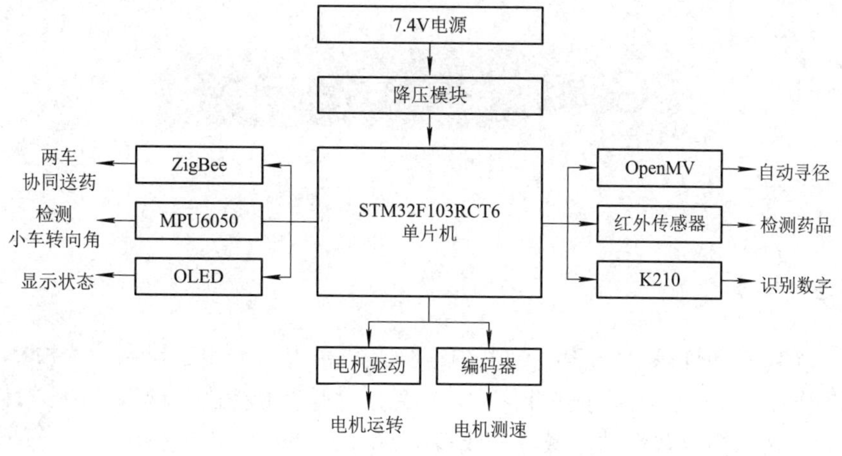

图 2　电路方案设计框图

(之后内容均略。)

该作品设计合理、可行，特别是详细介绍了寻径算法和电路设计方案，电路系统框图简介、明了，有特色。作品实现了题目所要求的功能。

G题 植保飞行器

一、任务

设计一个基于四旋翼飞行器的模拟植保飞行器，能够对指定田块完成“撒药”作业。在如图1所示作业区中，灰色部分是“非播撒区域”，绿色部分是“待播撒农药”的区域，分成多个 50 cm × 50 cm 虚线格区块，用1～28数字标识，以全覆盖飞行方式完成播撒作业。作业中播撒区域不得漏撒、重复播撒，非播撒区域不得播撒，否则将扣分；播撒作业完成时间越短越好。

文中彩图

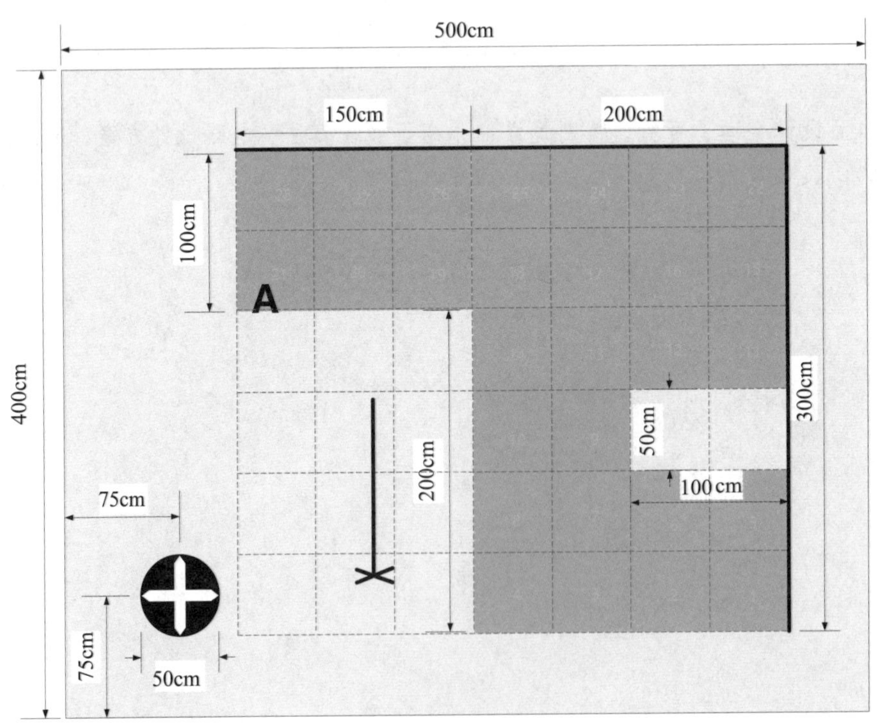

图1 播撒作业区示意图

图1中，黑底白字的“十”字是飞行器起降点标识；“21”是播撒作业起点区块，用“A”标识；飞行器用启闭可控、垂直向下安装的激光笔的闪烁光点表示播撒动作，光点

在每个区块闪烁 1～3 次视为正常播撒；同一区块光点闪烁次数大于 3 次，将被认定为重复播撒。激光笔光点闪烁周期为 1～2 s。

二、要求

1. 基本要求

(1) 飞行器在“十”字起降点垂直起飞，升空至(150±10)cm 巡航高度。

(2) 寻找播撒作业起点，从“A”所在区块开始“撒药”作业。

(3) 必须在 360 s 内完成对图 1 中所有绿色区块的全覆盖播撒。

(4) 作业完成后，稳定准确降落在起降点；飞行器几何中心点与起降点中心距离的偏差不大于±10 cm。

2. 发挥部分

(1) 将作业区域中任意位置的 3～4 个连续播撒区块用非播撒区域颜色覆盖，重复基本要求(1)～(3)的作业。

(2) 在作业区中放置一只高度为 150 cm、直径(3.5±0.5)cm 的黑色杆塔，杆塔上套有圆环形条形码(放条码的高度为 120～140 cm)；作业中或返航途中，飞行器识别条形码所表示的数字，用 LED 闪烁次数显示数字，间隔数秒后再次闪烁显示。

(3) 以起降点“十”字中心为圆心，以(2)中识别的数字乘 10 cm 为半径，飞行器在该圆周上稳定降落；飞行器几何中心点与该圆周最近距离的偏差不大于±10 cm。

(4) 在测试现场随机抽取一个项目，30 min 内现场完成一组飞行动作任务的编程调试，并完成飞行动作。

(5) 其他。

三、说明

1. 作业现场说明

(1) 参赛队在赛区提供的测试现场测试，不得擅自改变测试环境条件。

(2) 作业区域铺设亚光喷绘布，非播撒区域为淡灰色(R-240，G-240，B-240)，播撒作业区域为淡绿色(R-150，G-250，B-150)，播撒区中区块数字编号颜色与非播撒区相同；播撒区上、右两侧有 0.5 cm 宽黑色标志线；参赛队应考虑到材料及颜料导致颜色存在差异的可能性。

(3) 作业起始区块标志“A”为加粗黑体，字符高 25 cm。

(4) 400 cm × 500 cm 作业区四周及顶部设置安全网，安全网外有支架。

(5) 测试现场避免阳光直射，但不排除顶部照明灯及窗外环境光照射，参赛队应考虑到测试现场会受到外界光照或室内照明不均等影响因素；测试时不得提出光照条件要求。

(6) 杆塔放置在作业区中的非播撒区域，距离边缘 100 cm 以上。杆塔颜色为黑色，套有环形黑白条形码。4 位数条形码高度为 4 cm，制成圆环状套在杆塔顶部(见图 2)。条形码图片可在网站上生成，网址：http://barcode.cnaidc.com/html/BCGcode128b.php。

图 2　条形码示意图

2. 飞行器要求

(1) 参赛队使用飞行器时应遵守中国民用航空局的相关管理规定。

(2) 飞行器最大轴间距不大于 45 cm。

(3) 飞行器桨叶必须全防护，否则不得测试。

(4) 飞行器上的激光笔垂直向下安装，不可移动、转动，激光笔可被控制开或关。

(5) 起飞前，飞行器可手动放置到起降点；起飞可手动一键启动，起飞后整个飞行过程中不得人为干预；若采用飞行器以外的启动操作装置，一键启动起飞操作后，必须立刻将装置交给工作人员。

(6) 调试及测试时必须佩戴防护眼镜，穿戴防护手套。

3. 测试要求与说明

(1) 基本要求(1)～(4)的作业须连续完成，期间不得人为干预；发挥部分(1)～(3)的作业亦如此。基本部分可测试两次，参赛者选择其中一次记录；发挥部分只能测试一次。

(2) 飞行器播撒作业可参考激光笔光点轨迹判定：激光点在图 1 所示播撒区域虚线格中闪烁 1～3 次即视为正常播撒；若激光点在同一虚线格中往复或闪烁次数大于 3 次即视为重复播撒；激光点未在虚线格内闪烁视为漏撒。飞行器飞行经过但激光笔未开启，不作为播撒。

(3) 每次测试的全过程中均不得更换电池；两次测试之间允许更换电池，更换电池时间不大于 2 min。

(4) 飞行期间，飞行器触及地面后自行恢复飞行的，酌情扣分；触地后 5 s 内不能自行恢复飞行视为失败，失败前完成动作仍计分。

(5) 基本要求及发挥部分播撒作业全程不能在 360 s 内完成的不记录成绩。

(6) 发挥部分中，先放置杆塔后再开始测试。

(7) 平稳降落是指在降落过程中无明显的跌落、弹跳及着地后滑行等情况出现。

(8) 现场编程实现的任务在所有其他测试工作(包括“其他”项目)完成之后进行。编程调试超时判定任务未完成；编程调试时间计入成绩。编程下载工具必须与作品一起封存。

四、评分标准

	项　目	主 要 内 容	满分
设计报告	方案论证	技术路线，系统结构，方案描述，比较与选择	3
	理论分析与计算	控制方法描述及参数计算	5
	电路与程序设计	系统组成，原理框图与各部分电路图，系统软件设计与流程图	7
	测试方案与测试结果	测试方案及测试条件，测试结果完整性，测试结果分析	3
	设计报告结构及规范性	摘要、报告正文结构、公式、图表的完整性和规范性	2
	合计		**20**
基本要求	完成第(1)项		5
	完成第(2)项		5
	完成第(3)项		30
	完成第(4)项		10
	合计		**50**
发挥部分	完成第(1)项		20
	完成第(2)项		2
	完成第(3)项		8
	完成第(4)项		15
	完成第(5)项		5
	合计		**50**
总　分			**120**

作品1 中国民航大学

作者：唐昊、张航维、吴皓楠

摘 要

植保飞行器需完成模拟“撒药”任务，并识别条形码后在指定位置范围降落，本飞行器采用STM32F405RG为主控芯片，MPU6050等传感器作为系统的信息负反馈环节，测量飞机姿态信息，通过卡尔曼滤波、二阶互补滤波等算法进行姿态解算。基本姿态控制回路采用串级PID算法实现，使用点状红外线定位灯二极管半导体6 mm激光头模块，运用MOS管，通过程序控制I/O口，完成闪烁光点动作，采用OpenMV嵌入式图像处理模块实现条形码识别，发送相关数据，利用视觉惯性里程计整合摄像机和IMU数据，实现SLAM算法，从而实现飞行器在室内空间的精确定位，完成相应的测试所需动作。

作品演示

作品代码

关键词：传感器；姿态解算；PID算法；VIO；RISCV

1. 系统方案

1.1 飞行控制系统的选择与论证

飞行控制系统(Flight Control System)简称飞控，主要方案有成品商用飞控、自制飞控，与TI飞控，其代表性系统如图1所示：

(a) KK飞控

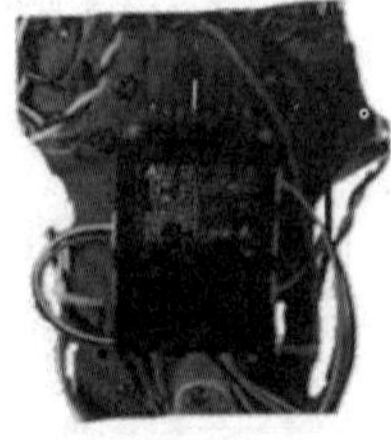

(b) 自制飞控

(c) TI飞控

图1 飞控选择方案图

方案一：选用成品商用飞控，如目前市场流通的 KK 飞控、MWC 飞控、APM 飞控等，KK 飞控价格便宜，硬件结构简单；MWC 基于 Arduino 平台，有地面站软件，代码开源；APM 基于 Arduino 平台，有地面站软件，代码开源。

方案二：选用自制飞控，将自制传感器板与 STM32F405 芯片相结合。根据赛题要求，本作品结合自制传感器板的灵活可变性与单片机的良好可控性，制作出更合适于比赛试题的飞控。

方案三：选用 TI 飞控。以 TI 公司 TM4C123G 为主控芯片，飞控整体工程文件完全开源，预留多个拓展接口，能够实现良好的姿态自稳效果，可使用匿名完善的强大的软硬件平台进行学习和二次开发。

综合考量，选用方案二。方案一因商品飞控的自身因素，可能存在稳定性差，设计和调试困难等问题；方案二具有兼容性突出、可控性更加优良，易于根据赛题所需进行相关调整等优势。

1.2　机架的选择与论证

赛题要求飞行器最大轴间距不大于 45 cm，可选机架尺寸 F450 V2 四轴机架、F330 型机架、QAV250 型纯碳纤维机架三种(见图 2)。

(a) F450-V2 四轴机架

(b) F330 型机架

(c) QAV250 型纯碳纤维机架

图 2　机架选择方案图

QAV250 纯碳纤维机架体积小、灵活性高、易于测试和调节，更符合本项目要求，选用 QAV250 纯碳纤维机架。

1.3　驱动模块的选择与论证

方案一：采用内含电刷装置，将电能转换成机械能的有刷电机。有刷电机具有启动快、制动及时、可在大范围内平滑地调速、控制电路相对简单等优点，但是存在有寿命短、噪声大、产生电火花、效率低等缺点。

方案二：采用以自控式运行的无刷电机。无刷电机具有无电刷、低干扰、噪音低、运转顺畅、寿命长、低维护成本等优点，但是造价高，如果使用环境在高磁场或与高磁场接近处，电机将失去作用。

综合考量，选用方案二。方案二运转更顺畅，具有一定负载能力，更适合用于植保四旋翼飞行器。

1.4 图像识别模块的选择与论证

图像识别模块的方案包括 K210 和 OpenMV 两种，如图 3 所示。

(a) K210

(b) OpenMV

图 3 图像识别方案选择图

方案一：采用嘉楠科技 kendryteK210 模块。将大量图片用图像目标检测的标注工具 vott 进行标注，再使用 YOLOV 导入模型进行深度学习训练模型，从而实现目标识别。

方案二：采用星瞳科技研发，支持 Python 的机器视觉模块 OpenMV，结合摄像头，进行多种机器视觉应用。它可以通过 UART、IIC、SPI、AsyncSerial 以及 GPIO 等控制其硬件，完成所需完成的任务活动。

在赛题测试环境里，二维码粘贴于细杆环绕一周，运用 K210 进行识别存在效率低、且在不稳定较远距离环境中难以识别的问题。综合考量，选用方案二，性能稳定且识别距离相对更符合要求。

1.5 空间定位模块的选择与论证

空间定位模块方案包括 GPS 定位、光流传感器定位、Inter RealSense T265 定位 3 种，如图 4 所示。

(a) GPS 定位

(b) 光流传感器定位

(c) Inter RealSense T265 定位

图 4 空间定位模块方案选择图

方案一：GPS 定位。在全球任何地方以及近地空间内，GPS 都能够提供准确的地理位置、车行速度及精确的时间信息。具有高精度、全天候、全球覆盖、方便灵活等优势，但是不适用于室内定位。

方案二：光流传感器定位。在无人机上，光流定位通常是借助无人机底部的一个摄像头采集图像数据，然后采用光流算法计算两帧图像的位移，从而实现对无人机的定位。这种定位手段配合 GPS 可以在室外实现对无人机的精准控制，并且在没有 GPS 信号的时候，也可以实现对无人机的高精度定位，实现更加平稳的控制。

方案三：采用树莓派结合 Inter RealSenseT265 实感追踪摄像头。T265 本身带 IMU，可以直接给飞控提供位姿信息，不管是 APM 固件还是 PX4 固件，在 ROS 和 MAVROS 的帮助下，都可以直接获取 T265 的信息。自主飞行平台的板载电脑是树莓派，运行 ubuntu mate 18.04 的系统和 ROS Melodic，两者直接搭配从而获取飞机的位置信息。

植保飞行器测试环境位于室内，GPS 定位主要运用环境是室外环境复杂的大型地理区域，在室内并不能发挥其效果，无法实现室内精准定位。光流传感器受测试环境因素影响大，地面材质不同、地面纹理不同、光线的不同均会对光流传感器造成不同程度的影响，光流传感器的不稳定性使得其在室内不同环境中定位效果不佳，无法稳定实现室内精准定位，且容易造成不安全事故。综合考量，选用方案三，实现测试环境中的精准定位。

2. 系统理论分析与计算

2.1　四旋翼飞行器的原理分析

四旋翼无人机一般是由检测模块、控制模块、执行模块以及供电模块组成。机身是由对称的十字形刚体结构构成，在十字形结构的四个端点分别安装旋翼，为飞行器提供飞行动力，机身同一对角线上的旋翼归为一组，机头端的右侧旋翼及机尾方向的左侧旋翼沿逆时针方向旋转，从而可以产生逆时针方向的扭矩；剩余两个旋翼沿顺时针方向旋转，从而产生顺时针方向的扭矩，如此四个旋翼旋转所产生的扭矩便可相互之间抵消掉(见图 5)。一般来说，四旋翼无人机的运动状态主要分为悬停、垂直运动、横滚运动、俯仰运动以及偏航运动 5 种状态。

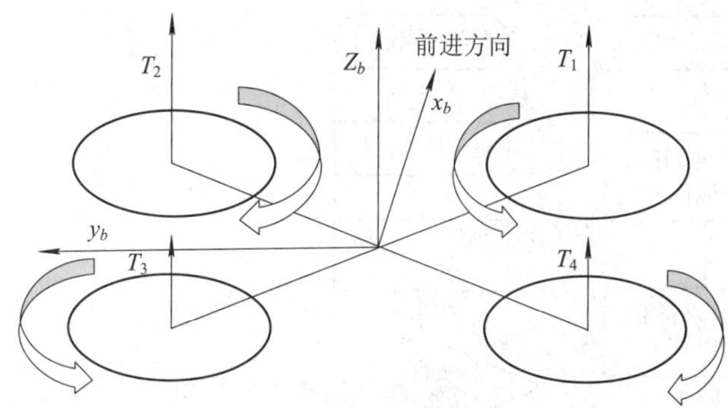

图 5　四旋翼飞行器的原理

2.2　控制算法分析

由于四旋翼飞行器由四路电机带动两对反向螺旋桨来产生升力，所以如何保证电机在平稳悬浮或上升状态时转速的一致性及不同动作时各个电机转速的比例关系是飞行器按照期望姿态飞行的关键。本作品采用 PID 算法将飞行器当前姿态调整到期望姿态。PID 控制框图如图 6 所示，PID 包含三个方面，比例环节反映系统当前误差，积分环节反映系统累计偏差，微分环节反映系统偏差的变化率。

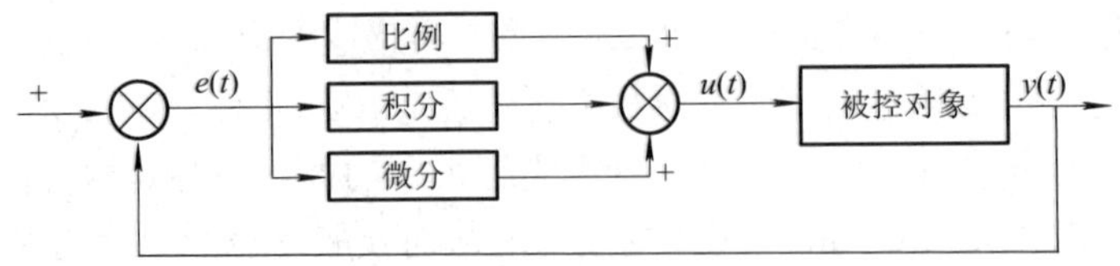

图 6　PID 控制框图

位置型离散 PID 控制器理论公式如下：

$$u(k)=K_{\mathrm{p}}e(k)+K_{\mathrm{i}}\sum_{j=0}^{k}e(j)+K_{\mathrm{d}}\left[e(k)-e(k-1)\right] \tag{1}$$

3. 电路与程序设计

3.1　电路设计

根据赛题要求，结合对于飞控的需求，本队运用 AD 软件对飞控电路图进行了设计：采用 STM32F405RG 芯片作为主控芯片，集成高速嵌入式存储器、SRAM 以及 I/O 和外围设备，搭载 MPU6050 传感器，集成 3 轴 MEMS 陀螺仪，3 轴 MEMS 加速度计，以及可扩展的数字运动处理器 DMP，用 IIC 接口连接磁力计，采用 TI 芯片 TPS73033 运行处理供电模块。

3.2　程序流程图

程序流程图如图 7 所示。

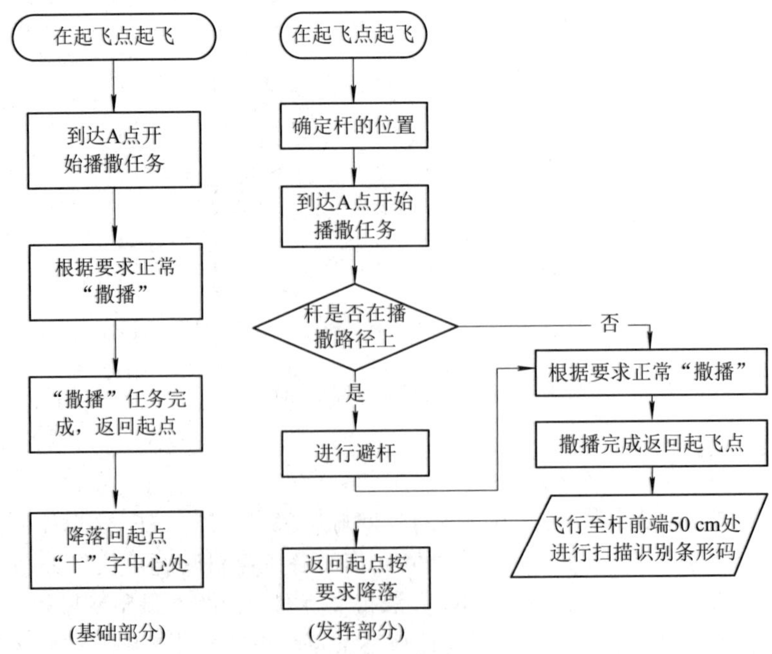

图 7　程序流程图

4. 测试方案与测试结果

4.1　测试方案

根据测评要求，在实验室自主搭建安全网空间进行分步测试，使用激光头，模拟喷洒农药过程，记录成功播撒点数、OpenMV 识别成功次数与飞机降落位置距“十”字中心点距离。

4.2　测试结果及分析

1) 基础要求

成功播撒点数纪录与植保飞行器降落位置距离记录如表 1、表 2 所示。

表 1　成功播撒点数记录表(部分)

测试编号	1	2	3	4	5	6	7	8
成功播撒点数	28	28	28	28	28	28	28	28

表 2　植保飞行器降落位置距“十”字中心点距离(部分)

测试编号	1	2	3	4	5	6	7	8
距离/cm	5	3	6	3	4	0	3	2

2) 发挥部分

成功播撒点数纪录如表 3 所示。

表 3　成功播撒点数记录表(部分)

测试编号	1	2	3	4	5	6	7	8
成功播撒点数	24	24	24	24	24	24	24	24

3) 其他

OpenMV 识别成功次数记录如表 4 所示。

表 4　OpenMV 识别成功次数记录表(部分)

测试编号	1	2	3	4	5	6	7	8
识别结果	成功	成功	成功	成功	失败	成功	成功	成功

条形码为 4 cm 时，降落位置距“十”字中心点距离如表 5 所示。

表 5　条形码为 4 cm 时降落位置距“十”字中心点距离(部分)

测试编号	1	2	3	4	5	6	7	8
距离/cm	41	43	39	37	40	42	40	41

模拟播撒过程中，漏洒点数、降落位置以及 OpenMV 识别条形码的稳定性与飞行器的稳定性密切相关。飞行器越稳定，漏洒点数越少，降落位置越符合规范，识别成功率也更大。随着对飞行器参数的调整，飞行器逐渐趋于稳定状态，基本达到预期效果。

5. 总结

本次赛题需设计并制作植保飞行器，按照规定要求模拟进行“撒药”作业，并完成识别条形码，按规定位置进行降落任务，本队成员采用自制飞控板，编写了适用于赛题的程序，采用视觉惯性里程计结合树莓派完成室内精准定位，使用 K210，OpenMV 进行图像识别任务，最终使得飞行器完全符合赛题要求进行模拟“撒药”作业，实现避杆操作并正确采用了 OpenMV，完成了最终的条形码识别任务，成功返回起点，按要求降落。

作品2 大连理工大学

作者：吴双鹏、刘鹏宇、黄康凤

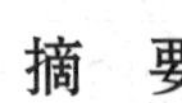

摘　要

随着人工智能技术的迅速发展，智能飞行器已经应用到现代生产生活的各个行业。其中应用尤为成功的一个方向就是“植保飞行器”。通过下达指令，飞行器可以自主完成撒药、播种等复杂任务。一方面可以解放人力资源，另一方面完全自动化的操作可以大大提高生产效率。本团队使用 TI 公司生产的 TIVA 单片机作为无人机主控，英伟达的 Jetson NX 作为视觉处理器设计开发了一款植保四旋翼无人机。本飞行器使用双目摄像头作为视觉里程计，实现定点与巡航。同时搭载激光雷达、光流模块辅助无人机定点，并使用 K210 与 OpenMV 进行目标检测，激光笔用于模拟“播撒”。本飞行器可以实现自动巡航、定点“播撒”、目标检测、避障、条形码识别等诸多功能。

作品演示

文中彩图 1

文中彩图 2

关键字：人工智能；TIVA 单片机；视觉里程计目标检测

1. 系统方案

本系统主要由单片机控制模块、姿态解算模块、定高模块、定点模块、视觉模块、测距模块与扫码方案组成，下面分别论述。

1.1　单片机控制模块

方案一：选择 STM32F103RBT6 作为主控芯片。这款芯片属于意法半导体常见的芯片之一，资料众多，操作简单，常用于嵌入式开发设计之中。但是对于无人机这类需要高性能数据处理与控制能力的系统而言，该芯片并非最优选择。

方案二：选择 TM4C123GH6PM 作为主控芯片。这款芯片主频能够达到 80 MHz，PWM、UART 等资源充足，性能极强，完全可以满足对飞行器的控制需求。

综合以上两种方案，选择方案二。

1.2　姿态解算模块

方案一：采用 MPU6050 进行姿态的解算，通过 IIC 进行通信，最快的通信速度为 400 kb/s，可以得到当前无人机的六轴数据。

方案二：采用 ICM20602 进行姿态的解算，通过 SPI 的方式进行通信，最快通信速率为 10 Mb/s，传感器噪声也大幅降低，可以更加高效地得到无人机当前的运动状态。

综合以上两种方案，为了得到更好的控制效果，选择方案二。

1.3　定高模块

方案一：采用超声波测距的方式定高，超声波测距模块的测距范围为 0～150 cm，精度为 3 mm，指标符合要求，但受外界环境影响变动大，在飞行过程中不是十分稳定。

方案二：采用气压计 SPL06 定高，气压计数据波动较大、精度低，室内定高效果不好。

方案三：采用激光测距的方式定高，测距范围为 0.1～12 m，准确度为 1%，抵抗环境光性能较强，更安全稳定；但激光易受高度突变的影响，可与加速度计数据项融合得到实际高度。

综合以上三种方案，选择将方案二与方案三结合，即激光定高，使用加速度计与气压计数据修正。

1.4　定点模块

方案一：光流定点。由于室内比赛没有 GPS 信号，光流定点成为首选方案，将之与 IMU 数据融合，可以达到较好的定点效果。但是光流受地面反光等问题影响，而且赛题对无人机定点精度要求较高，光流测速无法满足要求。

方案二：二维激光雷达定点。使用二维激光雷达获得无人机相对周围环境的距离，将激光雷达数据与 IMU 数据融合用于无人机定点。经测试，在室内定点效果较好，但是由于场地周围有网格且比较稀疏，雷达扫描效果不好，难以用于定点。

方案三：视觉里程计。使用 Jetson NX 搭载双目摄像头与 IMU 数据融合作为视觉里程计，将位置数据发送给飞控，与光流数据融合。经测试，误差可以达到厘米级。同时以起点为原点建立坐标系，辅助无人机巡航。

综合以上三种方案，选择方案三。

1.5　视觉模块

方案一：采用 OpenMV4 摄像头模块。OpenMV4 由 ARM Cortex-H7 高性能微处理器

以及 OV7725 构成，支持多种格式输出，且内置识别色块、形状等多种算法，可以大大缩短开发周期，但对复杂形状的识别效果较差。

方案二：使用 K210 传感器模块。K210 是嘉楠科技公司设计的一款 64 位 CPU，内置神经网络加速器 KPU，可以采集图像数据集，使用神经网络训练后，部署到 K210 上。经过神经网络训练，进行目标检测时帧率可以达到 30 以上，但识别色块和形状时帧率只有 5f/s 左右。

综合以上两种方案，选择使用 OpenMV 识别色块“播撒区”，使用 K210 识别起降点和“A”点。

1.6 测距模块与扫码方案

方案一：激光雷达测距。因为杆塔的直径较小，在距离较远时难以找到。

方案二：OpenMV 测距。OpenMV 可以通过同一图像像素点的大小变化测得该图像的距离。实验发现，这种测距方式具有一定的随机误差。

综合以上两种方案，决定首先用 OpenMV 识别色块找杆，距离拉近后将激光数据与 OpenMV 测距数据融合，提高测距精度，以便扫描条形码。

2. 电路设计

部分外设模块以及相关转接板设计如下。

(1) 飞控拓展板原理图如图 1 所示，飞控拓展板包括电源管理电路、最小系统接口电路、PWM 输出电路、串口通信电路等必要电路。

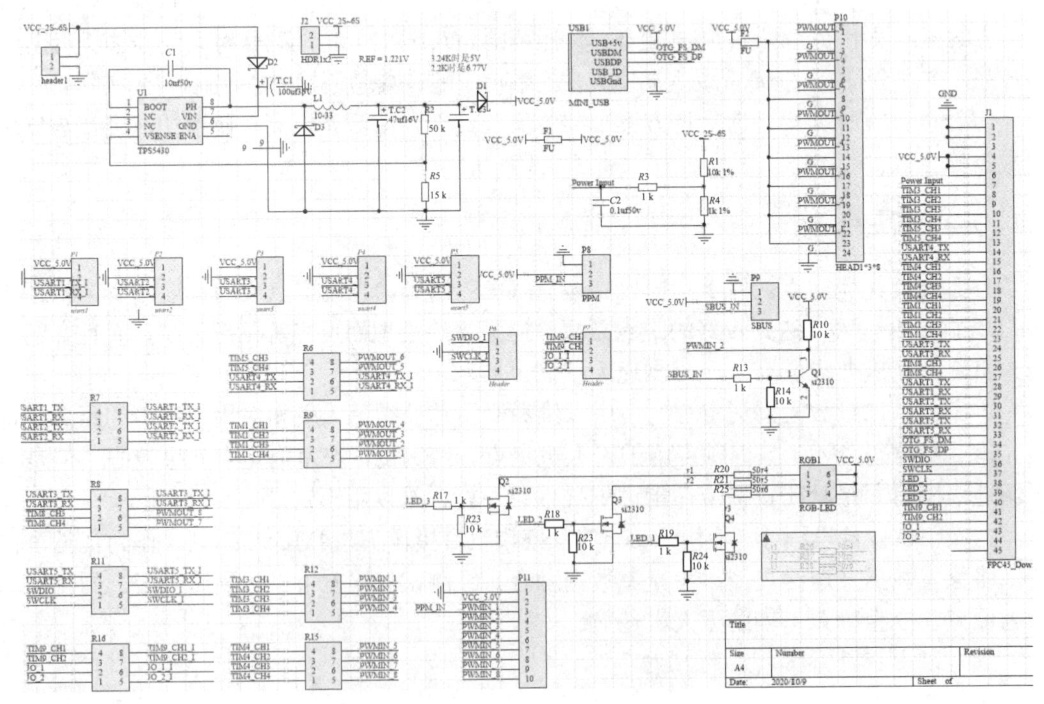

图 1　飞控拓展板原理图

(2) 激光雷达数据处理板原理图及其 PCB 图如图 2 所示。

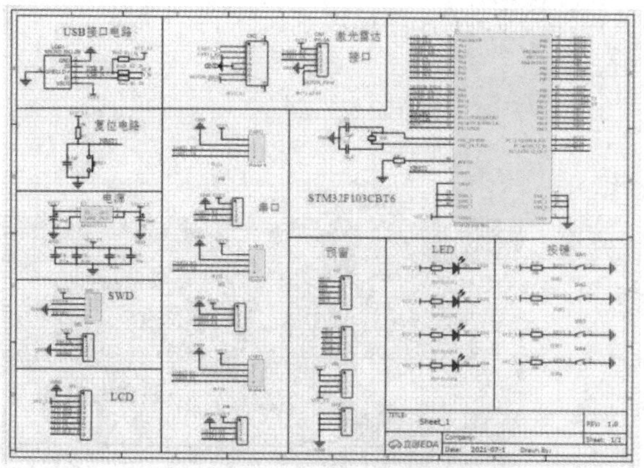

(a) 激光雷达数据处理板　　(b) 激光雷达数据处理板 PCB 图

图 2　激光雷达数据处理板原理图及其 PCB 图

(3) K210 视觉传感器转接板原理图及其 PCB 图如图 3 所示。

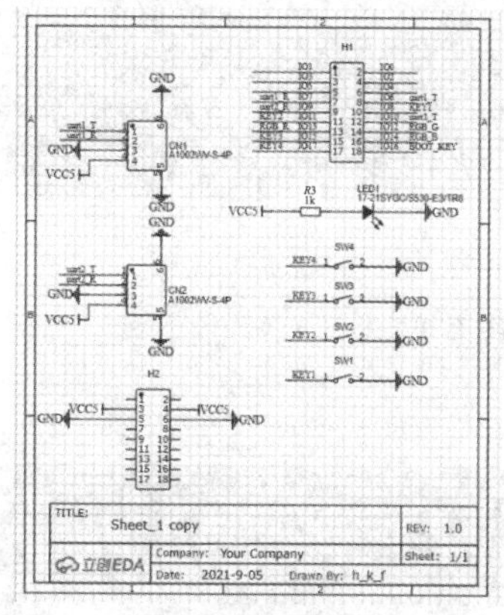

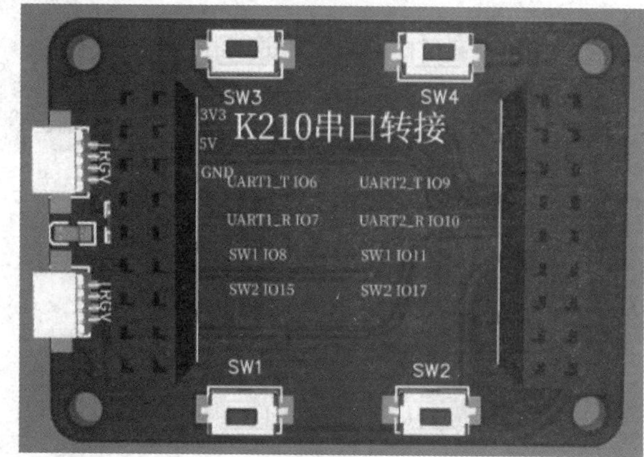

(a) K210 转接板　　(b) K210 转接板 PCB 图

图 3　K210 视觉传感器转接板原理图及其 PCB 图

(4) OpenMV 转接板原理图及其 PCB 图如图 4 所示。

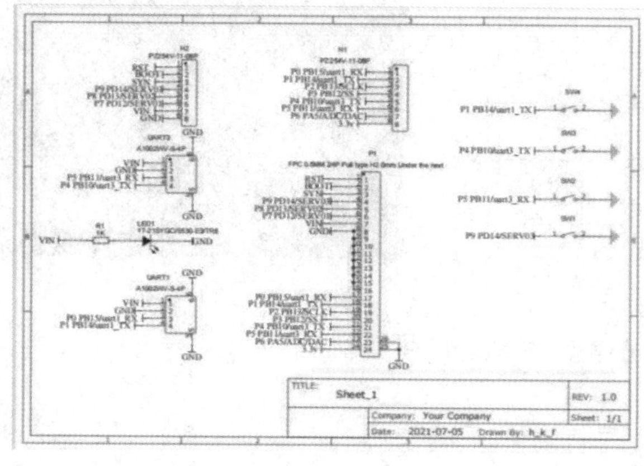

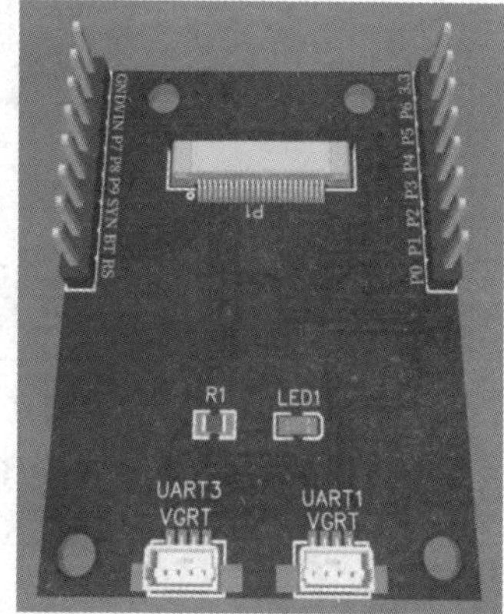

(a) OpenMV 转接板　　(b) OpenMV 转接板 PCB 图

图 4　OpenMV 转接板原理图及其 PCB 图

(5) 各外设模块的三极管驱动电路原理图及其 PCB 图如图 5 所示。

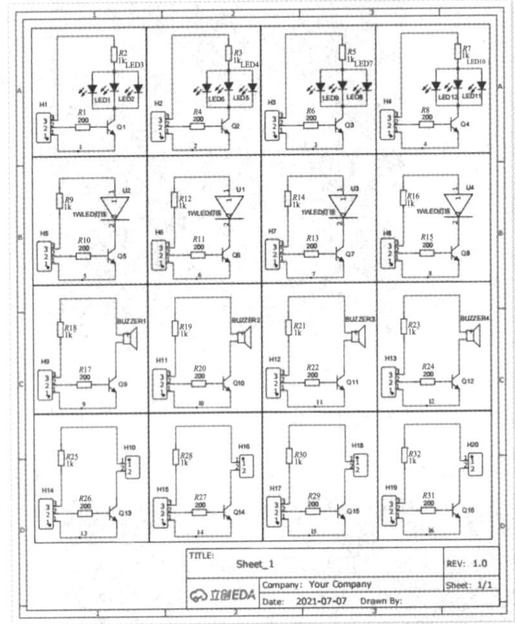

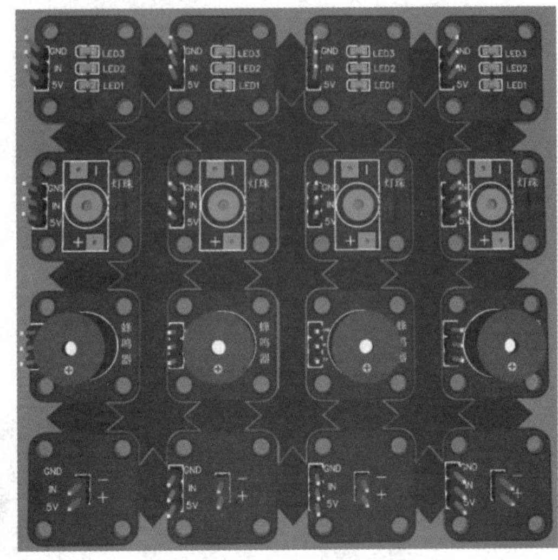

(a) 各外设模块的三极管驱动电路　　　　(b) 各外设模块的 PCB 图

图 5　各外设模块的三极管驱动电路原理图及 PCB 图

(6) 分电板原理图及 PCB 图如图 6 所示。

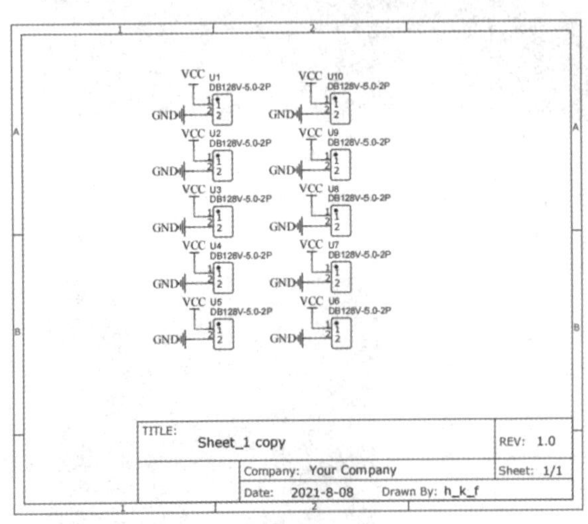

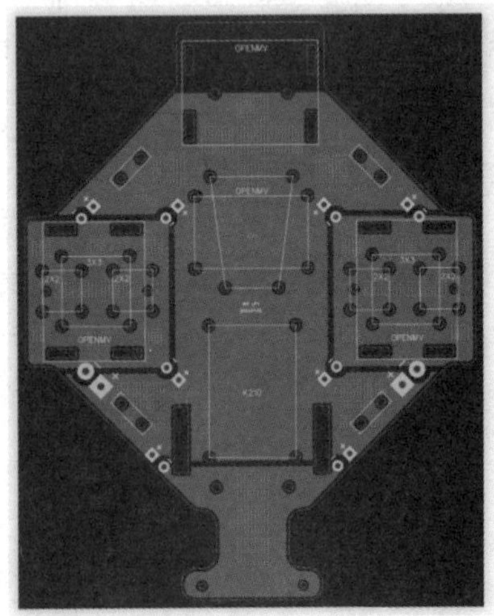

(a) 分电板原理图　　　　(b) 分电板 PCB 图

图 6　分电板原理图及 PCB 图

3. 程序设计

无人机系统框图见图 7。

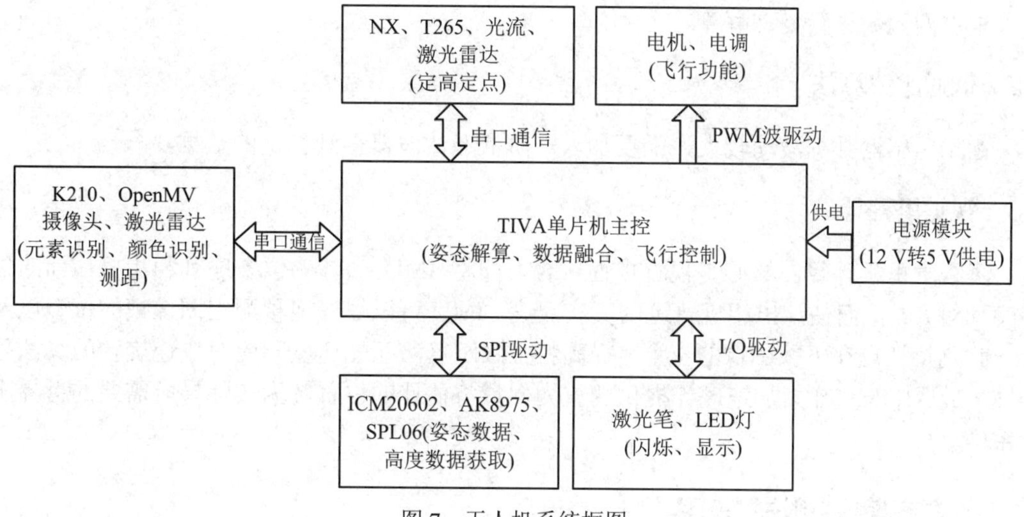

图 7　无人机系统框图

4. 设计算法

4.1　四元数姿态解算

由于四元数便于计算，欧拉角便于观察和处理数据。因此将欧拉角转化成四元数。

$$q_0=\cos\frac{\phi}{2}\cos\frac{\theta}{2}\cos\frac{\psi}{2}+\sin\frac{\phi}{2}\sin\frac{\theta}{2}\sin\frac{\psi}{2} \tag{1}$$

$$q_1=\sin\frac{\phi}{2}\cos\frac{\theta}{2}\cos\frac{\psi}{2}-\cos\frac{\phi}{2}\sin\frac{\theta}{2}\sin\frac{\psi}{2} \tag{2}$$

$$q_2=\cos\frac{\phi}{2}\sin\frac{\theta}{2}\cos\frac{\psi}{2}+\sin\frac{\phi}{2}\cos\frac{\theta}{2}\sin\frac{\psi}{2} \tag{3}$$

$$q_3=\cos\frac{\phi}{2}\cos\frac{\theta}{2}\sin\frac{\psi}{2}-\sin\frac{\phi}{2}\sin\frac{\theta}{2}\cos\frac{\psi}{2} \tag{4}$$

式中，ψ，θ，ϕ分别对应 roll，yaw，pitch 的旋转角度。

四元数与过渡矩阵的变换：

$$C_b^R=\begin{bmatrix} q_0^2+q_1^2-q_2^2-q_3^2 & 2(q_1q_2-q_0q_3) & 2(q_1q_3+q_0q_2) \\ 2(q_1q_2+q_0q_3) & q_0^2-q_1^2+q_2^2-q_3^2 & 2(q_1q_2-q_0q_3) \\ 2(q_1q_3-q_0q_2) & 2(q_3q_2+q_0q_1) & q_0^2-q_1^2-q_2^2+q_3^2 \end{bmatrix} \tag{5}$$

一阶龙格库塔法求四元数：

$$\begin{bmatrix} q_0 \\ q_1 \\ q_2 \\ q_3 \end{bmatrix}_{t+\Delta t}=\begin{bmatrix} q_0 \\ q_1 \\ q_2 \\ q_3 \end{bmatrix}_t+\begin{bmatrix} -\omega_x q_1-\omega_y q_2-\omega_z q_3 \\ \omega_x q_0-\omega_y q_3+\omega_z q_2 \\ \omega_x q_3+\omega_y q_0-\omega_z q_1 \\ -\omega_x q_2+\omega_y q_1+\omega_z q_0 \end{bmatrix} \tag{6}$$

根据四元数进行姿态解算。

4.2 低通滤波算法

由于传感器数据波动较大，需要加入一阶低通滤波器得到稳定的数据。

4.3 视觉里程计

本视觉里程计算法核心是视觉惯性融合，即将 IMU 估计的位姿序列和相机估计的位姿序列对齐，从而估计出相机轨迹的真实尺度。IMU 可以很好地预测出图像帧的位姿以及上一时刻特征点在下帧图像的位置，提高特征跟踪算法匹配速度和应对快速旋转的算法鲁棒性，最后，IMU 中，加速度计提供的重力向量将估计的位置转为实际导航需要的世界坐标系中。

5. 测试方案与测试结果

5.1 模型训练

测试方案：在 PC 机上搭建 YOLOV2 网络，训练数据集，并部署到 K210 上用于检测“A”点与起降点。

测试结果：模型训练损失函数如图 8 所示。

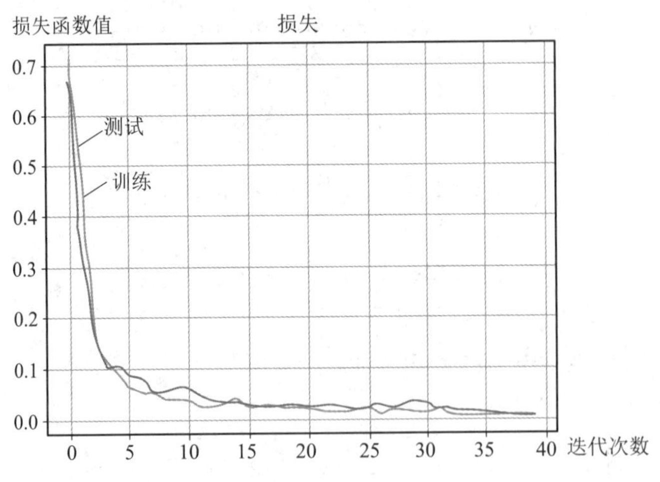

图 8　模型训练损失函数

测试分析：训练集与测试集的损失函数均可以降到 0.05 以下，识别准确度较高。

5.2 路径规划

测试方案：无人机使用视觉里程计得到每一时刻的位置坐标，基于地图的先验知识巡航，K210 寻找起降点与“A”点，OpenMV 识别“播撒区”与“非播撒区”，激光雷达找杆，扫码后 LED 闪烁，最后基于 VIO 返航。巡航示意图如 9 所示，实线代表激光笔闪烁，虚线代表激光笔关闭。

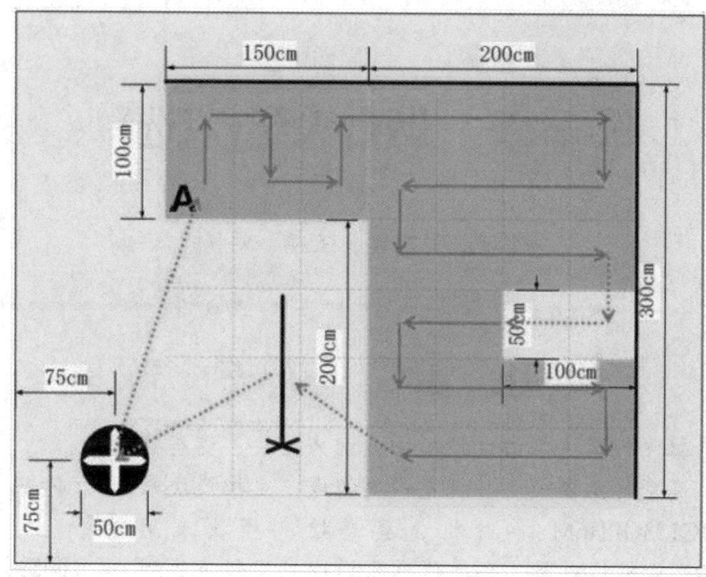

图 9　无人机巡航示意图

测试结果：基于 VIO 系统，无人机定位误差小于 5 cm，同时目标检测准确度在 70% 以上。距离杆 30 cm 处可以准确扫描条形码。无人机返航误差在 10 cm 以内。

测试分析：使用多传感器数据融合，方案设计合理，能够达到题目要求。

6. 创新方法运用

6.1　组合法

在方案设计过程中提出了多种方案，尤其是无人机定点巡航，本队三名队员针对视觉里程计与激光雷达两种方案进行了激烈讨论，最终决定主要依靠 VIO 系统实现定位，目标检测作为校正，激光雷达辅助，避免视觉故障造成严重后果。

6.2　延伸法

基于 VIO 获得无人机位置坐标，可以实现定点悬停。进一步，还可以得到无人机飞行时相对起飞点的坐标，并且已知场地地图，可以基于场地建立坐标系，实现无人机巡航任务。

7. 总结

整个比赛过程并非一帆风顺，在方案选择时，本队尝试了各种方案并从中选取最优解，这整个过程就是不断学习的过程。本队实现了视觉里程计的巧妙利用、激光雷达的辅助避障、将深度学习方法与传统视觉方法结合，灵活应用了创新方法，最终完成了题目所有要求，并适当增加了附加功能。在这个过程中，得到的方案和经验对之后的无人机研究学习同样具有重大帮助，将理论运用到实践，再到开发应用，做到真正的学以致用。

 烟台大学(节选)

作者：刘玥璞、王鹏、刘畅

摘　要

四旋翼飞行器主要由主控模块、动力模块、姿态检测模块、高度传感器模块、视觉模块组成。主控模块采用 TM4C123GPH6M 单片机，姿态检测模块采用 ICM20602 六轴传感器，高度传感器模块采用超声波测距，视觉模块采用 OpenMV 模块。使用四元数解算出飞行器姿态，卡尔曼滤波技术与串级 PID 控制实现稳定飞行。使用 OpenMV 在起始点进行定点，在定点完成后寻找字母 A 进入播撒作业，然后通过对播撒区域的路径规划，完成整项播撒作业。

作品演示

关键词：植保飞行器；机器视觉；互补滤波；自主巡检；串级 PID

1. 系统方案

本飞行器主要由主控模块、动力模块、姿态检测模块、高度传感器模块、视觉模块等模块组成，下面就部分模块的论证与选择进行说明。

1.1 姿态检测模块的论证与选择

方案一：MPU6050 六轴传感器。MPU6050 六轴传感器集成了陀螺仪、加速度计，可利用自带的数字运动处理器(Digital Motion Processor，DMP)硬件加速引擎，通过主 IKC 接口，向应用端输出姿态解算后的数据，自带温度传感器，能有效减轻主控芯片计算负担。但使用 IIC 传输，最高速率仅为 400 kb/s。

方案二：ICM20602 六轴传感器。ICM 系列芯片是 MPU 的升级版，精度更好，噪声更小；自带 LDO，内部可低压差稳压。ICM20602 封装小巧，集成三轴陀螺仪和三轴加速度计。感测范围与 MPU6050 一致，但在性能误差上有很大提升，且传输采用 SPI，最高可达 10 Mb/s。同时可程式控制加速度，但 ICM20602 六轴传感器没有集成 MPU，需要自行解算姿态。

综合飞行器对数据传输速度的要求和对数据的高精度要求的考虑，选择了方案二，以 ICM20602 六轴传感器作为飞行器的姿态检测模块。

1.2　高度传感器模块的论证与选择

方案一：US42V2 超声波测距模块，US42V2 超声波测距模块可实现 20～720 cm 非接触测距，模块有 3 种方式读取数据，即串口 UART(TTL 电平)、IIC、脉冲 PWM 的方式，同时其 IIC 模式可修改内部地址，方便一条 IIC 总线链接多个模块。该模块可适应不同的工作环境，直接与单片机链接，可广泛应用于智能机器人、四轴飞行器、人体测量、智能小车等场合，充分满足了飞行器定高所需的动态性能。

方案二：VL53L0X 激光测距模块。使用 940 nm 波长的激光，集成测距传感器与 MCU，可提供快速、准确的距离数据，但受环境光照影响较大，在强光直射下数据不稳定。

考虑到比赛场地光照过强，激光模块受环境光照影响较大，超声波相对更加稳定，选择了方案一，以 US42V2 超声波测距模块作为飞行器的高度传感器模块。

1.3　视觉模块的论证与选择

方案一：OV7670 摄像头模块。OV7670 图像传感器体积小，工作电压低，提供单片机 VGA 摄像和影像处理器大部分功能，感光阵列 640*480，可通过 SCCB 接口编程实现伽玛曲线、白平衡等简单图像处理功能，用户可以完全控制图像质量、数据格式和传输方式。但该摄像头最大的一个缺陷是最高帧率仅为 30 帧/秒，根本无法满足四轴飞行器对图像数据传输速度的要求。

方案二：OpenMV。OpenMV 是一款有着丰富机器视觉算法库的可编程单片机摄像头，使用 Python 处理复杂的图像输入，其处理器为 STM32H7，具有 NN 神经网络、全局快门、红外热成像，可拆卸感光元件。主频高达 400 MHZ，同时搭载 NN 神经网络。在运行时其帧率高达 60 帧/秒，完全满足飞行器对图像数据的需求，有利于飞控对数据的二次处理与应用。

基于对任务场景视觉复杂度，以及对图像数据的高需求，我们采用了方案二，选择 OPENMV 作为视觉模块。

2. 系统理论分析与计算

2.1　四元数姿态解算

1) 互补滤波融合原始数据

对加速度计进行低通滤波，对陀螺仪进行高通滤波，分别滤除相应的干扰信号，最终输出可靠的角度增量 $\Delta\theta$，时域公式如下：

$$\Delta\theta=\left[y_g+k_p\left(y_g-y_a\right)+\sum k_p\left(y_g-y_a\right)\right]\mathrm{dT} \tag{1}$$

式中，y_a为加速度计信号，y_g为陀螺仪信号，y_g-y_a为向量叉积。

2) 四元数更新

初始四元数为[1 0 0 0]^{T}，互补滤波融合出的角度增量 $\Delta\theta$ 可作为四元数更新的数据，采用一阶龙格库塔算法更新。

$$Q\left(t_{k+1}\right)=\left(I+\frac{\Delta\theta}{2}\right)Q\left(t_k\right) \tag{2}$$

最终计算公式如下：

$$\begin{bmatrix}q_0\\q_1\\q_2\\q_3\end{bmatrix}_{t_{k+1}}=\begin{bmatrix}q_0\\q_1\\q_2\\q_3\end{bmatrix}_{t_k}+\frac{1}{2}\begin{bmatrix}-\theta_xq_1-\theta_yq_2-\theta_zq_3\\\theta_xq_0-\theta_yq_3+\theta_zq_2\\\theta_xq_3+\theta_yq_0-\theta_zq_1\\-\theta_xq_2+\theta_yq_1+\theta_zq_0\end{bmatrix} \tag{3}$$

式中，θ 为角度增量。

3) 四元数解算姿态角

先从四元数 Q 转为方向余弦矩阵：

$$\begin{bmatrix}x_b\\y_b\\z_b\end{bmatrix}=\begin{bmatrix}q_0^2+q_1^2-q_2^2-q_3^2 & 2\left(q_1q_2-q_0q_3\right) & 2\left(q_1q_3+q_0q_2\right)\\2\left(q_1q_2+q_0q_3\right) & q_0^2-q_1^2+q_2^2-q_3^2 & 2\left(q_2q_3-q_0q_1\right)\\2\left(q_1q_3-q_0q_2\right) & 2\left(q_3q_2+q_0q_1\right) & q_0^2-q_1^2-q_2^2+q_3^2\end{bmatrix}\begin{bmatrix}x_n\\y_n\\z_n\end{bmatrix} \tag{4}$$

再将方向余弦矩阵转换为欧拉角：

$$\theta=\sin^{-1}\left(T_{32}\right)\text{——俯仰角 pitch}$$

$$\theta=\tan^{-1}\left(-\frac{T_{31}}{T_{33}}\right)\text{——横滚角 roll}$$

$$\theta=\tan^{-1}\left(\frac{T_{12}}{T_{22}}\right)\text{——航向角 yaw}$$

综上，通过获取 ICM20602 的原始加速度计和陀螺仪数据，经过互补滤波，再经过一阶龙格库塔算法更新四元数，最后通过四元数和旋转矩阵的对应关系，即可解算出当前姿态角作为飞行器姿态控制反馈量。

2.2 串级 PID 控制

飞行器半级 PID 控制如图 1 所示。

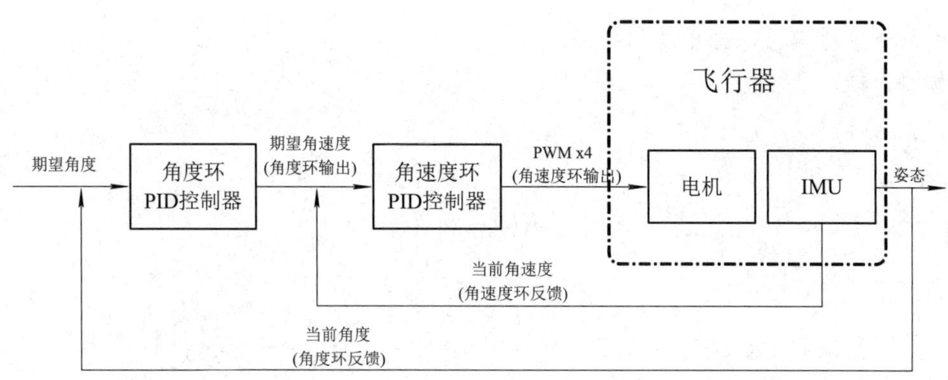

图 1　飞行器串级 PID 控制框图

以角度环输出量的微分作为角速度环的输入量，即期望角速度。角度环 PID 作为外环，角速度环 PID 作为内环，增加了该系统的阻尼性，提高了其对外界影响的抗干扰能力。

2.3　霍夫变换

霍夫变换是通过一种投票算法检测具有特定形状物体的算法。该过程是在一个参数空间中通过计算累计结果的局部最大值得到一个符合该特定形状的集合作为霍夫变换结果。经典霍夫变换用来检测图像中的直线，后来霍夫变换扩展到任意形状物体的识别，识别形状多为圆和椭圆。

霍夫变换运用两个坐标空间之间的变换，将在一个空间中具有相同形状的曲线或直线映射到另一个坐标空间的一个点上形成峰值，从而把检测任意形状的问题转化为统计峰值问题。

霍夫变换算法详解如下：

(1) 将$(\rho，\theta)$空间量化，得到二维矩阵 $\boldsymbol{M}[\rho，\theta]$，$\boldsymbol{M}[\rho，\theta]$是一个累加器，初始值为 0，$\boldsymbol{M}[\rho，\theta] = 0$。

(2) 对边界上的每一个点$(x_i，y_i)$，将 θ 的所有量化值带入式(1)，计算出相应的 ρ，并将对应累加器加 1，$\boldsymbol{M}[\rho，\theta] = \boldsymbol{M}[\rho，\theta]+1$。

(3) 将全部$(x_i，y_i)$处理后，分析 $\boldsymbol{M}[\rho，\theta]$，如果 $\boldsymbol{M}[\rho，\theta]>T$，就认为存在一条有意义的线段，$T$ 是一个剔除虚假或没意义的线段的阈值，由图像先验知识决定。

(4) 由$(x_i，y_i)$和$(\rho，\theta)$共同确定图像中的线段，并将断裂部分连接起来。

2.4　卡尔曼滤波

卡尔曼滤波(Kalman Filtering)是一种利用线性系统状态方程，通过系统输入输出观测数据，对系统状态进行最优估计的算法。由于观测数据中包括系统中的噪声和干扰的影响，所以最优估计也可以看作是滤波过程。卡尔曼滤波表达式：

$$X_k = K_k Z_k + \left(1 - K_k\right) X_{k-1} \tag{5}$$

观测方程：

$$Z_k = \mathrm{C}\theta_k + \nu_K \tag{6}$$

引入卡尔曼增益以修正观测结果：
预测方程：

$$\theta_k^{'} = A\langle\theta_{k-1}\rangle + Bu_{k-1} \tag{7}$$

$$\Sigma_k = \langle e_K e_K^{\ T}\rangle = \left\langle(\theta_k - \theta_k)(\theta_k - \theta_k)^T\right\rangle \tag{8}$$

可推得：

$$\Sigma_k = (1-K_kC)^T(1-K_kC)\left\langle(\theta_k - \langle\theta_k\rangle)(\theta_k - \langle\theta_k\rangle)^T\right\rangle + K_k\langle \nu_K \nu_K^{\ T}\rangle k_k^{\ T} \tag{9}$$

即：

$$\Sigma_k = \Sigma_k^{'} - K_kC\Sigma_k^{'} - \Sigma_k^{'}C^T k_k^{\ T} + K_k\left(C\Sigma_k^{'}C^T + R\right)k_k^{\ T} \tag{10}$$

同时：

$$T[\Sigma_k] = T[\Sigma_k^{'}] + T\left[K_k\left(C\Sigma_k^{'}C^T + R\right)k_k^{\ T}\right] - 2T\left[K_kC\Sigma_k^{'}\right] \tag{11}$$

$$\frac{\partial T[\Sigma_k]}{\partial K_k} = 2K_k\left(C\Sigma_k^{'}C^T + R\right) - 2\left(C\Sigma_k^{'}\right)^T = 0 \tag{12}$$

可推得：

$$\Sigma_{k+1}^{'} = A\left\langle(\theta_k - \langle\theta_k\rangle)(\theta_k - \langle\theta_k\rangle)^T\right\rangle A^T + (s_k s_k^{\ T}) = A\Sigma_k A^T + Q \tag{13}$$

算法迭代过程如图 2 所示。

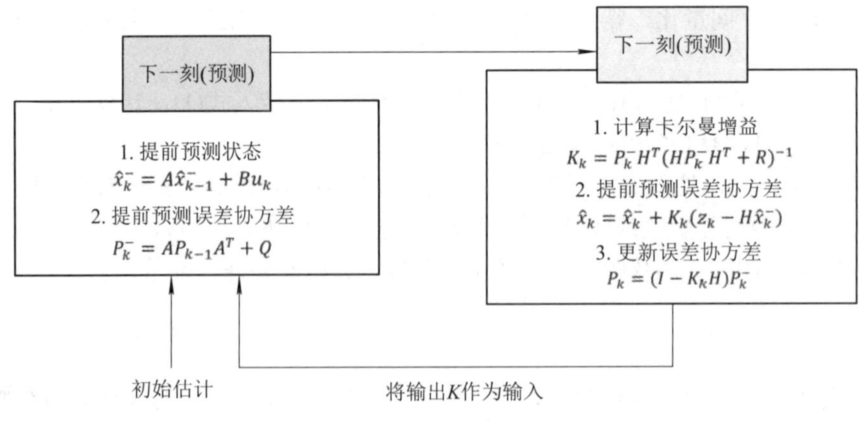

图 2　卡尔曼滤波控制框

3. 系统程序设计

3.1　程序设计

系统程序分为以下几个部分：十字区域升降程序、色块交界线程序和字母“A”识别程序。系统流程见图 3。下面将着重介绍色块交界线的程序。

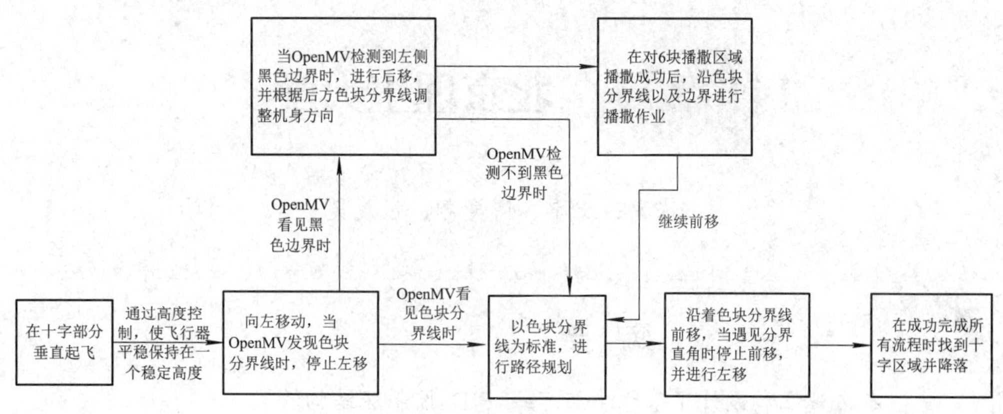

图 3　程序流程图

1. 十字区域升降程序

飞行器在起飞点起飞，定高至 1.5 m，悬停 5 s 后开始巡航，向左飞行；当巡航结束时，飞行器从边界出来，向后移动，当遇见目标点时，执行定点降落程序。

2. 色块交界线程序

通过对淡绿色色块与灰色色块间拟合的接触线的识别，可以把该线作为飞控的控制标志位，当飞行器从升降点起飞左移到“A”时，以 OpenMV 右侧为基准；当右侧灰色部分小于 1/4 时，开启色块交界线程序，并以此边界及下边界、19、18、14 号色块所组成的直角为基准，先对 19、20、21 等凸出来的六个色块进行播撒，再对剩下的播撒区域进行播撒。

3. 字母“A”识别程序

由于 21 号色块中仅可以判别淡绿色及黑色，所以对黑色字母“A”进行最大色块定点，首先将目标阈值定为黑色，之后进行一定程度的腐蚀与膨胀，保证 OpenMV 识别区域内的整洁度，提高识别质量。

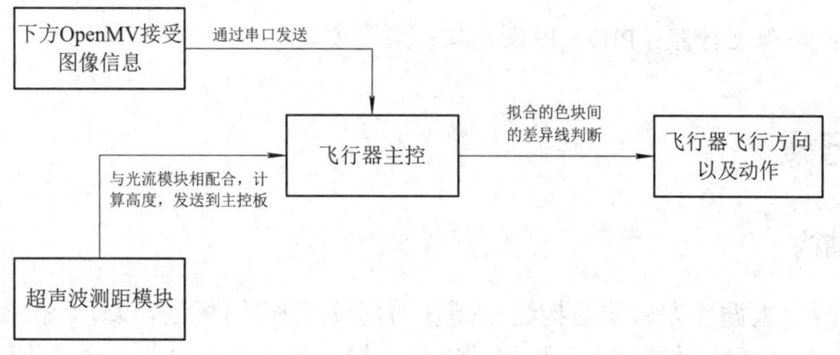

图 4　字母 A 识别流程图

4. 测试方案、测试结果与总结

(略)

作品4 北京理工大学

作者：王卓、傅昊翔、张晨昊

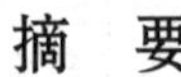

摘 要

本文建立和设计了基于多级串级 PID 控制环结构的植保飞行器系统。多级串级 PID 控制环包括串行的位置环、速度环、姿态角环和角速度环，使得飞行器以预设方向飞往既定位置。飞行器采用两块 TI MSP432 单片机，MCU A 负责飞行器姿态控制，MCU B 负责飞行器环境感知和题设任务的处理。两块单片机通过串口通信，协同采集及处理传感器信息。传感器包括 MPU6050 惯性测量单元、光流传感器、TOF 激光测距传感器、OpenMV 视觉传感器等多种传感器，分别采集飞行器的姿态、速度、高度数据以及环境信息。在算法方面，根据题设构建了算法总体流程，设计了任务控制循环和位姿控制循环相互配合的算法架构，基于此架构实现了位置计算、定点飞行、播撒区和非播撒区识别、基于霍夫变换的视觉辅助定位、绕杆找杆以及条形码识别等功能。

作品演示

关键词：植保飞行器；PID；图像处理；霍夫变换

1. 系统方案

1.1 系统结构

系统以两个大循环为总体结构进行硬件布局连接和软件流程设计。位姿控制循环以 MCU 为核心，以动力系统为执行机构，以无人机主体为被控对象，通过位姿观测系统观测飞行器的位置和姿态，并通过控制算法维持飞行稳定。任务处理循环以 MCU 为核心，以完成题设任务为目的，通过环境感知系统观察外部环境以了解任务的完成情况。系统总体结构如图 1 所示。

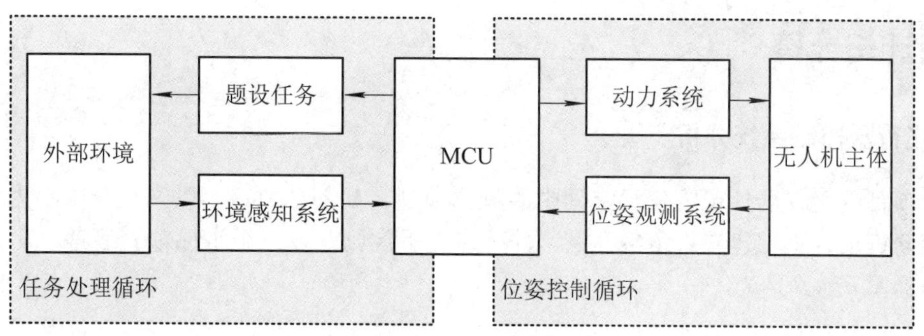

图1　系统总体结构图

其中，动力系统包括电子调速器、电机、螺旋桨等；位姿观测系统包含光流模块、激光定高模块、惯性测量单元(Initial Measurement Unit，IMU)等传感器。环境感知系统包括摄像头模块、超声波测距模块等。两大循环相互配合，整合了多种传感器数据，实现了飞行器的稳定飞行并基于此，完成了题设任务。

1.2　方案描述、比较与选择

1. 飞行器动力系统方案

方案一：采用有刷电机驱动螺旋桨，优点为操控简单，缺点为有刷电机的电刷和换向器的接触电阻很大，造成电机整体电阻较大，较多电能转化为了热能，因此有刷电机的输出功率和效率较低。同时，有刷电机通常较重，进一步降低了动力系统的效率。

方案二：采用无刷电机驱动螺旋桨，无刷电机需要专门的电机调速器，相较于有刷电机，无刷电机效率高，且重量较小。

综上，选择方案二。

2. 飞行器定高方案

方案一：采用气压传感器测量大气压并转换为海拔高度，将当前测量值减去起飞时海拔值即得飞机离地高度，但气压传感器易受飞机自身气流影响，误差较大。

方案二：采用激光定高，激光定高不易受环境干扰，具有测量精度高，测量量程远的优点。

综上，最终选择方案二作为飞行器定高方案。

3. 角速度与加速度测量方案

方案一：选用MMA7361角度传感器测量飞行器与地面的角度，返回信号交由单片机处理，从而保持飞行器平衡。

方案二：采用MPU6050芯片采集飞行器的飞行数据，避免了组合陀螺仪与加速器时间轴之差的问题，减少了大量的包装空间。

综上，选择方案二。

2. 设计与计算

2.1 飞行器控制系统分析

本项目将飞行器抽象为三维空间中的刚体模型，如图 2 所示，以飞行器中心为原点，以飞行器机头为 x 轴建立直角坐标系，并按照右手定则，以三个坐标轴为参考，建立三维旋转坐标系 θ_x，θ_y，θ_z。

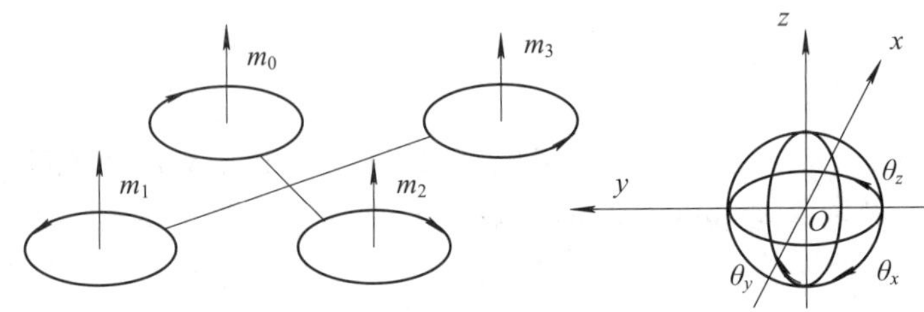

图 2　飞行器机体模型及飞行器坐标系示意图

飞行器具有 6 个物理自由度(x，y，z，θ_x，θ_y，θ_z)；4 个控制自由度，即 4 个电机转速(m_0，m_1，m_2，m_3)，4 个独立可控的物理自由度(x，y，z，θ_z)。题目要求飞行器以给定朝向角飞往给定位置，这里定义指定为[P_{xe}，P_{ye}，P_{ze}，θ_{ze}]，设计控制系统操控飞行器完成该指令。

2.2 控制系统设计与计算

本项目采用 PID 作为基本控制算法，PID 算法结构如图 3 所示。

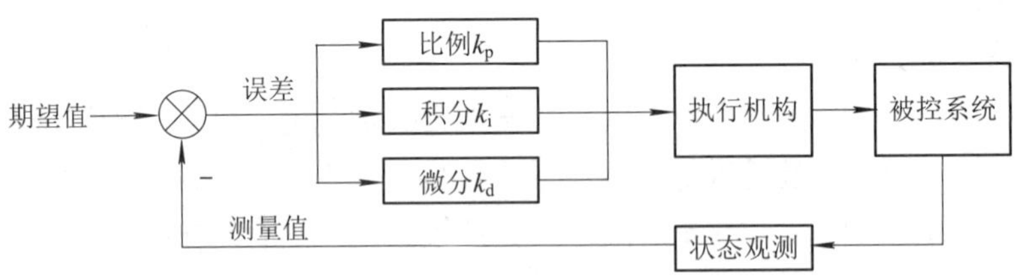

图 3　PID 算法结构图

其输入期望值 x_e、测量值 x_m、输出值 x_o 满足关系：

$$x_o = k_p\left(x_e - x_m\right) + k_i\int\left(x_e - x_m\right)dt + k_d\frac{d\left(x_e - x_m\right)}{dt} \tag{1}$$

在实际应用中，本项目采用多级串级 PID 控制系统(见图 4)，分为位置环、速度环、姿态角环和角速度环，完成以给定朝向角飞往给定位置的指令$\left[p_{xe},p_{ye},p_{ze},\theta_{ze}\right]$，并基于此实现赛题任务。

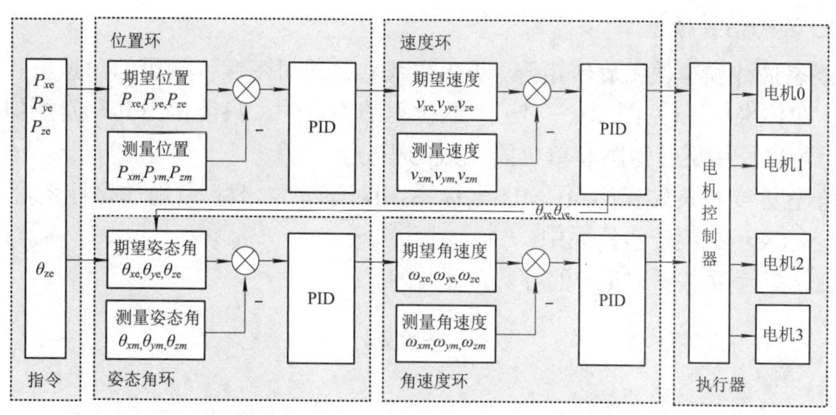

图 4　多级串级 PID 控制系统结构图

在图 4 中，位置环以指令中的期望位置为输入，经过 PID 处理后输出值作为速度环的期望速度；速度环分别处理三个期望速度，其中水平速度 v_{xe},v_{ye} 经 PID 处理输出期望姿态角 θ_{ye},θ_{xe}，垂直速度 v_{ze} 则经处理输出为电机油门值 $\overline{m}$；姿态角环以指令中的期望朝向角 θ_{ze}，以及速度环输出的 θ_{xe},θ_{ye} 为输入，输出期望角速度 $\omega_{xe},\omega_{ye},\omega_{ze}$；经角速度环处理为电机转速的偏差值 m_x,m_y,m_z。根据飞行器的物理结构推导得可得到 4 个电机的转速：

$$\begin{cases} m_0 = \overline{m} + m_x - m_y - m_z \\ m_1 = \overline{m} + m_x + m_y + m_z \\ m_2 = \overline{m} - m_x + m_y - m_z \\ m_3 = \overline{m} - m_x - m_y + m_z \end{cases} \tag{2}$$

2.3　观测系统设计与计算

1. 观测系统整体结构

控制系统要求得到飞行器的位置、速度、姿态角、角速度的测量值，这些变量由观测系统通过直接测量或运动学模型计算获得。观测系统层次结构如图 5 所示。

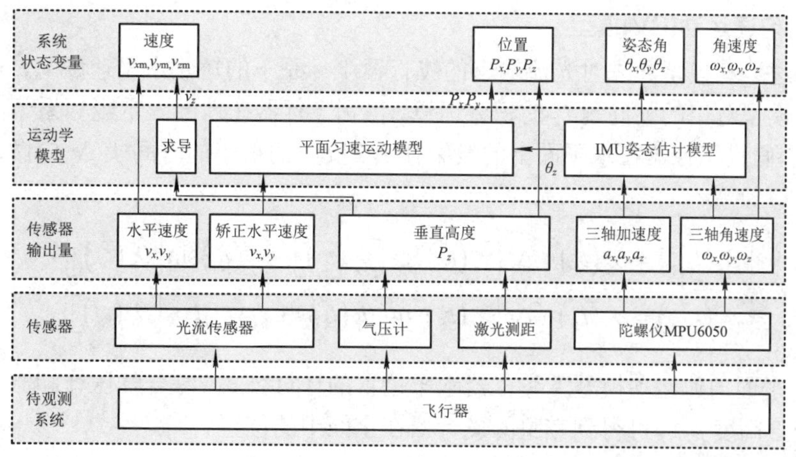

图 5　观测系统层次结构图

2. IMU 姿态估计模型

IMU 姿态估计模型使用旋转矩阵、四元数或欧拉角对陀螺仪测量的角速度积分成陀螺仪的姿态。在体坐标系(见图 2)$z-y'-x''$ 欧拉角的积分中，只能得出其一阶近似解。为得到解析解，可以使用旋转矩阵和单位四元数的积分。

定义角速度 ω 指旋转坐标系(IMU 坐标系)相对于固定坐标系(地球坐标系)的角速度，并且 ω 的坐标表示在旋转坐标系中。

对于旋转矩阵 $\boldsymbol{R}$ 关于时间 t 的导数：

$$\frac{\mathrm{d}\boldsymbol{R}}{\mathrm{d}t}=R[\boldsymbol{\omega}]_{\mathrm{X}} \tag{3}$$

其中，

$$[\boldsymbol{\omega}]_{\mathrm{X}}=\begin{bmatrix} 0 & -\omega_z & \omega_y \\ \omega_z & 0 & -\omega_x \\ -\omega_y & \omega_x & 0 \end{bmatrix} \tag{4}$$

得解析解的指数映射表示 $\boldsymbol{R}(t+\Delta t)=\boldsymbol{R}(t)\mathrm{e}^{[\boldsymbol{\omega}]_{\mathrm{X}}\Delta t}$，此时需要假设 Δt 内的 ω 固定，故要求 IMU 有较高的采样频率。

单位四元数 $\boldsymbol{q}=\boldsymbol{q}_{\omega}+\boldsymbol{q}_x\boldsymbol{i}+\boldsymbol{q}_y\boldsymbol{j}+\boldsymbol{q}_z\boldsymbol{k}$ 关于时间 t 的导数与旋转矩阵类似，而单位四元数和三维旋转是 2∶1 的对应关系，故公式中需要对角速度减半：

$$\frac{\mathrm{d}\boldsymbol{q}}{\mathrm{d}t}=\frac{1}{2}\boldsymbol{q}\otimes\boldsymbol{q}_{\omega} \tag{5}$$

其中 $\boldsymbol{q}_{\omega}=[0\quad \boldsymbol{\omega}^{\mathrm{T}}]^{\mathrm{T}}$ 其解析解为

$$q(t+\Delta t)=q(t)\otimes\exp\left(\frac{1}{2}q_{\omega}\Delta t\right) \tag{6}$$

3. 平面匀速运动(CV)模型

平面匀速运动模型通过对光流输出的飞行器坐标系下的矫正水平速度 v_x，v_y 以及四元数和欧拉角模型输出的朝向角 θ_z 的积分运算，得到飞行器在地面固定坐标系下的水平位置 p_x，p_y。模型假设飞行器在水平面上的投影在 t_k 到 t_{k+1} 的很小的时间段 Δt 内做匀速直线运动，此时有：

$$\begin{cases} p_x(t_{k+1})=p_x(t_k)+\Delta t\left\{v_x(t_k)\cos\left[\theta_z(t_k)\right]-v_y(t_k)\sin\left[\theta_z(t_k)\right]\right\} \\ p_y(t_{k+1})=p_y(t_k)+\Delta t\left\{v_x(t_k)\sin\left[\theta_z(t_k)\right]+v_y(t_k)\cos\left[\theta_z(t_k)\right]\right\} \end{cases} \tag{7}$$

式(7)为平面匀速运动模型下飞行器水平位置的计算公式。综合气压计和激光测距测得的飞行器垂直高度 p_z 即可得到完整的飞行器在空间中的位置。

3. 电路与程序设计

3.1　电路设计

飞行器采用模块化电路设计，各个电路模块采用 UART、I^2C、PWM 等通信接口相互连接，并设计 DC-DC 电路提供稳定的 5 V 和 3.3 V 电压对各个模块统一供电，DC-DC 电路和模块的通信连接线路集成在飞行器 PCB 主板上，提高电路可靠性。系统组成和通信链路设计见图 6。

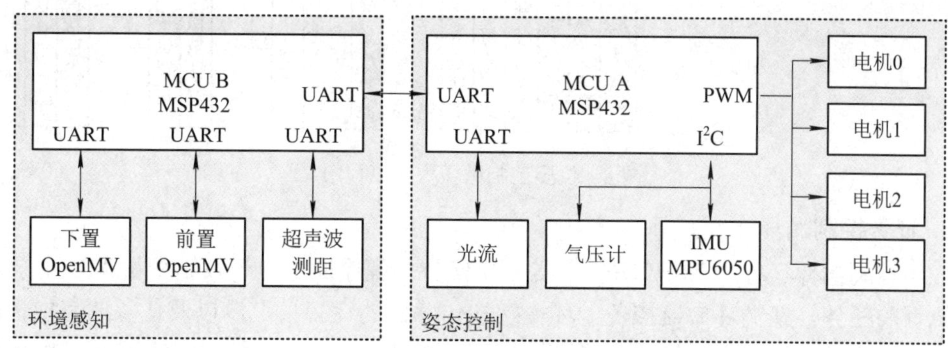

图 6　系统组成和通信链路设计图

3.2　程序设计

1. 总体程序流程

本设计的总体程序流程如图 7 所示，其中白色部分是基本要求任务流程图，灰色部分是发挥部分任务流程图，起飞、到达“A”点、遍历色块并判断颜色是基本要求和发挥部分的共同任务。

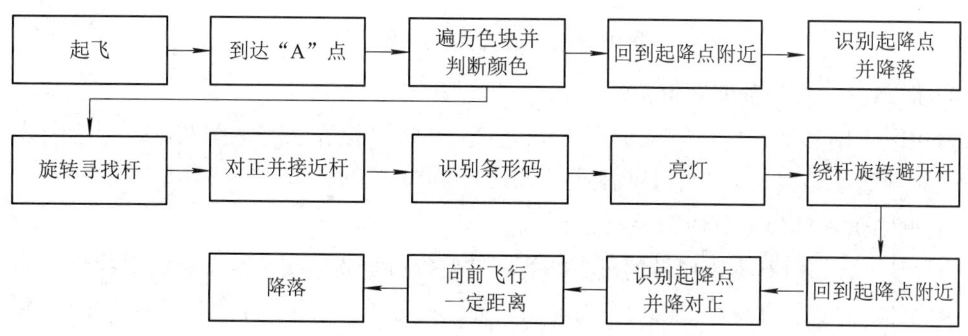

图 7　总体程序流程图

2. 位姿控制循环

位姿控制循环运行于 MCU A，负责飞行器姿态控制。程序首先通过定时器中断实现阻塞等待，保证位姿控制循环的运行频率稳定在 1000 Hz，具体根据控制系统中位置环、速度环、姿态角环和角速度环对实时性的不同要求，通过一个计数变量 Cnt 的值，对整个位姿控制循环分频形成 333 Hz 的姿态角环和角速度环、90.9 Hz 的速度环以及 50 Hz 的位置环，在确保环路实时性的前提下减小运算量，提高程序的运行效率。位姿控制循环程序流程图见图 8。

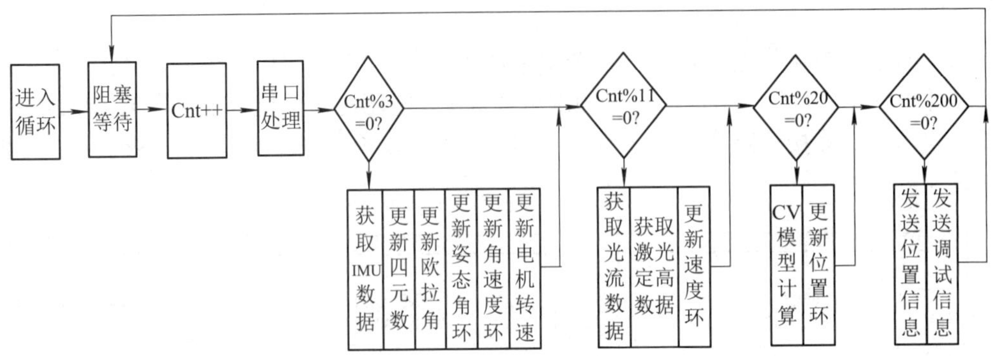

图 8　位姿控制循环程序流程图

3. 任务控制循环

任务控制循环运行于 MCU B，负责完成任务。程序通过一个枚举变量 ML 记录当前正在执行的任务，在循环中监控各个环境感知传感器的运行情况，以及任务的完成情况，单个任务完成后通过状态转换的方式跳转到下一个任务，以循环的形式实现顺序执行任务的效果。任务控制循环程序流程如图 9 所示。

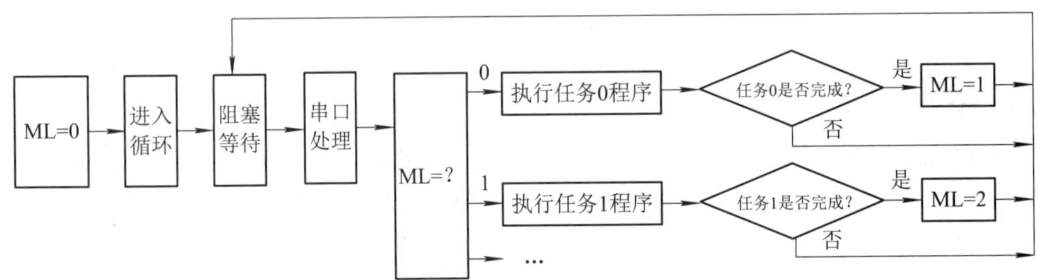

图 9　任务控制循环程序流程图

4. 播撒区识别和辅助定位

播撒区识别和辅助定位算法运行于下置 OpenMV。该算法将地图灰、绿颜色区分二值化后，处理灰绿边界信息，兼具播撒区识别和辅助定位的功能。

1) 视觉识别辅助定位的必要性分析

定位是飞行器执行本次任务的核心功能，其发挥好坏直接影响到飞行器寻找色块的准确度，因此良好的定位方案对于成功完成本次任务至关重要。相邻两个色块的几何中心间距 50 cm，为简化起见，首先假设 28 个色块是呈一维分布的，飞行器从一个色块中心飞至下一色块中心的误差概率密度近似服从正态分布，记为 $X_n \sim N(0, \sigma)$，记飞行器连续飞完 28 个色块后的总误差绝对值小于 25 cm 的概率为 P，若要顺利实现定位，需满足 P<0.01，即：

$$\mathrm{P}\left\{\left|X_1(x_1)+X_2(x_2)+\cdots+X_{28}(x_{28})\right|>25\right\}<0.01 \tag{8}$$

由概率论知识可知，$X_1(x_1)+X_2(x_2)+\cdots+X_{28}(x_{28})$服从正态分布，记为$X'\sim N(0,\ \sigma')$，其中。$\sigma'=\sqrt{28}\sigma$。再根据$3\sigma$定理，将式(8)近似为：

$$P\{|X'(x')|<25\}>0.9973 \tag{9}$$

$$3\sigma'=3\sqrt{28}\sigma<25 \tag{10}$$

解得$\sigma<1.57$。

因此$X_n\sim N(0,\ 3.15)$，若要求定位成功率大于 95%，则定位误差应小于 3%。而题目中色块呈二维分布，因此实际误差应服从二维高斯概率分布。考虑到飞行器的角度误差问题，实际情况对飞行器的定位精度要求更加严苛。

在 2.3 中，定位功能已经通过平面匀速运动(CV)模型，采用速度积分方式实现。根据实际测试，飞行器在一维飞行时，该定位方式的误差约为 7%，难以满足二维定位与角度纠正的需要。因此需要充分利用视觉模块提供的信息，配合速度积分实现更精准的定位。

2) 视觉识别辅助定位功能的实现

G 题中图 1 有如下定位信息：

(1) 不同色块间的深灰色虚线和色块中心的数字信息不明显，不应用于识别，在实际测试中，这些信息也无法被视觉模块识别。

(2) 视觉模块能准确识别地图上侧和右侧的黑色标志线，但是标志线信息量少，视觉模块视角较窄，在有些位置下不能看到全部标志线甚至看不到任何标志线。

(3) 视觉模块能准确识别灰色非播散区和绿色播撒区的边界线，但是在发挥部分中，灰绿边界将被改变，需要较为复杂的算法自动适应边界的改变。

综上，为实现定位效果的最优化，采用灰绿边界作为识别信息，本队设计了基于霍夫变换的直线匹配定位算法。

首先，以绿色色块的 RGB 为阈值将视觉图像二值化，以此排除不必要的干扰信息。然后通过霍夫变换找出图像中所有直线，这些直线在摄像机像平面上表示为$(\rho_c,\ \theta_c)$，根据摄像机标定参数K，忽略摄像机的 RGB 感光平面中心与飞行器中心的安装误差，计算直线关于飞行器坐标系的霍夫表达式$(\rho_p,\ \theta_p)$：

$$\begin{cases}\rho_p=\rho_c\cdot K\\ \theta_p=\theta_c\end{cases} \tag{11}$$

根据飞行器当前关于地面坐标系的位姿$(x,\ y,\ \alpha)$，可以计算直线关于地面坐标系的霍夫表达式$(\rho_g,\ \theta_g)$：

$$\begin{cases}\rho_g = x\cos\theta_g + y\sin\theta_g + \rho_p \\ \theta_g = \theta_c + \alpha\end{cases} \tag{12}$$

以起飞点为地面坐标系原点，地图灰绿边界直线的可能霍夫表示式(ρ_L, θ_L)为：

$$\begin{cases}\rho_L = 25 + 50n,\ n = 0,1,2\cdots \\ \theta_L = 0\text{或}\dfrac{2}{\pi}\end{cases} \tag{13}$$

在一定的误差容许下，可以在霍夫域中寻找与(ρ_g, θ_g)最接近的(ρ_l, θ_l)作为其匹配直线，并求得其匹配误差(ρ_e, θ_e)：

$$\begin{cases}\rho_e = \rho_g - \rho_l \\ \theta_e = \theta_g - \theta_l\end{cases} \tag{14}$$

该匹配误差源于飞行器积分定位的累计误差$(x_{ei}, y_{ei}, \alpha_{ei})$和飞行器姿态角、摄像头等各种因素产生的随机误差$(x_{en}, y_{en}, \alpha_{en})$：

$$\begin{cases}x_{ei} + x_{en} = x_{es} = \rho_e\cos\theta_l \\ y_{ei} + y_{en} = y_{es} = \rho_e\sin\theta_l \\ \alpha_{ei} + \alpha_{en} = \alpha_{es} = \theta_e\end{cases} \tag{15}$$

据此将飞行器当前位置观测值(x, y, α)修正为$(\hat{x}, \hat{y}, \hat{\alpha})$：

$$\begin{cases}\hat{x} = x + x_{es}\cdot k \\ \hat{y} = y + y_{es}\cdot k \\ \hat{\alpha} = \alpha + \alpha_{es}\cdot k\end{cases} \tag{16}$$

其中$k(0<k<1)$为差权重，k越大，代表越信任图像识别定位结果；k越小，代表越信任速度积分定位结果。实际调试后取$k = 0.3$。由于随机误差的零均值特性，在速度积分误差较小的情况下，修正位姿$(\hat{x}, \hat{y}, \hat{\alpha})$将逐步收敛到满足题目要求的精度。空间域和霍夫域的直线匹配示意图如图10所示。

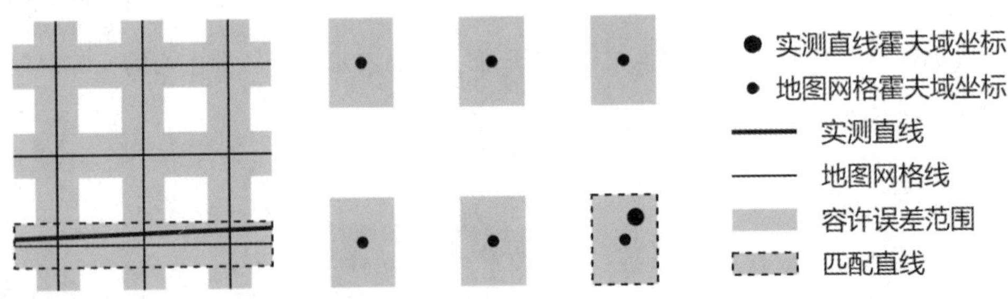

(a) 空间域的直线匹配示意图　　(b) 霍夫域的直线匹配示意图

图10　空间域和霍夫域的直线匹配示意图

需要注意的是，当视野中没有灰绿边界时，只有速度积分起到定位作用。当有可用边界进行纠正时，也是基于速度积分的结果，并选择距离此结果理论最近的边界作为实际边界用于纠正，因此依然需要保证速度积分具有一定准确度。

3) 视觉识别辅助定位功能的效果

实际测试结果表明，基于速度积分与边界纠正的飞行器定位模型可以实现良好的定位效果，遍历 28 个色块后的累计误差不超过 1%，且 yaw 轴方向未出现明显误差，因此我们将该模型作为飞行器定位的最终方案。

5. 杆识别和条形码识别

杆识别和条形码识别程序运行于前置 OpenMV。飞行器完成色块遍历识别任务后开启自转，同时前视 OpenMV 开始识别黑色窄带型色块，并将色块的位置坐标发送至飞控程序，飞控程序对准黑色杆后向杆飞行。当超声波测距模块检测到机头与杆距离为 50 cm 左右时停止向前飞行，同时前置摄像头开始检测条形码，将识别到的条形码所代表数字传给 MSP432，通过其 GPIO 口控制 LED 灯闪烁。

4. 测试方案与测试结果

4.1 多次飞行测试结果

调试好飞行器各项参数后，对飞行器进行测试，测试结果符合设计目标，测试结果如表 1 所示。

表 1　测试结果表

序号	1	2	3	4	5
起飞高度/cm	151	150	149	153	150
总时间/s	153	145	158	139	143
降落几何偏差/cm	3	5	4	4	3

4.2 实际飞行结果

起飞前，将飞行器手动放置到起降点，起飞后全程自动执行和完成如下任务：

(1) 飞行器上升至 150 cm。

(2) 飞向播撒作业起点，从“A”所在区块开始按照路径遍历，并识别所在区块的颜色，识别结果为淡绿色则激光笔闪烁光点，识别结果为灰色则不闪烁光点。

(3) 遍历完成后，返回起飞点，稳定降落在起降点，飞行器几何中心与起降点中心偏差控制在 10 cm 以内，符合要求。

(4) 发挥部分中，遮住部分绿色色块后，飞行器便不在其上闪烁光点。

(5) 遍历完成后，飞行器开始自转寻找黑色杆，发现黑色杆后调整飞行方向至杆处，当超声波测距模块测得飞行器距离杆 30 cm 时，将飞行高度降低至 130 cm 并开始识别条形码，LED 灯准确闪烁条形码对应数字次数，飞行器返回起飞点并稳定降落在以起降点为圆心，识别数字乘 10 cm 为半径的圆周处。

综上所述，本设计满足基本要求并达到发挥部分的要求。

H题 用电器分析识别装置

一、任务

设计并制作一个根据电源线电流的电参量信息分析在用电器类别的装置。该装置具有学习和分析识别两种工作模式。在学习模式下，测试并存储用于识别各单件电器的特征参量；在分析识别模式下，实时指示在用电器的类别。分析识别装置框图如图1所示。

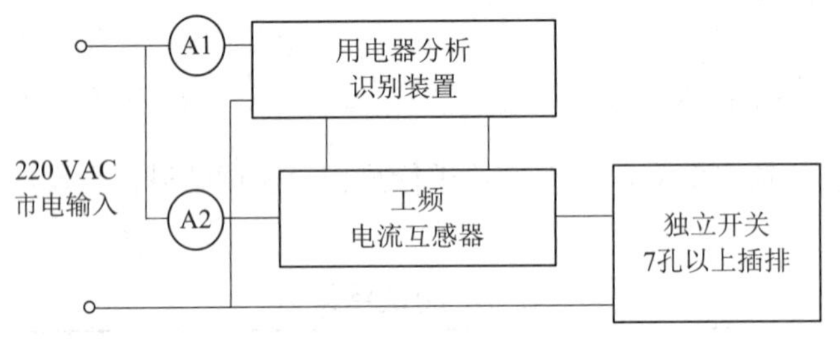

图1 分析识别装置框图

二、要求

1. 基本要求

(1) 电器电流范围5 mA～10.0 A，可包括但不限于以下电器：LED灯泡和220 V灯带、节能灯管、USB充电器(带负载)、无线路由器、机顶盒、电风扇、热水壶、电磁炉。

(2) 自定义可识别的电器种类，总数不低于7，用序号表示。电流不大于50 mA的电器数不低于5，包括一件自制电器，编号为1～5；编号为7的电器电流大于8 A。

(3) 随机增减在用电器，实时显示可识别电器是否在用和电源线上电流的特征参量，响应时间不大于2 s。特征参量的种类、性质自定。

(4) 用电阻、电容和二极管自制1号电器，其电流与2号电器相同但相位不同，且含有谐波，两者电流差小于1 mA。

2. 发挥部分

(1) 具有学习功能。清除作品存储的所有特征参量，重新测试并存储指定电器的特征参量。一种电器的学习时间不大于1 min。

(2) 随机增减在用电器，实时显示可识别电器是否在用和电源线上电流的特征参量，响应时间不大于2 s。

(3) 提高识别电流相同，其他特性不同的电器能力和大、小电流电器共用时，识别小电流电器的能力。

(4) 装置在分析识别模式下的工作电流不大于 15 mA，可以选用无线传输到手机上显示的方式。

(5) 其他。

三、说明

图 1 中 A1 和 A2 分别用于测量装置电流和在用电器电流。测试基本要求的电器自带，并安全连接电源插头。不满足基本要求(2)对用电器电流的要求为违规，不测试。交作品之前完成学习过程，赛区测试时直接演示基本要求的功能。

四、评分标准

	项　目	主 要 内 容	满分
设计报告	方案论证	比较与选择，方案描述	2
	理论分析与计算	特征参量分析与筛选	7
	电路与程序设计	电路设计与程序设计	7
	测试结果	测试数据完整性，测试结果分析	2
	设计报告结构及规范性	摘要，设计报告正文的结构，图表的规范性	2
	合计		**20**
基本要求	**合计**		**50**
发挥部分	完成第(1)项		7
	完成第(2)和(3)项		33
	完成第(4)项		5
	其他		5
	合计		**50**
总　分			**120**

绍兴文理学院

作者：李然、彭泽稳、张怀政

摘 要

本作品是一个用电器分析识别装置，能够检测目标插排上是否有、有几个、有哪些用电器在线。该装置以 STM32F405 为主控核心，通过高精度 AD 转换芯片 ADS131A04 采样插排母线上的电压和电流信号，经过离散傅里叶变换，获得插排上总负载的基波特征值与谐波特征值，根据时域下负载特征值的变化情况判断是否有新的用电器上电，并捕获用电器上电前后的特征差值。将特征差值与事先学习过的用电器的特征值进行比对，进而判断插排上接入用电器的变化情况并将结果通过蓝牙传输至手机显示。该装置硬件电路实现了电流 5 mA ~ 10.0 A 的实时精确采集，完成了对各个用电器特征参数的测量和存储，可实现多达 7 种不同特性的用电器设备的在线识别。经测试，作品满足题目要求。

关键词：离散傅里叶变换；基波；谐波；无线传输

1. 系统方案

本系统主要由电流信号采样模块、模数转换电路模块、单片机分析控制模块组成，下面分别论证这几个模块的方案选择。

1. 电流信号采样方案

方案一：电阻采样。使用电阻将装置中的电流转换为电压进行采样。电流测量精度较低，电阻温漂变化会带来一定的误差。

方案二：使用电流互感器采样。DL-CT1005A 电流互感器的电流测量范围为 5 mA～10 A，符合题目要求。

综合比较以上两种方案，方案二电路采样精度较高，故选择方案二。

2. 模数转换方案

方案一：STM32F4 内置 ADC。该转换器为 12 位逐次趋近型模数转换器，有 19 个复用通道，可测量来自 16 个外部源、两个内部源和 VBAT 通道的信号。

方案二：高精度多通道 ADC 芯片。ADS131A04 是双通道或四通道 24 位同步采样 Δ-Σ 模数转换器，具有宽动态范围，最高 128 ks/s 的可扩展数据速率以及内置故障监控器等特性。

综合比较以上两种方案，由于本装置需要完成频域分析，获得高速采样数据而方案二电路采集数据精度高，故选择方案二。

3. 单片机分析控制方案

方案一：STM32F1 系列。STM32F1 系列单片机主频时钟最高达到 72 MHz，价格低，但不支持嵌入式 DSP 库，浮点运算偏慢，无法满足设计需要。

方案二：STM32F4 系列。STM32F4 系列单片机主频时钟最高可达到 168 MHz，同时内置浮点运算单元，能够完成大量数据的高速处理，且功耗较低。

方案三：STM32F7 系列。STM32F7 系列单片机主频时钟最高达到 216 MHz，具有较高的性能且能够进行快速信号处理运算，但其价格过高，性价比不高。

综合比较以上三种方案，考虑项目需求及性价比，故选择方案二。

2. 理论分析与计算

2.1　检测电路设计

1. 采样信号调理电路

电流传感器电流转换比为 2000∶1。依据题意，传感器电流输入范围为 5 mA～10 A，则电流输出范围为 2.5 μA～5 mA。ADC 输入范围为±2.5 V，实际测量信号应小于 2.5 V。

2. 模数转换电路

由于本作品需要在大、小功率负载接入情况下测量小功率负载接入情况。最大可能接入为 10 A，题目要求最小负载接入电流小于 5 mA。所以量化至少需要 $Q=\frac{10\text{A}}{5\text{mA}}=2000$，实际上同时需要对最小电流谐波、电压与电流相位差进行分析。本作品计算需要 6 位以上的量化位数。

$$Q_{\text{bit}}=\text{lb}\left(2000\times 2^{6}\right)=16.9$$

另外，考虑采样信号调理电路对输入信号存在余量，实际采用的模数转换芯片 ADS131A04 的实际有效无噪声输出位数为 19 位。

2.2　特征参量分析与筛选

理论上，我们可以选择很多个特征值，基波实部、基波虚部、三次实部、三次虚部、五次实部、五次虚部等。但是经过实际测试，谐波的次数越大，特征值就会越不稳定。所以经过测试和调试之后，决定选用基波和三次谐波的实部及虚部，利用这四个特征值来对数据进行分析和筛选。

根据时域下负载特征值的变化情况判断是否有新的用电器上电，并捕获用电器上电前后的特征差值，将特征差值与芯片内部各个用电器的特征值进行比对，选择相似度最高的用电器作为最终输出。编号为 x 的用电器相似度为 $\mathrm{XS}\_x=\sum_{n=0}^{3}Qn^{*}\left(\mathrm{Tz_n}-ydqx\_\mathrm{Tz_n}\right)$ 其中 Q_n 为第 n 个特征值的权值，$\mathrm{Tz_n}$ 为捕获到的待比对样本的第 n 个特征值的测量值，$ydqx\_\mathrm{Tz_n}$ 为编号为 x 的用电器的第 n 个特征值。

3. 电路与程序设计

3.1 电路设计

1. 电压电流采样信号调理电路

系统工作电流和用电器工作电流分别通过变比为2000∶1的隔离电流互感器和变比为1:1 的隔离电流互感器，得到转换后的电流值，再经过电阻将电流转换为电压，通过差分输入采集当前的电压值。电压电流采样信号调理电路图如图 1 所示。

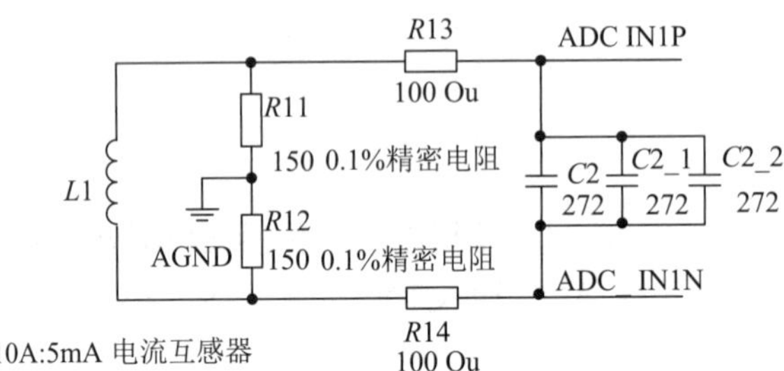

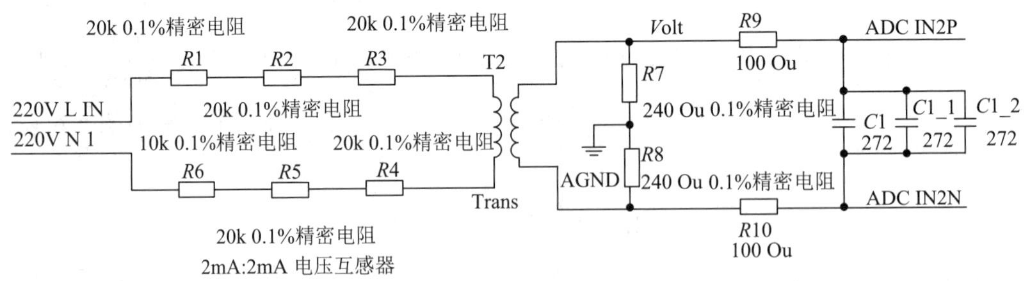

图 1 电压电流采样信号调理电路图

2. 模数转换电路

由于本系统需要采用高分辨率 ADC，故采用电力测量专用的 24 位 AD 芯片 ADS131，该芯片在 10.24 kHz 的采样频率下仍能保证 18 位的精确度，便于对系统中的电流和电压进行采样。模数转换电路如图 2 所示。

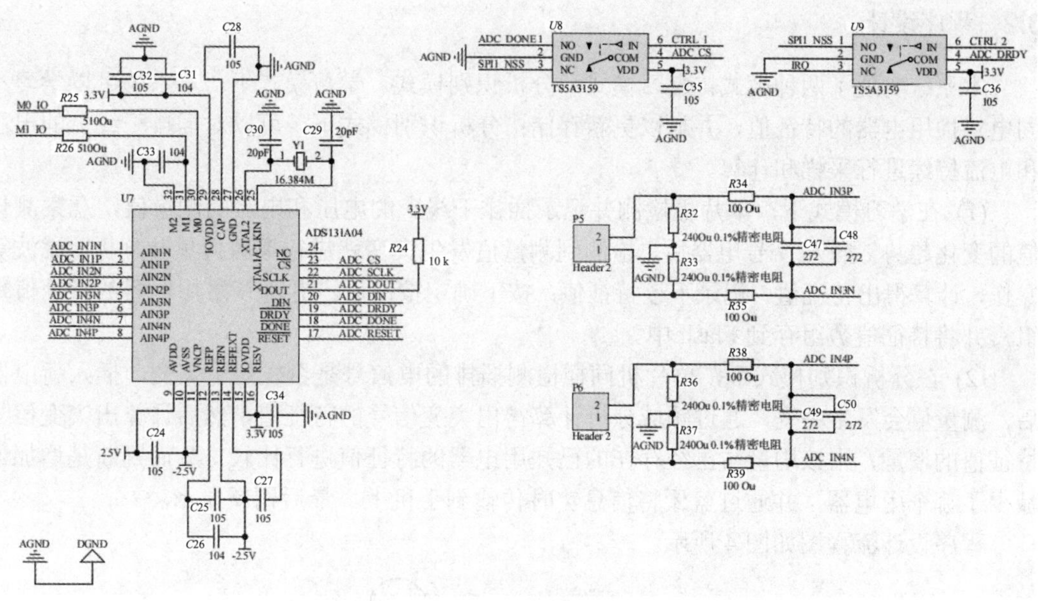

图 2　模数转换电路图

3. 辅助电源

电源由稳压电源和市电组成。首先将市电引进，经工频变压器变压、整流桥整流，得到直流电压，然后再经 HT7325-SOT-89、AMS1117 等稳压芯片将直流电压稳定，供单片机和 ADC 等芯片使用。电源电路如图 3 所示。

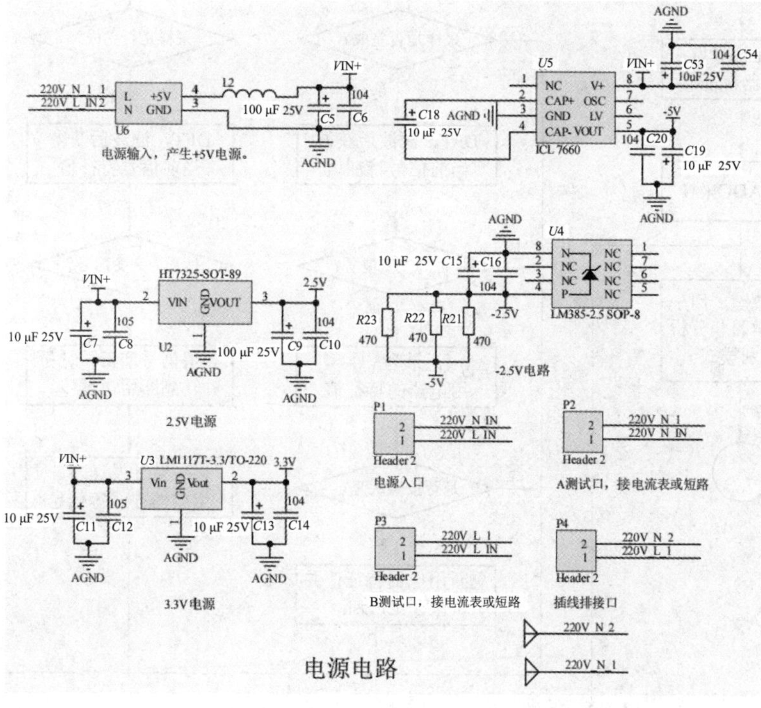

图 3　电源电路图

3.2 程序设计

本系统实现了两种模式：学习模式和分析识别模式。学习模式下，本系统可以学习不同电特性用电器的特征值，并加以更新存储；分析识别模式下，可以对插排干线上的电压和电流持续进行采样和计算。

(1) 在学习模式下，单片机检测并记录插排干线上的电压和电流的测量值，观察测量值的变化趋势，插入 N 号电器后，检测到测量值发生突变就进行离散傅里叶分析、滤波等操作，计算得出特征值，记录下该特征值；按下确定按键后，更新 N 号用电器的特征值数组，并将特征值数组存到 Flash 中。

(2) 在分析识别模式下，单片机同样检测插排的电信号是否发生了突变，插入新电器后，测量值会发生突变，通过频域分析计算得出突变信号的特征值，然后计算出突变信号特征值的增量，用该增量与已经存在的已知用电器的特征值进行比较，从而判断是增加或减少了哪个用电器，并通过蓝牙将信息实时传输到手机上，最后刷新显示。

程序设计流程图如图 4 所示。

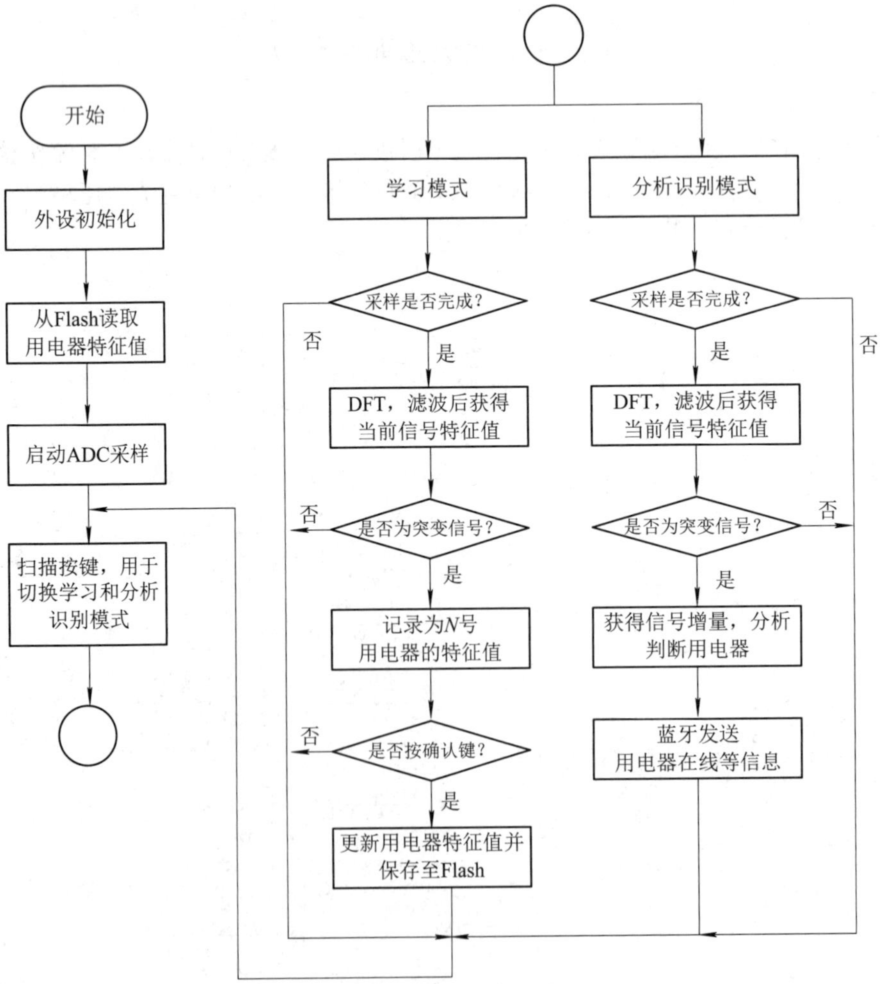

开始
外设初始化
从Flash读取
用电器特征值
启动ADC采样
扫描按键，用于
切换学习和分析
识别模式
学习模式
分析识别模式
采样是否完成？
否
是
DFT，滤波后获得
当前信号特征值
是否为突变信号？
否
是
记录为N号
用电器的特征值
是否按确认键？
否
是
更新用电器特征值并
保存至Flash
采样是否完成？
否
是
DFT，滤波后获得
当前信号特征值
是否为突变信号？
否
是
获得信号增量，分析
判断用电器
蓝牙发送
用电器在线等信息

图 4　程序设计流程图

4. 测试结果

4.1　测试仪器

测试仪器包括数字万用表(型号：DM3058)与示波器（型号：DS1062E)。

4.2　测试数据

测试数据如表 1 所示。

表 1　测试数据表

用电器编号	基波实部	基波虚部	三次谐波实部	三次谐波虚部	电流/A
1	7	24	3	2	0.0229
2	21	−30	−1	−5	0.0231
3	6	0	0	0	0.0053
4	15	11	10	0	0.0475
5	21	4	15	3	0.0383
6	32	7	20	5	0.0311
7	11308	81	−55	66	8.1957

注：表中测试数据只表示相应的大小关系，并无实际意义。

4.3　测试分析与结论

根据上述测试数据，本系统可识别 7 种电器，包括一件最小电流为 5 mA 的电器和一件电流大于 8 A 的电器，由此可以得出以下结论：

(1) 电路可接多个负载，并能正确识别用电器类型。

(2) 可以利用蓝牙模块，将信息经过无线传输至手机显示。

综上所述，本设计满足设计要求。

本文所述硬件方案采用了高精度 AD 转换器，采样质量高、算法合理。作品测评表现优异。

作品2 苏州大学

作者：邓伟业、蒋婧玮、熊超然

摘　要

本作品为一个单相混合用电设备在线监测系统，实时获取用电设备的基本电参数并识别运行状态。本系统采用 STM32F103RCT6 作为主控芯片，采用 FFT 和均方根算法完成对电流谐波的分析和基本电参数的计算，建立特征数据库，设计改进 KNN(K-Nearest Neighbor)算法提高识别准确率。在实验室环境下，选取 7 种用电设备。实验结果表明，本系统能够较准确识别用电设备的运行状态，本系统具有较高的准确度和稳定性。

作品代码

1. 设计方案工作原理

1.1 预期实现目标

设计并制作一个根据电源线电流的电参量信息分析在用电器类别的装置。该装置具有学习和分析识别两种工作模式。在学习模式下，测试并存储用于识别各单件电器的特征参量；在分析识别模式下，实时显示在用电器的类别。用电器分析识别装置框图如图 1 所示。

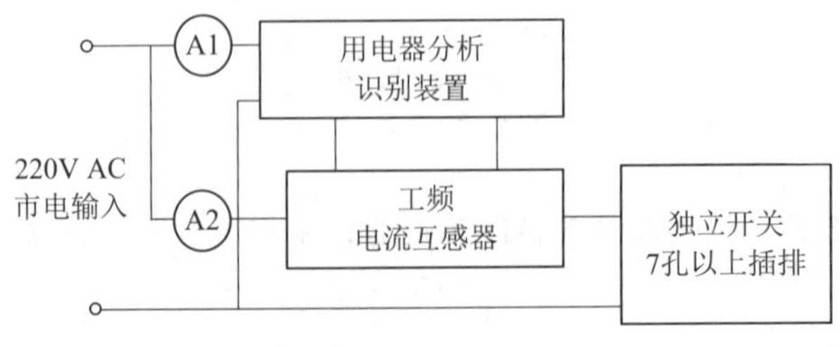

图 1　用电器分析识别装置框图

1.2 技术方案分析比较

方案一：电能计量芯片。电能采集芯片采集到的电能参数大部分为有功功率、视在功率、电流电压有效值等，无法获得电流的谐波参量。

方案二：电压互感器和电流互感器。交流电压电流信号通过电压互感器和电流互感器电路后，变成交流小电压信号，之后将信号送入单片机 AD 中处理。通过 FFT(Fast Fourier Transform)之后，得到信号的电流参量，包括谐波、相位、电流等。

综合考虑，本系统选取方案二。

1.3　系统结构工作原理

系统结构框图如图 2 所示。其中交流信号通过电压互感器和电流互感器，转变为小电压信号之后送入信号调理单元，经过稳压和运放电路之后，信号直流被稳定在 2.5 V ± 3 mV，由于单片机 AD 模块无法对负信号进行采样，所以利用运放电路将信号直流抬升 1.33 V。随后送入单片机的 AD 单元进行处理，得到一系列电流特征参量之后通过 LCD 显示，同时也可经 Wi-Fi 与手机 APP 进行通信，在手机 APP 上显示。

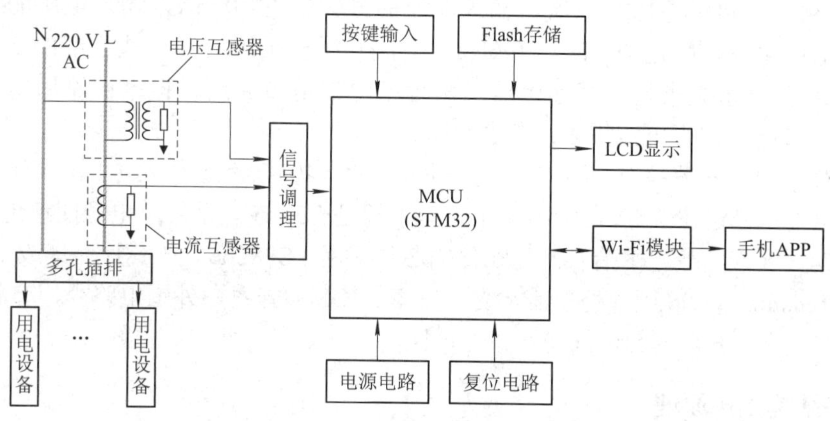

图 2　系统结构框图

1.4　特征参量分析与筛选

本作品共有电流有效值、谐波的幅度，相位差三种。

1) 电流有效值

不同用电设备的接入会产生不同的电流波形，因此通过分析电流波形的多种特征参量便可以识别出对应的用电设备。不同用电设备的视在功率会有较大差异，可作为特征参量用于区分。但在电压有效值为恒定 220 V 的情况下，电流有效值便可以直接体现视在功率，因此采用电流有效值作为一个特征参量。不同用电器接入电路后，交流电流波形会有较大差异，本队采用均方根计算电流有效值。

2) 谐波幅度

当不同用电设备的视在功率接近的情况下，电流有效值无法准确区分用电器。此时需要对电流波形进行频域分析。借助频谱特征，进一步对用电器进行区分。由于用电器内部的电路结构不同，是非线性负载，会使电流波形发生畸变，产生谐波。通过分析各次谐波的幅度即可区分用电设备。本测量系统采用一次谐波、二次谐波、三次谐波、四次谐波和五次谐波的幅度作为特征参量。当 MCU 采集到一组电流数据后，对数据进行快速博里叶变换，计算出前五次谐波的幅度。

3) 相位差

用电设备内部电路的不同会使其呈现感性负载、容性负载和阻性负载的区别。因此电压波形与电流波形的相位差也是区分用电设备的一个显著特征。

由于检测的电压和电流存在初相位，以电压信号作为基准，找到触发位置，测算出电流的精确相位。

2. 核心部件电路设计

2.1 关键器件性能分析

在电压互感器和电流互感器的选型上，本系统电压互感器采用了 TV1013-1H，2 mA/2 mA 微型精密交流型电压互感器，输入电流的最大值为 10 mA，输入电压的最大值为 1000 V，工作频率范围是 20 Hz～20 kHz。电流互感器采用浙江华威生产的 5 A/5 mA、10 A/10 mA 高精密微小型电流互感器。两者精度都是 0.1 级，根据被测用电设备的电流范围，对大电流和小电流用电器换挡测量。

本系统选用摩托罗拉公司的基准电压芯片 MC1403，额定输入电压的范围为 4.5～15 V，输出电压稳定在 2.5 V，输出电压误差不超过±3 mV。采用单电源四通道运算放大器 TLV2374，实现信号电平抬升。无线传输芯片采用 ESP8266，该芯片上集成了 32 位超低功耗的 Tensilica L106 微型处理器，支持安卓、IOS 的开发，外围电路少，节省 PCB 设计空间，有丰富的开发资源，低功耗、性价比高。

2.2 电路结构工作原理

1) 电压电流互感器模块

电压互感器和电流互感器电路都采用电阻法获得电压，如图 3 所示。在电压互感器的输入端接入 110 kΩ 电阻，让输入电流值大小控制在 2 mA 左右，继而让二次侧的电流和 330 Ω 电阻相乘得到电压为 0.66 V 左右。在电流互感器的二次侧接入 100 Ω 或 4 kΩ 的电阻，得到电压，满足测量不同电流值的用电设备的需要。

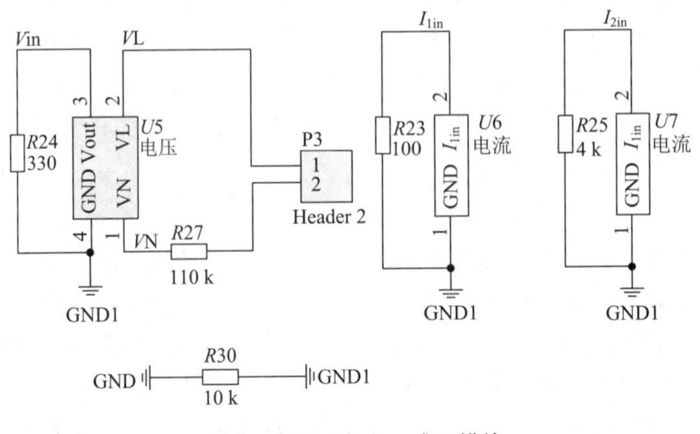

图 3　电压、电流互感器模块

2) 信号调理模块

信号调理模块如图 4 所示，MC1403 稳压模块产生的 2.5 V 信号与经过电流和电压互感器的三路交流信号进入运算放大器，实现信号抬升 1.33 V，从而能够送入单片机 AD 中进行信号处理。

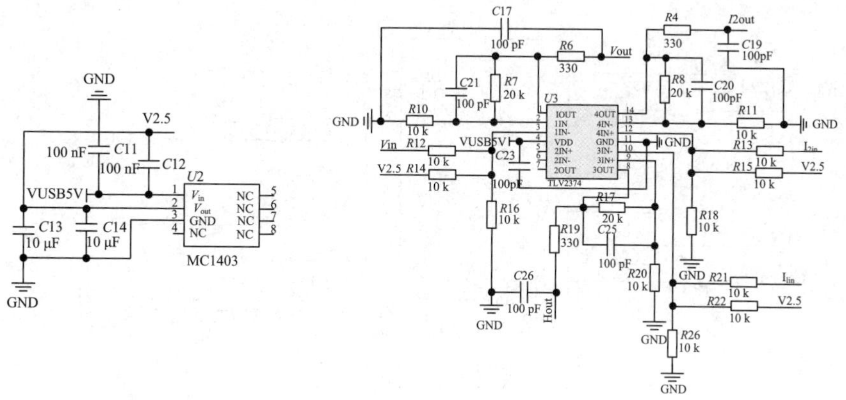

图 4　信号调理模块

3) 最小系统电路

最小系统电路如图 5 所示。STM32F103RCT6 内置的 12 位高精度 ADC 对信号调理模块输出的电压电流数据进行实时采集。CPU 可以通过 SPI 总线接口实现对外部 Flash 的读写。其余 GPIO 口实现按键输入、LCD 显示、程序下载等功能。此外，MCU 通过 USART 无线传输模块。

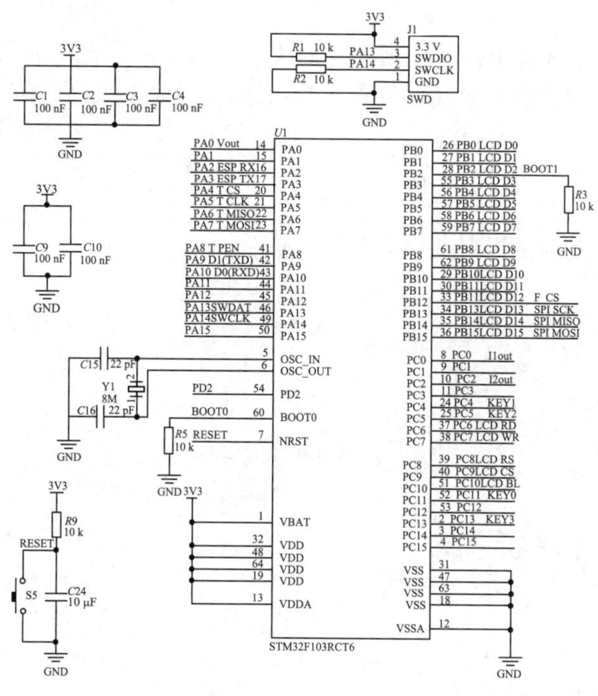

图 5　最小系统电路图

4) 无线传输模块

无线通信电路由 ESP8266EX 芯片及外围电路构成，其电路图如图 6 所示。此电路模块是用来完成串口信号与 Wi-Fi 信号的相互转换，并上传相关状态数据至手机 APP。

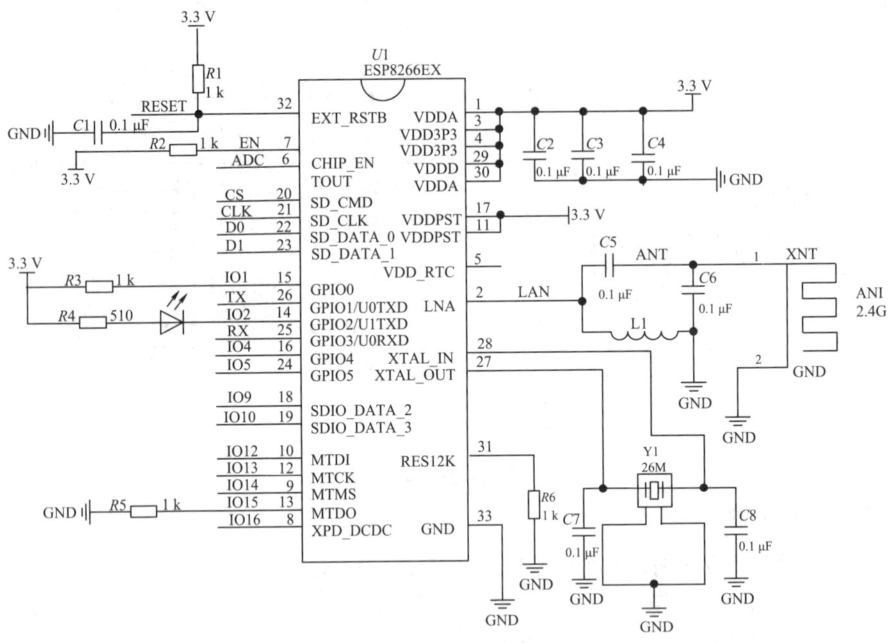

图 6　无线传输模块

5) 存储模块

存储模块选取外部 Flash 存储，由容量为 128 Mbit 的 W25Q128 芯片及其外围电路构成，如图 7 所示。该模式通过 SPI 协议与单片机通信。

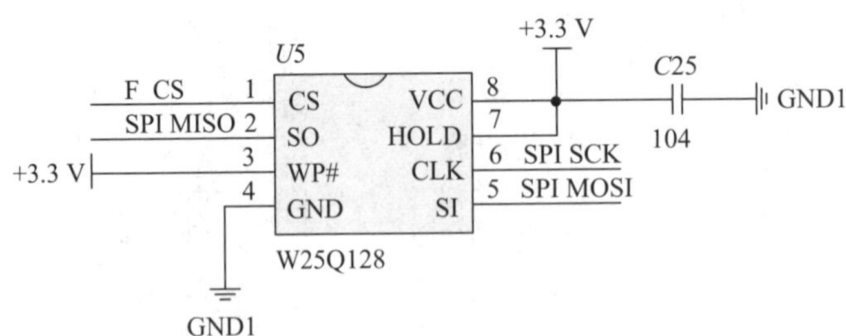

图 7　Flash 存储模块

3. 系统软件设计分析

3.1　系统工作流程

软件工作流程图如图 8 所示。

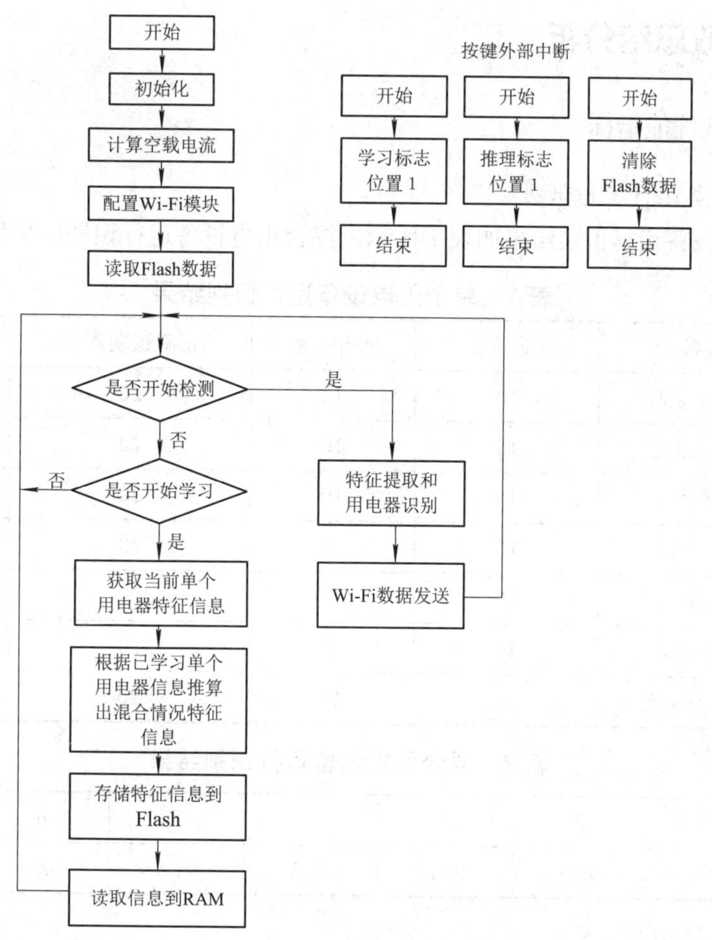

图 8　软件总体流程图

3.2　主要模块程序设计

1) 电流有效值测量

通过 AD 采集电流互感器得到的电压值，使用定义计算电流有效值，进行电器分类的粗判断，划分用电器为大电流和小电流两类，分段测量。

2) 电流谐波测量分析

以电压为参考，通过电压产生触发信号，分别对电流互感器得到的电流与电压互感器得到的电压进行快速傅里叶变换，用来检测电流相对电压的相位差。这样傅里叶变换得到的相位稳定，可以通过实部和虚部相加的线性运算来检测组合用电器。

3) 动态谐波自学习

在学习用电器时，除了获取并修改该用电器的特征外，同时与库中已有电器进行组合分析，求解出其与已有用电器全部组合的特征并进行保存，可快速进行学习并保证组合电器识别的准确性。

4. 作品成效总结分析

4.1 系统测试性能指标

1) 用电设备运行状态识别

单个用电设备运行识别结果如表 1 所示，混合用电设备运行识别结果如表 2 所示。

表 1 单个用电设备运行识别结果

用电设备	接通次数	断开次数	正确识别次数	准确率/%
31 mA 自制负载	10	10	20	100
10 W LED 灯泡	10	10	20	100
LED 灯带	10	10	20	100
小型直流电源	10	10	20	100
LED 时钟	10	10	20	85
16 W 电风扇	10	10	20	100
1800 W 电热水壶	10	10	20	100

表 2 混合用电设备运行识别结果

混合用电设备数	2	3	4	5	6	7
准确率/%	95.6	93.2	91.3	91.6	92.0	93.1

2) 特征参量测量

单个用电器运行时电能质量分析仪 PROVA-6830A 测得的特征参量数据如表 3 所示，本系统测得的特征参量数据如表 4 所示。

表 3 电能质量分析仪测试数据

序号	用电设备	一次谐波/mA	二次谐波/mA	三次谐波/mA	四次谐波/mA	五次谐波/mA	电流有效值/mA	相位差
1	31 mA 自制负载	28	2	3	1	1	31	30
2	10 W LED 灯泡	65	1	3	1.8	2.1	70	−1
3	LED 灯带	28.1	1.5	0.5	0.7	1.1	31	5
4	小型直流电源	28.5	1	3	1.3	0.5	30	10
5	LED 时钟	25.4	2.4	2.4	1.3	0.9	30	−28
6	16 W 电风扇	128	1.1	0.9	0.8	0.4	130	−1
7	1800 W 电热水壶	7.99	1	4.5	0.4	3	8.02	2

表 4 本系统测试数据

序号	用电设备	一次谐波/mA	二次谐波/mA	三次谐波/mA	四次谐波/mA	五次谐波/mA	电流有效值/mA	相位差
1	31 mA 自制负载	27.6	1.7	2.7	0.8	0.8	30.7	29.5
2	10 W LED 灯泡	64.7	0.8	2.8	1.7	2.3	69.1	−1.2
3	LED 灯带	27.8	1.4	0.4	0.8	1	30.1	5.1
4	小型直流电源	28.6	1.1	3.1	1.2	0.6	31.1	9.8
5	LED 时钟	25.3	2.5	2.4	1.27	0.86	29.8	−27.8
6	16 W 电风扇	127.5	1.2	0.8	0.7	0.3	129.5	−1.2
7	1800 W 电热水壶	8	0.8	4.6	0.35	2.8	8.01	2.5

4.2 结果分析与结论

从表 1 中可以看出单独运行用电器的状态判断准确率可以达到 100%；从表 2 中可以看出混合运行用电器的状态判断均在 90%以上。由于在学习和识别过程中，有噪声干扰，使 AD 采集存在误差，导致快速傅里叶变换结果会产生一定范围的波动。因此在自学习混合特征时，产生累计误差，最终导致混合识别过程中，会出现准确率下降的情况。

从表 3、4 的对比中可以看出，电流的特征参量与标准仪器差别较小，准确度较高。

浙江大学

作者：李泳浩、朱志豪、陈凌云

摘 要

本设计采用 STM32F407 系列单片机系统实现了用电器的分析和识别装置。使用电流互感器和电压互感器分别进行市电电压和用电器电流的隔离采样，经过程控放大器和精密放大器调理整形后，由单片机模数转换后进行采样。电压波形采样后进行过零判断并输出电流检测转换的同步信号，软件根据线路电流采样结果自动调整前端放大器增益，并对时域波形进行 FFT 运算，根据各次谐波量值判断出在线用电器的组合。该装置可以存储 7 种用电器的电流特征参数，并提供现场学习功能以适应任意电器的识别；远程测量模式使用蓝牙协议将电流关键参数和识别结果发送至手机客户端，并降低装置在分析识别模式下的工作电流。

作品演示

关键词： STM32F407 单片机；用电器分析识别；电压电流采样；FFT 频谱分析

1. 方案论证

1.1 总体方案设计

题目要求设计一个根据电源线电流的电参量信息分析在用电器类别的装置，本作品由“用电器分析识别装置”“工频电流互感器”“分控多孔插排”三部分组成，其中，分析识别装置的系统总体框图如图 1 所示。

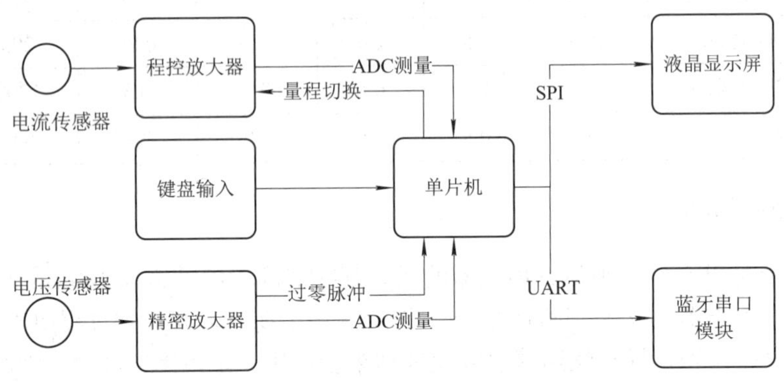

图 1 分析识别装置的系统总体框图

1.2 交流电流检测方案

方案一：电流采样电阻。使用锰铜合金等大功率、低阻值分流器，使电流在其上形成等比例的电压降。该方案成本低、结构简单、线性度高，但功耗较大、不易实现安全的电气隔离，且采样电阻精度易受环境因素影响，对温度和噪声较敏感，小电流采样时会引入较大波动和误差。

方案二：霍尔电流传感器。利用电流的霍尔效应原理，集成传感芯片(如 ACS712)体积小、功耗低、灵敏度高、可电气隔离、外围电路简单；但是 ACS712 传感器成本高，检测精度易受外部温度和磁场环境影响，且小电流测量存在非线性区。

方案三：电流互感器。电流互感器的电气隔离安全可靠，线性度高，同时兼具较好的测量精度。电流互感器成本较低、外围电路简单，在电网设施、电表计量和其他中高压工业领域有广泛的应用。

本设计对电流采样的要求较高，需在 5 mA～10 A 范围内都有较高的电流检测精度和线性度，综合考虑，选用方案三。

1.3 交流电压检测方案

本系统中，交流电压的具体波形不作为学习和识别的电参量，仅用于控制器采样周期和电网交流周期的同步，采样得到的电压波形信息使用单片机软件进行过零判断，或在采样放大后进一步通过比较器输出过零脉冲。

方案一：分压电阻网络。若干电阻串联的分压电阻网络成本低、精度较高，但同样存在电气隔离困难的缺点，在强电测量中安全性略差。

方案二：电压互感器。电压互感器为变比 1∶1 的特殊变压器，配合电阻组合实现电网电压的安全采样，体积虽大但电路简单，成本较低。

本设计中，考虑到电网的交流电压波形稳定、测量量程固定，因此选用电压互感器作为电压的检测方案。由于采样后的波形存在少量噪声毛刺，直接通过比较器会在过零点附近产生多次来回振荡，干扰单片机的边沿检测，而使用带滞回的施密特触发器则会因窗口宽度造成相位延迟。因此，幅值合适的采样波形将直接经过单片机 A/D 采样进行软件过零判断。

1.4　用电器分析识别方案

方案一：使用专用的功率计量集成电路。专用的功率计量芯片(如 CS5463)对输入的电压和电流采样信号直接进行综合运算，使用数字接口输出电压电流有效值、有功和无功功率、基波和谐波功率、功率因数等信息。本方案省去了处理器复杂的波形采样与运算，但同时也丢失原始波形的时频域信息，识别特征参数的数量少，且电流特征参量不易还原，难以分辨多种功率接近的用电器。

方案二：电流时域波形比对。其原理为分别学习不同用电器组合的电流时域波形，并存储单个交流周期的采样数据；识别过程中，将实时采样的电流波形与存储数据互相比对，确定波形差别最小的电器。该方案存储空间大，抗干扰能力较差，需要繁琐的学习过程和控制系统运算性能高，其复杂程度随电器数量的增加呈指数式上升。

方案三：基于稳态的电流频域分析。主要使用 FFT 等数学分析方法，分析各电器的稳态电流频谱分布，以各次谐波的幅值和相角等作为识别的特征参量。该方案只需存储较少的特征数据，FFT 运算在现代支持硬件浮点的单片机中容易实现、编程简单，且因其线性的性质，适合分辨多种同时使用的电器，同时能抵抗噪声。该方案的主要缺点是要求电器工作时电流稳定，对工作电流波动明显和间歇性工作的设备判断困难。

方案四：基于动态的电流频域分析。本方案与方案三接近，对时变的电流进行频域分析，对用电器的电流稳定性要求降低，识别能力更强。但是，动态的频域分析涉及小波变换甚至神经网络等复杂的数学工具，建模复杂、耗时大、控制器编程困难、运算性能要求高。

结合考虑常用电器的工作特点，本系统选用方案三。

2. 单元电路设计

2.1　电压基准

单片机的 ADC 输入电压范围为 0～2.5 V，因此从电网得到的双极性交流电压电流信号需要经过放大和偏移才能成为单极性的波形，输至单片机进行采样和分析。LM385 为微功耗的电压基准二极管，提供基准电压为 1.235 V，接近单片机 ADC 电压范围中点，能充分使用几乎整个输入量程，满足要求。电压基准电路如图 2 所示。

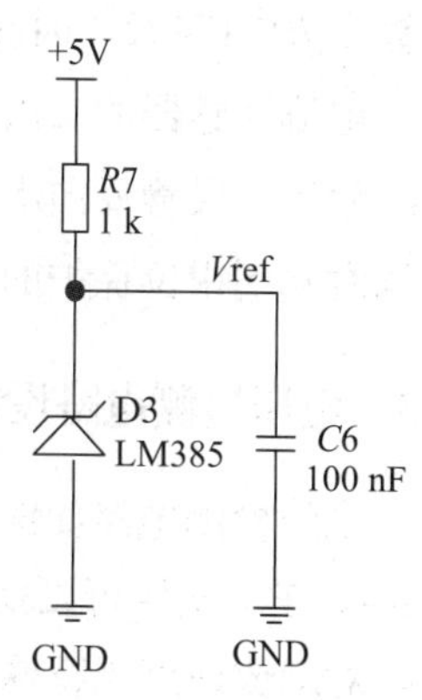

图 2　电压基准电路图

2.2 电流检测电路设计

电流检测电路图如图 3 所示，分为强电和弱电两部分。强电部分由电流互感器完成电流至电压的变换，弱电部分对微弱电压信号进行放大，输至单片机进行计算和判断。电流互感器 ZMCT103D 的电流范围为 0～10 A，电流变比为 2000∶1；设计中要求对 5 mA～10.0 A 的电流进行放大，该量程跨度大，可采用一片程控放大器来控制放大网络增益，使输出尽可能利用 ADC 允许范围。程控放大器 PGA204 有可选择的 1、10、100、1000 倍放大倍数，是高精度的仪用放大器，可满足工频电流的精密放大。

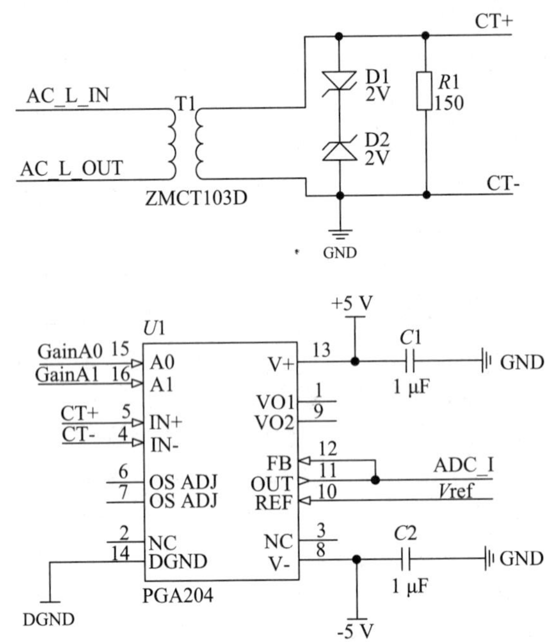

图 3　电流检测电路图

考虑到参考基准电压为 1.235 V，若要求放大器输出的电压范围满足单片机 ADC 要求的 0～2.5 V，则在电流量程内，电流/电压变换电阻需满足：$10\sqrt{2}\ \mathrm{A} \div 2000 \times R \leqslant 1.235\ \mathrm{V}$，计算得 $R \leqslant 174\ \Omega$。因此，在标准电阻中选择 150 Ω。

电流互感器的二次侧最大电压峰峰值为 $10\ \mathrm{A} \times 2\sqrt{2} \div 2000 \times 150\ \Omega = 2.12\ \mathrm{V}$，采用两个 2 V 稳压二极管反向串联，击穿电压 $V_F + V_Z \approx 2.7\ \mathrm{V}$ 略大于最大电压，可以在信号不失真的同时起到钳位保护的作用。芯片的电源端和地之间并入 1 μF 的去耦电容，滤除高频干扰。

2.3 电压检测电路设计

电压检测电路如图 4 所示。电压互感器 ZMPT107 的变比为 1000∶1000，额定电流为 2 mA，在一次侧可以采用两个 55 kΩ 电阻串联，以达到限流和降压效果。偏移放大电路当中，对运放速度无特殊要求，OP-07 为高精度运放，满足设计要求。将放大倍数设计为 3，则 $R_3 / R_1 = R_4 / R_2 = 3$，取 $R_3 = R_4 = 30\ \mathrm{k\Omega}$，$R_1 = R_2 = 10\ \mathrm{k\Omega}$。考虑到参考基准电压和单片机

ADC 要求的电压范围，放大器的输出电压需处于 0～2.5 V 范围，则采样电阻大小需满足：$220\sqrt{2}\ \text{V}\times R_4\div 110\ \text{k}\Omega\times 3\leqslant 1.235\ \text{V}$，计算得 $R_4\leqslant 146\ \Omega$。因此，在标准电阻中选择 100 Ω。

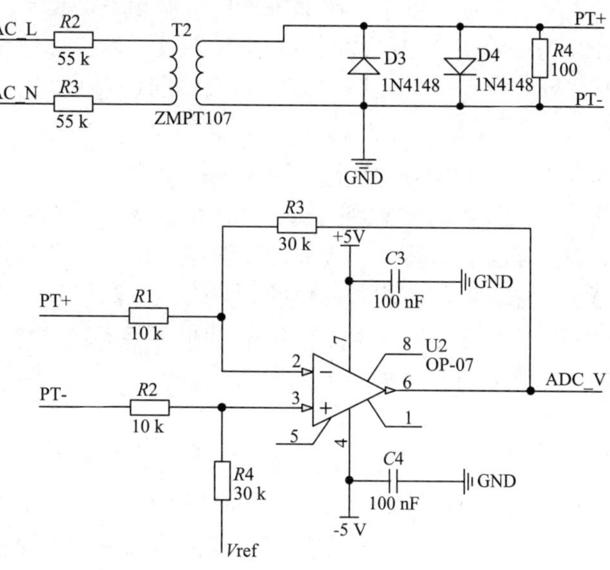

图 4　电压检测电路

2.4　软件设计

本装置采用 STM32F407 作为处理器，实现了用电器的电流特征参量学习、使用情况分析以及实时分析结果显示等功能，用电分析识别装置软件设计流程如图 5 所示。

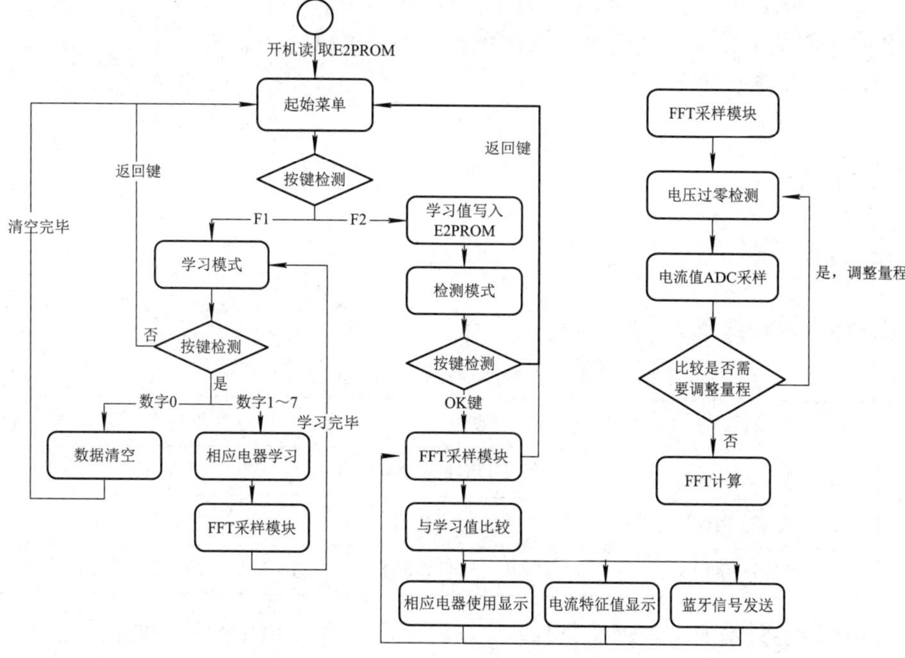

图 5　用电分析识别装置软件设计流程图

在学习模式下，数字键1～7分别可以进行电器1～7的电流特征学习，而数字0可以将非易失存储器中已学习的所有用电器特征数据清空。学习阶段完成后，新的用电器电流特征值立即写入到E2PROM存储器中，确保装置掉电后相关信息不会丢失，再次上电时系统直接能正常工作。得益于所选用单片机的高主频与硬件浮点加速单元，单次学习的连续多周期采样、FFT分析与特征提取、求平均等操作总耗时不超过1 s，远低于设计要求的学习时间上限。

检测模式下，系统循环启动ADC采样，对采样结果进行数字处理并与存储器中的电器特征参量数据比对，得到具体的电器连接组合，并在板载液晶显示屏上显示识别结果和实时的电流特征值。在每次分析过程中，首先对交流电压信号过零检测，在正弦波形正向过零处启动电流ADC采样，以保证相对相位的一致性；电流信号的数字处理过程主要为FFT运算，得到基波及2、3、5、7、9次谐波的傅里叶复系数(包含实部与虚部)，将傅里叶系数与数据库中的基准系数进行绝对值差的求和，通过和值最小的情况来确定电器的具体组合情况。

电流信号的程控放大器能有效提高不同负载接入组合的动态范围。连接小电流用电器(如1～6号)时选用较大的放大倍数以提高精度，而使用大功率电器(7号)时选用较低的倍率以防止信号失真或模拟电路的损坏。量程的自动切换需要单片机程序的配合，当检测到电流信号的最大值低于某一阈值时，通过GPIO接口控制PGA放大器增加档位；类似地，幅值超过某一保护线后自动降低档位。检测模式下，程控放大器的倍率持续动态进行调整，随着用电器的增减都能快速选用最合适的量程。

考虑到无显示屏的低功耗运行、测量结果远程显示的使用便捷性等因素，系统还添加了蓝牙信号发送与手机客户端显示的功能。蓝牙模块HC-08通过UART串行接口连接到单片机，在检测模式下按一定间隔以文本的形式传送识别结果、电流频谱特征值等参量，手机APP中实时更新显示。当手机未连接至蓝牙时，系统将暂停蓝牙信号广播，通信模块进入低功耗运行状态。

3. 系统测试

3.1 测试条件

测试仪器与设备如表1所示。

表1 测试仪器与设备

序号	仪器名称	型号	主要指标	数量
1	数字示波器	固纬 GDS-1152A-U	双通道 150 MHz	1
2	数字万用表	优利德 UT61E	4位半(测量电流1)	1
3	功率分析插座	HYELEC HY-001	10 A 量程(测量电流2)	1

测试环境为实验室的室内恒温条件，环境温度约22℃。市电交流电网的电压有效值为227.2 V，频率49.95 Hz。

3.2　测试结果

1. 基本要求测试结果

(1) 选用电流范围处于 5 mA～10 A 的电器：自制电器 1 件、LED 灯管一个、LED 灯泡 4 件、电吹风一件。

(2) 电流不大于 50 mA 的电器数共 6 件，包括一件自制电器，编号为 1～6；编号为 7 的电器(电吹风)，电流测得 8.46 A，符合要求(大于 8 A)。

(3) 随机增减在用电器，在屏幕上实时显示可识别电器是否在用和电源线上电流的特征参量(谐波参量)，响应时间约 0.5 s，满足要求(不大于 2 s)。

(4) 用电阻和二极管串联自制 1 号电器，畸变的电流含有谐波，测得电流 26 mA；配对的 2 号电器(LED 灯管)电流 25 mA，且电流与前者存在相位差，满足要求(两者电流差小于 1 mA)。

2. 发挥部分测试结果

(1) 具有学习功能。清除作品存储的所有特征参量，能够重新测试并存储指定电器的特征参量。一种电器的学习时间为 0.5 s。

(2) 随机增减在用电器，实时显示可识别电器是否在用和电源线上电流的特征参量，响应时间不大于 2 s。

(3) 识别电流相同，其他特性不同的电器的能力：能够准确识别。大、小电流电器共用时，识别小电流电器的能力：7 号电器和其余电器共同连接时，不会误识别未连接电器，但小电流电器的监测显示不稳定。

(4) 装置在分析识别模式下的工作电流为 13 mA，可以通过蓝牙模块无线传输到手机上进行显示。

3. 测试结果

测试结果如表 2 所示。

表 2　用电器识别测试结果

接入电器序号	测试结果	接入电器序号	测试结果
1	准确显示	2，4	准确显示
2	准确显示	1，3，5	准确显示
3	准确显示	1，4，6	准确显示
4	准确显示	2，3，5	准确显示
5	准确显示	2，4，6	准确显示
6	准确显示	1，2，3，6	准确显示
7	准确显示	1，2，3，4，5，6	准确显示
1，2	准确显示	1，2，7	序号 1，2 出现闪烁
1，3	准确显示	2，5，7	序号 2 出现闪烁
1，4	准确显示	4，6，7	准确显示
2，3	准确显示	1，2，3，4，5，6，7	序号 1，2，3 出现闪烁

4. 结论

该系统基于电流波形 FFT 频域分析的技术，可以进行用电器电压、电流的精密测量，实现一套“用电器分析识别装置”。经测试，此设计可满足所有的基础要求和大部分发挥功能，能准确识别并区分各小功率用电器的任意组合，但大、小电流电器共用时，识别小电流电器的能力仍有待改进。

专家点评

本文论述较全面，设计方案硬件采用高性能 MCU 实现，效率高，算法合理。作品测评表现优异。

作品4　浙江大学(节选)

作者：吴振冲、林雨洁、计满意

摘　要

本用电器分析识别装置利用 STM32F407 最小系统板，进行用电器接入状态下的电网电压、用电器电流实时采集和检测。电压信号由电压互感器外接偏置差分放大电路预处理；电流信号则经过互感器后接入程控放大器，根据总线电流大小自动切换电流放大倍数进行处理。单片机检测到电压过零点后，开始采集电流周期信号，并对采集到的信号进行 FFT 分析。系统选取基波、2、3、4、5、7、9 次谐波幅值向量为电流特征参量进行用电器特性学习，以参考特性与实测特性的误差平方和最小为准则进行用电器检测。系统将学习、检测结果输送液晶屏，并将参数特征通过蓝牙发送手机端显示。

作品演示

关键词：用电器识别；STM32F407；互感器；DMA；FFT 频谱分析

1. 方案论证

(略)

2. 理论分析与计算

2.1　电压互感电路

电压互感器采用 ZMPT107(型号)，其电压变比为 1000∶1000，额定电流为 2 mA，额定状态下，副边电流为 2 mA。为保证其工作在额定状态，原边可串联电阻。

式中，U_N 与 I_N 为额定电压与电流。

$$R=\frac{U_N}{I_N} \tag{1}$$

式中，U_N 与 I_N 为额定电压与电流。

代带入数据得 $R=\frac{220\ \text{V}}{2\ \text{mA}}=110\ \text{k}\Omega$。

副边电压经偏移放大后，输入单片机模数转换(ADC)。由于市电频率为 50 Hz，变化速度较低，可采用高精度运放 OP-27 对电压进行偏移放大。由于单片机无法接收负电压，需要对副边电压进行偏移差分放大，设置直流偏置 1.25 V。由于单片机基准电压为 2.5 V，且无法接收负电压，3 倍放大倍数时，电压互感器二次侧采样电阻应选择为

$$R_{u_2}=\frac{2.5\ \text{V}-1.25\ \text{V}}{\sqrt{2}\times3\times2\ \text{mA}}\approx148\ \Omega$$

选择采样电阻为 100 Ω，后接差分放大电路，则电压互感电路采样的最大电压为 $2\sqrt{2}\ \text{mA}\times100\ \Omega=0.282\ \text{V}$。

2.2　电流互感电路

电流互感器采用 ZMPT103D(型号)，其电流变比为 2000∶1，可以将 5 mA～10 A 的电器电流变化至 0.0025～5 mA 范围，电流幅值小、变化范围大。若采用固定变比的电流放大器件，小电流将无法被放大，小功率器件将无法被识别。故系统采用放大倍数可变的程控放大器进行信号放大。程控放大器 PGA204 可由两位控制位控制 4 挡放大倍数，实现 1、10、100、1000 倍的电压放大。由于 STM32 主控板基准电压为 2.5 V，选取 1.25 V 为直流偏置电压，最大程度利用 ADC 测量量程，提高转换精度；电流互感器二次侧采样电阻最大为

$$R_{\max}=\frac{2.5-1.25}{\sqrt{2}\times5\times10^{-3}}=177\ \Omega$$

选取 150 Ω 为采样电阻。根据理论值计算，最大电流 10 A 情况下二次侧电压采样的幅值符合测量要求，为

$$U_{\max}=150\ \Omega\times\frac{10\ \text{A}}{2000}\times\sqrt{2}=1.06\ \text{V}$$

同时考虑到差分放大电路的输入阻抗非常大，因此二次侧的存在对前级电路的影响非常小，不会影响前级电流互感电路和采样电路。

2.3　FFT 频谱分析

考虑输入为 220 V 的市电，将电流波形输入单片机 ADC 端进行 FFT 频谱分析，主要特征量为基波、谐波幅值及实虚部。傅里叶分解电流公式为

$$I(t)=\frac{a_0}{2}+\sum_{n=1}^{\infty}(a_n\cos n\omega_0 t+b_n\sin n\omega_0 t) \tag{2}$$

式中，a_0 为傅里叶展开的常数项，表征直流分量(220 V 交流电中几乎没有直流分量，可不予考虑)。a_n 与 b_n 分别是 n 次谐波系数，其值为

$$a_n=\frac{2}{T}\int_0^T I(t)\cos n\omega_0 t\mathrm{d}t \tag{3}$$

$$b_n=\frac{2}{T}\int_0^T I(t)\sin n\omega_0 t\mathrm{d}t \tag{4}$$

n 次谐波幅值 $I_n=\sqrt{a_n^2+b_n^2}$ ，相角 $\varphi_n=\tan^{-1}(a_n/b_n)$ 。

在傅里叶变换中，多个电流波形的频域幅值呈线性变化，可以直接相加。换言之，多种用电器的负载电流波形傅里叶系数可以直接相加，电流、功率等变量的有效值也可通过傅里叶系数相加。

电流特征参量选取方面，220 V 交流电压理论上仅存在基波、2 次谐波、5 次谐波等，且谐波次数越大，幅值越小。此外，由于自制 1 号电器引入谐波分量，经实测存在较大偶数次谐波，故添加 2 次、4 次谐波幅值相位作为电流特征参量。综合考虑实虚部幅值变化，系统选取基波、2 次、3 次、4 次、5 次、7 次、9 次谐波 FFT 实部虚部值为电流特征参量。

2.4　自制电器参数

根据题意，利用电阻、电容与二极管制造 1 号电器。考虑到其应该含有谐波，需要使用具有整流作用的二极管。可将二极管与电阻串联作为 1 号电器。综合考虑实际电器的电流值，自制电器采用两个阻值为 4.7 k 的水泥电阻和一个二极管 1n4007 串联，实测电流 16 mA，与一个 USB 夜灯电流相同，相位不同且含有谐波。

3. 单元电路设计

3.1　电压互感及差分放大电路、比较器电路

根据理论计算，电压互感电路的采样值最大不超过 0.3 V，两个反并联的开关二极管即可起到保护作用。运放的正负电源端均并联 100 nF 的去耦电容减小干扰。

差分放大电路将电压互感电路的电压放大并加以一定直流偏置，输出后经过一比较器，得到占空比为 50%、幅值在 0～2.5 V 的方波，作为主控板判断过零点的依据。电压互感电路图如图 1 所示。

3.2　电流互感及程控放大电路

根据电流互感电路中的采样电阻，可得采样电压最大值为 1.06 V，采用两个反向串

联的 2.4 V 稳压管进行钳位保护，防止采样电压过大。程控放大芯片的正负电源端均并联 100 nF 的去耦电容减小干扰。电流互感电路图如图 2 所示。

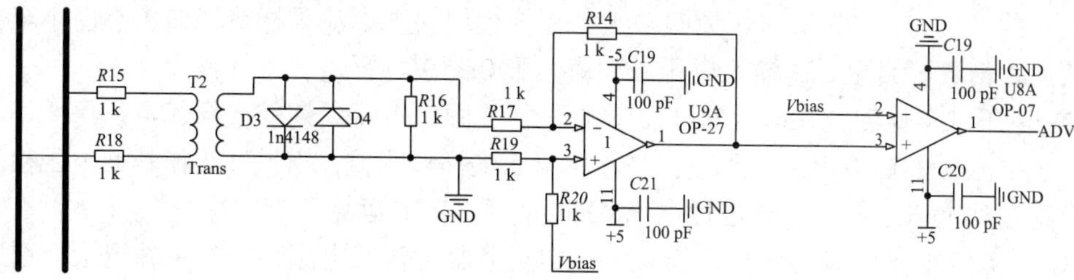

图 1　电压互感电路图

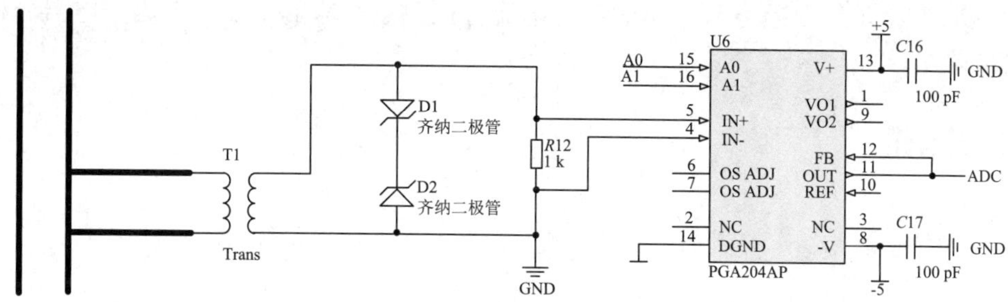

图 2　电流互感电路图

4. 软件设计

系统利用键盘选择用电器分析装置的学习与分析两大模式，并根据此框架编写软件，软件设计流程图如图 3 所示。学习模式中，软件判断不同键值，程控电流量程，进行电压过零检测，调用 DMA 模块采样电流并作 FFT 变换，计算学习结果。分析模式中，程序实现实测值与理论值的误差比对，输出检测电器组合结果。

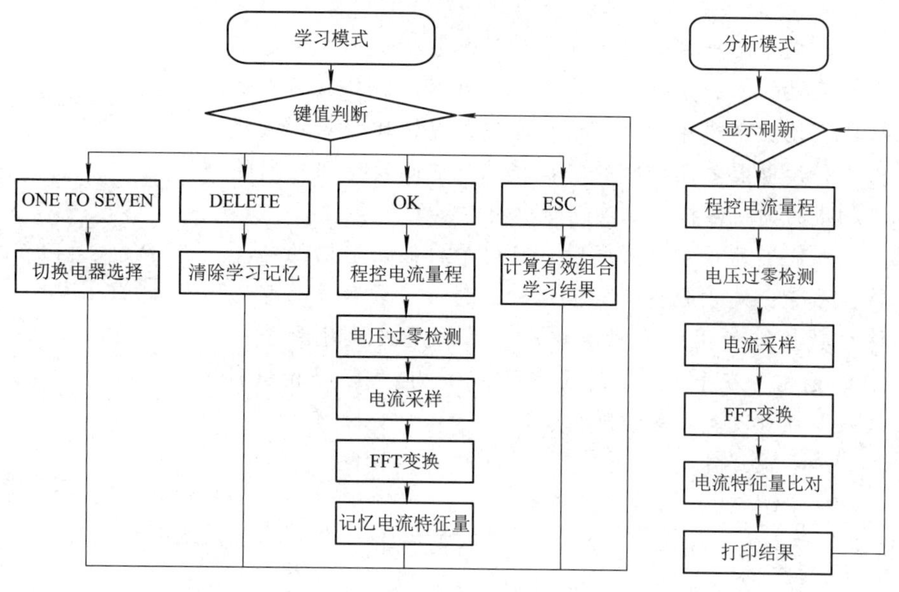

图 3　软件设计流程图

分析模式中，显示刷新后进行以下操作：

(1) 程控电流量程。学习模式初始化中包含对电流的初次采样，程控芯片可以完成对输入信号的 1、10、100、1000 四级放大。程控模块根据电流采样峰峰值大小由小至大修改电流放大倍数，直至 AD 输入电压最大值大于 0.25 V，再进行采样操作。

(2) 电压过零检测。在电流 FFT 计算中，需要固定电流周期的采样起点，保证不同电器组合下电流采样初始相位一致。程序计算电压采样峰峰值，取其 1/2 作基准电压检测过零点。检测到电压过零后，再进行电流 ADC 采样、FFT 运算。

(3) 电流特征量比对。在分析模式中，实测电器组合的电流特征参量并记录，选取基波、2 次谐波、3 次谐波、5 次谐波、7 次谐波的 FFT 实部虚部值，遍历计算实测参量与理论参量的差方和。选取差方和最小的理论电流特征参量对应的电器组合为用电器分析结果，打印输出。

5. 系统测试

(略)

作品5 桂林电子科技大学(节选)

作者：黄显昱、利福盛、窦元淇

摘 要

本文介绍一种根据电气参量信息分析识别在用电器类别装置的方法。该方法通过 ATT7022E 模块获得有功功率、无功功率等数据；使用滤波、差值比较等算法找出各种用电器之间增减的特征属性，从而获得用电器随机加减的判断依据，准确判断出用电器的种类。

本装置处于学习模式时，可记录存储用电器的电气特性参量；处于分析识别模式时，利用装置存储的电气特性数据进行用电器种类识别。系统通过蓝牙和手机 APP 通信，在手机上实时显示用电器的电气数据和识别结果，可对装置发送控制指令。

作品演示

关键词：互感器；电参量；ARM；无线显示屏

(其余内容略。)

作品6　南京信息工程大学(节选)

作者：王小龙、殷豪、龙玉柱

摘　要

本系统是一个根据电源线电流的电参量信息(幅值、相位、谐波)来分析在用电器类别和工作状态的装置。该装置可以实时显示工作电流范围为 5 mA ~ 10.0 A 的用电器的工作状态并显示电源线上电流的有效值、相位、谐波以及用电器的功率。装置采用 STM32F407 单片机作为主控模块，对电源线上的多项参量进行检测和分析识别。输入信号用电流、电压互感器耦合，经由 UAF42 滤波器滤除高次谐波，再传输给电能芯片 ADE7763 得出电源被测参数，由单片机处理数据并将结果显示在屏幕上，同时可以通过 ESP32 Wi-Fi 模块传送到手机 APP 上实时显示。

关键词：单相用电器；互感器；FFT；电参数测量；ESP32

(其余内容略。)

作品7　中南民族大学(节选)

作者：韩媛、朱会宗、黄河澎

摘　要

本作品为一台用电器分析识别装置，该装置以 STM32 单片机为核心，通过电流互感器和 ADS8688 对网侧电流进行采样，最后采用基于时域波形和频域基波的混合识别方法进行在用电器识别。本装置具有学习和分析识别两种工作模式。先单独学习 k 种不同的用电器时域波形和频域基波特征并予以存储；分析识别时，整周期采样得到电流时域波形，然后计算当前周期电流与所有 2^k 种可能用电器组合的时域波形均方根误差损失和频域基波距离损失，取时域波形损失与频域损失的乘积为时频总损失，当总损失最小时，所对应的组合为当前在用电器组合。测试结果表明，即使是小电器加大电器组合，识别率也稳定在 90%以上，完成了题目的全部基本要求和发挥部分要求。

作品演示

关键词：电流互感器；损失函数；最小均方误差；用电器识别

(其余内容略。)

作品8 江苏科技大学(节选)

作者：王健、曾睿、陈慧龙

摘 要

本作品为一个根据电源线电流的电参量信息分析在用电器类别的装置。该装置主要由STM32单片机处理模块、AD采样模块、电流互感模块、过零检测模块组成。有学习和分析识别两种模式。在学习模式下，通过STM32控制AD7608模块同步采集一周期用电器单独运行时的电流数据序列，同时进行FFT变换计算出电流能量、畸变分量、基波分量、各次谐波分量等作为电器的电流特征参量。在分析识别模式下，采集电流数据序列，运用最小二乘法对用电器的状态进行估计，并引入特征参量进行匹配得到最终的识别结果，最后通过LCD屏将识别结果显示出来。

作品演示

关键词：用电器识别；最小二乘法；电流特征参量

(其余内容略。)

全国大学生电子设计竞赛
National Undergraduate Electronic Design Contest

高
职
高
专
组

I题　具有发电功能的储能小车

一、任务

设计并制作一个具有发电功能的智能小车，该小车具有液晶显示功能，采用超级电容(法拉电容)作为储能元件。手动推动小车在图1所示的手动发电区内，从A点单向直线运动至B点，重复该过程5次，完成一次完整充电过程，为超级电容充电。充电完成后的小车，按要求完成规定动作。

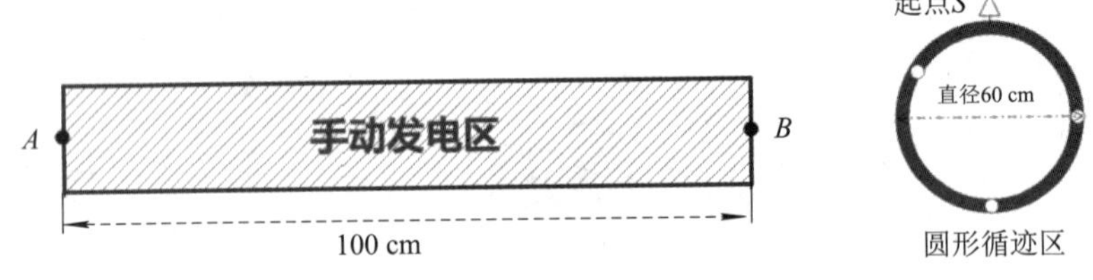

图1　小车发电及循迹区示意图

二、要求

1. 基本要求

(1) 小车在充电过程中能够点亮LED指示灯。

(2) 将完成充电的小车置于地面的指定起始点，一键启动，小车延迟1 s后向前行驶直至完全停止。测量小车从起始点到停止点的直线距离L_1，要求L_1不小于100 cm，小于100 cm扣分。

(3) 要求小车能实时显示其行驶距离。

2. 发挥部分

(1) 小车在手动发电区内完成充电后，将小车置于图1所示的圆形循迹区起始点S处，一键启动，小车延迟1 s后沿着黑色圆形循迹线行驶直至完全停止，记录小车行驶距离L_2，L_2越远越好。

(2) 在圆形循迹线下方放置多枚人民币壹元硬币，要求小车在行驶的第一圈探测硬币，每探测到一枚硬币，LED灯点亮一次，并显示探测硬币的枚数。一圈后不再检测，错检、漏检或多检均扣分，硬币由参赛队自带。

(3) 其他。

三、说明

(1) 手动发电区用长为100 cm，表面未经过任何打磨处理的细木工板制作，木工板厚度不小于15 mm；圆形循迹区边缘线可打印于白色广告纸上，线宽小于等于2 cm，颜色为黑色；循迹区外径为60 cm，可由参赛队自备。

(2) 一个完整充电时间不大于40 s。

(3) 法拉电容作为小车的唯一储能元件；不可通过对机械结构的改装，利用惯性原理辅助小车运行，一经发现，不予测试；电路板需暴露便于检查，车体不得加外壳。

(4) 测试开始后装置不可更换任何部件；每次测试前，要求对小车的储能元件进行完全放电，确保小车无预先储能。

(5) 每次小车充电结束，启动运行前，需确保小车轮子停止转动，由静止状态一键启动。

(6) 测试过程中，起始点与停止点均以小车最前端投影为准，L_1 为指定的起始点到小车停止点的直线距离。

(7) 发挥部分(2)中硬币放置于圆形循迹线(白色广告纸)下方，在测试现场根据专家要求可进行位置和数量调整。

四、评分标准

	项　目	主 要 内 容	满分
设计报告	方案论证	比较与选择，方案描述	3
	理论分析与计算	系统提高效率的方法	4
	电路与程序设计	发电电路设计，驱动电路设计，系统低功耗方案设计	8
	测试方案与测试结果	测试方案及测试条件，测试结果及其完整性，测试结果分析	3
	设计报告结构及规范性	摘要，设计报告正文的结构，图表的规范性	2
	合计		**20**
基本要求	完成第(1)项		15
	完成第(2)项		30
	完成第(3)项		5
	合计		**50**
发挥部分	完成第(1)项		25
	完成第(2)项		15
	其他		10
	合计		**50**
总　分			**120**

作品 郑州铁路职业技术学院

作者：张贺威、张乐、张锐锋

摘 要

本作品设计了一个具有发电功能的储能小车，以STM32C8T6单片机为系统的主控核心，设计了直流减速电机电路、光电传感器电路，Boost升压电路，MOSFET驱动电路，电源电路等电路模块。该系统通过单片机I/O口控制单稳态触发器电路的翻转，控制小车前进，同时通过反射式光电传感器控制系统寻迹。

作品演示

关键词：STM32C8T6；直流减速电机；单稳态触发器电路；MOSFET 驱动电路

1. 方案论证与选择

考虑到发电机发电及控制系统的耗电情况，设计方案包含主控部分和升压部分，分别控制发电机电路控制电路和电能变换电路，为了进一步降低系统功耗，提高系统效率，本系统发电机和电动机均采用高性能空心杯直流电机。

1.1 主控部分的方案选择

方案一：采用四轮发电四轮驱动的小车，采用 Atmel 公司的 AT89S52 单片机作为主控制器。AT89S52 单片机性价比高，控制简单；但其运算速度较慢，片内资源很少，存储器容量也很小，同时驱动多个传感器时，难以实现复杂的算法。

方案二：采用四轮发电两轮驱动的小车采用凌阳公司的 16 位单片机，该单片机是 16 位控制器，具有体积小、驱动能力高、集成度高、易扩展、可靠性高、功耗低、结构简单、中断处理能力强等特点。

方案三：采用单轮发电两轮驱动的小车，采用意法半导体 ST 公司的 STM32 系列单片机。STM32 是基于 ARM® Cortex® M 处理器内核的 32 位闪存微控制器，STM32 MCU 融合了高性能、实时性强、可数字信号处理、低功耗、低电压、集成度高、开发简易等优点于一身，同时，还保持了高集成度和开发简易的特点。

综合比较，选用方案三。

1.2　升压电路的方案选择

方案一：Buck/Boost 降压/升压电路。该方案结合了降压电路和升压电路的结构，也存在两者的缺点，输入输出电流都不连续(斩波)。其特点是输出电压与输入电压反向；其优点是输出电压可以低于或者高于输入电压。

方案二：Full-Bridge 全桥电路。这种方案是较高功率变换器最常用的拓扑结构，开关以对角线的形式驱动，进行脉冲宽度调制(PWM)以调节输出电压。电路具有良好的变压器磁芯利用率，正弦波的两个半周期中都在传输功率。因为是全波拓扑结构，所以其输出纹波频率是变压器频率的两倍。施加在 FET 上的电压与输入电压相等，在给定的功率下，初级电流是半桥方案的一半。

综合比较，选用方案一。

根据题目要求，将车轮摩擦产生的机械能量传递至发电机，利用超级电容储存的电能驱动小车，通过改进机械结构来优化控制电路设计，实现一个具有发电功能的储能小车。

系统整体方案如图 1 所示。

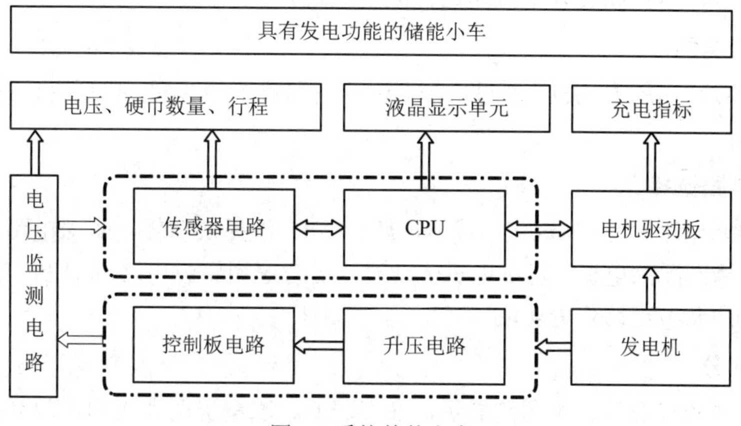

图 1　系统整体方案

2. 理论分析与计算

2.1　理论分析

小车摩擦做功：

$$W_1 = FS = mg\mu S \tag{1}$$

式中，F 是摩擦力，S 是路程距离，μ 是滑动摩擦因数，与材料有关。

电容储存的能量：

$$E = \frac{1}{2}CU^2 \tag{2}$$

电容上所充电压的平方乘容量的一半。

由公式可得，要使超级电容储存的电能驱动小车的效率越高，则 E 与 W_1 的差值越小越好。

损耗来源主要来自以下 4 部分：

(1) 驱动电机效率，效率与电机转速有对应关系。

(2) 元器件的损耗，例如 MOSFET 管损耗小于 BJT 管损耗。

(3) 电容充放电的损耗主要是因为超级电容的漏电流。

(4) 导线直径和电流的匹配。

基于以上因素，本作品重要寻找电机的最佳工作点，匹配对应的速度。

2.2 提高系统效率的方法

本作品通过对发电机、驱动电路与循迹电路进行选择，对行驶距离与显示部分提出要求来提高系统效率。

1. 发电机选择

发电机有直流发电机、三相永磁发电机、多相永磁发电机等，直流电机具有结构简单、方便控制的特点，本作品选取多减速比直流发电机。

2. 行驶距离要求

选用驱动效率高的电动机，通过实测，使转速和效率相匹配，找到电机的最佳工作点，提高电机效率。

3. 驱动电路选择

选用低导通电压的 MOSFET，减小功耗。CPU 选择低功耗。驱动电路设计时，根据车载重量，选择匹配的电机，若单电机驱动时，可考虑用斩波电路或 H 桥，基于匹配摩擦力的考虑，选用斩波电路作为驱动。

4. 显示部分

显示部分要求有数量、距离的显示，在 OLED、水墨屏两者之间，放弃功率低、显示内容有限的水墨屏，选用更低功耗的 OLED 屏。

5. 循迹电路选择

循迹由反射式光电传感器控制单稳态触发器电路完成。单稳态触发器只有一个稳定状态，一个暂稳态。在外加脉冲的作用下，单稳态触发器可以从一个稳定状态翻转到一个暂稳态。由于电路中 RC 延时环节的作用，该暂态维持一段时间又回到原来的稳态，暂稳态维持的时间取决于 RC 的参数值。

3. 电路与程序设计

3.1 发电电路设计

发电机电路如图 2 所示。D_3、C_5 组成超级电容充电电路，其与充电指示灯电路 R_1、D_1，以及 R_2、R_3 串联组成的电压采集电路。

发电机同时当电动机时，为防止电流倒灌，增加了桥式整流。

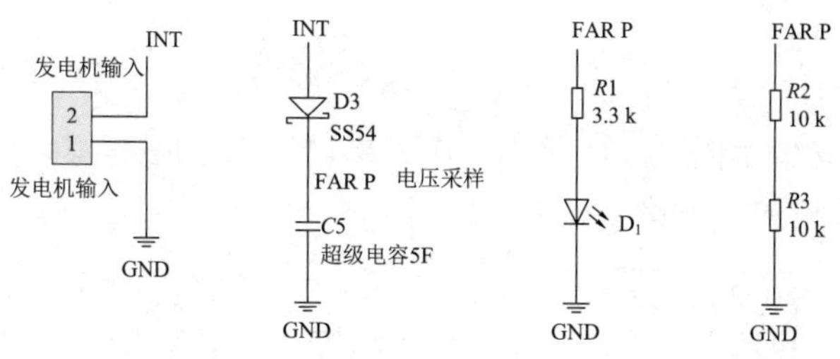

图 2　发电机电路图

第一级超级电容 C_5 对第二级超级电容 C_6 充电，使 C_6 两端电压保持在 5 V。当电压低于 5 V 时，升压电路 Boost 使其保持 5 V，如图 3 所示。

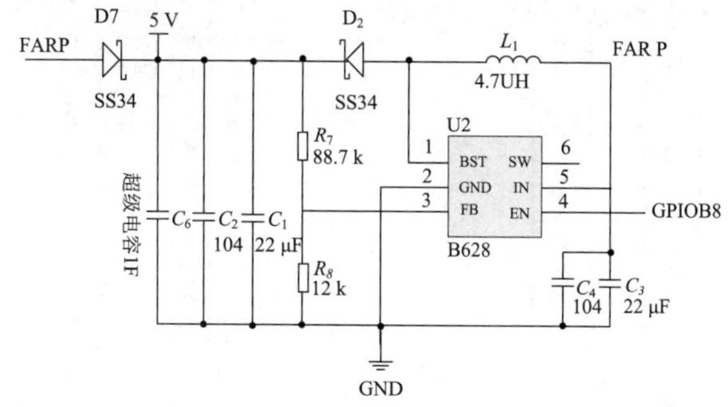

图 3　发电机升压电路图

3.2　驱动电路设计

在驱动电路设计时，根据车载重量选择匹配的电机，若单电机驱动时，可考虑用斩波电路或 H 桥，基于匹配摩擦力的考虑，选用斩波电路作为驱动。驱动电路由斩波电路、斩波驱动电路组成，其中，斩波电路的开关由 MOSFAT 替代，电机安装在 MOSFET 的漏极，斩波电路如图 4 所示。斩波驱动电路如图 5 所示，该电路由单片机 I/O 口控制 Qn 三极管，Qn 集电极控制 Qm 的栅极，使 PWM 输出电平与 I/O 口输出一致。例如当 I/O 口输出高电平逻辑 1 时，Qn 导通，从而使 PMOS 管 Qm 导通，PWM 输出高电平。

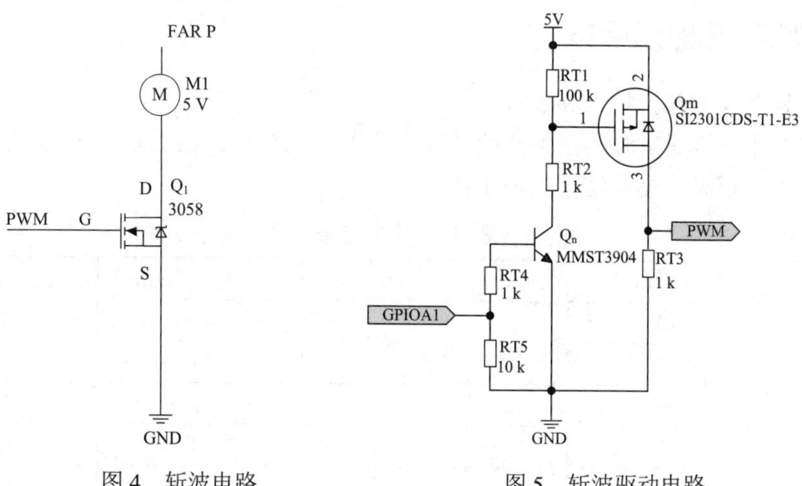

图 4　斩波电路　　　　图 5　斩波驱动电路

3.3 控制系统

I/O 口负责采集按键中断，A/D 采集电压，串口控制 OLED 屏。一键启动电路由单片机定时器实现。单片机接口电路图如图 6 所示。

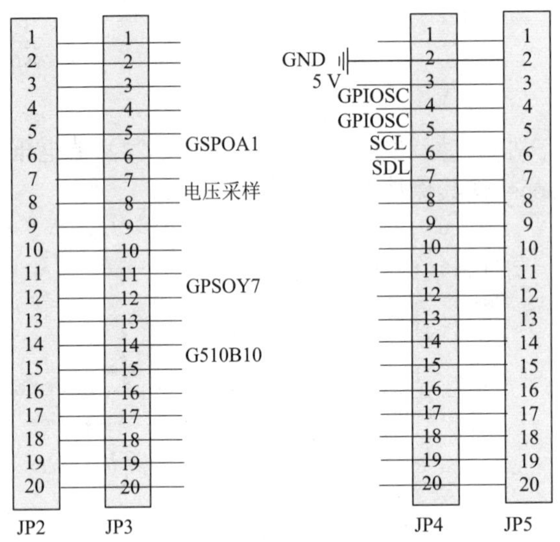

图 6　单片机接口电路图

3.4 循迹电路

循迹模块采用的红外传感器的检测原理是跑道黑线吸收光，导致红外传感器接收不到返回的数据，经施密特触发器整形后输出高电平。场地区域为白色反射所有光，传感器发射的红外光遇场地反射，接收管接收到反射光，经施密特触发器整形后输出低电平。

另外，小车需要采用二驱(轮子差速约 1 cm)沿直线行驶。通过测量码盘转速计算出小车行驶距离并显示出来。探测硬币时，题目要求不接触测量，故在电感式传感器和金属接近开关两种方案中选用金属接近开关。

4. 系统测试与测试结果

测试工具及仪器包括秒表和卷尺。

当电容的压降为 3 V 时，在不同的转速下测试实际距离，然后与理论计算的距离进行比较，计算误差距离。测试结果如表 1 所示。

表 1　测试结果

序号	转速 / (r / s)	距离理论计算值 / m	实测距离 / m	误差距离 / m
1	10	8.5	6.6	1.9
2	15	8.5	7.6	0.9
3	20	8.5	8	0.5
4	25	8.5	7.6	0.9
5	30	8.5	7	0.5

经过测试可知，电机的最佳转速为 20r/s，经 10∶1 减速机构减速后带动轮子。

5. 结论

测试表明，小车能够较好地完成实验的基本要求和发挥部分。同时循迹小车在完成设计要求的前提下，充分考虑到了外观、成本等问题，在性能和价格之间作了比较好的平衡。

J题 周期信号波形识别及参数测量装置

一、任务

设计一个周期信号的波形识别及参数测量装置，该装置能够识别出给定信号的波形类型，并测量信号的参数。

二、要求

1. 基本要求

(1) 能够识别 $1\ \text{V} \leqslant V_{pp} \leqslant 5\ \text{V}$、$100\ \text{Hz} \leqslant f \leqslant 10\ \text{kHz}$ 范围内的正弦波、三角波和矩形波信号，并显示类型。

(2) 能够测量并显示信号的频率 f，相对误差的绝对值不大于 1%。

(3) 能够测量并显示信号的峰峰值 V_{pp}，相对误差的绝对值不大于 1%。

(4) 能够测量并显示矩形波信号的占空比 D，D 的范围为 20%～80%，绝对误差的绝对值不大于 2%。

2. 发挥部分

(1) 扩展识别和测量的范围。能够识别 $50\ \text{mV} \leqslant V_{pp} \leqslant 10\ \text{V}$、$1\ \text{Hz} \leqslant f \leqslant 50\ \text{kHz}$ 范围内的正弦波、三角波和矩形波信号，并显示类型。同时完成与基本部分(2)、(3)和(4)相同要求的参数测量。

(2) 识别结果和所有测量参数同时显示，反应时间小于 3 s。

(3) 增加识别波形的类型不少于 3 种，增加测量参数不少于 3 个。

(4) 其他。

三、说明

被测信号由函数发生器产生。测量精度以函数发生器输出显示为基准，测试时函数发生器自带。反应时间从函数发生器输出信号至装置时开始计时。

四、评分标准

	项　目	主 要 内 容	满分
设计报告	方案论证	总体方案设计	4
	理论分析与计算	波形识别和测量性能分析与计算	6
	电路与程序设计	总体电路图，程序设计	4
	测试方案与测试结果	测试数据完整性，测试结果分析	4
	设计报告结构及规范性	摘要，设计报告正文的结构，图表的规范性	2
	合计		**20**
基本要求	完成第(1)项		21
	完成第(2)项		12
	完成第(3)项		12
	完成第(4)项		5
	合计		**50**
发挥部分	完成第(1)项		30
	完成第(2)项		9
	完成第(3)项		6
	其他		5
	合计		**50**
总　分			**120**

作品1 浙江工贸职业技术学院(节选)

作者：王鑫、刘耀星、张江和

摘　要

本项目采用了 FPGA + 双通道高速 ADC 进行波形采集，凭借 FPGA 具有并行高速、高带宽的特点，结合采样率高达 65 MS/s 的 ADC 转换器，从而降低采样时间，实时获取采样数据，使用树莓派 4B 作为系统数据处理核心，通过 Python 分析下位机采集到的数据，采用信号处理算法得出各种不同波形的参数。使用高速比较器对被测信号进行整形，FPGA 对此进行计数获取被测波形频率信息等参数。使用 PyQt5 设计人机交互界面能够清晰且美观地将被测信号的波形和参数信息实时显示在 LCD 屏上。

作品演示

关键词：FPGA；树莓派；波形测量；自相关

1. 方案比较与论证

1.1　硬件平台的比较与选择

方案一：FPGA+双通道高速 ADC。选用 FPGA+ 双通道高速 ADC 作为信号采集端，其具有并发性、高运行速度、高带宽的特点，满足实时处理的要求。选用树莓派 4B 作为 AD 信号处理端，其采用了 ARM A 系列处理器，具有高达 1.5 GHz 的主频，可运行 Linux 操作系统，支持 Python 语言编程，有较强的浮点运算能力，网络资源丰富，使用方便，可扩展性强。

方案二：STM32H7。相比 FPGA，STM32H7 操作简单，但它的 ADC 最高仅支持 3.6 MS/s 的采样率，远远低于 FPGA+双通道高速 ADC 方案，且数据运算能力不如树莓派。

综合考虑，选择方案一。

1.2　数据采集算法的比较与选择

方案一：同一周期内采样 N 个点。在两组相同的输入信号中，将一组整形成方波以确定频率，取另一组信号，在一个周期内取 N 个均分点进行拟合。其优点为采样周期短，能快速获得波形。

方案二：多个周期内采用 N 个点。在一组信号中，FPGA 通过 ADC 采集 N 个点(多个周期内)，并进行拟合。相比方案一，方案二采样时间加大，精度变化明显。

综合考虑，因题目要求在 3 s 内判断并测量出波形，方案二采集时间过长，而方案一能在规定时间内判断并测量，因此选择方案一。

1.3　波形分析算法的比较与选择

方案一：根据波形斜率进行分析。计算采样点的斜率值，结合各个波形的形状特点，最终得出信号波形。其优点为运行速度快，算法简单。

方案二：引用深度学习分析。通过运行提前训练好的模型分析采样点数据，最终得出信号波形。

综合考虑，方案二训练模型需要大量时间且执行速度慢，而方案一算法简单执行速度快，因此选择方案一。

1.4　GUI 界面的比较与选择

方案一：基于 PyQt5 的 GUI 界面。采用 PyQt5 作为绘制 GUI 界面的框架，PyQt5 是一个跨平台的工具包，可运用在树莓派中。

方案二：使用 Tkinter 的 GUI 界面。采用 Tkinter 作为绘制 GUI 界面的框架，具有轻便、跨平台的优点。

综合考虑，虽然 PyQt5 和 Tkinter 都能在树莓派中运行，但是 PyQt5 更灵活，功能更丰富，能更好地描绘 UI 界面。

2. 相关理论分析与计算

(略)

3. 系统软件设计

(略)

4. 系统硬件设计

(略)

5. 测试结果与分析

(略)

作品2　长沙航空职业技术学院

作者：文新宇、吴永强、罗润莲

摘　要

本作品使用波形整形电路、程控放大电路、采样保持电路和 STC8A8K64D4 单片机系统设计并制作了一个周期信号的波形识别及参数测量装置。波形整形电路将 5 mVpp ~ 20Vpp 的多种波形信号整为矩形波，并使用单片机定时/计数器采用等精度测频方案；程控放大电路将 5 mVpp ~ 20Vpp 的多种波形信号调整为 0.2 Vpp ~ 4.5 Vpp 的信号，并使用采样保持芯片 AD781 采样保持后模数转换；采用低频直接采样和高频顺序等效采样的数据采集方式对被测信号进行波形采集和分析；采用归一化有效值、归一化差分(对应连续时域的微分)最大值、最小值、有效值等参数的方法对信号进行波形识别。

实测结果表明，系统实现了 5 mVpp ~ 20 Vpp、1 Hz ~ 50 kHz 的范围内的正弦波、三角波和占空比范围为 20% ~ 80%的矩形波信号频率、峰峰值、有效值、平均值、最大值和最小值测量，并增加了绝对值正弦波、正矢波、高斯单脉冲波、阶梯波、梯形波等多种波形的识别与参数测量。

作品演示

关键词：周期信号；归一化波形识别；等效采样；波形整形；等精度测频

1. 方案选择和论证

1.1　系统总体方案设计

为了完成基本部分要求和发挥部分要求，既能够识别 5 mV≤V_{pp}≤20 V、1 Hz≤f≤50 kHz 范围内的正弦波、三角波和占空比范围为 20%～80%的矩形波信号，以及波形识别要求，系统需要具有程控放大、波形整形、模数转换功能。

本系统电路可分为电压跟随器、程控放大器、偏置调整电路、AD 采样保持电路、整形固定放大电路、小电压迟滞比较器、大电压迟滞比较器和低通滤波器占空比测量电路。

系统总体设计方案框图如图 1 所示。

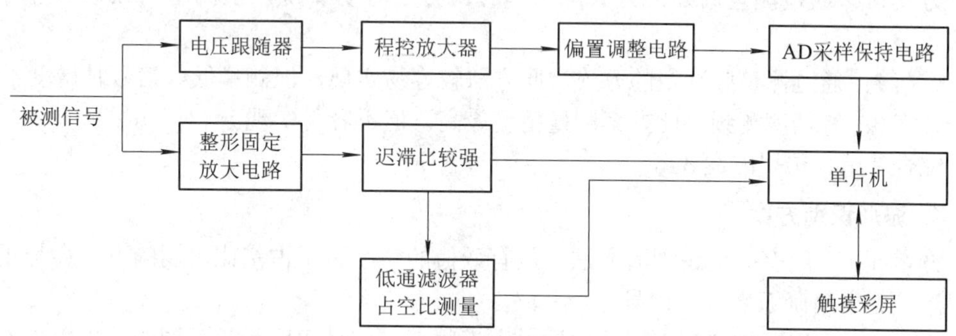

图 1　系统总体设计方案框图

一路被测信号通过电压跟随器、程控放大器和偏置调整电路进行信号调整后，再通过 AD 采集到单片机进行分析与处理，获得被测信号的各项参数，辨别波形类型，将结果显示在触摸彩屏上。程控放大器将 5 mV～20 V 信号调整到合适大小，提高采样精度，防止截顶。波形整形电路将各种波形整形为矩形波进行频率测量。为更好实现等效采样，增加了采样保持电路。

另一路被测信号的频率测量通过整形固定放大电路器、小电压迟滞比较器和大电压迟滞比较器整形成脉冲波，再通过定时/计数器计进行测频，并将结果显示在彩屏上。

1.2　主要模块方案选择和论证

1. 波形整形方案

方案 1：选用过零比较器，电路简单，容易实现，但抗干扰能力差。

方案 2：选用小电压迟滞比较器，可以测量小信号，但抗干扰能力差。

方案 3：选用大电压迟滞比较器，抗干扰能力强，但无法测量小信号。

方案 4：选用固定放大电路结合小电压迟滞比较器和大电压迟滞比较器。小电压迟滞比较器可以测量小信号，大电压迟滞比较器可以将小电压迟滞比较器输出的小抖动消除，固定放大电路将被测信号放大，即使因为限幅出现截顶现象，也不影响频率测量。

综合考虑，为满足系统对小信号的测量要求，且具有较好的抗干扰能力，选用方案 4 来完成波形整形。

2. 程控放大电路方案

方案 1：选用压控放大器件对信号进行程控放大。分辨率较高，但成本过高，还需额外数模转换。

方案 2：选用专用数字程控放大器件对信号进行程控放大。电路简单，控制简单，但成本过高。

方案 3：选用模拟开关与运放结合的方式。成本低，控制简单。

综合考虑，选用方案 3。

3. 测量频率方案

方案 1：通过测量周期的方式测频率。此方法容易实现，但测量高频率信号时精度不够。

方案 2：通过测量脉冲数的方式。此方法较容易实现，但测量低频信号时精度不够。

方案 3：等精度测频。此方案测量精度最高，但不容易实现。

综合考虑，选用方案 3。

4. 波形识别方案

方案 1：采用有效值识别的方法。从有效值的角度看，占空比可调的方波会与正弦波等混淆，无法精确识别方波信号。

方案 2：采用平均斜率识别的方法。由于频率和信号幅度都是可调的，采用平均斜率识别会导致波形识别混乱。

方案 3：选用归一化差分数据+归一化有效值数据区分方式。由于被测信号幅度不一致，斜率无规律，采用归一化差分+归一化有效值方式，数据处理简单高效，可以适用于不同幅度、不同斜率多种波形的快速精确识别。

综合考虑，选用方案 3。

5. 占空比测量方案

方案 1：采用外部中断+定时/计数器测量高电平时间再除以周期，采用外部中断上下边沿触发方式，测量高电平时间。该方案适合低频测量，测量高频时，测量精度下降。

方案 2：采用低通滤波滤除矩形波除直流外分量，得到和占空比成比例的直流，再通过 AD 采集得到占空比信息。此方案需要设计一个比被测信号频率低的低通滤波器，题目要求需要测到 1 Hz，并且测量时间和信号周期有关，不适合测量低频。

方案 3：采用低频外部中断+定时/计数器测量占空比，高频通过低通滤波，加 AD 采集占空比电压的测量方案，兼顾高频精度和低频测量时间。

综合考虑，采用方案 3。

6. 数据采集方案

方案 1：采用直接采样的方法。此方法既能满足周期信号的采集要求，也能满足非周期信号的采集要求，但对 AD 采集速率要求高。

方案 2：采用等效采样的方法。此方法测量低频信号时所需时间过长，无法满足题目 3 s 采集识别要求。

方案 3：采用直接采样与等效采样结合的方式。低频段采用直接采样的方法，高频段采用等效采样的方法。

综上所述，选用方案 3。

2. 理论分析与计算

2.1 波形识别

被测信号均是周期信号，因此要分辨各个波形，首先需要对波形进行归一化处理(幅值为 1，角频率为 1)，然后在归一化数据下分析有效值、微分最大值、最小值、有效值等数据差异，之后对波形进行分析。

① 归一化正弦波表达式：

$$u(t) = \sin(\omega t + \theta) \tag{1}$$

其归一化有效值为 0.707。归一化正弦波求导：

$$u'(t) = \cos(t + \theta) \tag{2}$$

归一化微分最大值为 1，归一化微分最小值为-1，归一化有效值为 0.707。

② 归一化方波信号表达式：

$$u(t) = 1 \left(0 < t \leqslant \frac{1}{2}\right) \tag{3}$$

即

$$u(t) = -1 \left(\frac{1}{2} < t \leqslant 1\right) \tag{4}$$

其归一化有效值为 1，归一化方波求导：

$$u'(t) = 0 \left(0 < t \leqslant \frac{1}{2}\right) \tag{5}$$

即

$$u'(t) = 0 \left(\frac{1}{2} < t \leqslant 1\right) \tag{6}$$

另外，其微分在 $1/2T$ 和 T 时，出现最大值和最小值，平均值为 0。

③ 归一化三角波信号表达式：

$$u'(t) = 2t - 1 \left(0 < t \leqslant \frac{1}{2}\right) \tag{7}$$

即

$$u'(t) = -2t + 1 \left(0 < t \leqslant \frac{1}{2}\right) \tag{8}$$

其归一化有效值为 0.5，归一化三角波求导后为：

$$u'(t) = 2 \left(0 < t \leqslant \frac{1}{2}\right) \tag{9}$$

即

$$u'(t) = -2 \left(-\frac{1}{2} < t \leqslant 1\right) \tag{10}$$

其归一化微分有效值为 2。

通过以上分析可知，不同波形的归一化有效值和归一化微分数据差别极大，可以通过相应数据区分。

2.2 测量性能分析与计算

测量性能指标主要分为电压参数和时间参数两大类，电压参数主要与 ADC 精度和程控放大倍数有关，时间参数主要与系统时钟有关。以电压采集范围 0～5 V、12 位 ADC 为例，假如其有效位数为 11 位，测量精度约为 2 mV，而题目最小测量电压为 50 mV，直接采集，难以达到要求的 1%精度(0.5 mV)要求，故需进行程控放大。系统设计的程控放大倍数为 32 倍、最小为 1/8(衰减)，当输入 50 mV 时，放大为 1.6 V，其百分之一为 16 mV，可以超过要求的测量精度。

STC8A8K64D4 单片机主频为 40 MHz，等精度测频理论误差为 1 个系统脉冲，被测信号为 50 kHz 时，一个周期有 800 个系统脉冲，故能达到系统要求的 1%精度，1%精度理论最高可测到 800 kHz，占空比测量以此类推。

3. 电路与程序设计

3.1 电路设计

本系统的主要硬件电路主要包括程控放大电路、偏置调整电路与 AD 采样保持电路、固定放大电路、小电压迟滞比较器、大电压迟滞比较器、低通滤波占空比测量电路。

1. 程控放大电路

程控放大电路包含电压跟随器、模拟开关和反相加法器电路。模拟开关采用 ADG441、运放采用高速电压反馈放大器 LM6171、LM6172。程控放大电路原理图如图 2 所示。

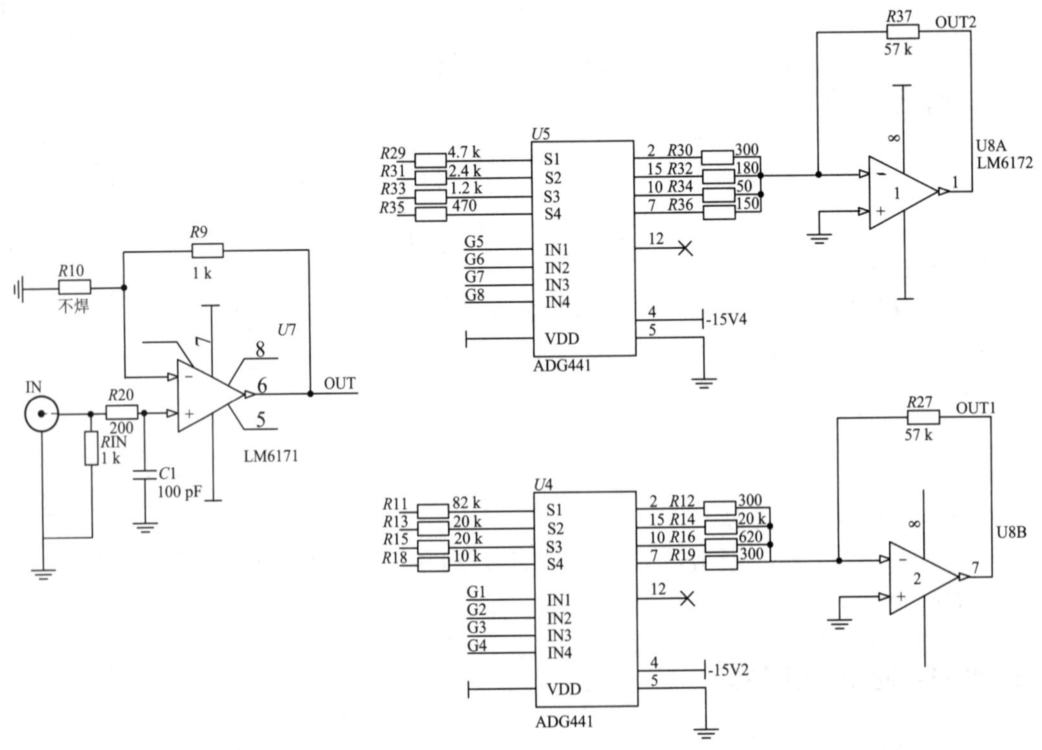

图 2　程控放大电路原理图

2. 偏置调整与采样保持电路

偏置调整电路采用运算放大器LM6171实现，采样保持使用AD781ANZ，偏置调整与采样保持电路原理图如图3所示。

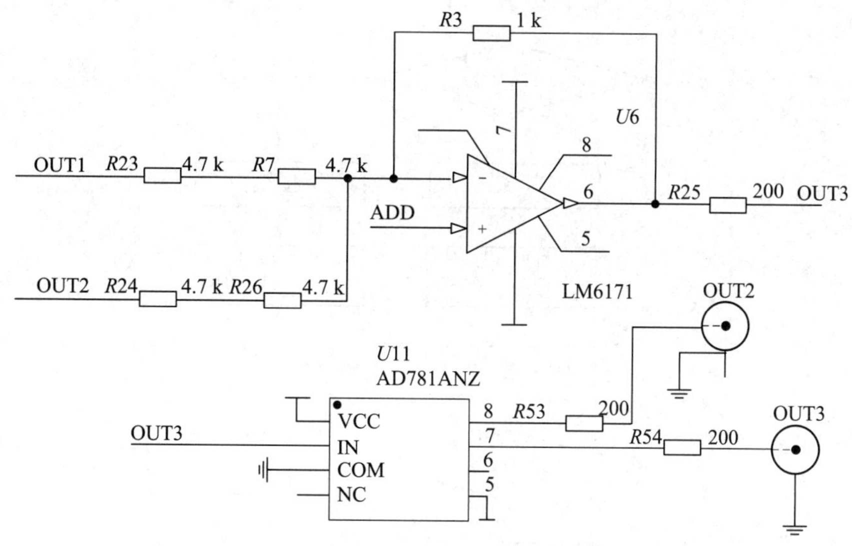

图3　偏置调整与采样保持电路原理图

3. 固定放大电路与电压迟滞比较器

固定放大电路与小电压迟滞比较器用一片LM6172实现。大迟滞电压比较使用TL3016CDR，固定放大电路与电压迟滞比较器原理图如图4所示。

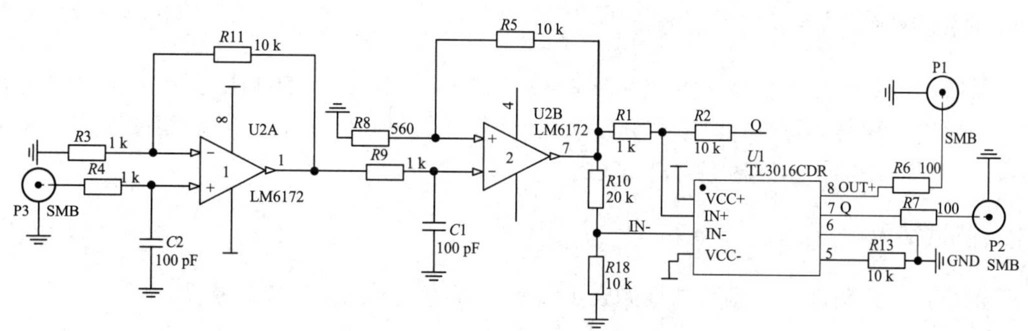

图4　固定放大与电压迟滞比较器原理图

3.2　程序设计

系统采用单片机来实现信号分析与处理功能。单片机先测频，调整增益后再分析计算，获得各项参数并识别波形，并将结果显示在触摸彩屏上。系统程序流程图如图5所示。

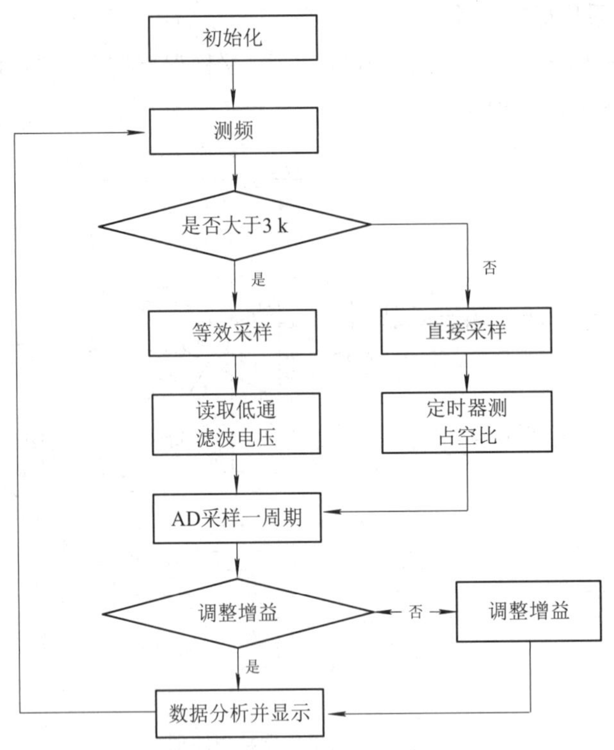

图 5　系统程序流程图

4. 测试方案与测试结果及分析

4.1　测试方案

系统用函数信号发生器产生 10 mV≤V_{pp}≤20 V、1 Hz≤f≤50 kHz 范围的各种被测信号，然后使用测量装置进行测量，分别输入不同波形、频率幅度的信号。测试仪器型号为信号源 UTG6010B、示波器 UTD7102C。

4.2　测试结果

正弦波、三角波部分测试结果如表 1 所示，其他波形测试结果见表 2。

表 1　正弦波、三角波测试结果

输　入			显　示　结　果						
波形	频率	峰峰值	频率	峰峰值	有效值	最大值	最小值	平均值	波形
正弦波	1 Hz	50 mV	1.001 Hz	50.1 mV	17.7 mV	25.1 mV	−24.9 mV	0 mV	正弦波
	1 kHz	100 mV	1.003 kHz	100.1 mV	35.4 mV	50.1 mV	−49.9 mV	0 mV	正弦波
	10 kHz	1 V	10.003 kHz	1.001 V	353.6 mV	500.1 mV	−500.1 mV	0 mV	正弦波
	50 kHz	10 V	49.999 kHz	10.01 V	3.501 V	5.001 V	−5.002 V	0 mV	正弦波

续表

输入			显示结果						
波形	频率	峰峰值	频率	峰峰值	有效值	最大值	最小值	平均值	波形
矩形波	1 Hz	50 mV	1.001 Hz	50.04 mV	25.1 mV	25.1 mV	−24.9 mV	0 mV	矩形波
	1 kHz	100 mV	1.001 kHz	100.3 mV	50.3 mV	50.1 mV	−49.9 mV	0 mV	矩形波
	10 kHz	1 V	10.003 kHz	1.01 V	500.4 mV	500.1 mV	−500.1 mV	0 mV	矩形波
	50 kHz	10 V	49.999 kHz	10.01 V	5.001 V	5.001 V	−5.001 V	0 mV	矩形波
三角波	1 Hz	50 mV	1.001 Hz	50.3 mV	12.5 mV	25.1 mV	−24.9 mV	0 mV	三角波
	1 kHz	100 mV	1.002 kHz	100.3 mV	25.1 mV	50.1 mV	−49.9 mV	0 mV	三角波
	10 kHz	1 V	10.001 kHz	1.001 V	250.1 mV	500.1 mV	−500.2 mV	0 mV	三角波
	50 kHz	10 V	49.99 kHz	10.01 V	2.501 V	5.001 V	−5.001 V	0 mV	三角波

表 2　其他波形测试结果

输入			显示结果						
波形	频率	峰峰值	频率	峰峰值	有效值	最大值	最小值	平均值	波形
StairUd	1 Hz	50 mV	1.001 Hz	50.1 mV	12.3 mV	25.1 mV	−24.9 mV	0 mV	StairUd
	1 kHz	100 mV	1.0001 kHz	100.1 mV	30.2 mV	50.1 mV	−49.9 mV	0 mV	StairUd
	50 kHz	10 V	49.999 kHz	10.01 V	3.101 V	4.999 V	−5.001 V	0 mV	StairUd
D-Lorentz	1 Hz	50 mV	1.001 Hz	50.1 mV	2.81 mV	25.1 mV	−24.9 mV	0 mV	D-Lorentz
	1 kHz	100 mV	1.0001 kHz	100.1 mV	15.2 mV	50.1 mV	−49.9 mV	0 mV	D-Lorentz
	50 kHz	10 V	49.999 kHz	10.01 V	1.401 V	4.999 V	−5.001 V	0 mV	D-Lorentz
ExpFall	1 Hz	50 mV	1.001 Hz	50.1 mV	2.83 mV	25.1 mV	−24.9 mV	1 mV	ExpFall
	1 kHz	100 mV	1.0001 kHz	100.1 mV	15.4 mV	50.1 mV	−49.9 mV	1 mV	ExpFall
	50 kHz	10 V	49.999 kHz	10.01 V	1.404 V	4.999 V	−5.001 V	0 mV	ExpFall
ExpRise	1 Hz	50 mV	1.001 Hz	50.1 mV	2.81 mV	25.1 mV	−24.9 mV	0 mV	ExpRise
	1 kHz	100 mV	1.0002 kHz	100.1 mV	15.2 mV	50.1 mV	−49.9 mV	0 mV	ExpRise
	50 kHz	10 V	49.999 kHz	10.01 V	1.403 V	4.999 V	−5.001 V	1 mV	ExpRise
Gaussian Monopulse	1 Hz	50 mV	1.001 Hz	50.1 mV	5.41 mV	25.1 mV	−24.9 mV	1 mV	Gaussian Monopulse
	1 kHz	100 mV	1.001 kHz	100.1 mV	27.2 mV	50.1 mV	−49.9 mV	1 mV	Gaussian Monopulse
	50 kHz	10 V	49.999 kHz	10.01 V	2.701 V	4.999 V	−5.001 V	1 mV	Gaussian Monopulse
GaussPulse	1 Hz	50 mV	1.001 Hz	50.1 mV	2.81 mV	25.1 mV	−24.9 mV	0 mV	GaussPulse
	1 kHz	100 mV	1.0003 kHz	100.1 mV	28.3 mV	50.1 mV	−49.9 mV	0 mV	GaussPulse
	50 kHz	10 V	49.999 kHz	10.01 V	2.801 V	4.999 V	−5.001 V	1 mV	GaussPulse
LogNormal	1 Hz	50 mV	1.001 Hz	50.1 mV	2.81 mV	25.1 mV	−24.9 mV	0 mV	LogNormal
	1 kHz	100 mV	1.0001 kHz	100.1 mV	27.1 mV	50.1 mV	−49.9 mV	0 mV	LogNormal
	50 kHz	10 V	49.999 kHz	10.01 V	2.703 V	4.999 V	−5.001 V	1 mV	LogNormal

4.3 测试结果分析

实测结果表明，本系统实现了 10 mV～20 V、1 Hz～50 kHz 范围的正弦波、三角波和占空比范围为 20%～80%的矩形波信号的频率、峰峰值、有效值、平均值、最大值和最小值测量，并增加了绝对值正弦波、高斯单脉冲波、阶梯波等 7 种波形的识别与参数测量。本系统实现了基本要求部分及发挥部分要求，且部分指标远超题目要求。

K 题　照度稳定可调 LED 台灯

一、任务

设计并制作一个照度稳定可调的 LED 台灯和一个数字显示照度表。调光台灯由 LED 灯板和照度检测、调节电路构成，如图 1 所示。

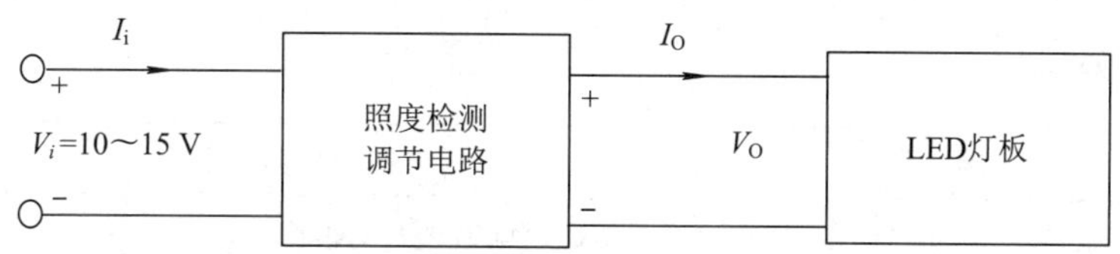

图 1　照度稳定可调的 LED 台灯示意图

二、要求

1. 基本要求

(1) 数字显示照度表由电池供电，相对照度数字显示不少于 3 位半，不需照度校准。数字显示照度表检测头置于调光台灯正下方 0.5 m 处，调整台灯亮度，最大照度时，显示数字大于 1000；遮挡检测头达到最小照度时，显示数字小于 100。台灯亮度连续变化时，数字显示照度表也随之连续变化。亮度稳定时，数显稳定，跳变不大于 10。数字显示照度表和调光台灯间不能有信息交换。

(2) 调光台灯输入电压 V_i：直流 10～15 V，V_i 变化不影响亮度。

(3) 亮度从最亮到完全熄灭连续可调，无频闪(LED 灯板供电电压纹波小于 5%)。

(4) 台灯供电电压为 12 V 时，电源效率(LED 灯板消耗功率与供电电源输出功率之比)不低于 90%。

2. 发挥部分

(1) 将台灯调整到最大亮度，在其下方 0.5 m 距离处放置一张 A4 白纸，要求整个白纸区域内亮度均匀稳定，各点照度差小于 5%。台灯的照度检测头可有多个，位于 A4 纸面以外的任何位置。

(2) 用另一调至最大亮度的 LED 灯板作为测试用环境干扰光源，改变距离实现干扰光强变化。当环境光缓慢变化时，最弱最强变化时长不小于 10 s，台灯能自动跟踪环境光的

变化调节亮度，保持纸面中心照度变化不大于 5%；当环境光突变时，最弱最强变化时长不大于 2 s，纸面中心照度突变的变化不大于 10%。当环境光增强直至台灯熄灭，纸面中心照度变化不大于 10%。

(3) 环境干扰光强变化对纸面照度影响越小越好。

(4) 其他。

三、说明

(1) 台灯结构不做限制，参赛队自行确定。

(2) 供电电源用带输出电压、电流显示的可调稳压电源。

(3) 现场测试所用外加干扰光源由参赛队自备。

(4) 如果自制数字显示照度表不能使用，可自带成品照度表代替测试，但要扣除基本要求(1)项 20 分。

四、评分标准

	项　目	主 要 内 容	满分
设计报告	方案论证	比较与选择，方案描述	3
	理论分析与计算	控制原理，提高电源效率的方法	6
	电路与程序设计	控制电路与控制程序	6
	测试方案与测试结果	测试结果及其完整性，测试结果分析	3
	设计报告结构及规范性	摘要，设计报告正文的结构，图标的规范性	2
	合计		**20**
基本要求	完成第(1)项		20
	完成第(2)项		10
	完成第(3)项		10
	完成第(4)项		10
	合计		**50**
发挥部分	完成第(1)项		5
	完成第(2)项		30
	完成第(3)项		10
	其他		5
	合计		**50**
总　分			**120**

作品1　江西共青科技职业学院(节选)

作者：谢辉、朱蕊、钟涛

作品演示

1. 系统方案设计与论证

(略)

2. 理论分析与计算

本作品主要由 DC-DC 稳压模块，亮度调节模块、纹波滤除模块构成。

DC-DC 稳压模块在保证题目要求的输入电压(10～15 V)变化下，提供给台灯的供电电压基本不变，该模块稳压性能好，临界稳压时，模块压降小，有利于获得较高的电源效率。

亮度调节模块根据光敏电阻的照度检测值控制灯板的供电电压，以达到题目中干扰光源变化下自动调节台灯亮度且无频闪的要求。

纹波滤除模块采用 LC 滤波器，在保证纹波符合设计要求的同时，尽可能不影响台灯供电效率。

本作品中的重要参数包括纹波系数、电源效率等。

① 纹波系数计算表达式如下：

$$\text{纹波系数} = \frac{\text{各次谐波电压有效值的均方根值}}{\text{输出电压有效值}} \tag{1}$$

该系数可通过交流毫伏表进行测量，也可通过示波器观测后估算。

② 电源效率计算表达式如下：

$$\eta = \frac{\text{LED灯板消耗功率}}{\text{供电电源输出功率}} \tag{2}$$

③ A4 纸区域内照度差 A_1 计算表达式如下：

$$A_1 = \frac{\text{纸面照度最大值} - \text{纸面照度最小值}}{\text{纸面照度最小值}} \tag{3}$$

④ A4 纸面中心照度变化率 A_2 计算表达式如下：

$$A_2 = \frac{\text{纸面中心照度变化量}}{\text{纸面中心照度}} \tag{4}$$

3. 电路设计

(略)

4. 系统测试及结果分析

4.1 测试工具与方法

测量工具包括可调直流稳压电源、万用表、示波器、干扰光源、卷尺等。按照基本要求中的(1)、(2)、(3)、(4)与发挥要求中的(2)对台灯的照度范围、照度稳定性、电源效率与干扰光源的自动调节进行测量。

4.2 测试数据结果及分析

1. 照度范围测量

调节台灯亮度，使用自制数字显示照度表测量台灯正下方 0.5 m 处 A4 白纸中心以及四周的照度值，测量结果如表 1 所示。

表 1　照度范围测量结果

台灯亮度	A4 纸左上方	A4 纸左下方	A4 纸中心	A4 纸右上方	A4 纸右下方
熄灭	63	64	62	62	61
偏暗	335	332	324	321	319
适中	592	587	583	575	571
偏亮	836	820	815	811	804
最亮	1108	1097	1082	1075	1066

由测得的数据可知，最小照度值小于 100，最大照度值大于 1000，符合题目要求。

2. 纹波系数测量

当台灯供电电压为 12 V 时，用示波器观测波形计算进行纹波系数：

$$\text{纹波系数}=\frac{25\ \text{mV}}{12\ \text{V}}=0.21\%$$

根据测得的数据进行计算可得纹波系数符合题目要求。

3. 电源效率测量

台灯供电电压为 12 V 时，按公式(2)计算电源效率，测量结果如表 2 所示。

表 2　电源效率测量结果

供电电源	电压/V	12
	电流/A	0.435
LED 灯板	电压/V	11.8
	电流/A	0.382
电源效率	86.3%	

根据测得的数据进行计算可得电源效率(LED 灯板消耗功率与供电电源输出功率之比)为 84.5%，略低于题目要求。

4. 纸面中心照度变化测量

(1) 干扰光源调至最大亮度，改变距离，实现干扰光强变化，环境光缓慢变化，最弱最强变化时长不小于 10 s 时，台灯自动跟踪环境光变化，纸面中心照度变化：

$$A_2=\frac{\text{纸面中心照度变化量}}{\text{纸面中心照度}}=\frac{51}{1082}\approx 4.7\%$$

(2) 环境光突变，最弱最强变化时长不大于 2 s，纸面中心照度变化：

$$A_2=\frac{\text{纸面中心照度变化量}}{\text{纸面中心照度}}=\frac{103}{1082}\approx 9.5\%$$

根据测得的数据进行计算可得，纸面中心照度变化符合题目要求。

(3) 干扰光从弱增强直至灯板电流达到最小，用数字万用表测得灯板最小电流为 0.05 mA。在这个过程中用自制数字显示照度表测量 A4 白纸中心的照度，显示数字最大值为 1180，显示数字最小值为 1082，纸面中心照度变化为：

$$A_2=\frac{\text{纸面中心照度变化量}}{\text{纸面中心照度}}=\frac{1180-1082}{1082}=\frac{98}{1082}\approx 9.1\%$$

根据测得的数据可知，灯板最小电流和纸面中心照度变化符合题目要求。

5. 结论

实际测试表明，本设计在稳压、纹波、照度均匀和对干扰光源的调光性能上达到题目要求，但电源效率指标尚有不足，仍需改进。

专家点评

该作品的系统测试及结果分析内容撰写比较全面，可以借鉴。

郑州铁路职业技术学院(节选)

作者：陈树、侯孝然、韩永博

摘　要

本设计为照度稳定可调 LED 台灯，由数字显示照度表和照度稳定可调 LED 台灯两部分组成。照度表以 STM32F103C8T6 芯片为核心，采用模块化设计，主要由 OLED 显示模块，GY-302 数字光强度模块组成。GY-302 数字光强度模块采用 BH1750FVI 芯片，输出信号稳定，从而使照度表实现数显稳定。照度稳定可调 LED 台灯也是以 STM32F103C8T6 芯片为主控芯片，在 LED 驱动部分采用直流稳压恒流电路，实现当调节台灯的输入电压 10～15V 时，V_i 变化不影响亮度。灯板控制部分采用 PID 算法控制输出，可实现亮度的连续可调。该作品操作简单、精度高，且系统整体运行稳定可靠。

作品演示

关键词：照度表；LED 台灯；稳压恒流；PWM 控制

1. 系统方案比较与论证

(略)

2. 理论分析与计算

(略)

3. 硬件电路原理图

3.1 调光 LED 和光照度计主控电路

调光 LED 主控电路由 STM32F103C8T6 最小系统板构成。该芯片具有体积小、资源丰富、内置 PWM 等特点，该主控电路适合用于便携设备上，其原理图如图 1 所示。

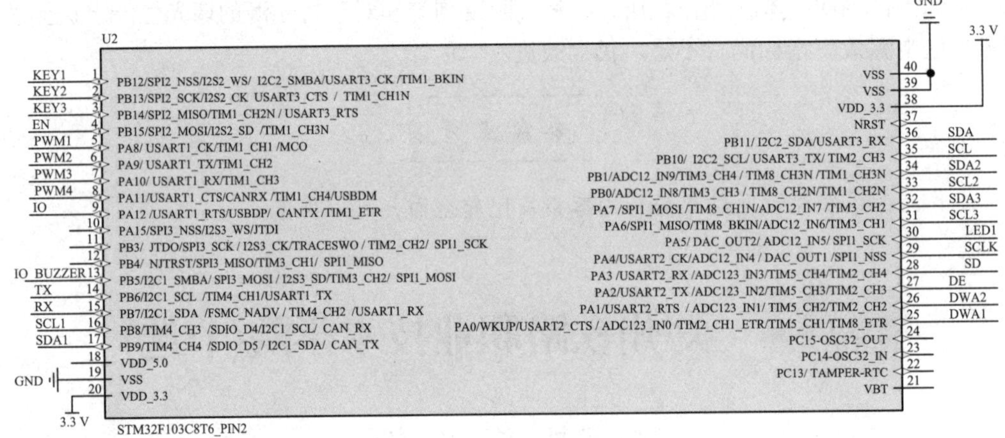

图 1　调光 LED 主控原理图

3.2 调光 LED 独立按键模块

LED 调光台灯的设置逻辑比较简单，只需要设置光照强度值，因此采用电路简单，程序易写的独立按键模块。通过独立按键就可以改变光照强度的设定值。调光 LED 独立按键原理图如图 2 所示。

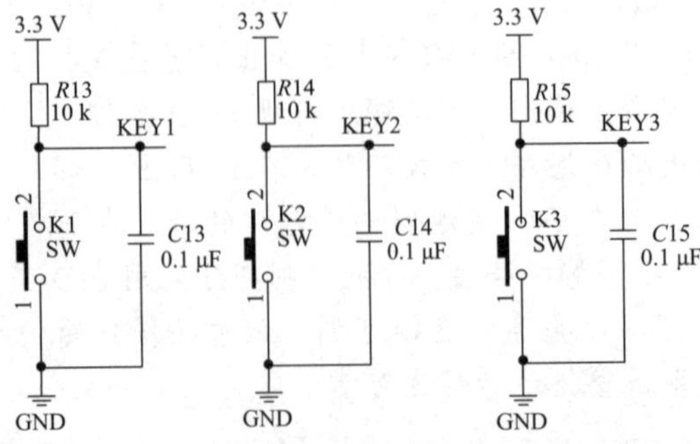

图 2　独立按键原理图

3.3　调光 LED 和光照度计显示模块

调光 LED 和光照度计显示模块采用 0.96 寸 OLED 显示电路，OLED 电路具有显示内容丰富、体积小巧、清晰度高等特点，适用于台灯，符合显示要求。

3.4　光照度模块

光照度模块采用 BH1750 芯片，该芯片是一种用于两线式串行总线接口的数字型光强度传感器集成电路。这种集成电路可以根据收集的光线强度数据来调整液晶或者键盘背景灯的亮度，利用它的高分辨率可以探测较大范围(1～655 35 lx)的光强度变化。

3.5　灯板原理图

考虑到均光和效率问题，本作品设计了 4 个灯板放在四周，每个灯板 14 个 LED 灯以确保灯光能够达到均光效果，并且使功耗确保在题目要求范围内。LED 灯板原理图如图 3 所示。

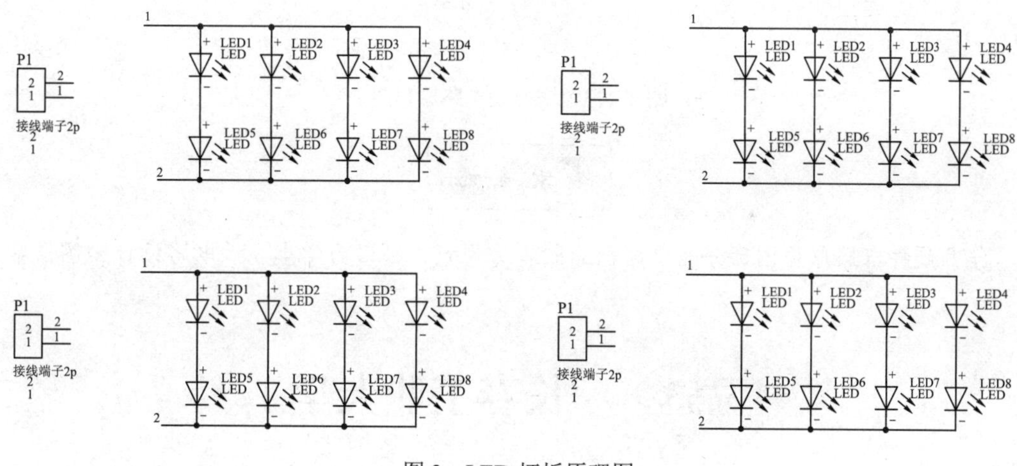

图 3　LED 灯板原理图

3.6　LED 恒流源驱动模块

利用 PWM 输入信号和灯板输出采样信号，送入运算放大电路中最终控制 XL1509 电源芯片为恒流源供电，通过半桥驱动芯片 IR2103 驱动 IR540 构成的恒流源电路来驱动 LED 灯板发光。恒流源驱动电路原理图如图 4 所示。

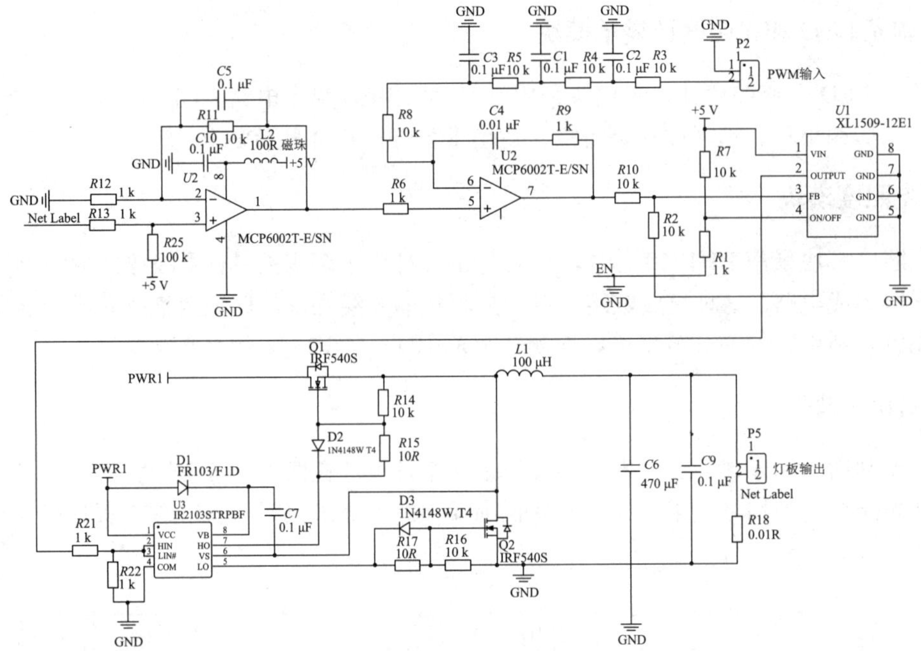

图 4　恒流源驱动电路原理图

专 家 点 评

作品硬件电路原理图部分的电路图绘制较为规范，可以为学生今后电路设计绘图借鉴。

长春工业大学

作者：宋奥辉、许世鹏、王帅迪

摘　要

本作品主要是针对目前市面上销售的台灯不能随周围环境光线变化实现照度智能自动调节这一问题而创作的。在现实生活中，人们希望所使用的台灯能具有自动感知环境光线变换的功能，本队针对该变化实现自动调节台灯照度的功能，尽可能减少视觉受到周围光线的影响，进而实现对视力的有效保护。

本作品根据上述需求，设计、开发了能够感知 1 m 以内周围环境光线变化且照度自动调节的智能 LED 台灯，其具有照度均匀稳定、无频闪、电能转换效率高、超低纹波等特点，可以广泛应用于照明智能控制等领域。

关键词：Arduino Nano；MP1584EN 高效率电压转换芯片；无级调光；无频闪

1. 系统方案论证

1.1　方案比较与选择

1. 可调 LED 台灯控制方案

方案一：完全硬件控制。通过大功率三极管放大区实现 DC 调光，然后由光敏电阻分压，结合后级放大及逻辑处理电路，实现亮度无极调光调节。优点：系统响应速度快，极好的无频闪效果，待机功耗极低。缺点：硬件控制电路设计复杂繁琐，出错率高，系统稳定性无法保障，且 DC 调光在 LED 低亮度情况下电能转换效率低。

方案二：软硬件结合控制，软件使用 Arduino Nano 发行套件。优点：系统稳定性好，整体结构简单，操作方便，功能易扩展，整体电能转换效率不受 LED 亮度影响。缺点：相对待机，功耗有所增加。

综合考虑，选择方案二作为可调 LED 台灯的控制方案。

2. 照度检测方案的比较与选择

题目要求台灯亮度连续变化时数字显示随之变化，亮度稳定时数字显示稳定，跳变不大于 10；且在强烈外界光源干扰下，台灯需自动跟踪环境光的变化调节亮度，且亮度变化灵敏、稳定。此时需要选取合适的照度检测方案。

方案一：光敏电阻输出模拟量。光敏电阻常使用硫化镉、硒、硫化铝、硫化铅、硫化铋等材料制造而成，在特定波长的光照下，光敏电阻具有阻值可以迅速减小的特性。由单片机读取模拟输出值，通过代码程序识别照度数值及改变台灯亮度。缺点是未经特殊处理加工的光敏电阻易受复杂光源干扰，且测量并不精准。

方案二：BH1750 光照度传感模块输出数字量。BH1750 光照度传感模块内置 16 bit 的 AD 转换器，可直接数字输出，无需复杂计算。供电电压仅需 3～5 V，对电源效率影响小。其检测能力强大，有接近于视觉灵敏度的分光特性，可对亮度进行 1 勒克斯(lx)的高精度测定。本方案优点是安装简单，使用方便。

综上所述，选择方案二，将 BH1750 光照度传感模块作为照度检测的解决方案。此方法能够很好应对实际场合下复杂的外界光源干扰，使得照度测量快速精确。

3. LED 灯板频闪问题解决方案的比较与选择

光随着时间快速、有频率的闪烁变化称之为频闪，直接感受就是图像的跳动、不稳定。低频的灯光频闪会对人身健康和安全有影响，特别是对眼睛。IEEE 标准规定频率大于 3.12 kHz 的频闪可以豁免，即认为对人身健康安全没有影响，也被行业认为是无频闪。

设计题目的基本要求需要 LED 台灯实现无频闪，LED 灯板电压纹波小于 5%。

方案一：使用高频闪的成品 LED 灯珠。高频闪成品 LED 的闪烁频率高、体积大、功耗高，实际使用时不能满足要求。

方案二：采用高频 PWM 脉宽调制技术实现无频闪。采用 Arduino Nano 控制器通过高频 PWM 脉宽调制技术，能使普通 LED 闪烁频率超过 3.12 kHz，实现无频闪的目的，且此方案实现简单，对电源要求不高。

综上所述，选择方案二高频PWM脉宽调制技术作为实现LED台灯无频闪的解决方案。

4. 台灯在手动模式下亮度调节方案的比较与选择

台灯需要具有自动调光、手动调光两种模式，在模式切换上，采用按键控制。如何实现台灯在手动模式下实现亮度的稳定调控是需要解决的主要问题。

方案一：采用可调降压模块改变电压值。LM2596S-ADJ DC-DC 超小型可调降压模块可实现大功率高效率降压低纹波，且能显示三位数字数码管实时显示输入、输出电压值。模块带有高效低空间占用的散热片，防止温度变化对模块功能造成影响。但在实际使用中，通过改变电压达到改变 LED 灯板的亮度会对整体电路造成不利影响。

方案二：使用电位器反馈模拟值实现亮度调控。通过调节电位器的阻值不同，反馈到单片机上的 PWM 值不同，根据 PWM 值不同控制 LED 灯板的亮度，实现手动控制。此方案不仅符合设计题目要求，还操作简单，便于后续代码调试。

综上所述，选择方案二的电位器反馈模拟值作为台灯在手动模式下亮度调控的解决方案。

5. 实现无级调光的方案比较与选择

调光台灯需要实现亮度的稳定可调，本作品选择了高频 PWM 脉宽调制技术为解决方案。而该技术的使用离不开继电器与 MOS 管的选择。

方案一：继电器。继电器作为常见的一种电控制器件，当激励量达到指定阈值时，输入回路与输出回路存在一定的互动关系。将继电器用于自动控制电路中能够起到自动调节功能。但继电器控制无法实现高频断合功能，显然无法实现 LED 的无级调光。

方案二：MOS 管。MOS 管开关速度快，具有响应能力优越、功耗低、噪音小等物理特点。将 MOS 管接在单片机的 PWM 引脚上使之高频断合，实现 LED 无级调光。但因其连续高频断合，会出现严重发热，影响器件的性能。

综上所述，选择方案二 MOS 管作为实现 LED 无级调光控制的解决方案。注意要将 MOS 管暴露在空气中充分散热。

1.2 方案具体描述

由于 BH1750 光照度传感模块通过总线通信，而 Arduino Nano 单片机仅有一个总线接口，所以采用两个单片机接收照度数据、第三个单片机汇总数据的主从式多机结构的解决方案，系统结构框图如图 1 所示。

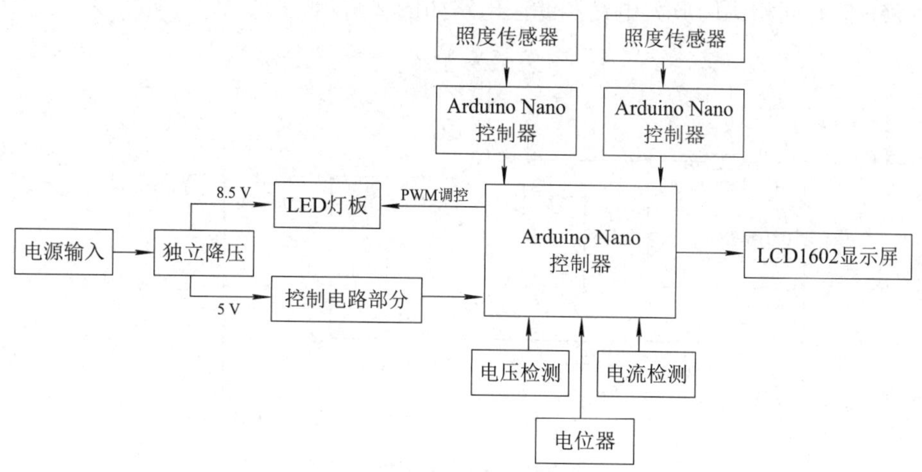

图 1　系统结构框图

采用 MP1584EN 高效率电压转换芯片，开关频率达 340 kHz，超低纹波，能提供稳定可靠的功率输出，通过高频 PWM 脉宽调制技术实现 LED 灯板无频闪和无级调光。采用大面积分散式多区域可调 LED 灯板设计可提高光照均匀度，使得各点照度差均小于 5%。在外界有强干扰光源时，台灯能自动追踪环境光的变化调节亮度，且环境干扰光强变化对纸面照度影响并不明显。

2. 理论分析与计算

2.1　系统制作

系统制作步骤如下：

(1) 将一根铝型材管垂直固定于透明的亚克力底板上构成台灯框架。亚克力底板固定有一对照度传感器。

(2) 在主控平台上将三块 Arduino Nano 单片机平行排布，两两交互。使用按键实现台灯模式切换，电位器实现台灯光照强度改变。

(3) 将数字显示照度表搭建在单面单孔板上，控制单元采用 Arduino Nano 单片机，光照度采集采用 BH1750 照度传感模块，LCD1602 液晶显示屏实时显示 4 位相对照度数字，使用一节 18650 型可充电锂电池供电。

2.2　控制原理分析与计算

照度传感器需要快速读取照度数据，并实时反馈给单片机进行数据处理后，控制 LED 灯板亮度自动调节和 LCD1602 液晶显示屏显示数据。

调光 LED 台灯通过按键进行模式切换。模式 1 为通过电位器调节 PWM 占空比，实现台灯亮度调节；模式 2 为通过单片机相关程序对干扰光源亮度进行分析处理，实现 LED 亮度自动调节，使得照度表照度显示数值控制在合理波动范围内。为了更好地控制 LED

灯板亮度，采用同相比例放大电路和滤波电路对 LED 灯板电流信号进行放大，放大倍数大约为 250 倍。同相比例放大电路和滤波电路如图 2 所示。

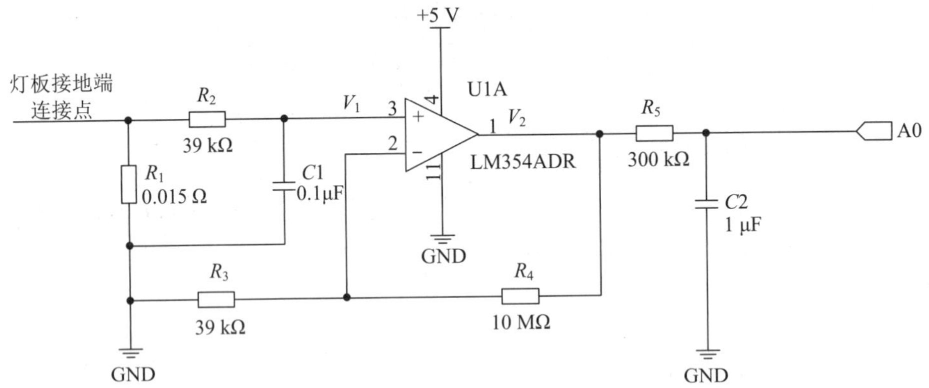

图 2　同相比例放大电路和滤波电路原理图

信号的放大倍数 A：

$$A=\frac{V_1}{V_2}=1+\frac{R_3}{R_4} \tag{1}$$

式中，V_1 为运算放大器同相输入电压，V_2 为输出电压，R_4 为反馈电阻。

LED 灯板的信号采样框图如图 3 所示。

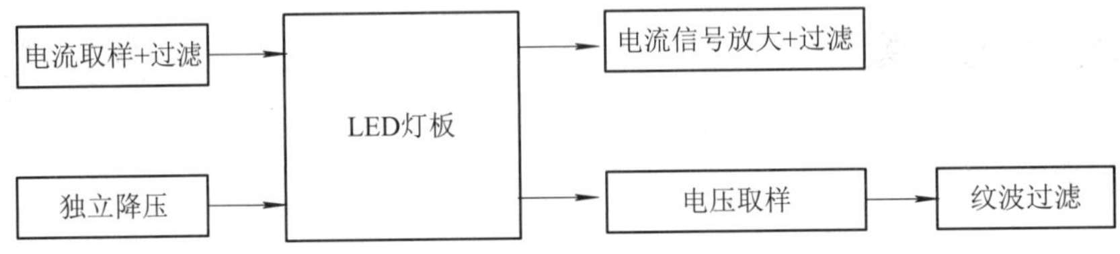

图 3　LED 灯板的信号采样框图

2.3　提高电源效率方法分析

为保证台灯供电电压为 12 V 时，电源效率不低于 90%，采用搭载 MP1584EN 高效率电压转换芯片的 mini360 型号的 DC-DC 同步整流降压模块，提供稳定电压输出。保证灯板的电压稳定，使台灯亮度变化稳定，同时合理排列 LED 布局，以提高电源效率。

3. 电路与程序设计

3.1　控制电路

1. 主控制单元电路

Arduino Nano 单片机 Nano1 的 D3、D5、D6、D9 引脚分别与 XH-6A 连接器的 3、4、5、6 引脚连接，以实现 LED 灯板控制，使用外接直流电源提供能量。主控制单元电路原理图如图 4 所示。

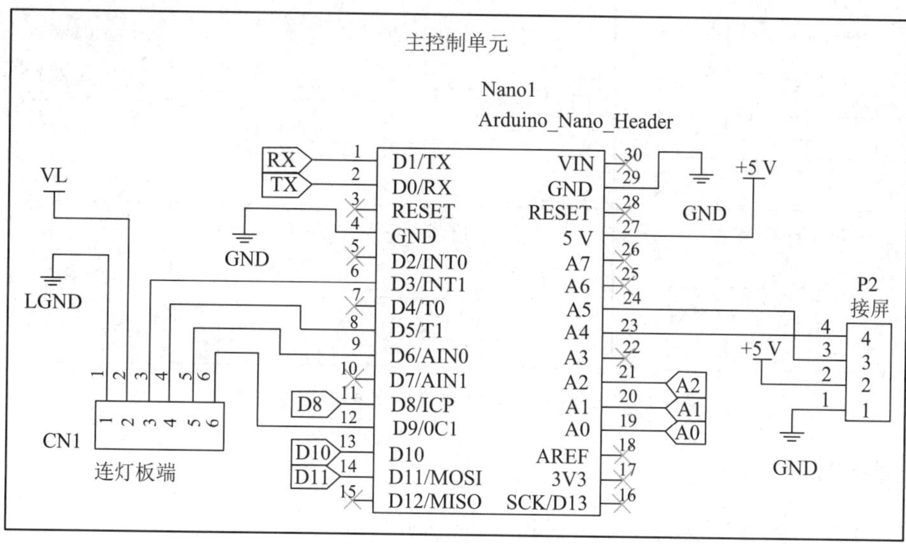

图 4　主控制单元电路原理图

2. 照度中转单元电路

Arduino Nano 单片机 Nano2 的 A4、A5 引脚分别与 BH1750 照度传感器模块 U2 的 SDA、SCL 引脚连接，Arduino Nano 单片机 Nano3 与 BH1750 照度传感器模块 U3 的连接方式相同。采用 I^2C 双向二线制同步串行总线通信，由直流 5 V 电源为模块供电。照度中转单元电路原理如图 5 所示。

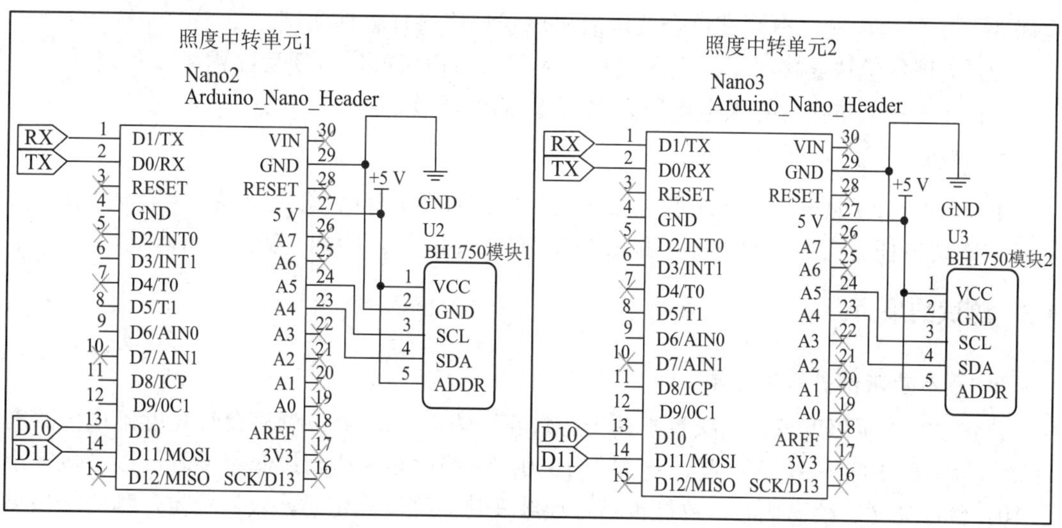

图 5　照度中转单元电路原理图

3. 可调光 LED 台灯控制及数据显示电路

将直流电压 10～24 V 独立降低至 8.5 V 和 5 V。LCD1602 液晶显示屏与单片机通过 I^2C 总线进行信息交互。可调 LED 台灯控制器的外围电路原理图如图 6 所示。

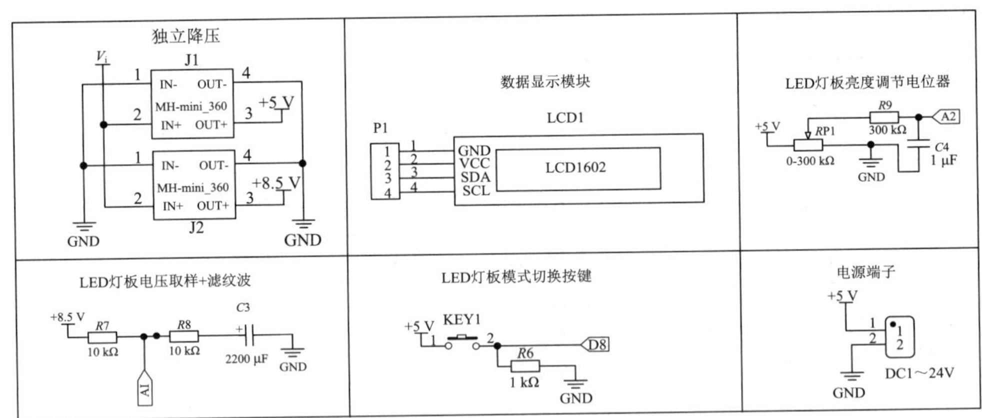

图 6　可调 LED 台灯控制器的外围电路原理图

3.2　控制程序

(扫描本文开始处提供的二维码获取作品代码。)

4. 测试结果

4.1　测试要求

1. 硬件

(1) 对照度稳定可调 LED 台灯各部分的连接线路进行通断检验，检测通电线路是否存在短路、断路等问题，在测试符合要求后再烧录程序进行软件测试。

(2) 梳理各模块连接线路，记录线路对应单片机引脚号，方便后续程序编写调试。

(3) 计算并测量在台灯供电电压为 12 V 时的电源效率。

2. 软件

测试 BH1750 照度传感器照度检测情况；测试可调 LED 台灯无级调光实际表现情况；测试按键切换任务实际表现情况；测试 LCD1602 液晶显示屏实时数字显示情况。

4.2　测试结果

1. 基本要求部分测试结果

(1) 数字显示照度表检测头置于调光台灯正下方 0.5 m 处，调整台灯亮度，最大照度时显示数字在 1034～1055 之间，均大于 1000；遮挡检测头达到最低照度时，显示数字小于 10。台灯亮度连续变化时，数显也随之连续变化。亮度稳定时，数显稳定，跳变结果小于 10。满足指标要求。

(2) 调光台灯输入直流电压 V_i 范围为 10～15 V，V_i 变化不影响亮度。

(3) 亮度从最亮到完全熄灭连续可调，无频闪。LED 灯板供电电压纹波为 20～35 mV，满足纹波小于 5%的要求。

(4) 台灯供电电压为 12 V 时，LED 灯板消耗功率与供电电源输出功率之比为

$$\eta = \frac{V_O I_O}{V_i I_i} \times 100\% \tag{2}$$

$$= \frac{8.50\ \text{V} \times 0.47\ \text{A}}{12.00\ \text{V} \times 0.35\ \text{A}} \times 100\% = 95.1\%$$

测试结果表明本系统满足设计基本部分(1)、(2)、(3)、(4)的要求。

2. 发挥部分测试结果

(1) 将台灯调整到最大亮度，在其下方 0.5 m 距离处放置一张 A4 白纸，白纸整个区域内亮度均匀稳定，各点照度差小于 5%。LED 灯板最大亮度时，在不同测试点测出的照度差如表 1 所示。

表 1　LED 灯板最大亮度时在不同测试点测出的照度差

	测试次数							
测试点	第 1 次	第 2 次	第 3 次	第 4 次	第 5 次	第 6 次	第 7 次	第 8 次
左上	1035	1036	1036	1034	1034	1035	1037	1036
右上	1040	1041	1039	1038	1038	1040	1042	1041
左下	1044	1045	1046	1042	1043	1046	1047	1046
右下	1054	1053	1054	1053	1053	1054	1055	1055
中心	1043	1043	1043	1042	1042	1043	1044	1043
照度差/%	1.63	1.63	1.73	1.82	1.82	1.82	1.72	1.82

(2) 用另一调至最大亮度的 LED 灯板作为测试用环境干扰光源，改变距离实现干扰光强变化。当环境光缓慢变化时，最弱最强变化时长不小于 10 s，台灯能自动跟踪环境光的变化调节亮度，保持纸面中心照度最大为 1099，最小为 1068，中心照度变化为 2.86%，满足纸面中心照度变化不大于 5%的要求。

当环境光突变时，最弱最强变化时长不大于 2 s，纸面中心照度最大为 1105，最小为 1069，照度差变化为 3.31%，满足纸面中心照度变化不大于 10%的要求。

当环境光增强直至台灯熄灭，纸面中心照度最大为 1095，最小为 1067，照度差变化为 2.60%，满足纸面中心照度变化不大于 10%的要求。

(3) 环境干扰光强变化对纸面照度影响小。

(4) 其他。本调光 LED 台灯可实时显示亮度、电流、电压、功率，且超宽输入直流电压在 10～24 V 范围内变化均能实现稳定输出，对台灯亮度无影响，电源效率均在 95%左右，满足电源效率大于 90%以上的要求。

综上所述，满足发挥部分(1)、(2)、(3)、(4)的要求。

专家点评

该作品设计方案论证充分，实现方法较为合理，性能指标满足题目要求，论文撰写图文规范，理论分析与计算和控制方法论述较充分，测试方法符合题目要求，数据真实可靠，具有一定的参考价值。

杭州科技职业技术学院

作者：毛聪、郑佳龙、吴学智

本作品以单片机为控制核心，设计制作了一个照度均匀稳定可调的LED台灯和一个数字显示照度表。作品主要包括STC8A8K单片机最小系统、Buck降压斩波电路、光照检测电路和液晶屏显示等电路。数字显示照度表的数显能随台灯亮度实时变化，当亮度稳定时照度表的数显值稳定，跳变不大于10个数值。单片机根据照度检测电路的反馈值与设定值进行比较，通过PID运算后驱动Buck降压斩波电路，实现了台灯亮度自动跟踪环境光变化并维持照度稳定的控制要求。

关键词：STC8A8K单片机；PID运算；Buck降压斩波电路；光照检测

1. 系统方案论证

1.1 方案比较与选择

1. LED灯电路设计的选择与论证

方案一：采用多只LED发光管串联构成台灯的灯板。串联电路的优点是流过每只发光管的电流相同，发光管工作时亮度基本一致，由于驱动电压需要较高，则电路总电流将降低，对控制发光管的驱动器件有利，可以选择小电流控制器件。串联电路的缺点一是当电路中有一只发光管开路时，整个电路由于出现断路而不能工作，即所有发光管都不亮，二是LED灯的驱动电压需要提高，需要选择工作电压较高的驱动器件。

方案二：采用多只LED灯并联构成台灯的灯板。并联电路的优点是其中任意一个发光管出现开路时，不会影响到其余发光管工作，并联电路的缺点一是需要驱动器提供较大驱动电流，当发光管的前向电压 V_F 一致性较差时,将导致通过每只发光管的电流大小不一致，会出现发光管亮度有明显差异的现象，二是当电路中有某只发光管出现短路故障时，整个LED灯电路将不能工作，甚至会造成驱动电路或电源的损坏。

方案三：结合串、并联电路各自的优点，将多只LED发光管采用先串后并的混联方式构成台灯的灯板。混联方式对发光管参数的要求较宽且适用范围大，发光管按数量平均分配，分配在同一串上的发光管端电压相同，由于流过同一串的发光管的电流基本相同，所以发光管亮度也大致相同，这种灯板的连接方式在 LED 照明灯电路设计中采用最多。混联电路构成 LED 灯板的缺点是电路连接较麻烦。

考虑到本作品采用 LED 发光管数量较大，且亮度需要均匀稳定，故设计制作调光台灯时选择方案三。

2. 脉宽调制方法的选择与论证

方案一：采用主要由模拟电路制作的专用 PWM 芯片。专用芯片的优点是速度快，缺点是产生的 PWM 信号容易受到元器件温度漂移和老化影响，芯片自身不能单独完成调光台灯的控制，还需要外部控制器件协调才能完成数模转换工作，整体电路复杂，硬件成本稍高。

方案二：充分利用微处理器内部的硬件资源，通过设置其工作模式和编写相应的控制程序来产生 PWM 控制信号，这种方法的优点是可以简化硬件电路且相频稳定，抗干扰能力强，降低硬件成本，缺点是编程较为复杂，对设计者编程能力要求较高。

为了简化硬件电路和稳定相频、降低硬件投入并提高电路的可靠性，设计制作调光台灯时选择方案二。

1.2　方案描述

稳压电源输出 10～15 V 直流电压，通过 Buck 电路降压后给 LED 灯板供电。数字显示照度表由 STC8A8K 单片机、光照检测芯片和液晶屏组成，单片机通过 IIC(Inter-Integrated Circuit)总线来获取光照检测芯片的光照数据，经程序处理后，将数据显示在液晶屏上。LED 灯通过矩阵按键设置目标。

单片机采集光照检测电路(BH1750)反馈的亮度信号并与目标亮度对比，通过 PID 运算控制输出不同的 PMW 脉宽信号来驱动 Buck 斩波降压电路，进而实现 LED 灯板亮度的自动调整。

整个系统分为两个部分，一个是数字显示照度表部分，如图 1 中(a)数字显示照度表结构图所示，另外一个是 LED 调光台灯部分，如图 1 中(b)LED 调光台灯结构框图所示。

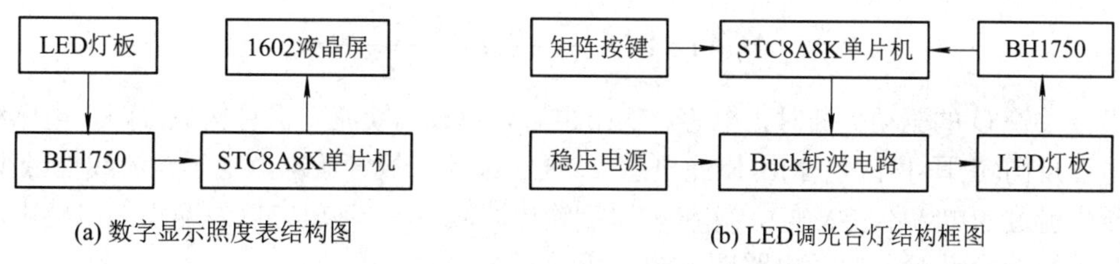

图 1　调光台灯控制系统结构框图

2. 理论分析与计算

2.1　调光台灯控制原理

1. Buck 电路工作原理

降压式 Buck 电路又称为降压电路，是一种输出电压小于等于输入电压的非隔离直流变换器。Buck 变换器的主电路由开关管 Q，二极管 D，输出滤波电感 L 和输出滤波电容 C_2 构成。电路基本特征是 DC-DC 转换电路，Buck 电路的工作原理可以用一个标准的 Buck 转换器模型来描述，Buck 电路基本原理图如图 2 所示。

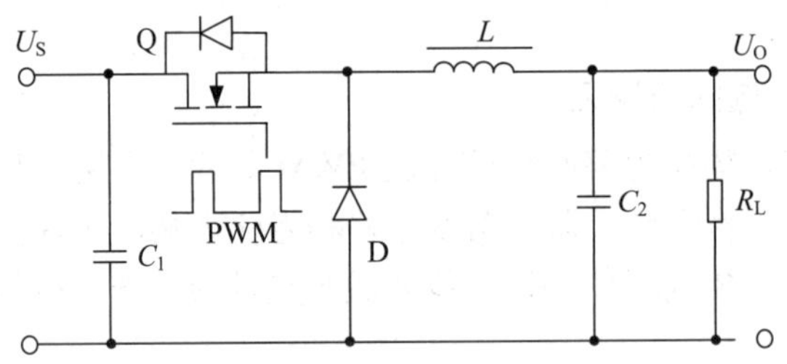

图 2　Buck 电路基本原理图

当开关管 Q 的驱动开启时，开关管 Q 导通，由于二极管 D 两端电压为反向电压，所以二极管 D 反向截止，此时输入电源经电感、输出电容、负载构成回路，流经电感的电流线性增加(电感线圈中流过的电流不能突变)，储能电感 L 被充磁，同时给电容 C_2 充电，并给负载 R_L 提供能量。开关管 Q 导通后的等效电路图如图 3 所示。

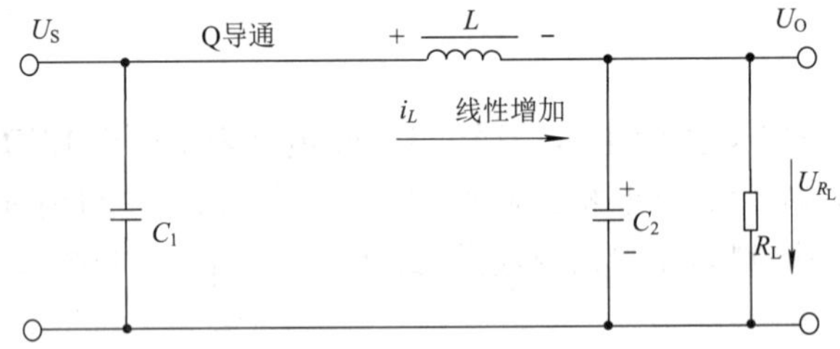

图 3　开关管 Q 导通后的等效电路图

假设开关管 Q 在 0～T 时刻期间处于导通状态，当开关管 Q 导通时，二极管 D 极性上正下负，处于截止状态，电源 U_S 依次经过开关管 Q、储能电感 L、电容 C_2 和负载形成回路，电源给储能电感 L 充电的同时供电给负载，电感电流 i_L 呈线性增加，在 $t=t_{on}$ 时刻，电感电流取极大值，则在导通过程中，电感线圈中流过电流的增长量 $\Delta i_L(+)$：

$$\Delta i_1(+)=\int_0^{t_{on}}\frac{U_S-U_O}{L}dt=\frac{U_S-U_O}{L}\times t_{on} \tag{1}$$

当开关管 Q 的驱动关断时，电感、输出电容、负载、续流二极管构成回路，电感线圈两端电压反向(焦耳-楞次定律)。储能电感 L 通过续流二极管放电，电感电流线性减少(电感线圈中流过的电流不能突变)，输出电压靠输出滤波电容 C_2 放电以及减小的电感电流维持，开关管 Q 截止后的等效电路图如图 4 所示。

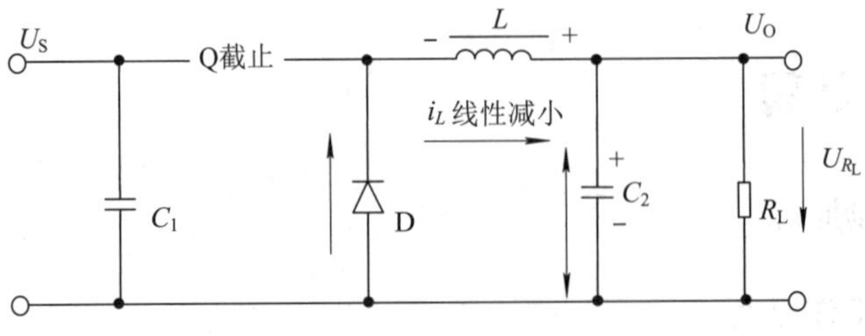

图 4　开关管 Q 截止后的等效电路图

当开关管 Q 断开时，二极管 D 续流，电感依次通过电容 C_2 和负载、二极管 D 形成回流，储能电感放电给负载，电感电流 i_L 呈线性减少。输出端电压为 U_O，二极管导通，那么电感右侧就是 U_O，电感左侧接的是 $-U_d$，所以此时电感两端电压是 U_O+U_d。电感电流在 t_S 时刻减小到极小值，电感电流减少量 $\Delta i_L(-)$：

$$\Delta i_1(-)=\int_0^{t_S}\frac{U_O}{L}\mathrm{d}t=\frac{U_O}{L}\times t_{\text{off}} \tag{2}$$

在 Buck 电路正常工作时，由于开关管 Q 导通时刻，电感电流的增加量与开关管 Q 断开时刻的减少量相等，联立公式(1)与公式(2)可得：

$$\frac{U_S-U_O}{L}\times t_{\text{on}}=\frac{U_O}{L}\times t_{\text{off}} \tag{3}$$

整理后得：

$$U_O=U_S\times\frac{t_{\text{on}}}{T}=U_S\times D \tag{4}$$

$$\frac{U_O}{U_S}=\frac{t_{\text{on}}}{T}=D \tag{5}$$

式(4)(5)中，D 为占空比。由式(5)可以看出，Buck 电路的输出电压与输入电压的比值恰好等于其占空比 D。在控制时改变占空比 D，即改变了导通时间 t_{on} 的长短，这种控制方式称为脉冲宽度调制控制方式(Pulse Width Modulation，PWM)。

2. PID 调节控制原理

台灯的照度检测电路实时监测整个区域实际亮度，并将实际亮度值实时反馈给 PID 调光控制电路。PID 调节控制单元以设定亮度值、照度检测实时检测的亮度值作为输入参数，经过计算得到调节亮度的系数，再将调节亮度的系数按照转换公式转换成 PWM 信号。最后通过 PWM 控制信号的占空比去控制 Buck 降压式变换器输出，进而控制台灯的输出亮度，使台灯的亮度输出值能够实时跟踪环境光线亮度变化，满足台灯的亮度控制要求。

PID 闭环反馈调节原理示意图如图 5 所示。

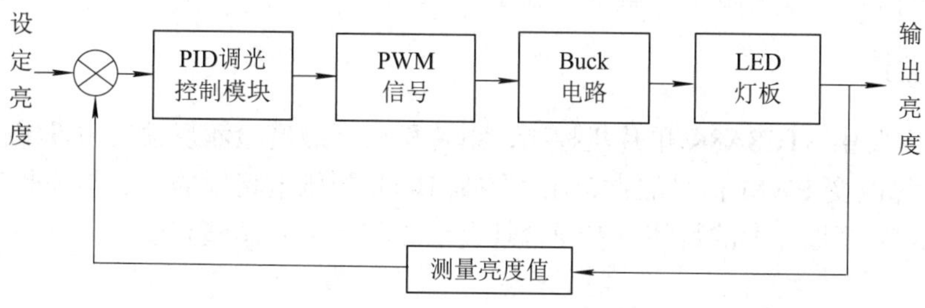

图 5　PID 闭环反馈调节原理示意图

在自动控制系统中，通常采用位置式 PID 和增量式 PID 控制方式，位置式 PID 控制是指在积分环节对从 0 时刻到当前时刻的所有偏差进行积分，是非递推式的全局积分。增量式 PID 控制和位置式 PID 控制不同，增量式 PID 控制将当前时刻的控制量和上一时刻的控制量求差值，以差值为新的控制量，是一种递推式的算法。

本次设计的 LED 台灯闭环反馈控制系统采用了增量式 PID 控制方式。增量式 PID 的表达式：

$$u(n)=u(n-1)+K_{\mathrm{p}}\frac{T}{t_1}[e(n)-e(n-1)]+ne(n)+K_{\mathrm{p}}\frac{t_{\mathrm{D}}}{T}[e(n)-2e(n-1)+(n-2)] \tag{6}$$

2.2 提高电源效率方法

(1) 使用肖特基二极管。在开关电源次级输出端的肖特基上并联一个小功率快速二极管来代替 R_{C} 吸收，效率一般可以提高 12%。

(2) 加宽布线、减少布线长度。加宽布线、减少布线长度可有效地减少电路上的电阻值，降低系统在线路上的功耗，提高电源效率。

(3) 采用同步整流。两段式结构是实现同步整流电路高效工作的方法之一，它采用接近 0.5 的固定时间比率，并由前段的转换器来进行输出电压控制，一反“两段式结构将导致效率下降”这一传统思维模式，在低电压大电流的场合非常有效。

(4) 选用低阻 MOS 管。低阻 MOS 管的内阻仅有几微欧，所以选用低阻 MOS 管可以有效降低功耗，提高电源效率。

3. 控制电路与控制程序

3.1 控制电路

控制电路采用直流稳压电源供电，工作电压为 10～15 V，经过 Buck 电路降压输出后给灯板电路供电，通过改变 Buck 降压电路中 N+P 沟道 MOS 管的开启和关断时间的配比来控制 LED 灯板的亮度。

为提高电源转换效率，选择 MOS 管时，选择导通电阻较小的 NCE30D2519K 开关场效应管，作为 Buck 降压电路的斩波器件；输出滤波电容选择：取 $U_{\mathrm{o}}<1$ mV，则输出滤波电容 $C=100\ \mu f$，等效电阻小，输出稳态特性好。

3.2 控制程序

本系统主要由 STC8A8K 单片机控制，单片机根据照度检测反馈值与设定值的比较，通过 PID 运算改变 PWM 信号的占空比，控制 Buck 降压电路板的开启与关断时间配比，达到控制 LED 灯板亮度的目的，实现台灯自动跟踪环境光调整亮度，并维持照度稳定的功能。

系统控制流程图如图 6 所示。

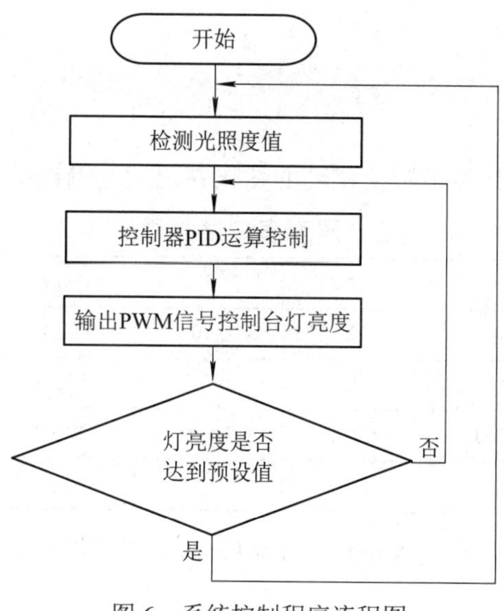

图 6　系统控制程序流程图

4. 测试方案与测试结果

4.1　测试方案

测试方案一：将台灯的灯板与照度表检测头间距保持 0.5 m，调节台灯亮度至最大值，观察遮挡检测头前后的照度表数值；设定不同的 LED 亮度值，观测照度表跳动值并记录。

测试方案二：调整台灯输入电压 10～15 V，观察照度表显示数值并记录。

测试方案三：将台灯亮度从最亮调至完全熄灭，用示波器全程观测供电电压的纹波变化并记录。

测试方案四：将稳压电源供电输出调至 12 V，使用万用表测量出电压与电流的数值，通过公式计算出电源效率并记录。

测试方案五：先将亮度调至最大，下方 0.5 m 处放置 A4 白纸，使用照度表检测头在白纸上多点检测得出数值，记录，比较数值并计算照度差值。

测试方案六：使用另一调至最大亮度的 LED 灯板为环境光，通过改变距离实现干扰光强变化台灯自动跟踪环境光调整亮度，维持照度稳定。观察每一时刻照度表数值变化并计算出变化差比。

4.2　测试仪器

测试仪器如表 1 所示。

表 1　测试仪器

类型	电源箱	示波器	万用表
型号	QJ-3005S	DS1102E	EM33D
规格	0～35 V	100 MHz 1GSa/s	200 mA～10 A

4.3 测试结果

1. 照度表测试

观察照度表数值在各亮度下数值跳动的变化并记录，测试结果见表 2。

表 2 照度表测试结果(一)

测试次数	1	2	3	4	5	6
设定亮度值	230	260	290	320	350	370
实测最大值	230.1	260.2	290.2	320.5	350.1	370.4
实测最小值	230.0	260.1	290.0	320.2	349.6	369.8
跳动变化值	0.1	0.1	0.2	0.3	0.5	0.6

调整稳压电源输出即台灯输入电压为 10～15 V，设定照度值为 500，观察照度表显示数值，测试结果见表 3。

表 3 照度表测试结果(二)

测试次数	1	2	3	4	5	6
调节电压值/V	10	11	12	13	14	15
照度表显示数值	499.8	499.8	499.8	499.8	499.9	500.1

2. 纹波噪音及纹波系数测试结果

在设定不同程度的亮度过程中通过示波器观测供电电压的纹波变化，记录纹波噪声并计算纹波系数，测试结果见表 4。

表 4 纹波噪音及纹波系数测试结果

测试次数	1	2	3	4	5	6
亮度/%	0	20	40	60	80	100
纹波噪声/mV	60	200	320	320	220	180
纹波系数/%	0.83	2.48	3.68	3.61	2.44	1.86

3. 电源效率测试结果

按照要求，先由电源箱输出 12 V 到台灯，使用万用表测量出电压与电流的数值，再通过公式计算出电源效率，测试结果见表 5。

表 5 电源效率测试结果

测试次数	1	2	3	4	5	6
电源效率/%	98.2	98.1	98.4	98.2	98.6	98.2

4. 照度误差测试结果

要求先将亮度调至最大，在下方 0.5 m 处放置 A4 白纸，使用照度表检测头在白纸上多点检测得出数值并计算照度误差，测试结果见表 6。

表 6　照度误差测试结果

测试位置	1	2	3	4	5	6
照度表值	1086.3	1072.5	1083.6	1076.2	1092.3	1082.7
照度误差/%	1.3	2.5	1.6	2.2	0.7	1.7

5. 纸面中心照度变化测试结果

使用另一调至最大亮度的 LED 灯板为环境光，将台灯亮度调至最大，将 LED 灯板放置距离台灯 1 m 处，缓慢匀速地减小 LED 灯板和台灯的距离(最远至最近在 12 s 左右移动完毕)，观察每一时刻照度表数值变化并计算变化差比并记录。测试结果见表 7。

表 7　纸面中心照度变化测试结果(一)

移动时间/s	0	2	4	6	8	10	12
照度表数值	1100.6	1123.1	1075.6	1122	1077.2	1078.6	1086.4
纸面中心照度变化/%	/	2.04	2.2	1.9	2.1	1.9	1.2

相同条件下，提高匀速移动的速度(最远至最近在 2 s 以内移动完毕)，纸面中心照度变化测试结果见表 8。

表 8　纸面中心照度变化测试结果(二)

移动时间/s	0	1	2
照度表数值	1100.6	1075.6	1072.8
纸面中心照度变化/%	/	2.27	2.5

当环境光增强至台灯光完全熄灭时，纸面中心照度变化低于 5%，远超题目要求精度。

4.4　测试结果分析

通过对测试数据分析可知，LED 台灯的各项测试指标均达到题目要求。程序使用 C 语言编写，统一管理，使得系统更加简洁便于控制，但由于开关损耗和电感储能损耗等功率损耗无法避免，本系统的 DC-DC 转换器效率不够高。若采用同步整流技术，可进一步提高系统效率。

专家点评

电路与控制原理阐述清晰，设计方案及实现方法合理，较好地完成了题目要求内容，论文撰写规范，理论分析与计算和控制方法论述充分，测试方案详实，方法得当，真实可靠，具有较高的参考价值。